Hybride Prototypen im Anforderungsmanagement disruptiver Produktionstechnik der Elektromotorenproduktion

Hybrid Prototypes in the Requirements Management of Disruptive Production Technology of Electric Motor Production

Von der Fakultät für Maschinenwesen
der Rheinisch-Westfälischen Technischen Hochschule Aachen
zur Erlangung des akademischen Grades eines
Doktors der Ingenieurwissenschaften
genehmigte Dissertation

vorgelegt von

Patrick-Emanuel Treichel

Berichter/in:

Univ. Prof. Dr-Ing. Achim Kampker, MBA
Univ. Prof. Dr.-Ing Robert Heinrich Schmitt

Tag der mündlichen Prüfung: 01. Juni 2023

Diese Dissertation ist auf den Internetseiten der Universitätsbibliothek online verfügbar.

ERGEBNISSE AUS DER ELEKTROMOBILPRODUKTION

Patrick-Emanuel Treichel

Hybride Prototypen im Anforderungsmanagement disruptiver Produktionstechnik der Elektromotorenproduktion

Herausgeber:
Univ.-Prof. Dr.-Ing. Achim Kampker, MBA

Band 25

PEM | RWTH AACHEN UNIVERSITY

Bibliografische Information der Deutschen Nationalbibliothek
Die Deutsche Nationalbibliothek verzeichnet diese Publikation in der Deutschen Nationalbibliografie; detaillierte bibliografische Daten sind im Internet über https://portal.dnb.de abrufbar.

Patrick-Emanuel Treichel:

Hybride Prototypen im Anforderungsmanagement disruptiver Produktionstechnik der Elektromotorenproduktion

1. Auflage, 2023

Gedruckt auf holz- und säurefreiem Papier, 100% chlorfrei gebleicht.

Wissenschaftsverlag des Instituts für Industriekommunikation und Fachmedien
an der RWTH Aachen
Steinbachstr. 25, 52074 Aachen
Internet: www.apprimus-verlag.de, E-Mail: info@apprimus-verlag.de

Druck: CPI Druckdienstleistungen GmbH, Ferdinand-Jühlke-Straße 7 | 99095 Erfurt

ISBN 978-3-98555-166-8

D 82 (Diss. RWTH Aachen University, 2023)

Vorwort

Die vorliegende Dissertation entstand im Rahmen meiner Tätigkeit als wissenschaftlicher Mitarbeiter am Lehrstuhl Production Engineering für E-Mobility Components (PEM) der Rheinisch-Westfälischen Technischen Hochschule (RWTH) Aachen. Mit großer Dankbarkeit möchte ich an dieser Stelle meine Anerkennung zum Ausdruck bringen und den Personen danken, die mich während dieser spannenden und herausfordernden Zeit unterstützt haben.

Mein erster Dank gilt Herrn Professor Achim Kampker, dem Lehrstuhlinhaber des PEM, der mir die Möglichkeit zur Promotion gegeben hat. Seine fachliche Expertise und sein Engagement haben maßgeblich zum Erfolg dieser Arbeit beigetragen. Ganz besonders inspiriert hat mich der praxisorientierte Ansatz des PEM, der wissenschaftliche Erkenntnisse immer im Zusammenspiel mit der Umsetzung sieht. Das Konzept, Herausforderungen und offene Fragestellungen direkt anzugehen, schnell Teillösungen zu generieren und in der Praxis auszuprobieren, wird meine berufliche Karriere auch über meine Promotion hinaus prägen.

Mein weiterer Dank gilt Herrn Professor Robert Schmitt für die Übernahme des Korreferats. Ebenso bedanke ich mich bei Herrn Professor Johannes Schleifenbaum als Vorsitzendem der Prüfungskommission.

Ein herzliches Dankeschön möchte ich meinen Oberingenieuren und engen Kollegen der Gruppe Electric Drive Production aussprechen. Stellvertretend für diese stehen Sebastian Kawollek, Tom Möller, Benjamin Dorn, Florian Brans und Andreas Kraus. Ihre fachliche wie auch persönliche Unterstützung, ihre Ideen und ihre komplementären Fähigkeiten haben meine Forschungsarbeit bereichert und vorangetrieben. Es macht mich stolz, dass wir mit viel Engagement die kleine Gruppe der Elektromotorenproduktion im Schatten der großen Themen der Elektromobilität zu einer geschätzten Instanz mit hoher technischer wie auch Management-Expertise aufgebaut haben.

Unvergessen bleiben auch die vielen externen Industrieprojekte, wie zum Beispiel in Bari, Italien, die zwar fordernd waren, aber durch die stets gute und kollegiale Stimmung im Team zu tollen Erfahrungen herangewachsen sind. Es freut mich sehr, dass durch die gemeinsame Zeit langjährige Freundschaften entstanden sind.

Auch den studentischen Hilfskräften und Abschlussarbeitern im erweiterten "HaPi-Team" möchte ich für ihre wertvollen Beiträge danken. Besonders hervorheben möchte ich an dieser Stelle Till Backes, Henrik Born, Nils Höptner und Carsten Putz. Ihre Eigeninitiative und

Kreativität bei der Lösung offener Fragestellungen sowie unter begrenzten Ressourcen haben viele Projekte erst möglich gemacht. Ich bedanke mich für die offene, vertrauensvolle und überfachlich positive Zusammenarbeit und freue mich, dass ich mit vielen Teammitgliedern in Freundschaft verbunden geblieben bin.

Ich bin froh, dass viele der ehemaligen "HaPi-Mitglieder" die Forschungsarbeit am PEM weiterführen und durch ihre Motivation und Expertise die Forschung im Bereich der Elektromotorenproduktion weiter vorantreiben.

Ich möchte auch den Industriepartnern danken, die durch ihre Zusammenarbeit und ihre wertvollen Beiträge diese Dissertation bereichert haben. Insbesondere möchte ich die Partner bei Ford Dearborn, Ford Köln sowie Tesla Berlin hervorheben. Erst die Erkenntnisse aus der Praxis konnten mich zur Lösungsfindung inspirieren.

Ein ganz besonderer Dank gilt meinen Eltern, Eva und Heinz-Reiner Treichel, deren bedingungslose Unterstützung mich von meinen Kindestagen an begleitet hat. Sie haben mein Interesse für Technik und Wissenschaft geweckt und mir stets den Rückhalt gegeben, den ich während meiner schulischen und akademischen Ausbildung gebraucht habe. Ihre fortwährende Konsequenz mich zu ermutigen, und ihr Glaube an mich haben maßgeblich zum Gelingen meines Promotionsverfahrens beigetragen. Ohne sie wäre dieser Erfolg nicht möglich gewesen. Meinen Eltern widme ich diese Arbeit.

Dankbar schließe ich dieses Vorwort und wünsche allen Lesern eine informative und anregende Lektüre.

Kurzzusammenfassung

Die Transformation der Antriebstechnologie im Automobil vom Verbrennungsmotor hin zum batterieelektrischen Antrieb ist im vollen Gange und kann als disruptiver Wandel bezeichnet werden. Bedingt durch gesellschaftliche Ansprüche an Emissionsfreiheit und Klimaneutralität, verstärkt durch gesetzgeberische Maßnahmen sowie ermöglicht durch Innovationen in der Batterie- und Elektromotorentechnologie, steigen die Absatzzahlen von batterieelektrischen Fahrzeugen und folglich auch der Bedarf an Traktionselektromotoren. Nur mit der rapiden Einführung innovativer Produkt- und Produktionstechnologien zur Sicherstellung einer zuverlässigen und effizienten Produktion elektrischer Traktionsantriebe können die Marktteilnehmer ihre Wettbewerbsfähigkeit auch nach dem disruptiven Wandel hin zur Elektromobilität erhalten.

Die innovative Hairpin-Statortechnologie, bei der biegesteife Kupferflachdrähte anstelle von biegeschlaffen Runddraht zur Spulenherstellung verwendet werden, kann im Bereich der elektrischen Traktionsantriebe als eine der notwendigen Produkt- aber auch Produktionsinnovation angesehen werden. Gleichwohl stellt die Hairpin-Statortechnologie die automobilen Marktteilnehmer immer noch vor große Herausforderungen: Denn aufgrund des disruptiven Wandels hin zur Elektromobilität besteht nur eine geringe Erfahrungsgrundlage mit der Großserienproduktion von elektrischen Antrieben. So sind die Anforderungen an neue und disruptive Produktionstechnologien – insbesondere bei der Hairpin-Statortechnologie – bei Beginn der Anlagenplanung noch größtenteils unbekannt.

Eine Möglichkeit zur Identifikation von Anforderungen ist die Nutzung von Anlagenprototypen, mit denen die Eigenschaften von Produktionslinien und damit das Verhalten der Produktionsprozesse erprobt werden können. Hierdurch kann die mangelnde Erfahrungs- und folglich auch Anforderungsgrundlage durch eine frühzeitige Anforderungsbestimmung bzw. -validierung verbessert werden.

Daher ist das Ziel der Dissertation, durch eine strukturierte Methodik für das Anforderungsmanagement disruptiver Großserienproduktionstechnologien einen Beitrag zur Effizienzsteigerung im skizzierten Betrachtungsfeld zu leisten. Die Methodik fußt auf der Lösungshypothese, hybride Anlagenprototypen zur Bestimmung von qualitätsrelevanten Anlagenanforderungen disruptiver Produktionstechnologien wie der Hairpin-Statortechnologie einzusetzen. Hybride Anlagenprototypen werden hierbei als eine Kombination aus realen und virtuellen Prototypen in einer Prozesskette angesehen und innerhalb der Methodik in sieben Lösungsmodulen definiert und effizient eingesetzt.

Das Ergebnis der Anwendung der Methodik sind Lastenhefte für Produktionsanlagen disruptiver Produktionstechnik, in denen zukünftig auftretenden Fehlern durch validierte Fehlervermeidungsanforderungen entgegengewirkt werden.

Kurzzusammenfassung in englischer Sprache

The transformation of automotive drive technology from the internal combustion engine to battery-electric drive is in full swing and can be described as a disruptive change. Due to societal demands for zero emissions and climate neutrality, reinforced by legislative measures and enabled by innovations in battery and electric motor technology, the sales figures for battery electric vehicles are increasing and consequently also the demand for electric traction motors. Only with the rapid introduction of innovative product and production technologies to ensure reliable and efficient production of electric traction drives can market players maintain their competitiveness even after the disruptive shift towards electromobility.

The innovative hairpin stator technology, which uses bend-resistant flat copper wires instead of limp round wire for coil production, can be seen as one of the necessary product but also production innovations in the field of electric traction drives. Nevertheless, hairpin stator technology still poses major challenges for automotive market players: Due to the disruptive shift towards electromobility, there is only a limited experience base with large-scale production of electric drives. Thus, the requirements for new and disruptive production technologies - especially in hairpin stator technology - are still largely unknown when plant and equipment planning begins.

One way of identifying requirements is to use production equipment prototypes, which can be used to test the characteristics of production lines and thus the behavior of production processes. In this way, the lack of experience and consequently also the lack of requirements can be improved by an early determination or validation of requirements.

Therefore, the goal of the dissertation is to contribute to an increase in efficiency in the outlined field of consideration by means of a structured methodology for the requirements management of disruptive large-scale production equipment. The methodology is based on the solution hypothesis of using hybrid production equipment prototypes to determine quality-relevant requirements of disruptive production technologies such as the hairpin stator technology. Hybrid production equipment prototypes are regarded as a combination of real and virtual prototypes in a production process chain and are defined and efficiently applied within the methodology in seven solution modules.

The result of the application of the methodology are requirements for production equipment of disruptive production technologies, in which errors occurring in the future are counteracted by validated error prevention requirements.

Inhaltsverzeichnis

Verzeichnis der Abbildungen

Verzeichnis der Tabellen

Verzeichnis der Abkürzungen

AC	Alternating Current
AfA	Abschreibung für Abnutzung
ASM	Asynchronmaschine
BEV	Battery Electric Vehicle
Bspw.	Beispielsweise
BWL	Betriebswirtschaftslehre
Bzgl.	Bezüglich
Bzw.	Beziehungsweise
Ca.	Circa
CAD	Computer Aided Design
CE	Concurrent Engineering
CEO	Chief Executive Officer
CU-ETP	Copper Electrolytic Tough Pitch
CU-OF	Copper Oxygen Free
D.h.	Das heißt
DC	Direct Current
DFA	Design for Assembly
DIN	Deutsches Institut für Normung
DSM	Design Structure Matrix
Dt.	Deutsch
Ebd.	Ebenda
EMF	Back Electromotive Force
Et al.	Et alii
Etc.	Et cetera
F&E	Forschung und Entwicklung
f.	Folgende

ff.	Fortfolgende
FMEA	Failure Mode and Effects Analysis
FSM	Fremderregte Synchronmaschine
Hrsg.	Herausgeber
Hrsg. v.	Herausgegeben von
IEEE	Institute of Electrical and Electronics Engineers
IPE	Integrierte Produkterstellung
IT	Informationstechnologie
Jg.	Jahrgang
KW	Kalenderwoche
kW	Kilowatt
NC	Numerical Control
NVH	Noise Vibration Harshness
o. V.	Ohne Verfasserangabe
OCT	Optische Kohärenztomografie
OEM	Original Equipment Manufacturer
PEEK	Polyetheretherketon
PEM	Lehrstuhl für Production Engineering of E-Mobility Component
PEP	Produktentstehungsprozess
PFO	Programmierbare Fokussieroptik
PHEV	Plugin Hybrid Electric Vehicle
PKW	Personenkraftwagen
Ppm	Parts per million
PS	Pferdestärken – Hier auch benutzt für: Prozessschritt
PSM	Permanenterregte Synchronmaschine
R&D	Research & Development
RFU	Relative Fluorescence Unit
RWTH	Rheinisch-Westfälisch Technische Hochschule Aachen
S.	Seite

SE	Simultaneous Engineering
SOP	Start of Production
u.a.	Unter anderem
UV	Ultraviolett
VDI	Verein Deutscher Ingenieure
VDMA	Verein Deutscher Maschinen- und Anlagenbauer
Verl.	Verlag
Vgl.	Vergleiche

1 Einleitung

Die weltweite Automobilindustrie ist mittlerweile schon über den Wendepunkt zur Elektromobilität hinaus – der Übergang von Verbrennungsmotoren hin zu batterieelektrischen Elektroantrieben ist kein mögliches Zukunftsszenario mehr, sondern klare Gewissheit.[1]

Da in vielen Ländern der Verbrennungsmotor zwischen 2030 und 2040 für Neufahrzeuge de-facto verboten werden soll,[2] müssen jetzt die notwendigen Rahmenbedingungen geschaffen, die richtigen Entwicklungsarbeiten angestoßen und die notwendigen Produktionskapazitäten ausgebaut werden, um in Zukunft noch im internationalen Wettbewerb erfolgreich zu sein.[3]

Im Folgenden soll zunächst auf die Ausgangssituation und Problemstellungen in der automobilen Antriebstechnologie eingegangen werden (Abschnitt 1.1). Aus dieser wird im nächsten Abschnitt 1.2 die Zielsetzung des Dissertationsvorhabens entwickelt. Ausgehend von einer wissenschaftstheoretischen Einordnung der Dissertation (Abschnitt 1.3) wird im letzten Abschnitt 1.4 in die Struktur der Dissertation eingeführt.

1.1 Ausgangssituation und Problemstellung

Die Transformation der automobilen Antriebstechnologie wird aktuell als so rapide und also technologisch und strukturell tiefgreifend wahrgenommen, dass sie als disruptiver Wandel bezeichnet werden kann.[4]

---

[1] *„Der Verbrennungsmotor hat bei Pkw keine Zukunft mehr, auch synthetische Kraftstoffe werden das nicht ändern"* Dudenhöffer (2021):; *„The Battery has won the race"* Herbert Diess (CEO Volkswagen), Diess (2021): VW Power Day; [zur Frage der Zukunft der Mobilität:] *„That's only electric. Hydrogen is a waste of time"*, Elon Musk (CEO Tesla). Vgl. Kampker (2019): Die Zukunft der Mobilität in Deutschland - Elektrisch, klimaneutral, wertschöpfend!; Vgl. Cornet et al. (2021): Why the automotive future is electric, S. 8; Vgl. Mosquet et al. (2018): The Electric Car Tipping Point, S. 4.

[2] In der Verodnung 2021/0197 im Rahmen des Programms ‚Fit für 55": auf dem Weg zur Klimaneutralität – Umsetzung des EU-Klimaziels für 2030' wird das EU-weite Flottenziel für CO_2-Emissionen von PKW ab dem Jahr 2035 gegegenüber dem Jahr 2021 um 100% reduziert. Vgl. Verordnung des europäischen Parlaments und des europäischen Rates (2021): 2021/0197(COD), S. 21; Beispielsweise planen die folgenden Länder Verbote von Vebrennungsmotoren in den Jahren: Kanada 2040, Kalifornien 2035, Norwegen 2025, Großbritannien 2035, Frankreich 2040. Vgl. Wappelhorst (2021): Update on government targets for phasing out new sales of internal combustion engine passenger cars, S. 10ff.

[3] Vgl. Kaul et al. (2019): Automobile Wertschöpfung 2030/2050, S. 21ff.

[4] Vgl. Christensen (2008): The innovator's dilemma, S. 159ff.; Vgl. Proff (2014): Management des Übergangs in die Elektromobilität, S. 8; Vgl. Kampker (2014): Herausforderungen disruptiver Innovationen am Beispiel der Elektromobilität; Vgl. Strathmann (2019): Elektromobilität Als Disruptive Innovation, S. 29f.;

Viele Automobilhersteller haben daher die Entwicklung und Produktion von batterieelektrischen Elektroantrieben in ihre Wertschöpfungskette integriert, um das etablierte Niveau der Wertschöpfung, Differenzierung und Qualitätsführerschaft zu erhalten.

Die Gründe für diese disruptive Transformation lassen sich einerseits auf sich verstetigende gesellschaftliche Ansprüche an Emissionsfreiheit und Klimaneutralität sowie den korrespondierenden gesetzgeberischen Maßnahmen zurückführen.[5] Andererseits ermöglichten auch erst technologische Innovationen in der Batterie- und Elektromotorentechnologie die Elektromobilität.[6] Verschärft wird diese Ausgangssituation noch durch neue Marktteilnehmer aus den USA und China, welche durch einen klaren Fokus auf batterieelektrische Antriebe einen hohen Innovationsdruck auf die klassische Automobilindustrie der vergangenen Jahrzehnte ausüben.

Aus den rapide steigenden Absatzzahlen von batterieelektrischen, aber auch hybriden Fahrzeugen folgt sowohl der zunehmende Bedarf an Batterien, aber auch nach elektrischen Traktionsmotoren. Um diesen Bedarf gerecht zu werden, müssen die Produktionskapazitäten der Automobilhersteller und -zulieferer mit dieser Entwicklung Schritt halten. Dabei stehen den Chancen der Elektromobilität auch die Risiken durch hohe Investitionen in Forschung und Entwicklung sowie in neue Produktionssysteme entgegen. Der Aufbau einer rentablen Produktionslinie, die gleichzeitig den hohen Qualitätsanforderungen im Umfeld der deutschen Automobilproduktion gerecht werden muss, wird dabei als eine der zentralen Herausforderungen angesehen.[7]

Die steigende Nachfrage nach Elektrofahrzeugen erfordert zum einen neue Produkttechnologien, die in der Lage sind, die Anforderungen des Einsatzes im Automobil hinsichtlich Reichweite, Effizienz, Bauraum und Kostenwirtschaftlichkeit im Gegensatz zu Verbrennungsmotoren zu erfüllen. Zum anderen bedarf es neben der reinen Produktionskapazität auch neue Produktionstechnologien mit hohem Automatisierungspotenzial, um in hohen Stückzahlen kosteneffizient und hoher prozessstabil produzieren zu können.[8] Die disruptive Transformation erfordert schlussendlich auch neue Managementkonzepte, um dieser neuen Marktsituation gerecht zu werden.

Zur Erreichung von zukünftigen Wettbewerbsvorteilen kommt der Time-to-Market bzw. vor allem der Time-to-volume eine entscheidende Rolle zu. Automobilhersteller müssen neue technische Lösungen auf Produkt-, wie auch Produktionsseite schnell auf ein serienreifes Niveau bringen. Nur durch schnelle Marktreife können Absatzpotenziale genutzt und durch den Gesetzgeber abgesteckte Flottenkennwerte eingehalten werden.[9] Der Faktor Zeit hat in der Automobilindustrie gegenüber den Faktoren Kosten und Qualität stark an Bedeutung gewonnen.

[5] Vgl. Kampker et al. (2018): Elektromobilität, S. 25; Vgl. Cornet et al. (2021): Why the automotive future is electric, S. 5.

[6] Vgl. Doppelbauer (2020): Grundlagen der Elektromobilität, S. 13.

[7] Vgl. Wissmann (2012): Erfolgsfaktor Qualität, S. 23.

[8] Vgl. Halwas et al. (2020): Influences of Design and Manufacturing on the Performance of Electric Traction Drives, S. 488f.

[9] Vgl. Schweikl (2020): CO2 Emissions are Increasing. Car Makers Must Act., S. 13.

Bezogen auf das Produkt selbst, stellt der Elektromotor, neben der Batterie, die Kernkomponente des elektrischen Antriebsstrangs von Elektrofahrzeugen dar.[10] Daher soll sich die vorliegende Dissertation auf den Elektromotor fokussieren.

Nach den Erkenntnissen der Serienproduktion der ersten Generation von Elektromotoren im Kontext der Elektromobilität, wurde insbesondere der Stator in den Fokus der Entwicklungsbestrebungen gestellt, da er als besonders relevant für eine wirtschaftliche Produktion identifiziert wurde.[11] Diese Relevanz ist dadurch zu begründen, dass produktionsseitig lange Anlaufzeiten, hohe manuelle Aufwände in der Produktion sowie hohe Ausschussraten die Wirtschaftlichkeit mindern und so einen besonderen Handlungsbedarf begründen.[12]

Als Reaktion auf die Erkenntnisse und den Handlungsbedarf hat sich die innovative Hairpin-Statortechnologie, bei der biegesteife Kupferflachdrähte anstelle von biegeschlaffen Runddraht zur Spulenherstellung verwendet werden, im Bereich der elektrischen Traktionsantriebe als vielversprechende Alternative für die nächste Generation an Antrieben etabliert.[13] Sie verbindet ein Potenzial zur Erhöhung der Leistungsdichte und zur Reduzierung der Produktionskosten mit der Fähigkeit, effizienter in höheren Stückzahlen produziert zu werden.[14] Frühere personalintensive Handarbeit für die Kontaktierung der Statoren und eine Anordnung in einer Arbeitsplatzmontage können nun durch vollautomatisch verkettete Produktionslinien ersetzt werden.[15] So können durch die Hairpin-Statortechnologie kurze Taktzeiten und hohe Automatisierungsgrade mit einer hohen Prozessstabilität ähnlich der Produktion eines Verbrennungsmotors realisiert werden.[16] Aufgrund der hohen Relevanz wird die Hairpin-Statortechnologie sowie die zugehörige Hairpin-Statorproduktionstechnologie als das Betrachtungsobjekt der vorliegenden Dissertation definiert.

Die Hairpin-Statortechnologie stellt die Automobilhersteller und -zulieferer jedoch immer noch vor große Herausforderungen.[17] So erfordern noch hohe Ausschussraten und lange Anlaufzeiten den Bedarf nach weiteren Entwicklungs- und Verbesserungsmaßnahmen. Die zentralen Gründe für diese aktuellen Herausforderungen liegen jedoch nicht allein in der

[10] Vgl. Tschöke (2015): Die Elektrifizierung des Antriebsstrangs, S. 37; Vgl. Kampker (2014): Elektromobilproduktion, S. 13.

[11] Vgl. Kampker et al. (2018): Herausforderung Hairpintechnologie Technologieschub für OEMs und Anlagenbauer, S. 63.

[12] Ebd., S. 63; Vgl. Werke et al. (2019): High volume production of Electric Machines, S. 36; Vgl. Kampker et al. (2018): Ex-Ante Process-FMEA for Hairpin Stator Production by Early Prototypical Production Concepts, S. 1.

[13] Beispielsweise nutzen folgende Fahrzeuge diese Technologie: Toyota Prius, Porsche Taycan, BMW iX3, Tesla Model Y

[14] Vgl. Jung et al. (2012 - 2012): Optimum Design of the Electric Vehicle Traction Motor Using the Hairpin Winding, S. 1ff.; Vgl. Fleischer et al. (2017): Flexible Fertigung von Elektromotoren für Fahrzeuge.

[15] Ebd.

[16] Vgl. Kampker et al. (2018): Herausforderung Hairpintechnologie Technologieschub für OEMs und Anlagenbauer, S. 62ff.; Vgl. Kampker et al. (2018): Ex-Ante Process-FMEA for Hairpin Stator Production by Early Prototypical Production Concepts, S. 1f.; Vgl. Fleischer et al. (2017): Flexible Fertigung von Elektromotoren für Fahrzeuge.

[17] Vgl. Halwas et al. (2019 - 2019): Coherences Between Production Technology and Performance of Electric Traction Drives, S. 5; Vgl. Kampker et al. (2018): Herausforderung Hairpintechnologie Technologieschub für OEMs und Anlagenbauer, S. 62f.; Vgl. Riedel et al. (2018): Challenges of the Hairpin Technology for Production Techniques, S. 2471ff.

Technologie selbst, sondern sind vor allem durch die Rahmenbedingungen des disruptiven Wandels begründbar.

So erfordert die skizzierte Marktsituation den rapiden Hochlauf der Elektromotorenproduktion, um der steigenden Kundennachfrage zu entsprechen, obwohl bei den Marktteilnehmern im Gegensatz zu Verbrenner- und Getriebeproduktion nur eine geringe Erfahrungsgrundlage besteht.[18] Die geringe Erfahrungsgrundlage drückt sich dabei in einer unbekannten Anforderungsgrundlage an die Produktionsanlagen aus.[19] So sind die Anforderungen an neue und disruptive Produktionstechnologien – insbesondere bei der Hairpin-Statortechnologie – bei Beginn der Anlagenplanung noch größtenteils unbekannt.[20] Das bedeutet, dass mögliche Technologiealternativen, Qualitätsmerkmale sowie häufige Fehlerbilder noch unbekannt sind und so nicht auf diese durch Anforderungen an die Produktionsanalgen reagiert werden kann.

Aus dieser Situation resultiert dann ein Spannungsfeld, in dem auf der eine Seite die zusätzlichen kostenseitigen und zeitlichen Investitionen in die Produkt- und Produktionstechnologieentwicklung vor der eigentlichen Industrialisierung stehen. Die andere Seite des Spannungsfeldes bildet die Entscheidung zur fortschreitenden Industrialisierung trotz einer geringen Erfahrungsgrundlage, was zunächst zu einem niedrigeren Kosten- und Zeitaufwand, aber in späterem Verlauf zu Effizienzdefiziten führen kann.[21]

Die vorliegende Dissertation setzt an dieser Stelle an und soll einen wissenschaftlichen Beitrag dazu leisten, das skizzierte Spannungsfeld bei disruptiven Produktionstechnologien mit Hinblick auf das prototypengestützte Anforderungsmanagement zunächst strukturiert zu ergründen, um dann eine methodische Unterstützung zur optimierten Entscheidungs- und Lösungsfindung zu geben.

[18] Vgl. Kampker et al. (2017): Anlauf disruptiver Produkte, S. 58.

[19] Vgl. Proff (2014): Radikale Innovationen in der Mobilität, S. 8; Siehe auch Abschnitt 3.1

[20] Vgl. Fleischer et al. (2021): Production-oriented design of electric traction drives with hairpin winding, S. 169; Vgl. Jung (2006): Anforderungsklärung in interdisziplinärer Entwicklungsumgebung, S. 7.

[21] Die Effizienzdefizite in der industriellen Praxis werden innerhalb von Kapitel 2 strukturiert analysiert und in Abschnitt 3.1. vor dem Hintergrund der identifizierten Effizienzdefizite zum Handlungsbedarf aus der industriellen Praxis entwickelt.

1.2 Zielsetzung des Dissertationsvorhabens

Die übergeordnete Zielsetzung dieser Dissertation ist es die eingangs skizzierte Ausgangssituation in der Elektromotorenproduktion[22] im Spannungsfeld der disruptiven Transformation aufzugreifen und durch die zu entwickelnde Methodik zum Einsatz hybrider Prototypen im Anforderungsmanagement disruptiver Produktionstechnik der Elektromotorenproduktion einen Beitrag zur effizienten Industrialisierung ebendieser zu leisten.

Die Methodik soll somit die in Abschnitt 1.1 dargestellten Praxisdefizite der unbekannten Anforderungsgrundlage der disruptiven Produktionstechnik aufheben, indem durch die Steigerung der Effizienz im Produktionsentwicklungsprozess mit Fokus auf die Anforderungsstellung und -validierung durch hybride Prototypen eine verbesserte Anforderungsgrundlage geschaffen wird, die schlussendlich auch zu einer gesteigerten Effizienz im Produktionsanlauf führt. Die gesteigerte Effizienz im Produktentstehungsprozess soll in den Zieldimensionen Kosten, Zeit und Qualität erreicht werden. Mit einer Validierung anhand einer Praxisstudie soll die Praktikabilität für den Einsatz in der industriellen Praxis gewährleistet werden.

Somit lässt sich die übergeordnete Zielsetzung wie folgt formulieren:

> Ziel der Dissertation ist die Entwicklung einer Methodik zum Einsatz hybrider Prototypen im Anforderungsmanagement disruptiver Produktionstechnik der Elektromotorenproduktion zur Steigerung der Effizienz im Produktentstehungsprozess

Um das übergeordnete Ziel zu erreichen, wird dieses in **vier Teilziele** untergliedert:

- Aufbereitung der Grundlagen des Betrachtungsbereiches zu den Themengebieten der Elektromotorentechnologie und -produktion, zur disruptiven Hairpin-Statortechnologie sowie zu Qualitätsmerkmalen, qualitätsrelevanten Zusammenhängen und der Rolle von Prototypen im Kontext des Anforderungsmanagements für Großserienproduktionsanlagen
- Erarbeitung der Grundlagen des Gestaltungsbereiches und Bewertung bestehender Ansätze im Themenfeld durch eine Betrachtung wissenschaftlicher Ansätze zur Technologieplanung, zum Anforderungs- und Anlaufmanagement, zu prototypenbasierten Entwicklungsprozessen sowie zur Rolle von hybriden Prototypen
- Entwicklung und Detaillierung einer Methodik zum Einsatz hybrider Prototypen im Anforderungsmanagement disruptiver Produktionstechnik der Elektromotorenproduktion
- Validierung der Methodik anhand einer Praxisstudie zum Thema der disruptiven Produktionstechnik am Beispiel der Hairpin-Statortechnologie

[22] Die Elektromotorenproduktion wird hierbei auf die Produktion von elektrischen Traktionsmaschinen in einem Leistungsbereich von 25-300 kW im Kontext der Elektromobilität eingegrenzt.

Der explorative Forschungsansatz nach KUBICEK empfiehlt es, zur Eingrenzung des Betrachtungsbereichs und auf Basis der theoretischen Probleme der Praxis grundlegende Forschungsfragen zur Absicherung des Forschungsprozesses zu entwickeln.[23]
Die **handlungsleitende Forschungsfrage** dieser Dissertation lässt sich demnach aufbauend auf der zuvor aufgeführten Zielsetzung wie folgt definieren:

„Wie können hybride Prototypen das Anforderungsmanagement disruptiver Großserienproduktionstechnologien in der Schnittstelle zwischen Prozessentwicklung und Anlagenbau unterstützen, um einen effizienten Produktionsanlauf zu gewährleisten?“

1.3 Wissenschaftstheoretische Einordnung der Arbeit

Im folgenden Abschnitt soll eine Einordnung der vorliegenden Dissertation in die Wissenschaften erfolgen sowie das methodische Vorgehen in der Wissenschaftstheorie verortet werden. Die Notwendigkeit zur Einordnung folgt daher, dass jede Wissenschaft ein Selbstverständnis darüber entwickelt, welchen Ausschnitt der Wirklichkeit sie in ihren Theorien und Modellen erfassen und erklären will. Hierzu werden jeweils Objekt- oder Gegenstandsbereiche definiert, die dem Zweck dienen, sich ein operationales Betätigungsfeld abzustecken und so eine Abgrenzung gegenüber anderen wissenschaftlichen Disziplinen vorzunehmen.[24]

Die bestehenden Wissenschaften können nach ULRICH UND HILL grundlegend innerhalb der Wissenschaftssystematik in die Formal- sowie Realwissenschaften untergegliedert werden (Siehe dazu Abbildung 1-1).[25]

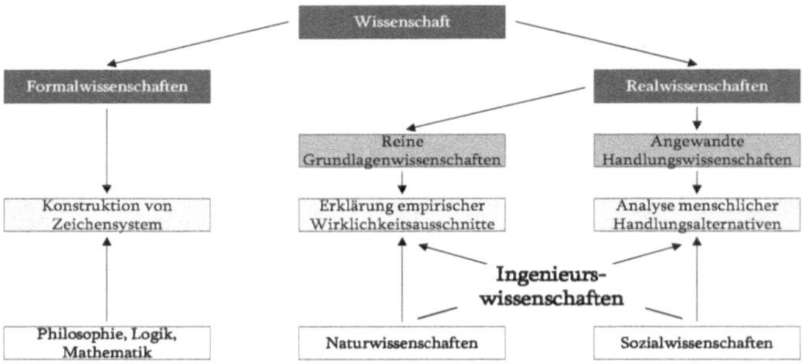

Abbildung 1-1: Einordnung der Ingenieurswissenschaften in die Wissenschaftssystematik[26]

[23] Vgl. Kubicek (1976): Heuristische Bezugsrahmen und heuristisch angelegte Forschungsdesign als Elemente einer Konstruktionsstrategie empirischer Forschung, S. 25.

[24] Vgl. Schwarz et al. (1979): Morphologie von Kooperationen und Verbänden, S. 4; Vgl. Wegehaupt (2004): Führung von Produktionsnetzwerken, S. 4.

[25] Vgl. Ulrich et al. (1976): Wissenschaftstheoretische Grundlagen der Betriebswirtschaftslehre, S. 305; Vgl. Wöhe et al. (2016): Einführung in die allgemeine Betriebswirtschaftslehre.

[26] Eigene Darstellung in Anlehnung an Vgl. Ulrich et al. (1976): Wissenschaftstheoretische Grundlagen der Betriebswirtschaftslehre, S. 305.

Das Ziel der Formalwissenschaften ist es, Zeichensysteme und Regeln für diese zu identifizieren, die zur formal richtigen Verwendung der Elemente der Zeichensysteme und Regeln führen sollen (Mathematik, Philosophie oder Logik).[27] Folglich sind formale Systeme der Untersuchungsgegenstand. Aussagen der Formalwissenschaften resultieren aus theoretischen Konstrukten, deren Gültigkeit in der Praxis weder beobachtet noch widerlegt werden können. Aufgrund des mangelnden Bezugs zu real existierenden Objekten, muss die Richtigkeit der Erkenntnisse durch die Suche nach theoretischen Widersprüchen erfolgen.[28]

Im Gegensatz dazu ist das Ziel der Realwissenschaften die Beschreibung, Erklärung und Gestaltung empirisch wahrnehmbarer und nachweisbarer Wirklichkeiten.[29] Der Untersuchungsgegenstand der Realwissenschaften sind empirische Wirklichkeitsausschnitte – folglich Objekte, die in der Realität beobachtbar sind. Die Realwissenschaften können wiederum in reine Grundlagenwissenschaften sowie in angewandte Handlungswissenschaften gegliedert werden. Innerhalb der reinen Grundlagenwissenschaften stehen Erklärungsmodelle für Wirklichkeitsausschnitte im Fokus. Die reinen Grundlagenwissenschaften beinhalten die Naturwissenschaften wie die Astronomie, Physik, Chemie oder Biologie.

Die „angewandten“ Wissenschaften hingegen fokussieren auf die Analyse menschlicher Handlungsalternativen zwecks Gestaltung sozialer und technischer Systeme, sodass vorrangig Entscheidungsmodelle bzw. Entscheidungsprozesse entwickelt werden. Hieraus resultiert daher in der Praxis auch die Bezeichnung „Handlungswissenschaften". Zu den angewandten Wissenschaften werden im gesellschaftlichen Bereich die angewandten Sozialwissenschaften gezählt, zu denen auch die Betriebswirtschaftslehre (BWL) zugerechnet werden kann.

Die Ingenieurwissenschaften sind weder eindeutig den Grundlagenwissenschaften noch den Handlungswissenschaften zuordenbar.[30] Zwar gibt es eine Vielzahl an grundlagenorientierten Forschungsbereichen in den Ingenieurwissenschaften[31], jedoch wird die vorliegende Dissertation, dem systemtheoretischen Leitbild nach ULRICH folgend, in die angewandten Wissenschaften eingeordnet. Denn im Gegensatz zu den faktortheoretischen Leitbild GUTENBERGS sowie dem entscheidungsorientierten Leitbild von HEINEN, gilt der systemtheoretische Ansatz nach ULRICH als praxisnah, offen und integrativ und weist eine große Nähe zu den Ingenieurwissenschaften auf.[32] Er versteht sich nicht als reine Theorie, sondern gilt angewandte, den realen Problemstellungen nachgehende Unternehmensführungslehre und wird auch als interdisziplinären Führungslehre verstanden.[33] Der organisationstheoretische Bereich der Ingenieurwissenschaften, dem die vorliegende Dissertation aufgrund ihres Fokus

---

27 Ebd., S. 305.

28 Vgl. Schanz (1987): Wissenschaftstheoretische Grundfragen der Führungsforschung, S. 2039.

29 Vgl. Ulrich et al. (1976): Wissenschaftstheoretische Grundlagen der Betriebswirtschaftslehre, S. 305.

30 Vgl. Ulrich (1971): Der systemorientierte Ansatz in der Betriebswirtschaftslehre, S. 47.

31 Vgl. Ulrich et al. (1976): Wissenschaftstheoretische Grundlagen der Betriebswirtschaftslehre, S. 305; Vgl. Zohm (2004): Management von Diskontinuitäten, S. 6; Vgl. Schleyer (2006): Erfolgreiches Kooperationsmanagement im Werkzeugbau, S. 6.

32 Vgl. Ulrich et al. (1976): Wissenschaftstheoretische Grundlagen der Betriebswirtschaftslehre, S. 307f.

33 Vgl. Zohm (2004): Management von Diskontinuitäten, S. 6f; Vgl. Schanz (1979): Betriebswirtschaftslehre als Sozialwissenschaft; Vgl. Wunderer (1995): Betriebswirtschaftslehre als Management- und Führungslehre.

auf das Produktionsmanagement zuzuordnen ist, greift auf Aspekte aus der Betriebswirtschaftslehre zurück und wird dabei als Führungs-, Organisations- und Managementlehre verstanden, die zum Ziel hat, der Praxis einen unmittelbaren Nutzen zu stiften.[34]

Aufbauend auf der Einordnung der Dissertation in die Wissenschaftssystematik soll im Folgenden die Forschungsmethodologie also die Vorgehensweise zum Erlangen des Erkenntnisgewinns definiert werden.[35] Nach POPPER ist die Aufgabe der Wissenschaft einen Beitrag zur Lösung des Problems „die Welt zu verstehen" zu liefern.[36] Dementsprechend beginnt die Erkenntnis nach POPPER „nicht mit der Wahrnehmung oder Beobachtung oder der Sammlung von Daten oder von Tatsachen, sondern sie beginnt mit Problemen".[37] Leitende Motive für die Problemauswahl sind vor allem erklärungsbedürftige Phänomene in der Praxis sowie Differenzen zwischen Theorie und Beobachtung und bilden so den Ausgangspunkt der Erkenntnis.[38]

Auch das vorliegende Dissertationsvorhaben befasst sich mit aktuellen Fragestellungen, die innerhalb der Praxisberatung entstanden sind. Die Formulierung der Problemstellung der vorliegenden Dissertation fußt auf den Erkenntnissen aus Forschungs- und Beratungsprojekten des Autors in der Elektromotorenproduktion im Maschinen- und Anlagenbau sowie im Prototyping im Kontext der Automobilindustrie. Die Erfahrungen wurden im Rahmen der Zeit als wissenschaftlicher Mitarbeiter und Forschungsgruppenleiter für die Elektromotorenproduktion am Lehrstuhl für Production Engineering of E-Mobility Components PEM der RWTH Aachen gemacht. Dementsprechend resultiert daher auch der direkte Praxiszusammenhang der zugrundeliegenden Problemstellung der Dissertation.

Dem Verständnis der problemorientierten Forschung nach POPPER folgend, gilt es die relevanten Fragestellungen der industriellen Praxis zu identifizieren. So orientiert sich die vorliegende Dissertation an der Forschungsmethodologie der explorativen Forschung. Der explorative Forschungszyklus nach TOMCZAK soll daher zur explorativen sowie iterativen Detaillierung des heuristischen Bezugsrahmens innerhalb eines iterativen Lernprozesses genutzt werden.[39] Innerhalb des Forschungszyklus sollen die relevanten Fragen an die Realität und folglich auch die zugrundeliegende Problemstellung ermittelt werden. Im Forschungszyklus werden ausgehend von einem theoretischen Verständnis Fragen an die Realität gestellt, Daten zu dieser gesammelt und das Realitätsbild kritisch reflektiert. Hierauf basierend können praxisrelevante Problemstellungen differenziert und abstrahiert werden und als Grundlage für die Forschung dienen. Diese soll zur Ableitung wissenschaftlicher Aussagen führen und soll Orientierungshilfen zur Lösung weiterer praktischer Probleme liefern (siehe

[34] Vgl. Ulrich et al. (2001): Systemorientiertes Management; Vgl. Wegehaupt (2004): Führung von Produktionsnetzwerken, S. 5; Vgl. Schleyer (2006): Erfolgreiches Kooperationsmanagement im Werkzeugbau, S. 6.

[35] Nach SCHANZ ist die Erweiterung der Erkenntnis das Ziel einer jeden Wissenschaft. Vgl. Schanz (1988): Methodologie für Betriebswirte, S. 9.

[36] Vgl. Popper (1996): Die Logik der Forschung, S. 16.

[37] Popper (1978): Die Logik der Sozialwissenschaften, S. 104.

[38] Vgl. Ulrich (1984): Die Betriebswirtschaftslehre als anwendungsorientierte Sozialwissenschaft, S. 172.

[39] Vgl. Tomczak (1992): Forschungsmethoden in der Marketingwissenschaft. Ein Plädoyer für den qualitativen Forschungsansatz, S. 83f.Vgl. Kubicek (1976): Heuristische Bezugsrahmen und heuristisch angelegte Forschungsdesign als Elemente einer Konstruktionsstrategie empirischer Forschung, S. 13.

dazu Abbildung 1-2). Die Lösung der abstrahierten praxisrelevanten Probleme soll dabei theoriegeleitet und unter Zuhilfenahme wissenschaftlicher Methoden erfolgen.

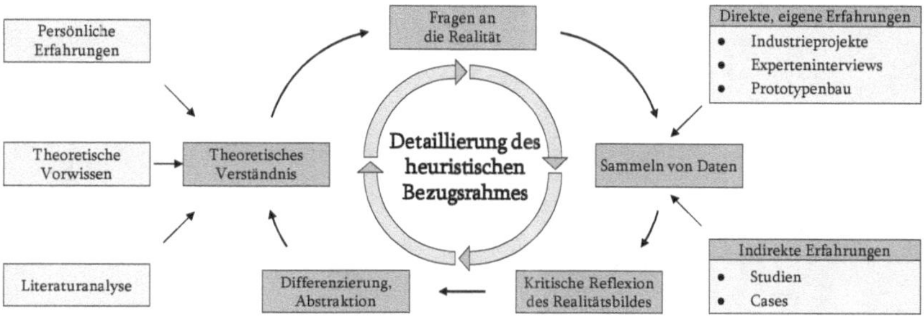

Abbildung 1-2: Methodik des Forschungsvorgehens[40]

Der zuvor eingeführte heuristische Bezugsrahmen steht wie auch in Abbildung 1-2 dargestellt, im Mittelpunkt des Forschungsvorhebens dieser Dissertation. Ausgehend von Praxiserfahrungen (siehe hierzu den Forschungszyklus nach TOMCZAK), die nicht ausreichend verstanden werden oder ein nur unzureichend beherrschtes Phänomen der Praxis darstellen, wird der heuristische Bezugsrahmen gebildet, um die einzelnen Teilprobleme, Phänomene und Elemente zu strukturieren und ihr Zusammenwirken erklärbar zu machen.[41]

Der heuristische Bezugsrahmen wird übergeordnet vom Ziel der Effizienzsteigerung im Produktentstehungsprozess im Kontext des disruptiven Wandels in der Automobilindustrie hin zur Elektromobilität geleitet (siehe Abbildung 1-3). Die Veränderungen und ihr Zusammenwirken wie der disruptive Wandel der Automobilindustrie hin zur Elektromobilität, die Elektromotorenproduktion sowie in diesem Kontext auch die Rolle des Maschinen- und Anlagenbaus stehen auf der linken Seite des Bezugsrahmens und bilden somit den Ausgangspunkt der Betrachtung. Die Steigerung der Effizienz im Produktentstehungsprozess soll ausgehend von den Neuproduktentwicklungen im Kontext des skizzierten Ausgangspunktes bis hin Produktionsanlauf untersucht werden. Dabei soll die Rolle des Anforderungsmanagements, die des Technikums mit Prozess- und Anlagenprototypen und ihr Zusammenspiel

[40] Ebd., S. 14; Vgl. Tomczak (1992): Forschungsmethoden in der Marketingwissenschaft. Ein Plädoyer für den qualitativen Forschungsansatz, S. 83f.

[41] Vgl. Kubicek (1976): Heuristische Bezugsrahmen und heuristisch angelegte Forschungsdesign als Elemente einer Konstruktionsstrategie empirischer Forschung, S. 16; Vgl. Tomczak (1992): Forschungsmethoden in der Marketingwissenschaft. Ein Plädoyer für den qualitativen Forschungsansatz, S. 84.

mit Simulationen durch die zu entwickelnde Methodik im Zentrum des heuristischen Bezugsrahmens erklärt, genauer definiert und zur Anwendung gebracht werden.

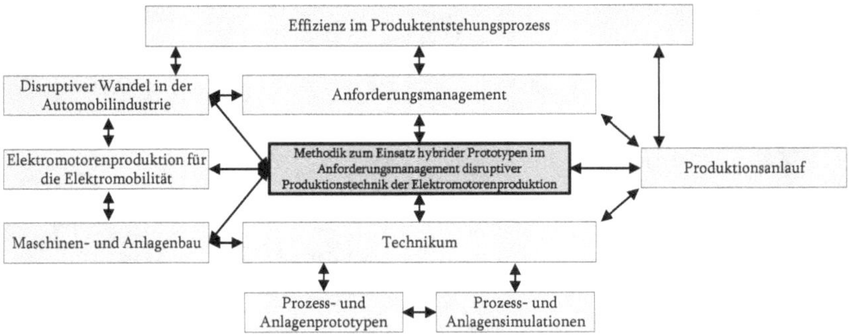

Abbildung 1-3: Heuristischer Bezugsrahmen der Dissertation

1.4 Struktur der Dissertation

In Anlehnung an die ‚Strategie der angewandten Forschung' nach ULRICH ist die vorliegende Dissertation in sieben Kapitel gegliedert. Wie bereits in Abschnitt 1.3 herausgestellt wurde, wurde ein Forschungsvorgehen gewählt, das zur Lösung von Problemen aus der Praxis beiträgt. Dazu wird zunächst im ersten Kapitel in die Thematik eingeführt, in dem die Ausgangssituation und Problemstellung sowie die resultierende Zielsetzung des Dissertationsvorhabens dargelegt wird.

Im zweiten Kapitel wird zunächst in die Grundlagen des Betrachtungsbereiches eingeführt und durch die Diskussion und Definitionen von zentralen Begriffen ein einheitliches Begriffsverständnis hergestellt. Dabei sollen die Grundlagen des Betrachtungsbereiches ein präziseres Verständnis der Problemstellung, Methodenauswahl und der konzeptionellen Entwicklung im Rahmen der Bearbeitung der Forschungsfragestellung sorgen. Darüber hinaus werden aufbauend auf der in Abschnitt 1.1 eingeführten Ausgangssituation, in den jeweiligen Grundlagen des Betrachtungsbereich die Problemstellungen der Praxis identifiziert. Hierzu wird auf eine vom Autor erhobene Studie zurückgegriffen.

Das dritte Kapitel beginnt mit der Identifikation des Praxisdefizits, welches auf die zuvor dargestellten Problemstellungen aus der Praxis zurückgreift und diese miteinander verknüpft. Ausgehend vom Praxisdefizit wird das Theoriedefizit durch die Bewertung bestehender Ansätze aus der wissenschaftlichen Forschungsliteratur identifiziert. Die Kriterien hierzu werden aus der Zielsetzung der vorliegenden Dissertation sowie aus dem Praxisdefizit gebildet.

Im vierten Kapitel wird ausgehend von den inhaltlichen und formalen Anforderungen die Aufbau- und Ablaufstruktur konzeptioniert. Das Kapitel schließt mit einer Einführung in die Module der Gesamtmethodik.

Den Kern der vorliegenden Dissertation bildet das fünfte Kapitel, welches die Detaillierung der Methodik enthält. Hierin werden die einzelnen Module konsekutiv vorgestellt, wobei zunächst jeweils auf die Gestaltung der Module eingegangen wird, bevor das anwendungsorientierte Vorgehen beschrieben wird.

Das sechste Kapitel umfasst die Evaluierung der Methodik durch die Anwendung dieser in der industriellen Praxis des Betrachtungsobjektes im Anwendungszusammenhang. Durch die Validierung sollen Erkenntnisse über die Anwendbarkeit und Plausibilität gewonnen werden. Gleichzeitig sollen auch die gewonnenen Ergebnisse aus der Anwendung der Methodik im Betrachtungsumfeld einen Beitrag in diesem liefern.

Im siebten Kapitel werden die wichtigsten Erkenntnisse aus den vorherigen Kapiteln zusammengefasst und vor dem Hintergrund der Erfüllung der Forschungsfragen evaluiert. Die Dissertation endet mit einem Ausblick auf den zukünftigen Forschungsbedarf im Themenfeld.

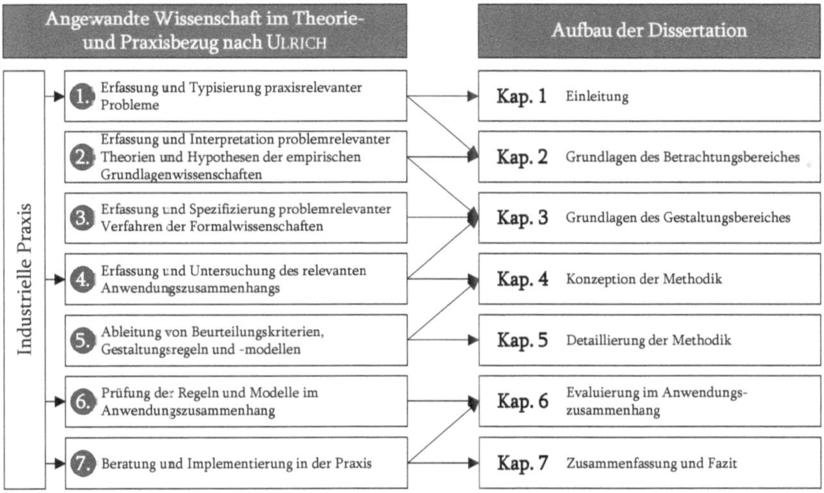

Abbildung 1-4: Struktur der Dissertation[42]

[42] In Anlehnung an ULRICH. Vgl. Ulrich et al. (1984): Management, S. 193.

2 Grundlagen des Betrachtungsbereiches

Das inhaltliche Ziel des zweiten Kapitels liegt in der Herleitung der Grundlagen des Handlungsbedarfes aus der industriellen Praxis, welche gleichzeitig zur Erstellung des Anforderungskataloges an die zu entwickelnde Methodik dienen. Im nachfolgenden Kapitel drei werden dann die Praxisdefizite zusammengeführt und analysiert, sodass der Handlungsbedarf vollumfänglich dargestellt werden kann. Im vorliegenden Kapitel sollen als Ausgangspunkt für die weiteren Kapitel auch die wesentlichen Begriffe im Kontext der Dissertation definiert werden, um ein einheitliches Begriffsverständnis zu schaffen. Weiterhin werden in diesem Kapitel die theoretischen Grundlagen, die für das Verständnis der stattfindenden Argumentation im Kontext der zu entwickelnden Methodik notwendig sind, ausgeführt.

2.1 Elektromotor- und Statortechnologien für die Elektromobilität

Wie bereits in Kapitel 1 eingeführt, stellt die Hairpinstatorproduktion mit dem Produkt des Hairpinstators als Elektromotorenkomponente das Betrachtungsobjekt der vorliegenden Dissertation dar. Aus diesem Grund soll der Hairpin-Stator in den Kontext der Produkttechnologien von Elektromotoren eingeordnet werden.

Vor diesem Hintergrund wird in den folgenden Abschnitten zunächst auf die begrifflichen Definitionen sowie die Funktionsweise und den allgemeinen Aufbau von Elektromotoren für die Elektromobilität eingegangen. Weiterhin wird ein besonderer Fokus auf die Stator- und Wicklungstechnologie gelegt.

2.1.1 Begriffliche Definitionen im Kontext des Elektromotors

Nach SCHANZ erfordert die Beschreibung eines realen Sachverhaltes sowie das wissenschaftliche Arbeiten ein präzises und eindeutiges Verständnis aller verwendeten relevanten Begrifflichkeiten.[43] So werden viele Begriffe im allgemeinen Sprachgebrauch verwendet, jedoch variieren die Definitionen und folglich auch das individuelle Verständnis der Begriffe in Abhängigkeit vom jeweiligen Kontext. Je nach Anwendungsfall liegen teils nuancierte, teils erhebliche Unterschiede im Begriffsverständnis vor. Eine wissenschaftliche Untersuchung eines Sachverhaltes setzt eine eindeutige Definition der verwendeten Begriffe voraus.[44]

Im allgemeinen Sprachgebrauch wird der Begriff der elektrischen Maschine oft vereinfacht mit dem Begriff des Elektromotors synonym verwendet. Zwischen diesen Begriffen ist allerdings zu differenzieren, da es einen grundlegenden Unterschied zwischen diesen beiden Begriffen gibt.

[43] Vgl. Schanz (1988), Methodologie für Betriebswirte, S. 17

[44] Vgl. Kromrey (2002): Empirische Sozialforschung, S. 166; Schanz (1988): Methodologie für Betriebswirte, S. 17.

Elektromotoren wandeln elektrische Energie zuerst in elektromagnetische Energie und anschließend in mechanische Energie um. Dahingegen sind *elektrische Maschinen* in der Lage, diese Energiewandlung auch invers durchzuführen und die mechanische Energie zunächst in elektromagnetische Energie, dann in mechanische Energie und anschließend wieder in elektrische Energie umzuwandeln. Dieser Betriebszustand wird Generatorbetrieb genannt und dient beim Fahren eines Kraftfahrzeugs zur Energie-Rückgewinnung beim Bremsen oder beim Befahren eines Gefälles. Die Energierückgewinnung wird auch als Rekuperation bezeichnet.[45] Dennoch wird in Abhängigkeit vom primären Einsatzzweck zwischen (1) Motor und (2) Generator unterschieden.[46]

Da die Ansprüche an die Herstellung und die Prinzipien der Funktionsweise sowohl bei motorischem, als auch im generatorischen Betrieb nahezu identisch sind, wird der Begriff der elektrischen Maschine mit dem des Elektromotors aufgrund der synonymen Verwendung in der Industrie vor dem Hintergrund des Fokus auf die Produktionsplanung und -technik in der vorliegenden Arbeit gleichgesetzt.

In einem Kraftfahrzeug (Personenkraftwagen – PKW) werden eine Vielzahl von Elektromotoren verwendet[47], allerdings soll der Fokus dieser Arbeit auf den Elektromotoren liegen, die zum Antrieb des Fahrzeuges dienen. Diese werden als elektrische Fahr- oder *Traktionsmotoren* bezeichnet.[48] Elektrische Traktionsmotoren in Elektrofahrzeugen haben im Gegensatz zu den Elektromotoren in Nebenaggregaten kostenseitig einen hohen Wertbeitrag am Fahrzeug und haben produktseitig entscheidenden Einfluss auf die Leistungsdaten und die Reichweite. Daher stehen sie im Fokus von produkt- und produktionsseitigen Optimierungsbestrebungen, wozu auch die vorliegende Arbeit einen Beitrag leisten soll.

Der *elektrische Antriebstrang* eines Automobils hat die Aufgabe, das zum Fahren sowie zum Bremsen notwendige Drehmoment im gesamten im Betrieb auftretenden Drehzahlbereich zur Verfügung zu stellen.[49] In der automobilen Anwendung gibt es eine Vielzahl an Konfigurationsmöglichkeiten zur Positionierung des Elektromotors im elektrischen Antriebsstrang, die einen wesentlichen Einfluss auf die Topologie des Elektromotors haben. Maßgeblich für die Auswahl der Topologie sind neben strategischen Faktoren das Verhältnis aus Länge zur Breite des zu Verfügung stehenden Bauraums, die Anforderungen an die Leistungsdichte und Effizienz sowie Anforderungen an Drehmomentenwelligkeiten und Schleppmomenten, welche zu Vibrationen und Geräuschemissionen führen können.[50]

Elektromotoren nehmen auch in vielen Bereichen des Alltags und der Industrie eine wichtige Rolle ein. Von Kleinstmotoren, mit einer Leistung von weniger als 75 W, eingesetzt als Aktoren, und Kleinmotoren (< 750 W), gängig in Haushaltsgeräten, über moderne Fahrzeug-

[45] Vgl. Tschöke (2015): Die Elektrifizierung des Antriebsstrangs, S. 138.

[46] Vgl. Müller et al. (2012): Grundlagen elektrischer Maschinen, S. 203.

[47] Vgl. Hagedorn et al. (2016): Handbuch der Wickeltechnik für hocheffiziente Spulen und Motoren, S. 80; Vgl. Kinnaird et al. (2020): Wie viele Elektromotoren befinden sich in Ihrem Auto?

[48] Vgl. Doppelbauer (2020): Elektrische Fahrzeugantriebe, S. 50.

[49] Vgl. Tschöke (2015): Die Elektrifizierung des Antriebsstrangs, S. 20f.

[50] Vibrationen und Geräuschemissionen werden in der Automobilindustrie meist unter dem englischen Begriff „NVH – Noise, Vibration, Harshness“ zusammengefasst.

antriebe (<375 kW) bis hin zu Kraftwerksgeneratoren sind zahlreiche Anwendungen denkbar.[51] Die vielseitige Einsetzbarkeit von Elektromotoren ist unter anderem durch das breite Spektrum möglicher Bauformen zu erklären.[52]

Sämtliche Bauformen beruhen jedoch im Kern auf dem gleichen Prinzip einer Relativbewegung zwischen einem statischen Ständer, *Stator* genannt, und einem beweglichen Läufer, dem *Rotor*, die durch ein resultierendes Drehmoment aus der Wechselwirkung der elektromagnetischen Felder der beiden Komponenten erzeugt wird.[53] Elektromotoren werden für die vorliegende Arbeit als ein Produkt verstanden, welches ein Ergebnis der Produktion (genauer: der Elektromotorenproduktion) darstellt.[54]

2.1.2 Funktionsweise und allgemeiner Aufbau eines Elektromotors

In Abbildung 2-1 ist ein schematischer Aufbau eines üblichen permanenterregten Synchronmotors als Traktionsantrieb im PKW mit seinen zwei Hauptkomponenten Stator und Rotor abgebildet.[55] Der grundlegende Aufbau eines Elektromotors gliedert sich in die Stator-, Rotor- und Gehäusebaugruppe sowie weitere topologie- und produktspezifische Anbauteile.

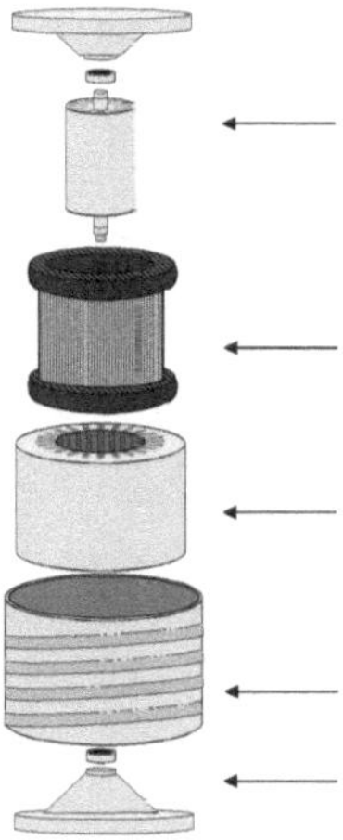

Rotorbaugruppe	
Hauptkomponenten	**Hauptfunktion**
• Rotorblechpaket	Leiten des elektromagnetischen Flusses. Minderung der Wirbelstöme
• Magneten (PSM)	Erzeugung des Rotormagnetfeldes
• Rotorwelle	Übertragung des resultierenden Drehmomentes
• Wuchtscheiben	Scheiben für subtraktive Wuchtbohrungen (Nicht dargestellt)

Wicklungsbaugruppe	
Hauptkomponenten	**Hauptfunktion**
• Wicklung	Erzeugung des drehenden Statormagnetfeldes
• Bandagierung	Komprimierung und Fixierung des Wickelkopfes
• Kontaktierung	Anschluss an Leistungselektronik

Statorbaugruppe (ohne Wicklungssystem)	
Hauptkomponenten	**Hauptfunktion**
• Statorblechpaket	Leiten des elektromagnetischen Flusses. Minderung der Wirbelstöme
• Nutisolation	Isolation zwischen Wicklung und Blechpaket
• Deckschieber	Komprimierung und Fixierung der Wicklung in der Nut

Gehäusebaugruppe und Anbauteile	
Hauptkomponenten	**Hauptfunktion**
• Gehäuse	Fixierung des Lagersystems, Aufhängung im Fahrzeug und Kühlung
• Lager	Aufnahme der Welle und Übertragung radialer sowie axialer Kräfte

Abbildung 2-1: Allgemeiner Aufbau und Hauptaufgaben eines Elektromotors[56]

---

[51] Vgl. Binder (2012): Elektrische Maschinen und Antriebe, S. 5; Isermann (2008): Mechatronische Systeme, S. 190; Hagedorn et al. (2016): Handbuch der Wickeltechnik für hocheffiziente Spulen und Motoren, S. 70.

[52] Vgl. Tong (2014): Mechanical Design of Electric Motors, S. 37; Fischer (2017): Elektrische Maschinen, S. 16.

[53] Vgl. Babiel (2014): Elektrische Antriebe in der Fahrzeugtechnik, S. 79; Trzesniowski (2014): Rennwagentechnik, S. 807; Röth et al. (2018): Entwicklung von elektrofahrzeugspezifischen Systemen, S. 319.

[54] Zur Definition relevanter Begrifflichkeiten im Kontext der Produktion wird auf Abschnitt 2.2.1 verwiesen.

[55] Die Darstellung zeigt einen Innenläufer-Motor wie er üblicherweise in Traktionsmotoren im Kontext der Elektromobilität verwendet wird.

[56] Eigene Darstellung. Die aufgeführten Komponenten beziehen sich auf den generischen Aufbau einer permanenterregten Synchronmaschine mit verteilter Einziehwicklung als üblicher Traktionsmotor im

Der *Stator* eines Elektromotors dient zur Ausprägung eines elektromagnetischen Drehfeldes, welches durch ein mit Drehstrom bestromtes Wicklungssystem erzeugt wird. Der Stator ist fest im Motorgehäuse fixiert und durch einen Luftspalt vom Rotor getrennt. Das *Wicklungssystem* besteht aus Leiterwindungen in mehreren elektrischen Phasen, die einerseits durch eine Leiterisolation zur Vermeidung von Phasenschlüssen gegeneinander, aber auch andererseits durch ein Nutgrundpapier gegenüber den restlichen Komponenten des Motors zur Vermeidung von Masseschlüssen isoliert sind (siehe hierzu Abschnitt 2.1.4).[57] In der Statorbaugruppe bzw. im darin enthaltenen Wicklungssystem können weitere Komponenten verbaut sein:[58]

- Imprägnierungen des Wicklungssystems dienen zur Verbesserung der elektrischen Isolierung durch zusätzliches isolierendes Material im Stator (Statornuten und Wickelkopf) sowie zur verbesserten Wärmeleitung durch (teils) vollständige Füllung des Stators und Schließung von Zwischenräumen (Luft). Die Imprägnierung bildet eine verstärkende Struktur und fixiert so die Wicklungen und Isolationselemente in der Nut sowie schützt diese Komponenten vor äußeren Belastungen (mechanisch, thermisch, chemisch).
- Bandagierungen des Wickelkopfes[59] können zur Fixierung und Komprimierung des Wickelkopfes dienen.
- Schaltringe, Kontaktringe oder Sternverbinder können verbaut werden, um den Kontaktierungs- und Montageprozesse zu vereinfachen oder den Sternpunkt zwischen den Phasen zu bilden.
- Phasentrenner können in der Nut zwischen den einzelnen Phasen durch Isolationspapier realisiert werden und können zur verbesserten elektrischen Isolation zwischen den einzelnen Phasen genutzt werden.[60]
- Deckschieber oder Nutenkeile können zur Fixierung und Komprimierung der Wicklung in der Nut eingesetzt werden.[61]

Kontext der Elektromobilität und stellen einen Auszug aller verbauten Komponenten (zur Einordnung siehe hierzu Abschnitt 2.1.4)33. Abhängig von der eingesetzten Topologie und bei einem Verbau insbesondere in hochintegrierten elektrischen Antriebseinheiten können die dargestellten Komponenten abweichen, entfallen oder es können weitere Komponenten hinzukommen.

[57] Meist Kupfer oder Aluminium aufgrund der hohen elektrischen Leitfähigkeit

[58] Zur Vertiefung und zur Übersicht über die heterogenen Produktmerkmale von Elektromotoren wird auf die Gestaltungsmorphologien von KLEINE BÜNING verwiesen. Vgl. Kleine Büning (2019): Informationsorientierte Prototypenplanung zur Effizienzsteigerung im Produktionsplanungsprozess, S. 21ff.

[59] Als Wickelkopf wird der axial über das Blechpaket überstehende Teil des Wicklungssystems bezeichnet, der für die Verschaltung zwischen den Leitern in den Statornuten notwendig ist. Der Wickelkopf leistet keinen aktiven Beitrag zur Drehmomenterzeugung im Elektromotor und sollte daher minimiert werden.

[60] Vgl. Hagedorn et al. (2016): Handbuch der Wickeltechnik für hocheffiziente Spulen und Motoren, S. 244.

[61] Ebd., S. 218ff. Vgl. Stone (2014): Electrical insulation for rotating machines, S. 30.

Da die Kosten für einen Stator mit 35-44% der Gesamtkosten eines Elektromotors einen wesentlichen Teil ausmachen wird und das Produktdesign wesentlich zur Effizienz beiträgt, wird er als die maßgebliche Komponente im Elektromotor verstanden.[62]

Der *Rotor* dient zur Erzeugung des notwendigen Drehmomentes. Zur Erzeugung des Drehmomentes muss auch im Rotor ein elektromagnetisches Feld aufgebaut werden, welches dann in Wechselwirkung mit dem Statormagnetfeld tritt und diesem entsprechend der Topologie des Elektromotors folgt.[63] Die Erzeugung des Rotormagnetfeldes ist stark topologieabhängig.[64] Im dargestellten Beispiel (siehe Abbildung 2-1) einer permanenterregten Synchronmaschine (kurz: „PSM", zur genaueren Differenzierung und Funktionsweise siehe dazu Abschnitt 2.1.3) werden im Rotor Permanentmagnete zur Erzeugung des Rotormagnetfeldes verwendet. Für die Rotormagnete werden im Kontext der Elektromobilität Seltene Erden Legierungen wie Neodym-Eisen-Bor oder Samarium-Kobalt zur Steigerung der Effizienz eingesetzt.[65] In Industrieanwendungen oder in Consumer-Goods-Bereich werden weniger performante, dafür weniger kostenintensive Ferritmagnete verwendet. Aufgrund der kritischen Abbaubedingungen und der begrenzten weltweiten Verfügbarkeit existiert ein Bestreben den Anteil von Seltenen Erden[66] in Magnete zu reduzieren.[67] Für Asynchronmotoren (kurz: „ASM", zur genaueren Differenzierung und Funktionsweise siehe dazu Abschnitt 2.1.3) wird zumeist ein Rotorkäfig aus einzelnen achsparallelen Leitern verwendet, die in zwei Kurzschlussringen kontaktiert sind.[68] Bei einem fremderregten Synchronmotor (kurz: „FSM", zur genaueren Differenzierung und Funktionsweise siehe dazu Abschnitt 2.1.3) wird das notwendige Rotorfeld durch eine Spulenwicklung im Rotor erzeugt.

Der Rotor ist über (Radial-)Lager mit dem Motorgehäuse verbunden, sodass der Rotor einen translatorischen Freiheitsgrad für die Drehung um die Rotorwelle hat. Durch die Rotorwelle wird das entstandene Moment aus dem System des Elektromotors über das Getriebe an die

---

[62] Vgl. Du-Bar et al. (2018): Comparison of Performance and Manufacturing Aspects of an Insert Winding and a Hairpin Winding for an Automotive Machine Application, S. 1; Vgl. Kampker (2014): Elektromobilproduktion, S. 147.

[63] Vgl. Schröder (2017): Elektrische Antriebe, S. 284; Wie in Abschnitt 2.1.3 dargestellt, folgt der Rotor der Synchronmaschine dem Statorfeld in Drehzahl und Positionierung und phasengenau folgt. Bei der Asynchronmaschine folgt der Kurzschluß-Käfig im Rotor dem Statorfeld mit einer langsameren Geschwindigkeit asynchron also mit Schlupf.

[64] Ebd., S. 284.

[65] Anmerkung: Die hohe Remanenzflussdichte von Magnete mit Seltenen Erden ermöglicht eine starke Ausprägung des elektromagnetischen Feldes im Rotor. So kann eine stärkere Wechselwirkung mit einem stärkeren Feld aus dem Wicklungssystem erfolgen, ohne dass die Magnete entmagnetisiert werden. Vgl. Fischer (2017): Elektrische Maschinen, S. 51; Vgl. Mohr, A., Utsch, B. (1984): Technische und wirtschaftliche Bewertung neuer Dauermagnetmaterialien beim Einsatz in Gleichstrommotoren, S. 365ff.

[66] Neben der Reduktion von Neodym liegt ein Bestreben auch in der Reduktion von Kobalt, Dysprosium und Terbium.

[67] Vgl. Grunditz et al. (2018 - 2018): Three traction motors with different magnet materials — Influence on cost, losses, vehicle performance, energy use and environmental impact, S. 8f.; Vgl. Chen et al. (2015): Reduced Dysprosium Permanent Magnets and Their Applications in Electric Vehicle Traction Motors, S. 1f.

[68] Vgl. Binder (2012): Elektrische Maschinen und Antriebe, S. 269ff. Vgl. Babiel (2014): Elektrische Antriebe in der Fahrzeugtechnik, S. 89; Vgl. Fischer (2017): Elektrische Maschinen, S. 204 Vgl. Schröder (2017): Elektrische Antriebe, S. 198ff.

Räder mit einer entsprechenden Last abgeführt. In der Rotorbaugruppe können weitere Komponenten verbaut sein:[69]

- Wuchtscheiben können beim Einsatz des subtraktiven Wuchtens an beiden axialen Enden des Rotors montiert werden, um eine Stelle für Wuchtbohrungen vorzusehen, ohne dass die elektromagnetischen Eigenschaften des Rotors durch die Bohrungen negativ beeinflusst werden.[70]
- Bandagierungen aus Karbon- oder Aramidfasern werden bei PSM-Rotoren mit Magneten verwendet, die auf der Oberfläche des Motors fixiert werden.[71]
- Hohlwellen, geteilte Wellen oder Kühlmitteleinspritzlanzen, die zur weiteren Steigung des Leistungsgewichtes und der Überlastfähigkeit der Elektromotoren dienen.[72]

Sowohl im Stator als auch im Rotor ist ein *Blechpaket* als Teil der jeweiligen Baugruppen verbaut. Dieses besteht aus gegeneinander isolierten, gestapelten und paketierten Stahlblechen in welche Nuten und Kavitäten für Wicklung, Magnete sowie den Rotor Käfig eingebracht sind. Die verwendeten Stahlbleche im Blechpaket bestehen aus Elektroblech (ca. 0,2 bis 0,6 mm Stärke), dessen Funktion als leicht zu magnetisierender, weichmagnetischer Werkstoff durch den Einsatz von kaltgewalzten Eisen-Silizium-Legierungen erreicht wird. Im Gegensatz zur Verwendung von Stahlvollmaterial verringert die Lamellierung durch einzelne Elektrobleche parasitäre Wirbelströme, reduziert so die Wärmeentstehung und trägt zu einer deutlich erhöhten Effizienz des Elektromotors bei.[73]

Das Gehäuse umschließt und schützt die Komponenten des Elektromotors, dient zur Aufhängung im Fahrzeug und kann auch zum Kühlen des Elektromotors verwendet werden.[74] Das Gehäuse ist nicht aktiv an der Umwandlung von elektrischer in kinetischer Energie beteiligt und wird somit als Passivteil bezeichnet. Neben diesen Hauptkomponenten werden abhängig von der Topologie und dem Einsatzzweck weitere Anbauteile im Elektromotor verbaut:

- Winkellagegeber (engl. Resolver) werden im Elektromotor zur Bestimmung der Rotorlage und -drehzahl als Eingangsgröße für die Elektromotorregelung in der Leistungselektronik verwendet.

[69] Vor dem Hintergrund des Fokus auf die Statortechnologie als spezifisches Betrachtungsobjekt der vorliegenden Dissertation wird zur Vertiefung und zur Übersicht über die heterogenen Produktmerkmale von Elektromotoren auf die Gestaltungsmorphologien von KLEINE BÜNING verwiesen. Ebd., S. 21ff.

[70] Vgl. Hofmann et al. (2016 - 2016): In-line strategies and methods to reduce balancing efforts within rotor production for electric drives, S. 1f.

[71] Vgl. Binder et al. (2006): Fixation of buried and surface-mounted magnets in high-speed permanent-magnet synchronous machines, S. 1031.

[72] Vgl. Gai et al. (2018): On the Measurement and Modeling of the Heat Transfer Coefficient of a Hollow-Shaft Rotary Cooling System for a Traction Motor, S. 5978.

[73] Vgl. Fischer (2017): Elektrische Maschinen, S. 23ff.; Vgl. Pyrhönen et al. (2010): Design of rotating electrical machines, S. 197; Vgl. Schröder (2017): Elektrische Antriebe, S. 39; Vgl. Tong (2014): Mechanical Design of Electric Motors, S. 374ff.

[74] Vgl. Tong (2014): Mechanical Design of Electric Motors.

- Lagerschilde werden zur Fixierung der Lager im Gehäuse sowie zur Abdeckung der teils offenen Lager genutzt. [75]
- Anschlussklemmen oder Anschlussterminals dienen zur vereinfachten Kontaktierung des Motors an die Leistungselektronik und sollen auch eine verbesserte Instandhaltung und Austauschbarkeit gewährleisten.
- Temperatursensoren dienen als Eingangsgröße für die Elektromotorregelung in der Leistungselektronik und sollen ein Überhitzen des Elektromotors – und insbesondere der in der permanenterregten Synchronmaschine verbauten Magnete verhindern.[76]

In Elektromotoren können neben den in Abschnitt 2.1.3 beschriebenen Klassifikationsmerkmalen weitere Merkmale zur Unterteilung der Bauarten des Stator- und des Wicklungssystems verwendet werden. So ist bei der Gestaltung des Stators im Kontext des Einsatzes als Traktionsmotor in der Elektromobilität zwischen einem Statorvollblechschnitt (unsegmentiert) und einem segmentierten Blechschnitt zu unterteilen. Der Unterteilungsgrad kann dabei von wenigen Segmenten bis zur Einzelzahn- bzw. Vollpolsegmentierung reichen.[77] Statoren mit segmentierten Blechschnitt gewinnen vor allem bei Nicht-Traktionsmotoren zunehmend an Bedeutung, da durch höhere Kupferfüllfaktoren aufgrund der besseren Zugänglichkeit der Wickelräume eine höhere Effizienz erreicht werden kann.[78] Für den Einsatz der Hairpin-Statortechnologie als Betrachtungsobjekt dieser Arbeit wird vorrangig der Statorvollblechschnitt verwendet.[79] Aus diesem Grund wird für die weiteren Abschnitte der vorliegenden Dissertation eine Eingrenzung des Betrachtungsbereichs auf Statorvollblechschnitte vorgenommen.

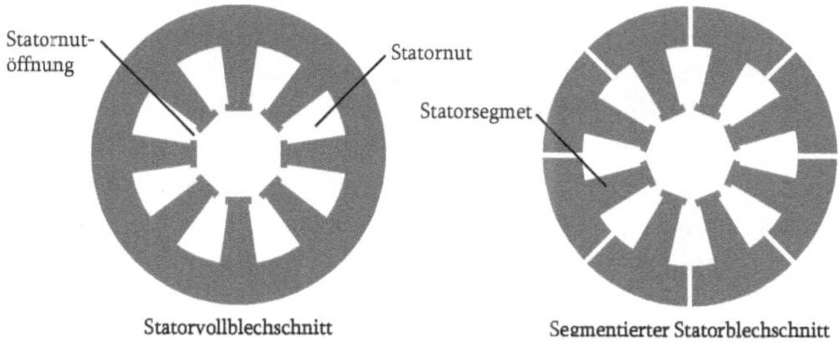

Abbildung 2-2: Schematische Blechpaketgestaltung eines Stators für die Elektromobilität

Aufbau und Komponenten des Wicklungs- und Isolationssystems

[75] Vgl. Suwatthikul et al. (2011): Fault detection and diagnosis of a motor bearing shield, S. 332.

[76] Vgl. Fan et al. (2010): Thermal Analysis of Permanent Magnet Motor for the Electric Vehicle Application Considering Driving Duty Cycle, S. 2493.

[77] Vgl. Tong (2014): Mechanical Design of Electric Motors, S. 219ff.

[78] Vgl. Hagedorn et al. (2016): Handbuch der Wickeltechnik für hocheffiziente Spulen und Motoren, S. 49ff.

[79] Ebd., S. 49ff.

Die wesentliche Aufgabe des Stators ist die Erzeugung eines rotierenden Magnetfeldes zum Antrieb des Rotors. Hauptbestandteil des Stators ist daher die Wicklung, welche bei Versorgung mit Drehstrom nach dem Durchflutungsgesetz[80] das rotierende Magnetfeld erzeugt. Wie bereits in Abbildung 2-1 eingeführt, sind in der Statorbaugruppe grundsätzlich das Statorblechpaket, das Wicklungs- sowie das Isolationssystem enthalten. Nachdem das Statorblechpaket und der Deckschieber bereits definiert wurden, soll im Folgenenden auf die Komponenten und Eigenschaften des Wicklungs- und Isolationssystems genauer eingegangen werden (Zur Einordnung der Systeme, siehe Abbildung 2-3, rechte Seite).

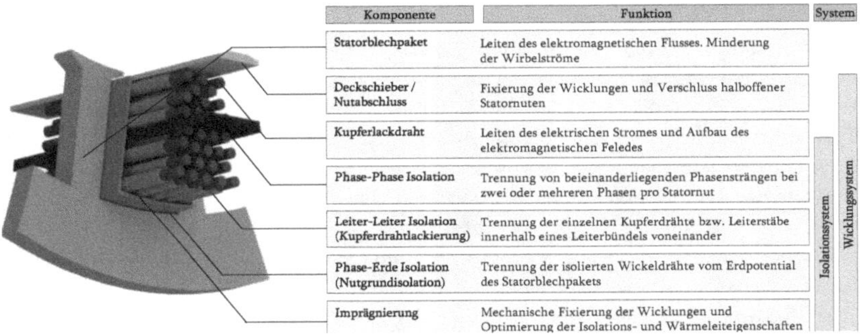

Abbildung 2-3: Schematischer Aufbau des Querschnitts einer Statornut[81]

Zunächst sind die gängigen Begriffe im Kontext der Wicklung gegeneinander abzugrenzen. Unter einer *Spule* ist die Struktur mehrerer elektrisch isolierter Leiter, die bei Stromfluss ein gemeinsames magnetisches Feld erzeugen, zu verstehen. Eine Windung wird durch einen, eine Fläche umschließenden elektrischen Leiter gebildet (‚Schleife').[82] Eine *Wicklung* hingegen beschreibt die Struktur und schematische Anordnung mehrerer Spulen.[83] DIN EN 13602 definiert einen Draht als ein „gewickeltes Produkt mit einheitlichem Querschnitt über die ganze Länge."[84] Nach DIN EN 60851 wird als *Wickeldraht* der Draht zum Wickeln von Spulen zur Erzeugung eines magnetischen Feldes definiert.[85]

---

80 Unter dem Durchflutungsgesetzt ist die grundsätzlich die Ausbildung eines magnetischen Feldes eines stromdurchflossenen Leiters zu verstehen: Ein elektrischer Strom in einem Leiter erzeugt in diesem ein zu ihm proportionales Magnetfeld. Die Richtung des Magnetfeldes bildet analog zur „Rechte-Hand-Regel" mit der Durchflutungsrichtung des Stromes im Leiter eine rechtsdrehende Schraube. Vgl. Binder (2012): Elektrische Maschinen und Antriebe, S. 15.; Vgl. Fischer (2017): Elektrische Maschinen, S. 21f.

81 Eigene Abbildung in Anlehnung Vgl. Tong (2014): Mechanical Design of Electric Motors, S. 32ff. sowie an die Vorlesungseinheit „Statorproduktion" der Vorlesungsreihe „Produktion Elektrischer Antriebe" der RWTH Aachen für die der Autor als betreuender wissenschaftlicher Mitarbeiter verantwortlich war.

82 Vgl. Feldmann et al. (2014): Handbuch Fügen, Handhaben, Montieren, S. 198.

83 Vgl. Hagedorn et al. (2016): Handbuch der Wickeltechnik für hocheffiziente Spulen und Motoren, S. 19.

84 Vgl. Deutsches Institut für Normung e.V. (DIN EN 13602) 2013, S. 4.

85 Vgl. DIN Deutsches Institut für Normung e.V (DIN EN 60851) 1996, S. 6.

Als *Draht* wird im Kontext dieser Dissertation ein langgeformtes System aus Leitermaterial zum Leiten des elektrischen Stromes mit einer flächigen Beschichtung (Isolation) zum Trennen elektrischer Potenziale verstanden, der die Anforderungen der gängigen Normen DIN EN 13601, DIN EN 13602, DIN EN 13605 sowie die DIN EN 60317 und die DIN EN 60851 erfüllt.[86] Vor dem Hintergrund der Qualitätssensitivität des Drahtes und des Fokus der vorliegenden Dissertation auf die Hairpin-Statortechnologie mit der Wicklung als Kernelement, soll im Folgenden noch auf die spezifischen Eigenschaften von Wickeldraht im Kontext der Elektromobilität eingegangen werden.

Wegen der hohen elektrischen Leitfähigkeit wird in leistungsstarken Traktionsmaschinen in der Regel Kupfer als Leitermaterial eingesetzt.[87] In seltenen Fällen kann auch Aluminium als verwendet werden. Aus diesem Grund wird im Kontext dieser Dissertation von Kupfer als Leitermaterial ausgegangen. Beide Metalle werden mit dem Ziel der Reduzierung von Verlustleistungen und somit einer Steigerung des Wirkungsgrads nur in hochreiner Form verwendet, da sie so ihre maximale spezifische elektrische Leitfähigkeit aufweisen.[88] Dies resultiert daher, dass der Reinheitsgrad sehr stark die Leitfähigkeit des (Kupfer-)Werkstoffs beeinflusst.[89]

Die elektrische Verlustleistung, die beim Durchfließen des Leiters entsteht, ist stark abhängig vom verwendeten Werkstoff. Die Höhe der Verlustleistung lässt sich unter anderem für alle Materialien anhand ihrer spezifischen elektrischen Leitfähigkeit bzw. ihres Kehrwerts, des spezifischen elektrischen Widerstands, bemessen. Daher ist sie die entscheidende elektrische Werkstoffeigenschaft bei Leitermaterialien. In Metallen ergibt sich die spezifische elektrische Leitfähigkeit aus dem Produkt der Elektronenkonzentration und ihrer Beweglichkeit. Die Elektronenkonzentration ist bei Metallen konstant, während ihre Beweglichkeit durch die Parameter Reinheit, Legierungstyp, Temperatur und Verformungsgrad beeinflusst wird.[90] Ebenso wird auch die spezifische Leitfähigkeit und schlussendlich auch die Effizienz des Drahtes und der Wicklung von diesen Faktoren beeinflusst.

Bei Kupferdraht wird mit Bezug auf das Rohmaterial in der elektromobilen Praxis zwischen CU-OF („Oxygen free“) und CU-ETP („Electrolytic Tough Pitch“) unterschieden. In der Vergangenheit wurde ETP-Kupfer eingesetzt, da die Reinheit dieses Werkstoffes mit Hinblick auf den Sauerstoffgehalt (200-500 ppm Sauerstoff) deutlich höher ist als bei vergleichbaren gegossenen oder gewalztem Stangenmaterial. Eine weitere Steigerung der Reinheit bietet der CU-OF („Oxygen free“) Kupferdraht. Dieser annähernd sauerstofffreie Werkstoff darf einen

[86] Die folgenden Normen beschreiben die folgenden Themen DIN EN 13601 (Stangen und Drähte aus Kupfer für die allgemeine Anwendung in der Elektrotechnik), DIN EN 13602 (Gezogener Runddraht aus Kupfer zur Herstellung elektrischer Leiter), DIN EN 13605 sowie die DIN EN 60317 (Technische Lieferbedingungen für bestimmte Typen von Wickeldrähten), DIN EN 60851 (Wickeldrähte – Prüfverfahren).

[87] Ebd., S. 43; Vgl. Dhulipati et al. (2019): Investigation of Aluminium and Copper Wound PMSM for Direct-drive Electric Vehicle Application.

[88] Vgl. Hofmann et al. (2018): Werkstoffe in der Elektrotechnik, S. 144.

[89] Ebd., S. 140.

[90] Ebd., S. 136.

maximalen Sauerstoffgehalt von 5 bis 10 ppm Sauerstoff, je nach spezifischer Legierung), aufweisen.[91]

Der höhere Reinheitsgrad beeinflusst einerseits die spezifische elektrische Leitfähigkeit, aber auch stark die Schweißbarkeit. So ist CU-OF („Oxygen free") Kupferdraht wasserstoffbeständig und nahezu frei von ausdampfbaren Elementen, sodass alle Schweiß- und Lötverfahren, wie zum Beispiel das bei Kupfer sehr qualitätssensitive Laserstrahlschweißen[92], anwendbar sind.[93]

Der im Stator verwendete Draht ist insbesondere zur Vermeidung von Kurzschlüssen mit anderen Phasen oder dem Blechpaket mit *Isolationsschichten* (bzw. Leiter-Leiter Isolation oder auch Kupferdrahtlackierung) beschichtet. Ein auftretender Kurzschluss innerhalb der Phasen führt zunächst zu einem niedrigeren Widerstand in den Phasen, zu Leistungsverlust und kann zu einem Ausfall des Stators führen.[94] Wicklungsausfälle bzw. Wicklungsbrände stellen die häufigste Ursache für Elektromotorenausfälle dar.[95] Ein Ausfall kann ein erhebliches Sicherheitsrisiko für die Insassen des Fahrzeugs bedeuten.[96]

Die Beschichtung des Drahtes besteht in den meisten Fällen aus einem Grundlack[97], der die Haftfunktion für die zweite Schicht, dem Isolationslack[98], sicherstellt.[99] Darüber können noch eine Backlackschicht oder eine Gleitmittelschicht aufgetragen werden. Eine Backlackschicht dehnt sich unter Wärme aus und stellt so eine mechanische Verbindung zu den umliegenden Drähten im gewickelten Zustand her. Gleitmittel hingegen kann bei Wickelverfahren und Geschwindigkeiten eingesetzt werden, wo niedrige Oberflächenhaftungen notwendig sind. Vor dem Hintergrund steigender Anforderungen an die Isolationsfähigkeit aufgrund einer erhöhten Spannungslage von Statoren für die Elektromobilität wird jedoch vor allem ein Fokus auf die Isolationsfähigkeit gelegt. Hierzu werden beispielsweise Drähte mit

---

[91] Vgl. Watkins (2012): A comparison of physical properties of OF copper and ETP copper after holding at temperatures that simulate high voltage transformer use for up to one year, S. 1.

[92] GLAESSEL verweist hierzu auf eine hohe Prozessstabilität des Laserschweißens, welche jedoch stark vom Einkopplungsverhalten des Laserstrahls abhängt. Da in der automobilen Praxis häufig entlackter Draht verwendet wird, können unterschiedliche Ausgangsbedingungen auf der Oberfläche des Drahtes die Prozessstabilität des Laserstrahlschweißprozesses beeinflussen. Aus diesem Grund wird der Prozess als qualitätssensitiv bezeichnet. Vgl. Gläßel et al. (2017): Challenges in the manufacturing of hairpin windings and application opportunities of infrared lasers for the contacting process, S. 3ff. Siehe dazu Abschnitt 2.2.4

[93] Vgl. Deutsches Kupfer-Institut e.V. (2000): Kupfer in der Elektrotechnik, S. 4; Vgl. Kampker et al. (2018): Herausforderung Hairpintechnologie Technologieschub für OEMs und Anlagenbauer, S. 65.

[94] Vgl. Kilper et al. (2020): Insulation of electrical motors – Potential to increase performance of future electrical powertrains, S. 180; Vgl. Tong (2014): Mechanical Design of Electric Motors, S. 243.

[95] Vgl. Guo et al. (2019 - 2019): Challenges in Electric Machine Stator Manufacturing and Their Influences on Thermal Performance, S. 1; Vgl. Tong (2014): Mechanical Design of Electric Motors, S. 219ff.

[96] Das Sicherheitsrisiko resultiert einerseits aus einer möglichen Brandgefahr und andererseits aus dem Ausfall des Elektromotors. Im kritischen Situationen kann ein Ausfall des Traktionsmotors eine erhebliche Gefahr darstellen. Abseits des Gebrauchs im PKW kann ein Ausfall von Elektromotoren beispielsweise im Energieversorgungssektor oder in der Medizin schwere Folgen haben.

[97] Auch: Primer

[98] Auch: Overcoat oder Topcoat

[99] Vgl. Hagedorn et al. (2016): Handbuch der Wickeltechnik für hocheffiziente Spulen und Motoren, S. 106.

lackiertem Polyester-imide oder Polyamide-imid verwendet.[100] Steigen die Anforderungen noch weiter, so werden in der neusten Generation von elektrischen Traktionsmotoren Drähte mit bewickelten oder extrudierten Polyether-ether-ketone (PEEK) verwendet.[101] PEEK-ummantelter Draht wird vor allem wegen der höheren thermischen Beständigkeit und so einer gesteigerten Lebensdauer verwendet.[102] Beim Einsatz der verschiedenen Isolationsstoffe, ist jedoch immer das Dreieck aus Kosten, Qualität in Bezug auf Zuverlässigkeit über den gesamten Lebenszyklus sowie Leistungsfähigkeit mit Hinblick auf den erreichbaren Nutfüllfaktor[103] zu berücksichtigen.[104] So beeinflusst die Dicke der Drahtbeschichtung direkt den Nutfüllfaktor und schlussendlich die Effizienz des Gesamtsystems.

Da die Verluste in Elektromotoren in Wärme umgesetzt werden, gilt es auch die Wärme vom Entstehungsort am Leiter abzuleiten.[105] Die Drahtbeschichtung bzw. Leiter-Leiter Isolation stellt damit den ersten Wärmeübergang nach dem Wärmeentstehungsort dar. Dies ist vor allem relevant, da die Statorwicklung im Regelfall die größte Wärmequelle in einem Elektromotor ist.[106] Die thermische Leistungsfähigkeit eines Elektromotors, die von einer effizienten Wärmeübertragung abhängt, ist der limitierende Faktor der kontinuierlichen Leistung und so ein wichtiger Entwicklungsfokus.[107]

Nachdem zunächst der Fokus auf das Wicklungssystem gelegt wurde und Drahtisolation bzw. die Leiter-Leiterisolation bereits als Teilelement des Isolationssystems definiert wurde, wird im Folgenden auf die weiteren enthaltenen Komponenten des Isolationssystems sowie die Hauptanforderungen eingegangen.

Die Funktion des Isolierens bildet in der Elektrotechnik und folglich auch bei Elektromotoren eine Hauptfunktion, obwohl die Isolation eher einen Charakter eines notwendigen Übels hat, da sie aus funktions- und sicherheitstechnischen Gründen Komponenten mit unterschiedlichen elektrischen Potentialen trennt und sie so nicht den Aktivmaterialien zuzuordnen ist.[108]

Nach der Leiterisolation ist zunächst die *Phase-Phase Isolation* zu definieren. Hierbei wird meistens ein Isolationspapier (Dicke ca. 0.1–0.65 mm) analog zur Nutgrundisolation verwendet und zwischen den zwei Spulenseiten verschiedener Spulen eingebracht. Diese Isolation trennt zusätzlich zur Leiterisolation das teils hoch differierende elektrische Potenzial der

[100] Vgl. Schwering & Hasse GmbH (2020): Datenblatt: SHTherm 220 Flat.

[101] Vgl. Essex Furukawa Magnet Wire LLC (2020): Datenblatt: HVWW- High-Voltage Winding Wire; Vgl. Bigham (2017): Powering Motor Performance: An Introduction to PEEK Extrusions, S. 1ff.

[102] Vgl. Kaufhold et al. (2002): Interface phenomena in stator winding insulation - challenges in design, diagnosis and service experience, S. 33.

[103] Siehe dazu in den folgenden Abschnitten.

[104] Vgl. Kilper et al. (2020): Insulation of electrical motors – Potential to increase performance of future electrical powertrains, S. 174ff.

[105] Vgl. Schröder (2017): Elektrische Antriebe, S. 43.

[106] Vgl. Tong (2014): Mechanical Design of Electric Motors, S. 254.

[107] Vgl. Guo et al. (2019 - 2019): Challenges in Electric Machine Stator Manufacturing and Their Influences on Thermal Performance, S. 1; Vgl. Chin et al. (2003): Thermal analysis-lumped-circuit model and finite element analysis Vgl. Meyer (1962): Die Isolierung großer elektrischer Maschinen, S. 1f.; Vgl. Azizov et al. (2009): Thermal conductivity of the insulation system of the stator winding of a high-power turbogenerator with air cooling, S. 128ff.

[108] Vgl. Tzscheutschler et al. (1990): Technologie des Elektromaschinenbaus, S. 21f.

jeweiligen Spulenseiten. Als Material wird meist Aramid bzw. Polyester, Polypropylen oder Polyamid verwendet, Markennamen sind Nomex oder Mica oder Dacron-Mylaer-Dacron.[109] Die Phase-Phase Isolation wird lediglich bei der Verwendung einer mehrlagigen oder Mehr-Schicht Wicklung verwendet. Als einfachste Beispiel einer mehrlagigen oder einer Mehrschichtwicklung ist die Zweischichtwicklung zu nennen, bei der in jeder Nut des Statorblechpakets zwei Spulenseiten verschiedener Spulen verortet sind.[110] Hierdurch lassen sich Spannungsanteile durch zusätzliche Oberfelder stärker reduzieren, sodass sich der Feldverlauf des Statorfeldes stärker der Form einer Sinuskurve annähert.[111] Dies hat eine verbesserte Effizienz des Elektromotors und reduzierte Geräuschemissionen zur Folge.

Weil die isolierende Lackschicht der Wickeldrähte die Spannungsbeanspruchung zum Erdpotential des Magnetkörpers nicht aufnehmen kann, sind die Anlageflächen des Stators zu den Wickeldrähten zusätzlich zu isolieren.[112] Diese Nutgrundisolation des Statorblechpakets wird als *Phase-Erde Isolation* oder auch aufgrund der Ausgestaltung als Nutisolationspapier (englisch: slot liner) bezeichnet.

Nutgrundisolationen können entweder über eine Flächenisolation, einer Polymerisolation durch Spritzgießen oder als eine Pulverbeschichtung realisiert werden. Während die Flächenisolation durch Nutisolationspapiere die höchste Relevanz für elektrische Traktionsmotoren im Kontext der Elektromobilität hat, werden Polymerisolationen oder Pulverbeschichtungen eher für kleinere Elektromotoren verwendet.

Bei Pulverbeschichtungen rührt diese Einschränkung des Einsatzbereiches daher, dass der Energiebedarf für die Aushärteöfen nahezu exponentiell mit der Statormasse skaliert, sodass zunehmende Zykluszeiten und Energiekosten die Pulverbeschichtung für größere Statorblechpakete uninteressant macht.[113] Die weit verbreiteten Innenläufermotoren (siehe dazu Abschnitt 2.1.3) sind grundsätzlich weniger für die Pulverbeschichtung geeignet, da das geschlossene Statorblechpaket einen faradayschen Käfig und somit einen Abschirmeffekt für die elektrischen Feldlinien beim Beschichtungsvorgang bildet.[114] In der Massenproduktion von Elektromotoren kleiner bis mittlerer Größe hat die industrielle Pulverbeschichtung die Flächenisolation jedoch in weiten Teilen abgelöst. Dies resultiert daher, dass Isolationen durch Pulverbeschichtung im Vergleich zu den Flächenisolierstoffen höhere Wärmeleitfähigkeiten bei vergleichbaren elektrischen Isolationseigenschaften aufweisen.[115]

Die Polymerisolation mittels Spritzgussverfahren bietet zwar Produktvorteile wie verbesserte thermische Eigenschaften und eine Applikation auf eine hohe Vielfalt an Statorgeometrien, verbleibt jedoch für Traktionsmotoren nur eine Alternative weniger relevant als

[109] Vgl. Stone (2014): Electrical insulation for rotating machines, S. 128; Vgl. Hagedorn et al. (2016): Handbuch der Wickeltechnik für hocheffiziente Spulen und Motoren, S. 223.

[110] Ebd., S. 89.

[111] Vgl. Fischer (2017): Elektrische Maschinen, S. 170ff.; Vgl. Hagedorn et al. (2016): Handbuch der Wickeltechnik für hocheffiziente Spulen und Motoren, S. 89.

[112] Vgl. Jordan (2013): Technologie kleiner Elektromaschinen, S. 27.

[113] Vgl. Hofmann et al. (2016 - 2016): Economic application of powder resin based groundwall insulation for low voltage electric drives, S. 304.

[114] Vgl. Jordan (2013): Technologie kleiner Elektromaschinen, S. 46f.

[115] Vgl. Hofmann et al. (2016 - 2016): Theoretical benefits of powder-coating based insulation layers regarding copper fill factor in electric drives, S. 172ff.; Vgl. Hofmann et al. (2014 - 2014): Innovative and energy-efficient insulation technology for the production of electric drives, S. 1f.

für Kleinmotoren oder Motoren mit segmentierten Spulenkörpern. Dies resultiert daher, dass verfahrensbedingt nur eine begrenzte Einspritztiefe realisierbar ist.[116]

Die Länge der Nutauskleidungen ist um beiderseitige Überstände größer als die der Nut, um Überschläge an den Nutausgängen auf die Stirnseite des Statorblechpakets zu vermeiden. Zur Abstützung dieser Überstände gegen die Druckkräfte der Leiter sowie als Arretierung gegen axiales Verschieben erhält die Nutauskleidung ein- oder zweifach gefalzte Kragen.[117] Diese Überstände – auch Kragen genannt – stellen im Weiteren eine zusätzliche Sicherheit beim Bewickeln dar, indem sie die Nutauskleidung gegen den Stator abstützen und somit ein axiales Verschieben unterbinden.[118] Des Weiteren schützen sie die stirnseitigen Kanten vor Einrissen durch radial nach außen gedrückte Spulenköpfe.[119] Vor allem die mehrschichtigen Laminate zeichnen sich durch solide Isolationseigenschaften bei gleichzeitig geringen Materialkosten aus. Für die axiale Nutlänge liegen keinerlei Einschränkungen vor, was flächige Auskleidungen neben der Reparaturfähigkeit insbesondere bei großen elektrischen Maschinen unverzichtbar macht. Die Verwendung von Flächenisolierstoffen ist aufgrund eingeschränkter Gestaltungsfreiheit bei der Konstruktion der Statortopologie zu berücksichtigen. Des Weiteren sind Lufteinschlüsse zwischen Nutisolation und Stator zwar konstruktiv zu minimieren, nicht aber zu vermeiden. Beim Bewicklungsprozess laufen die Auskleidungen zusätzlich Gefahr einzureißen oder hinterwickelt zu werden.[120]

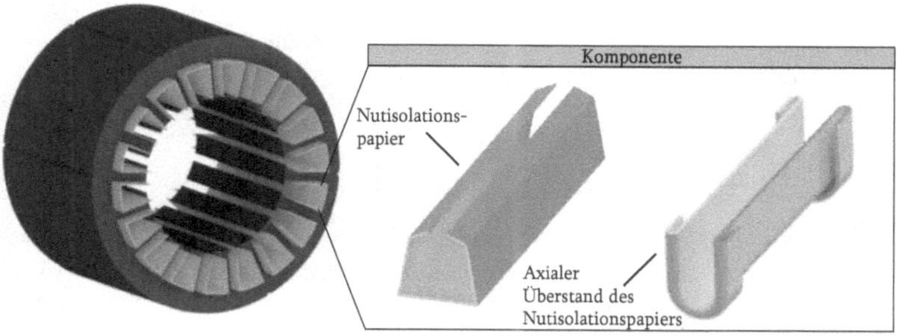

Abbildung 2-4: Nutisolationspapier zur Phase-Erde Isolation

Der letzte Teil des Isolationssystems ist die *Imprägnierung*. Das Ziel der Imprägnierung ist die weitere Steigerung der elektrischen Durchschlagsfestigkeit der Wicklungen, die Verbesserung der Effizienz und die Steigerung der Lebensdauer des gesamten Stators.[121]

[116] Vgl. Johannaber et al. (2014): Handbuch Spritzgießen, S. 41ff.; Vgl. Frank (2007): Added value through injection molded insulation, S. 366ff.

[117] Vgl. Tzscheutschler et al. (1990): Technologie des Elektromaschinenbaus, S. 165ff.

[118] Vgl. Hofmann et al. (2016 - 2016): Theoretical benefits of powder-coating based insulation layers regarding copper fill factor in electric drives, S. 172ff.

[119] Vgl. Jordan (2013): Technologie kleiner Elektromaschinen, S. 29f.

[120] Vgl. Kampker (2014): Elektromobilproduktion, S. 147ff.

[121] Vgl. Stone (2014): Electrical insulation for rotating machines, S. 128; Vgl. Nategh et al. (2014): Evaluation of Impregnation Materials for Thermal Management of Liquid-Cooled Electric Machines, S. 5956ff.; Vgl. Richnow et al. (2014): Influence of different impregnation methods and resins on thermal behavior and lifetime of electrical stators, S. 1; Vgl. Wrobel et al. (2016): Characterizing the in situ Thermal Behavior of Selected Electrical Machine Insulation and Impregnation Materials, S. 4678.

Hierzu wird ein Imprägnierharz oder ein Imprägnierlack auf die Wicklungen aufgebracht, welches die Zwischenräume zwischen den Wicklungen sowohl in der Statornut, als auch im Wickelkopf eingebracht.[122] Als Imprägniermaterial werden Harze auf Polyester- oder Epoxidbasis verwendet, die sich in Viskosität, Verarbeitungstemperatur und ihrer Wärmeleitfähigkeit (0,2 - 0,24 W/mK) unterscheiden.[123]

Die Relativbewegungen zwischen den Leitern und dem Statorblechpaket, die aus der mechanischen Kraft aus der Wechselwirkung der Magnetfelder resultiert, kann zu abrasivem Verschleiß führen.[124] Die Imprägnierung bildet hiergegen eine verstärkende Struktur, um die Wicklungen und Isolationselemente in der Nut zu fixieren. Die so kompaktere Struktur mit dem Ziel möglichst geringer Lufteinschlüsse führt auch zu einer besseren Wärmeleitung, da die verwendeten Imprägniermaterialien einen optimierten Wärmeübergang gewährleisten. Die Imprägnierung bietet weiterhin Schutz gegen Feuchtigkeit und Verschmutzung. Da die gängigen Drahtspezifikationen für Kupferdraht trotz hoher Anforderungen immer noch eine geringe Restmenge von Fehlstellen erlaubt, bietet die Imprägnierung den Vorteil, direkte Windungs- oder Phasenschlüsse durch diese Fehlstellen zu verhindern.[125] Der Stator kann anstelle mit einem Imprägniermaterial getränkt zu werden auch vollständig vergossen werden. Diese schließt auch den axialen Überstand der Wicklung[126] ein. Eingesetzt wird der Vollverguss vor allem bei hohen Anforderungen an die Lebensdauer und die Wärmeleitung.[127] Dies resultiert auch daher, dass die Eigenschaften der verwendeten Giessharze durch die Zugabe von Füllstoffen modifiziert werden können, um die Wärmeleitfähigkeit von 0,7 bis auf 3 W/mK zu steigern. Die zusätzlichen Füllstoffe erhöhen die Viskosität der Harze mit sehr hohen Wärmeleitfähigkeiten, sodass häufig nur der Wickelkopf vergossen werden kann.[128]

2.1.3 Klassifikation von Elektromotorenbauarten für die Elektromobilität

Zur Einordnung des Einsatzbereiches der Hairpin-Statortechnologie innerhalb der verschiedenen Funktionsprinzipien soll im Folgenden zunächst eine Klassifikation der gängigen Funktionsprinzipien vorgenommen werden. Neben den in Abbildung 2-5 dargestellten Funktionsprinzipien sind weitere Varianten und Bauformen dieser möglich, welche jedoch für den Einsatz als elektrischer Traktionsmotor im Automobil nur eine untergeordnete Rolle spielen.

Ausgehend von einer Einordnung des Elektromotors als elektromechanischen Energiewandler[129] können Elektromotoren auf der 1. Ebene anhand der Art der Versorgungsspannung

---

[122] Vgl. Tzscheutschler et al. (1990): Technologie des Elektromaschinenbaus, S. 21ff.

[123] Vgl. Richnow et al. (2014): Influence of different impregnation methods and resins on thermal behavior and lifetime of electrical stators, S. 1; Vgl. Thurman (1989): Trickle impregnation of small motors, S. 30ff.

[124] Vgl. Kilper et al. (2020): Insulation of electrical motors – Potential to increase performance of future electrical powertrains, S. 176.

[125] Vgl. Stone (2014): Electrical insulation for rotating machines, S. 128.

[126] Auch: Wickelkopf

[127] Vgl. Tong (2014): Mechanical Design of Electric Motors, S. 245.

[128] Vgl. Hollstein (2012): Thermosetting resin systems for stator encapsulation in electro-mobility and industrial motors, S. 1ff.; Vgl. Richnow et al. (2014): Influence of different impregnation methods and resins on thermal behavior and lifetime of electrical stators, S. 2.

[129] Siehe hierzu Abschnitt 2.1.1

unterschieden werden. Hierbei ist zwischen einer Versorgungsspannung mit Ein-Phasen-Gleichstrom, Ein-Phasen-Wechselstrom und Drei-Phasen-Wechselstrom (auch Drehstrom) zu unterscheiden. Korrespondierend werden die Bauarten mit Gleichstrommaschine, Wechselstrommaschine (auch Universalmotor) und Drehstrommaschine benannt. Obwohl sich prinzipiell alle in Abbildung 2-5 dargestellten Bauarten als Traktionsantrieb einsetzen lassen, werden in der vorliegenden Dissertation nur die Drehstrommaschinen betrachtet, da Gleichstrommaschinen und Einphasen-Wechselstrommaschinen nicht den aktuellen Anforderungen von Automobilherstellern insbesondere hinsichtlich der Effizienz entsprechen.[130] In der zweiten Ebene werden die Bauarten nach dem Wirkungsprinzip strukturiert. Hierbei ist zwischen der Synchronmaschine, der Asynchronmaschine und der Reluktanzmaschine zu differenzieren. In der dritten Ebene wird nach dem konstruktiven Aufbau vor allem mit Hinblick auf das Erregungsprinzip im Rotor unterschieden. Im Folgenden soll auf Ebene zwei und drei genauer eingegangen werden.

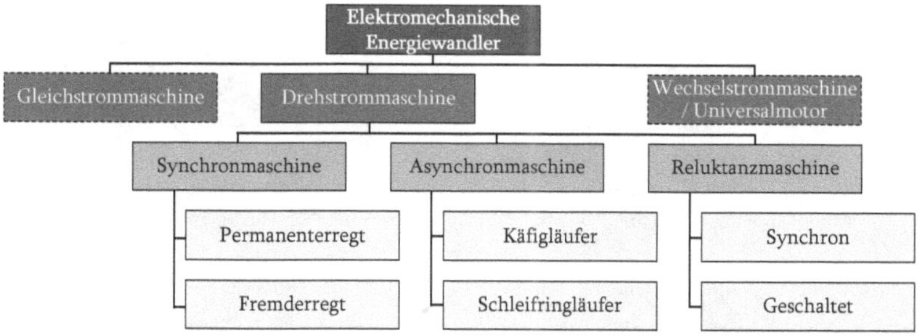

Abbildung 2-5: Übersicht über relevante Elektromotorenbauarten für die Elektromobilität[131]

Synchronmaschine

Aufbau: In der nachfolgenden Abbildung (siehe Abbildung 2-6) sind die Querschnitte der für die Elektromobilität relevanten Synchronmaschine dargestellt. Für die Synchronmaschine werden zwei Blechpakete im Stator und Rotor sowie die im Statorblechpaket enthaltenen Statorspulen verwendet. Die Unterschiede zwischen den einzelnen Bauarten von Drehstrommaschinen finden sich vor allem in der Gestaltung des Rotors. Synchronmaschinen gliedern sich in permanenterregte und fremderregte Maschinen.[132] Bei permanenterregter Synchronmaschinen wird das elektromagnetische Feld des Rotors durch im Rotorblechpakete vergrabene oder auf der Oberfläche des Rotorblechpaketes aufgebrachte Permanentmagnete erzeugt (siehe dazu Abbildung 2-6, linke Seite).[133] Bei fremderregten Synchronmaschinen hingegen ist auf dem Rotor ähnlich zum Stator eine Spulenwicklung aufgebracht,

[130] Vgl. Kampker (2014): Elektromobilproduktion, S. 183; Vgl. Brünglinghaus (2013): Antriebe für Elektrofahrzeuge: welcher Elektromotor ist der optimale? Vgl. Schier et al. (2011): Elektrifizierte Fahrzeugkonzepte, S. 47.

[131] Eigene Darstellung in Anlehnung an Vgl. Hagedorn et al. (2016): Handbuch der Wickeltechnik für hocheffiziente Spulen und Motoren, S. 73 Eine ähnliche Abbildung findet sich auch in der Vorlesung Elektromotorenproduktion an der RWTH Aachen für die der Autor als betreuender wissenschaftlicher Mitarbeiter verantwortlich war.

[132] Vgl. Pyrhönen et al. (2010): Design of rotating electrical machines, S. 397; Vgl. Fleischer et al. (2017): Quo Vadis Wickeltechnik?, S. 8;

[133] Ebd., S. 8.

welche extern („fremd") mit Gleichstrom bespeist wird und so das notwendige elektromagnetische Feld des Rotors ausprägt (siehe dazu Abbildung 2-6, rechte Seite).[134]

Funktionsweise: Bei der Synchronmaschine wird im Kontext der Elektromobilität zumeist mittels eines Drei-Phasen-Wechselstroms[135] (Drehstrom), der in die im Stator eingebrachten Wicklungen eingespeist wird, ein elektromagnetisches Drehfeld im Stator erzeugt. Im Regelbetrieb mit konstanter Drehzahl folgt der Rotor der Frequenz des Drehfeldes der Einspeisung des Stators ohne Verzögerung, weil das rotierende Drehfeld des Stators das konstante Magnetfeld des Rotors zur synchronen Rotation anregt.[136] Aus diesem Wirkprinzip folgt die Bezeichnung der Bauart. Die variable Drehzahl der Synchronmaschine kann über die Eingangsfrequenz des eingespeisten Drehstroms geregelt werden.

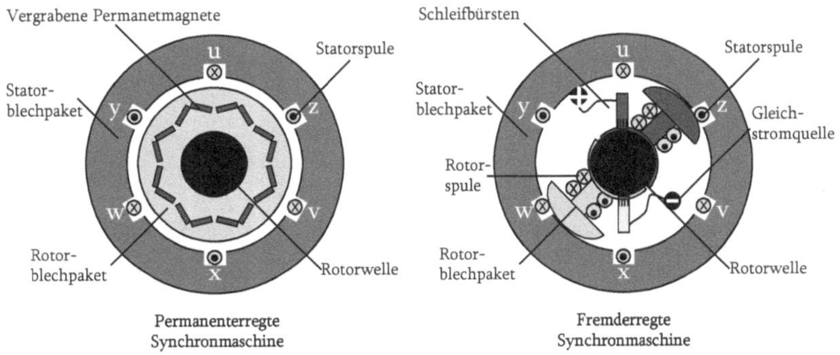

Abbildung 2-6: Schematischer Aufbau relevanter Synchronmaschinen für die Elektromobilität[137]

Asynchronmaschine

Aufbau: In der nachfolgenden Abbildung (siehe Abbildung 2-7) ist der Querschnitt der für die Elektromobilität relevanten Asynchronmaschine dargestellt. Auch die Asynchronmaschine weist analog zur Synchronmaschine beide Blechpakete im Stator und Rotor sowie die im Statorblechpaket enthaltenen Statorspulen auf. Im Rotor sind achsparallel Kurzschlussstäbe am äußeren Umfang des Rotorblechpaketes angeordnet, die üblicherweise aus Kupfer oder Aluminium gefertigt sind.[138] Die tangential um den Umfang des Rotorblechpakets verteilten Kurzschlussstäbe sind an beiden axialen Enden des Rotorblechpakets in einem Kurzschlussring verschaltet. Der so entstandene Rotorkäfig ist in das Blechpaket eingelassen.[139]

---

[134] Vgl. Hofmann (2014): Hybridfahrzeuge, S. 177.

[135] Anmerkung: Es können auch weitere mehrphasige Wicklungssysteme verbaut sein. So werden im Kontext der Elektromobilität teilweise Sechs-Phasen-Systeme verwendet.

[136] Vgl. Spring (2009): Elektrische Maschinen, S. 329.

[137] Eigene Darstellung in Anlehnung an Vgl. Kleine Büning (2019): Informationsorientierte Prototypenplanung zur Effizienzsteigerung im Produktionsplanungsprozess, S. 15; Vgl. Spring (2009): Elektrische Maschinen, S. 327; Vgl. Nee Strategien für Wertschöpfungsnetzwerke in der Elektromotorenproduktion, S. 19f. Diese Abbildung wurde über die Jahre am PEM der RWTH Aachen entwickelt und kontinuierlich verbessert.

[138] Vgl. Binder (2012): Elektrische Maschinen und Antriebe, S. 141.

[139] Vgl. Schröder (2017): Elektrische Antriebe, S. 198ff.; Vgl. Fischer (2017): Elektrische Maschinen, S. 203ff.

Funktionsweise: Asynchronmaschinen unterscheiden sich von Synchronmaschinen im Wesentlichen durch den Aufbau und die Funktionsweise des Rotors. Das Wirkprinzip dieser Bauart basiert auf einer Spannungsinduktion im Rotorkäfig durch das elektromagnetische Drehfeld des Statorwicklungssystems.[140] Diese Spannungsinduktion erfolgt beim Käfigläufer durch die Kurzschlussstäbe des Rotorkäfigs. Das Drehfeld des Stators induziert im Rotorkäfig eine Spannung, sodass durch den Kurzschluss der Stäbe elektrische Ströme in diesen entstehen. Die Stabströme treten wiederum in Wechselwirkung mit dem Statordrehfeld, sodass Tangentialkräfte beziehungsweise ein Drehmoment im Rotor erzeugt wird. Nach dem Lenz'schen Gesetz wirkt ein induzierter Strom immer seiner Ursache entgegen.[141] Der Läufer dreht sich also nach der Spannungsinduktion in Drehfeldrichtung des Stators, um den Drehzahlunterschied zwischen dem elektromagnetischen Drehfeld und dem Rotor auszugleichen.[142] Kommt es zu einer Relativdrehzahl von null wird kein Drehmoment mehr erzeugt, weil keine Spannung mehr im Rotor induziert wird. Aufgrund der Reibung im System wird dieser Zustand jedoch nicht erreicht. Durch dieses Prinzip kommt es dazu, dass der Rotor dem Statordrehfeld „hinterherläuft“. Dieser Eigenschaft entspringt die Bezeichnung als „Asynchronmaschine“.

Eine weitere Bauart ist der Schleifringläufer, bei dem die achsparallelen Leiterstäbe nicht innerhalb bzw. am axialen Ende des Rotors kurzgeschlossen sind, sondern wo die achsparallelen Leiterstäbe über Schleifringe verbunden sind.[143] Allerdings hat diese Bauart aufgrund des Einsatzes moderner Frequenzumrichter keine Relevanz für die Elektromobilität.

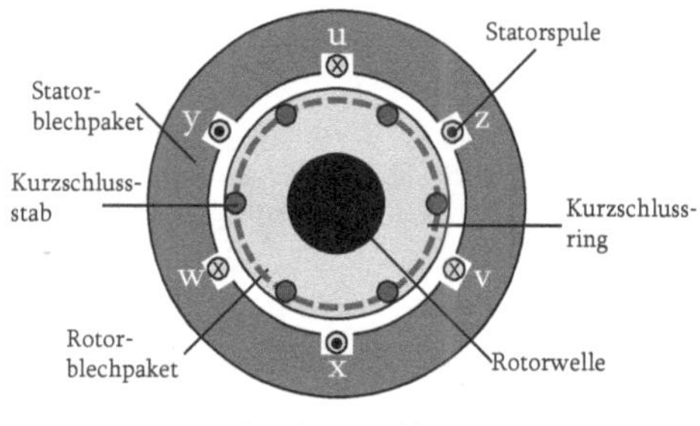

Abbildung 2-7: Schematischer Aufbau einer Asynchronmaschine für die Elektromobilität[144]

Reluktanzmaschine

[140] Ebd., S. 204.

[141] Aus diesem Grund wird die Asynchronmaschine im englischsprachigen Raum als „Induction machine“ (deutsch: Induktionsmaschine) bezeichnet.

[142] Vgl. Schröder (2017): Elektrische Antriebe, S. 198ff.; Vgl. Binder (2012): Elektrische Maschinen und Antriebe, S. 269f.

[143] Vgl. Schröder (2017): Elektrische Antriebe, S. 198.

[144] Eigene Darstellung in Anlehnung an: Vgl. Kleine Büning (2019): Informationsorientierte Prototypenplanung zur Effizienzsteigerung im Produktionsplanungsprozess, S. 17; Vgl. Spring (2009): Elektrische Maschinen, S. 228; Vgl. Nee Strategien für Wertschöpfungsnetzwerke in der Elektromotorenproduktion, S. 19f. Diese Abbildung wurde über die Jahre am PEM der RWTH Aachen entwickelt und kontinuierlich verbessert.

Beim schematischen Aufbau der Reluktanzmaschine ist zunächst zwischen der geschalteten sowie der Synchron-Reluktanzmaschine zu differenzieren, da sich diese sowohl im Stator, als auch im Rotor voneinander unterscheiden. Im Folgenden wird auf diese beiden Bauarten einzeln eingegangen.

Geschaltete Reluktanzmaschine

Aufbau: Die geschaltete Reluktanzmaschine (siehe untenstehende Abbildung 2-8, linke Seite) weist im Stator ein Blechpaket auf, in das im Verhältnis zu üblichen Synchronmaschinen große Nuten (auch: Statorzähne) eingelassen sind. In diesen Nuten ist eine Wicklung eingebracht, die meistens als eine konzentrierte Wicklung[145] ausgeführt ist und so in eine tangential daneben verortete Nut eingebracht wird. Der Rotor weist als charakteristisches Merkmal sehr ausgeprägte Rotorzähne auf und ist nicht, wie bei vielen Bauarten der Synchron- oder Asynchronmaschine, rund. Im Rotor der geschalteten Reluktanzmaschine sind weder Permanentmagnete, Kurzschlusskäfige noch Spulenwicklungen eingebracht[146]. Der Rotor besteht lediglich aus einem Blechpaket mit weichmagnetischem Elektroblech. Die geschaltete Reluktanzmaschine weist bauartbedingt eine unterschiedliche Anzahl an ausgeprägten Stator- und Rotorzähnen auf, die aus der notwendigen Differenz der Polzahlen resultieren.[147]

Funktionsweise: Zum genauen Verständnis der Funktionsweise ist zunächst die „Reluktanz“ als der magnetische Widerstand zu verstehen.[148] Die ausgeprägten Rotorzähne bedingen entlang des Maschinenumfangs einen periodisch veränderlichen magnetischen Widerstand (Reluktanz) im Luftspalt zwischen Stator und Rotor[149], weshalb diese Bauart nach der Nutzung dieses charakteristischen Wirkprinzips benannt ist.[150] Der Rotor der geschalteten Reluktanzmaschine strebt einen Zustand mit minimalen magnetischen Widerstand an, woraus eine ausrichtende Tangentialkraft entsteht. Bei der geschalteten Reluktanzmaschine wird kurz vor Erreichen des minimalen magnetischen Widerstands die Wicklung im nächsten Statorzahn aktiv geschaltet, sodass sich der Rotor abermals ausrichtet. Die Stränge in der Statorwicklung werden nicht kontinuierlich bespeist, sondern entsprechend der Rotorstellung einzeln geschaltet, woraus die notwendige Drehbewegung des Rotors entsteht.[151]

Synchronreluktanzmaschine

Aufbau: Der Stator der Synchronreluktanzmaschine ist im Gegensatz zu dem der geschalteten Reluktanzmaschine analog zu dem einer Synchron- oder Asynchronmaschine aus einem Statorblechpaket mit einem eingebrachten mehrphasigen Wicklungssystem aufgebaut.[152] Im Rotor der Synchronreluktanzmaschine sind analog zu dem der geschalteten Synchronma-

[145] Zur weiteren Erklärung der Wicklungsverteilung: Siehe Abschnitt 2.1.4

[146] Vgl. Schröder (2017): Elektrische Antriebe, S. 338.

[147] Ebd., S. 339; Unter der Polzahl ist die Anzahl der magnetischen Pole zu verstehen. Dabei bilden zwei Pole (Nordpol und Südpol) ein Polpaar.

[148] Vgl. Babiel (2014): Elektrische Antriebe in der Fahrzeugtechnik, S. 125.

[149] Vgl. Binder (2012): Elektrische Maschinen und Antriebe, S. 733.

[150] Vgl. Fischer (2017): Elektrische Maschinen, S. 417.

[151] Vgl. Müller et al. (2012): Grundlagen elektrischer Maschinen, S. 638.

[152] Vgl. Babiel (2014): Elektrische Antriebe in der Fahrzeugtechnik, S. 125.

schine ebenso keine Permanentmagnete, Kurzschlusskäfige oder Spulenwicklungen eingebracht.[153] Im Rotor sind im vorhandene Blechpaket aus weichmagnetischen Elektroblech die für die Synchronreluktanzmaschine charakteristischen Kavitäten tangential verteilt und in radialer Staffelung eingebracht (siehe unten stehende Abbildung 2-8, rechte Seite). Die Rotorpolzahl ist gleich der Statorpolzahl.[154]

Funktionsweise: Auch die Synchronreluktanzmaschine fußt analog zur geschalteten Reluktanzmaschine auf dem Prinzip, dass der Rotor mit stark ausgeprägten magnetischen Polen im Verhältnis zum Stator mit ebenso ausgeprägten Polen einen Zustand der minimalen Reluktanz[155] anstrebt. Gleichwohl ist die Synchronreluktanzmaschine auch der Bauart der Synchronmaschinen zuzuordnen.[156] Das Statorfeld wird entgegen zur geschalteten Reluktanzmaschine durch ein Mehrphasen Drehstrom erzeugt und rotiert analog zur Synchron- und Asynchronmaschine. Zu einer starken Ausprägung des antreibenden Reluktanzmomentes im Rotor wird Abbildung 2-5durch die charakteristischen Nuten im Rotorblechpaket eine Flusssperre erzeugt, die die Reluktanz entlang der Querachse erhöht.[157] Der Rotor folgt dem Statordrehfeld indem er kontinuierlich versucht, einen Zustand der minimalen Reluktanz zu erreichen.[158]

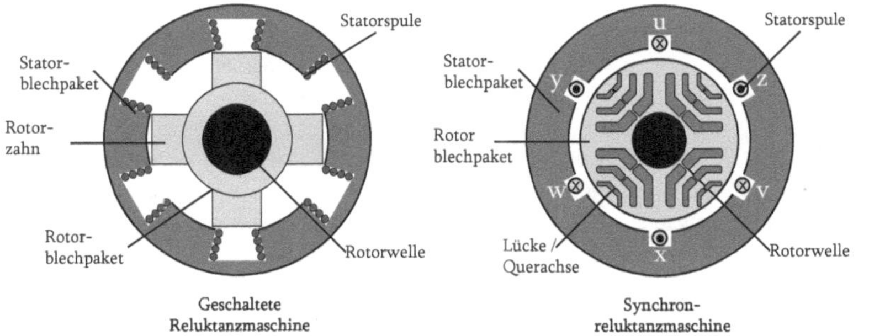

Abbildung 2-8: Schematischer Aufbau relevanter Reluktanzmaschinen für die Elektromobilität[159]

Von denen zuvor vorgestellten Bauarten elektrischer Maschinen finden insbesondere die Synchron- und Asynchronmaschine flächendeckend Anwendung im Kontext der Elektromobilität. Ein klarer Trend hin zu lediglich einer Bauart, ist auch vor dem Hintergrund der unterschiedlichen Anforderungen in den jeweiligen Hybridkonfiguration oder Fahrzeugklassen und den korrespondierenden Kosten für jede Bauart nicht zu erkennen. So werden

---

[153] Vgl. Schröder (2017): Elektrische Antriebe, S. 338.

[154] Vgl. Binder (2012): Elektrische Maschinen und Antriebe, S. 776.

[155] Anmerkung: des minimalen magnetischen Widerstands.

[156] Ebd., S. 773.

[157] Ebd., S. 804f; Vgl. Fischer (2017): Elektrische Maschinen, S. 419.

[158] Ebd., S. 417; Vgl. Weh (1984): Zur Weiterentwicklung wechselrichtergesteuerter Reluktanzmaschinen für hohe Leistungsdichte und große Leistungen, S. 135ff.

[159] Eigene Darstellung in Anlehnung an Vgl. Kleine Büning (2019): Informationsorientierte Prototypenplanung zur Effizienzsteigerung im Produktionsplanungsprozess, S. 19; Vgl. Finken et al. (2008): Comparison and design of different electrical machine types regarding their applicability in hybrid electrical vehicles, S. 4 Diese Abbildung wurde am PEM der RWTH Aachen entwickelt und kontinuierlich verbessert.

im Porsche Taycan zwei permanenterregte Synchronmotoren[160], im BMW iX3 ein fremderregter Synchronmotor, im Mercedes EQC[161] und im Audi e-tron[162] zwei Asynchronmotoren verwendet. Lediglich Reluktanzmotoren finden bislang in keinem Serienfahrzeug Anwendung.

Neben den verschiedenen Versorgungsspannungen und den unterschiedlichen Wirkungs- und Erregungsprinzipien können noch eine Vielzahl weiterer Merkmale zur Klassifizierung elektrischer Maschinen dienen. Ein weiteres Unterscheidungsmerkmal vor dem Hintergrund des vorliegenden Betrachtungsbereiches ist die Richtung des magnetischen Flusses. Dieser kann entweder radial oder axial erfolgen (siehe dazu Abbildung 2-9, oberer Teil)[163]. Bei elektrischen Maschinen mit radialem Fluss ist der Rotor als Zylinder innerhalb des Stators [164] - vereinfacht als Hohlzylinder koaxial angeordnet. Der elektromagnetische Fluss erfolgt in radialer Richtung in Bezug auf die Drehachse des Rotors. Bei elektrischen Maschinen mit axialem Fluss sind Rotoren und Stator axial entlang der Drehachse scheibenförmig ausgeführt, weshalb diese Bauart auch als Scheibenläufer bezeichnet wird.[165] Elektrische Maschinen mit axialem Fluss erzeugen ohne Getriebe bei gleichem Bauraum ein höheres Drehmoment aber weisen meistens eine niedrigere Maximaldrehzahl auf. Sie erreichen höhere Leistungsdichten als Radialflussmaschinen[166] bei geringerem Aktivmaterialeinsatz[167]. Derzeit wird die Hairpin-Statortechnologie als Betrachtungsobjekt der vorliegenden Dissertation lediglich bei elektrischen Maschinen mit radialem Fluss eingesetzt, wobei grundsätzlich auch der Einsatz von rechteckigem Flachdraht bei Axialflussmaschinen möglich wäre. Für die weiteren Abschnitte soll daher eine Eingrenzung des Betrachtungsbereichs auf Radialflussmaschinen vorgenommen werden. Ausgehend von der radialen Flussrichtung kann zwischen einer Innenläufer-Ausführung, mit dem Rotor innerhalb des Stators, oder auch einer Außenläufer-Ausführung mit dem Stator innerhalb des Rotors unterschieden werden (siehe dazu Abbildung 2-9, unterer Teil). Die aktuelle dominante Bauart für elektromobile Traktionsanwendungen ist der Innenläufer. Lediglich bei axial kurzen Bauräumen, wie beispielsweise in Hybridkonfigurationen zwischen Verbrennungsmotor und Getriebe, werden Außenläufer eingesetzt Für die weiteren Abschnitte soll daher eine Eingrenzung des Betrachtungsbereichs auf die Ausführung als Innenläufer gelegt werden.

[160] Vgl. Schweizer et al. (2019): Rekuperatives Bremssystem des Porsche Taycan, S. 28.
[161] Vgl. Tobin et al. (2019): Electric Drives.
[162] Vgl. Doerr et al. (2019): The new full electric drivetrain of the Audi e-tron, S. 26ff.
[163] Vgl. Trzesniowski (2014): Rennwagentechnik, S. 808.
[164] Anmerkung: Oder bei Einsatz einer Außenläuferkonfiguration außerhalb.
[165] Vgl. Gieras et al. (2008): Axial Flux Permanent Magnet Brushless Machines, S. 3.
[166] Ebd., S. 18f.
[167] Als Aktivmaterialien werden die Materialien für Leiter und Magnete bezeichnet.

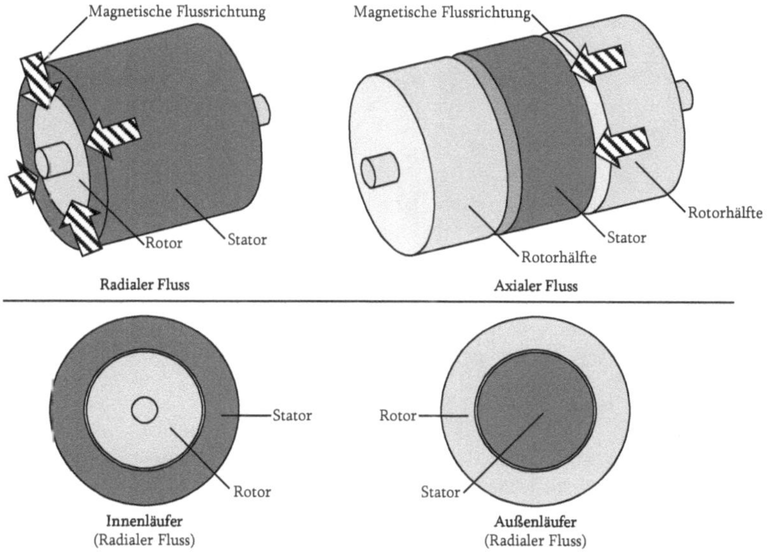

Abbildung 2-9: Flussrichtungen und Stator/Rotoranordnungen relevanter Elektromotorbauarten für die Elektromobilität[168]

2.1.4 Anforderungen an Stator- und Wicklungstechnologien für elektrische Traktionsmotoren

Im folgenden Abschnitt soll ausgehend von einer kurzen Betrachtung der theoretischen Grundlagen zur Effizienz in Wicklungen auf die relevanten Faktoren eingegangen werden, die den Einsatz der Form- und Steckspulentechnologie „Hairpin-Statoren" als elektrische Traktionsmotoren motivieren.

Die in Elektromotoren auftretenden Verlustleistungen lassen sich unterteilen in:

- Kupferverluste (Ohm'sche Verluste)
- Eisenverluste (Hysterese- und Wirbelstromverluste)
- Reibungsverluste (Luft- und Lagerreibung)
- Sonstige Verlustleistungen (Oberwellen im Luftspaltfeld, Oberflächenverluste, Pulsationsverluste, Stromverdrängungseffekte)

Die im Stator auftretenden und auch dominierenden Verlustleistungen sind die Kupferverluste, auch Ohm'sche Verluste oder Stromwärmeverluste genannt.[169] Auf die Beschreibung

[168] Eigene Darstellung in Anlehnung an: Vgl. Trzesniowski (2014): Rennwagentechnik, S. 808 Eine Ähnliche Abbildung ist auch in Vgl. Kleine Büning (2019): Informationsorientierte Prototypenplanung zur Effizienzsteigerung im Produktionsplanungsprozess, S. 20f. zu finden. In der Abbildung wurde auf die Darstellung des Transversalflusses aufgrund der geringen Relevanz vor dem Hintergrund des Fokus auf die Hairpinstatortechnologie als Betrachtungsobjekt dieser Dissertation verzichtet.

[169] Vgl. Fischer (2017): Elektrische Maschinen; Vgl. Müller et al. (2012): Grundlagen elektrischer Maschinen, S. 212.

der weiteren Verlustleistungen soll aufgrund der Fokussierung auf den Stator und die darin enthaltene Wicklung nicht weiter eingegangen werden.[170] Die Kupferverluste resultieren aus dem Stromfluss durch die Kupferwicklungen im Stator. Die Kupferverluste sind quadratisch proportional zur Stromstärke I und proportional zum Leiterwiderstand.

$$P_{Cu} = R \cdot I^2 \tag{1}$$

P_{Cu}	Kupferverlustleistung, Ohm'sche Verlustleistung oder Stromwärmeverlustleistung [W]
R	Gleichstromleiterwiderstand einer Wicklung [Ω]
I	Stromstärke [A]

Zur Bestimmung des Einflusses der Wickeltechnologie auf die Kupferverluste, leiten HAGEDORN ET AL. die folgende Formel her:[171]

$$P_{Cu} = J \cdot \Theta \cdot \rho_{Cu} \cdot 2 \cdot (b + t + \frac{2 \cdot \Theta}{h_w \cdot J \cdot k_{Cu}}) \tag{2}$$

P_{Cu}	Kupferverlustleistung, Ohm'sche Verlustleistung oder Stromwärmeverlustleistung [W]
J	Stromdichte [A/m²]
θ	Magnetische Durchflutung [A]
ρ_{Cu}	Spezifischer Widerstand Kupfer [Ω·mm²/m]
b, t	Breite und Tiefe des Wickelkörpers [mm]
h_w	Wicklungshöhe [mm]
k_{Cu}	Elektrischer Füllfaktor [Ohne Einheit]

Nach HAGEDORN ET AL. wird der erste Teil des Terms (vor der Klammer) von Randbedingungen der Applikation und besonders der zweite Teil innerhalb der Klammer von der Fertigung und Wickeltechnik beeinflusst.[172]

Wie der zuvor vorgestellten Formel zur Bestimmung der Verlustleistung einer Spule zu entnehmen ist, ist der *Nutfüllfaktor* einer Wicklung maßgeblich durch die Fertigung beeinflussbar und bestimmend für die Verlustleistung und schließlich auch für die Effizienz der Wicklung bzw. des Stators. Zur Optimierung der Effizienz des Stators und auch des gesamten Elektromotors gilt es den Nutfüllfaktor zu steigern.[173] Beim Füllfaktor ist zwischen dem mechanischen und dem elektrischen Füllfaktor zu unterscheiden. Unter dem mechanischen Füllfaktor versteht man das „Verhältnis des Gesamtquerschnitts der Windungen zum Querschnitt des zur Verfügung stehenden Wickelraumes."[174] Der Gesamtquerschnitt der Windungen bezieht dabei die Isolierung des Kupferlackdrahtes mit ein. Im Vergleich dazu, ist der elektrische Füllfaktor als das Verhältnis des elektrischen leitenden Gesamtquerschnitts

[170] Zur weiteren Herleitung und Beleuchtung auftretender Verlustleistungen in Elektromotoren wird auf Vgl. Bolte (2018): Elektrische Maschinen.

[171] Vgl. Hagedorn et al. (2016): Handbuch der Wickeltechnik für hocheffiziente Spulen und Motoren, S. 30.

[172] Ebd., S. 31.

[173] Vgl. Fischer (2017): Elektrische Maschinen, S. 317.

[174] Vgl. Feldmann et al. (2014): Handbuch Fügen, Handhaben, Montieren, S. 208.

der Windungen (oder auch lediglich das Kupfer) zum Querschnitt des zur Verfügung stehenden Wickelraumes zu verstehen.[175] Bei der Berechnung wird hierbei die Isolierung des Kupferlackdrahtes nicht mit einbezogen.[176] Da ein runder Draht beim Wickeln Zwischenräume schafft, ist der Füllfaktor immer <1. Aus beiden Definitionen des Nutfüllfaktors wird deutlich, dass für die größtmögliche Effizienz eine geringe Schichtdicke der Drahtisolation sowie eine möglichst Nutgrundisolation anzustreben sind. Hierbei dürfen die elektrischen Eigenschaften des Isolationssystems nicht beeinträchtigt werden.

Maßgeblichen Einfluss auf den Füllfaktor hat die Art der Wicklung. Hierbei wird zwischen wilder und orthozyklischer Wicklung unterschieden. Bei der wilden Wicklung spielt die exakte Positionierung des Kupferdrahtes keine besondere Rolle. Die Windungen liegen ungeordnet neben- und übereinander innerhalb der Statornut. Bei einer wilden Wicklung ist demzufolge der mechanische Füllfaktor nicht optimal und liegt meist etwa zwischen 65-73%.[177] Im Vergleich dazu wird bei der orthozyklischen Wicklung versucht, den verfügbaren Wickelraum möglichst optimal auszunutzen, indem die Kupferleiter geordnet neben- und übereinander liegen.[178] Das theoretische Optimum des mechanischen Füllfaktors bei der orthozyklischen Wicklung ist unabhängig vom Drahtdurchmesser und liegt bei 90,1%. In der Praxis wird dieser Wert jedoch nicht erreicht, da im Windungssprung- und Lagensprungbereich keine optimale Anordnung vorliegt. Nichtsdestotrotz stellt eine orthozyklische Wicklung für runden Draht die beste Möglichkeit dar, den zur Verfügung stehenden Raum optimal zu nutzen.[179] Jedoch hat die Wicklungsart sowie die eingesetzte Wicklungstechnologie erhebliche Auswirkungen auf den Nutfüllfaktor.[180]

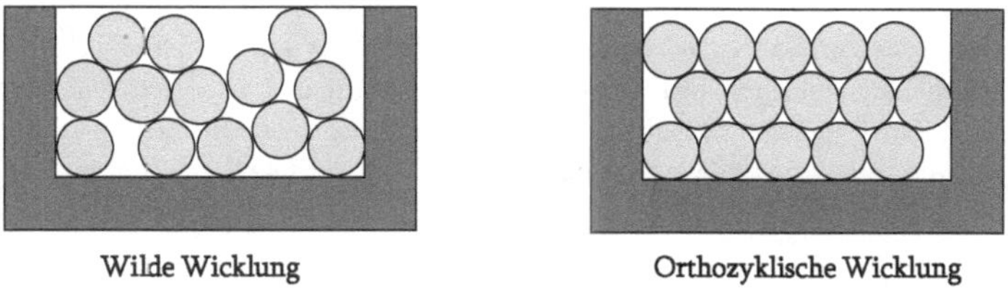

Abbildung 2-10: Vergleich des Nutfüllfaktors in Abhängigkeit von der Wicklungsanordnung

Bei der Anordnung der Spulen innerhalb des Stators wird grundlegend zwischen *konzentrierten Wicklungen* (auch Einzelzahnwicklung) und *verteilten Wicklungen* unterschieden (dargestellt in Abbildung 2-11).[181] Wenn der Kupferdraht einzeln um die Zähne zwischen den Blechpaketnuten gewickelt wird, so spricht man von einer konzentrierten Wicklung. Werden mehrere Zähne von der Spule umwickelt und in mehreren Schichten versetzt im Blechpaket verteilt, wird dies als verteilte Wicklung bezeichnet. Die konzentrierte Wick-

[175] Vgl. Kampker et al. (2018): Elektromobilität, S. 331.
[176] Vgl. Röth et al. (2018): Entwicklung von elektrofahrzeugspezifischen Systemen, S. 331.
[177] Vgl. Feldmann et al. (2014): Handbuch Fügen, Handhaben, Montieren, S. 208.
[178] Vgl. Dobroschke (2014): Wickeltechnik, S. 208f; Hagedorn et al. (2016): Handbuch der Wickeltechnik für hocheffiziente Spulen und Motoren, S. 147ff.
[179] Ebd., S. 152.
[180] Dobroschke (2014): Wickeltechnik, S. 208.
[181] Vgl. Pyrhönen et al. (2010): Design of rotating electrical machines, S. 49ff.

lung weist Vorteile bei der Höhe des Wickelkopfes auf und lässt eine orthozyklische Wicklung zu. Die verteilte Wicklung erlaubt mehr Komplexität im Wickelschema[182], was zu einer stärkeren Annäherung des Statorfeldes an eine Sinuskurve führt. Hierdurch kann eine höhere Effizienz des Stators und eine geringe Geräuschanregung (engl. NVH) erreicht werden. Konzentrierte Wicklungen können bei der Bewicklung von segmentierten Spulenkörpern alternativ direkt auf einen Kunststoffträger oder auch direkt auf ein Zahnsegment aufgebracht werden. Die auf den Kunststoffträger aufgebrachte Wicklungen werden anschließend auf den Zahn des Lamellenpakets aufgesteckt.

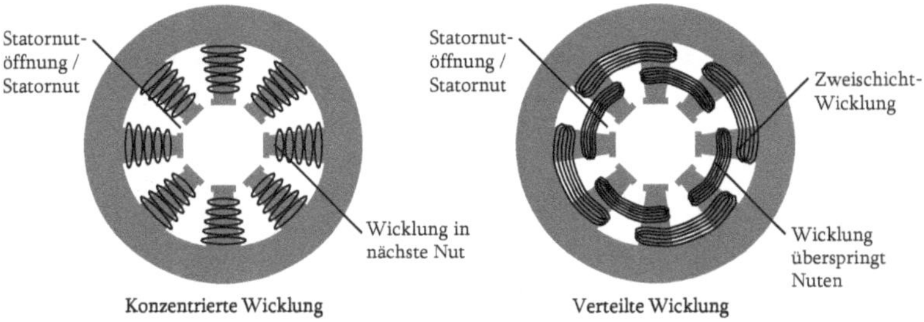

Abbildung 2-11: Wicklungstypen für Elektromotoren im Kontext der Elektromobilität

Wie bereits in Abschnitt 2.1.1 ausgeführt, sind die Größe des zur Verfügung stehenden Bauraums sowie die Anforderungen an die Leistungsdichte und Effizienz die Kernanforderungen, die über den Einsatz der unterschiedlichen Elektromotortechnologien entscheiden. Insbesondere das Verhältnis aus Länge zu Breite, welches aus der Positionierung des Motors im Antriebsstrang resultiert, bedingt die Auswahl der konzentrierten oder der verteilten Wicklung. So wird für axial kurze Statoren bei einem Durchmesser des Stators bis ca. 80 mm vorranging die konzentrierte Wicklung eingesetzt und für axial längere Statoren über 80 mm die verteilte Wicklung.[183]

Diese Aufteilung resultiert vor allem aus dem Verhältnis des Wickelkopfes zur aktiven Länge des Stators. Als Wickelkopf wird der axial über das Blechpaket überstehende Teil des Wicklungssystems bezeichnet, der für die Verschaltung zwischen den Leitern in den Statornuten notwendig ist. Der Wickelkopf leistet keinen aktiven Beitrag zur Drehmomenterzeugung im Elektromotor, sondern ist nur passiv zur Verschaltung der Spulen in den Nuten vorhanden. Im Wickelkopf werden einerseits Kupferverluste durch die Länge der Leiter erzeugt, andererseits entstehen vor allem elektromagnetische Störfelder. Auch stellt der Wickelkopf häufig einen der wärmsten Punkte der Wicklung dar und sollte aus diesen Gründen minimiert werden.

Da bei einer verteilten Wicklung die Spulen über mehrere Nuten verteilt und dabei auch über darunterliegende Spulen in mehreren Etagen gelegt sind, ist bei einer verteilten Wicklung ein deutlich größeres Wickelkopfvolumen vorhanden als bei einer konzentrierten Wicklung. Sollte die axiale Statorlänge entsprechend kurz sein (ca. unter 80 mm), so entsteht bei einer verteilten Wicklung ein ungünstiges Verhältnis aus Wickelkopfhöhe und aktiver

[182] Die verteilte Wicklung erlaubt eine gesehnte Wicklung.

[183] Vgl. Pfund (2018): Die Schaeffler eDrive Plattform, 349.

Länge im Statorblechpaket.[184] Hier wird dann die konzentrierte Wicklung eingesetzt, weil sie zwar grundsätzlich Nachteile bei der Feldausprägung und schlussendlich der Effizienz hat, aber der negative Effekt der Kupferverluste im Wickelkopf bei einem Einsatz der verteilten Wicklung in diesem Fall gegenüber der schlechteren Feldausprägung dominiert.

Aufgrund des erhöhten Leistungsbedarfes und der grundsätzlichen Flexibilität der Statordimensionen bei rein batterieelektrisch angetrieben Fahrzeugen (engl. BEVs für Battery Electric Vehicles) werden vor allem Statoren mit einer axialen Länge über 80mm verbaut, sodass hier vorrangig verteilte Wicklungen eingesetzt werden. Durch die begrenzten Reichweiten des PKW durch eine kostenintensive Batterie werden auch hohe Anforderungen an die Effizienz des Stators gestellt. Dies untermauert den Einsatz von verteilten Wicklung für ebendiese Anwendung.

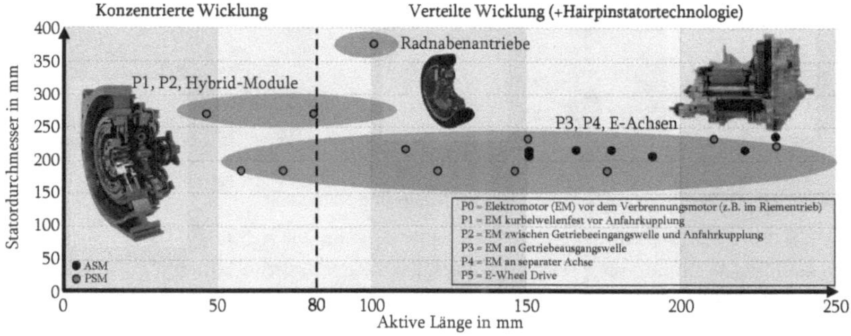

Abbildung 2-12: Einsatzbereiche konzentrierter und verteilter Wicklungen[185]

2.1.5 Formsteckspulentechnologien

Nachdem bereit im vorherigen Abschnitt auf die Notwendigkeit zur Steigerung der Statoreffizienz durch die Steigerung des elektrischen Nutfüllfaktors sowie durch die Reduzierung des Wickelkopfes der verteilten Wicklung eingegangen wurde, soll im Folgenden die Verwendung der Hairpin-Statortechnologie für Traktionsmotoren aus den einzelnen Optimierungsbestrebungen für Statoren hergeleitet werden.

Im vorherigen Abschnitt wurde in der Formel (2) von HAGEDORN ET AL. zur Bestimmung der Verlustleistung von gewickelten Spulen der Nutfüllfaktor als besonderes relevant hervorgehoben. Eine Möglichkeit den Nutfüllfaktor signifikant zu steigern und so die Effizienz des Stators zu verbessern, ist die Verwendung von Kupferflachdraht. Hierbei werden die Zwischenräume zwischen den vormals runden Kupferdrähten geometrisch reduziert und so das Verhältnis aus eingebrachtem Draht zum zur Verfügung stehenden Wickelraum in der Nut verbessert. Der mechanische Nutfüllfaktor kann so nahezu auf 100% erhöht werden. Da für den noch relevanteren elektrischen Nutfüllfaktor die eingebrachte Kupfermenge von Bedeutung ist, gilt es, das Verhältnis von eingebrachter Isolation zum Kupfer zu reduzieren. Dies kann durch die Verwendung weniger, aber dafür im Verhältnis zur Nut größeren Kupferflachdrähten erreicht werden. In der Regel werden so Flachdrähte genutzt, deren Breite

[184] Ebd., 349.

[185] Ebd., 349; Eine weitere Beschreibung der möglichen Positionierungen des Elektromotors im elektrischen Antriebsstrang ist im Anhang der vorliegenden Dissertation aufgeführt.

der Nutbreite abzüglich des verwendeten Isolationsmaterials entspricht. Abhängig von den Anforderungen an die Isolation in Bezug auf Durchschlags- und Lebensdauerfestigkeit und den resultierenden Isolationsschichtdicken liegt der elektrische Nutfüllfaktor eines Stators mit massiven Kupferflachdraht bis zu 20 Prozentpunkte über dem Nutfüllfaktor gewickelter Statoren.

Ein Vergleich der Schnittansichten ist in Abbildung 2-13 dargestellt. Es ist zu erkennen, dass sich durch den Einsatz von wenigen aber dafür größeren Flachdrähten ein wesentlich höherer Nutfüllfaktor erzielen lässt als mit Runddraht.

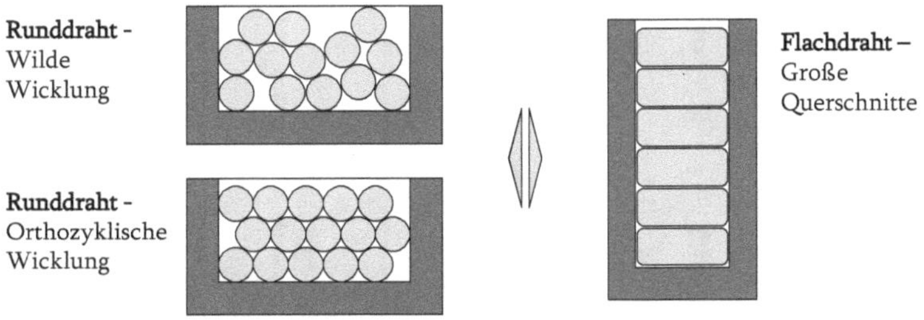

Abbildung 2-13: Vergleich des Nutfüllfaktors bei Rund- und Flachdraht

Aus der Verwendung von wenigen, aber dafür geometrisch größeren Flachdrähten folgt, dass auch die Wicklung im Verhältnis zu üblichen Runddrahtwicklungen nur aus wenigen Lagen und daher auch nur aus wenigen Windungen aufgebaut ist. Zum Erreichen der Leistungsanforderungen sind so hohe Ströme in den Flachdrähten notwendig.

Zwar wird durch die Verwendung des Flachdrahtes der Nutfüllfaktor vergrößert, aber durch die großen Kupferquerschnitte und die geringe Windungszahl treten jedoch Wechselstromeffekte in den Vordergrund, die die Stromdichte reduzieren können und so die Verlustleistung potenziell vergrößern können (siehe dazu Formel (2)). Hierzu zählen die folgenden zwei Effekte:

- Skin-Effekt
- Proximity-Effekt

Der **Skin-Effekt** bezeichnet die bei von Wechselstrom durchflossenen Leitern auftretende Selbstinduktion von Wirbelströmen im Leiterinneren. Diese Wirbelströme verstärken sich mit steigender Wechselfrequenz und Querschnittsfläche und führen zu einer erhöhten Stromdichte in den äußeren Bereichen des Leiters. Dadurch sinkt die effektiv zur Stromführung nutzbare Querschnittsfläche des Leiters und der Wechselstromwiderstand sowie die Verlustleistung können ansteigen.[186]

Beim Einsatz von Wechselstrom in parallel angeordneten Leitern tritt zusätzlich eine gegenseitige Beeinflussung zwischen den Leitern auf. Wirbelströme in einem Leiter beeinflussen das magnetische Feld des anderen, in dem sie die Stromdichte innerhalb des Leiters zum

[186] Vgl. Lautz (1985): Elektromagnetische Felder, S. 142ff.

Rand hin erhöhen. Folglich steigen auch der Wechselstromwiderstand und die Verlustleistung. So sorgt der **Proximity-Effekt** bei parallel in einer Nut liegenden Flachdrähten mit großem Querschnitt für eine Reduktion der Effizienz.[187]

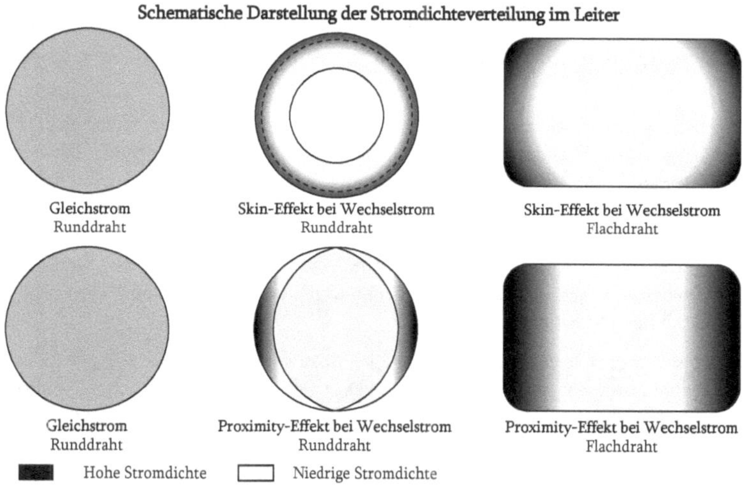

Abbildung 2-14: Skin- und Proximity-Effekte in stromdurchflossenen Leitern[188]

Die Berücksichtigung dieser beiden Effekte ist vor dem Hintergrund der großen Querschnittsfläche der Drähte von besonderer Bedeutung. Durch ein entsprechendes Wickelschema bei einer verteilten Wicklung, können diese Effekte jedoch auf ein solches Maß reduziert werden, sodass der effizienzsteigernde Effekt des höheren elektrischen Nutfüllfaktors überwiegt.

Nachdem auf die Vorteile und die Rahmenbedingungen im Kontext der Verwendung von massivem Kupferflachdraht eingegangen wurde, soll nun die Einbringung eben dieses Drahts in den Stator vorgestellt werden. So ist es aufgrund der großen Querschnitte des Flachdrahtes, die zur Steigerung des Nutfüllfaktors vorgesehen sind, nicht möglich, den Draht mit den gängigen Wickelverfahren, um die Statornuten zu wickeln (Siehe Abschnitt 2.2.3 zu den gängigen Wickelverfahren).

Eine Möglichkeit ist, den massiven Kupferflachdraht zunächst zu vereinzeln und in eine dreidimensionale U-Form zu biegen. Diese Form gleicht einer Haarnadel, weshalb diese Bauweise auch nach dem englischen Wort „*Hairpin*" benannt ist. Die so entstandenen Einzelleiter werden in der industriellen Praxis „Hairpins" genannt. Nach einer Montage einer Vielzahl einzelner Hairpins in den Stator, werden diese Hairpins auf der nun offenen Seite mit den geraden Hairpinenden tangential umgeformt (verschränkt) und kontaktiert, sodass durch die Verschaltung der Hairpins eine durch die Statornuten mäandernde und quasi

[187] Vgl. Biela (2012): Wirbelstromverluste in Wicklungen induktiver Bauelemente, S. 10ff.
[188] Eigene Abbildung in Anlehnung an Ebd., S. 6ff.

künstlich erzeugte Wicklung entsteht (siehe dazu Abbildung 2-15).[189] Dadurch wird ein durchgehender Stromfluss in den einzelnen Phasen sichergestellt, welches für die Erzeugung eines rotierenden Magnetfeldes notwendig ist. Im Zusammenbau ist auf der einen axialen Seite des Stators eine geschlossene Seite der Hairpins („geschlossener Hairpin-Korb", siehe Abbildung 2-16, obere Grafik) und auf der anderen Seite eine geschweißte Seite („offene Seite, Schweißseite, geschweißter Hairpin-Korb", siehe Abbildung 2-16, obere Grafik) vorzufinden.

Im Gegensatz zu konventionell bewickelten Statoren ist auf der kontaktierten Seite der Hairpins noch eine zusätzliche Isolation auf den blanken Kupferenden notwendig. Diese ist ähnlich zur Imprägnierung aus einem Epoxidharz aufgebaut. Weiterhin können auf der kontaktierten Seite des Hairpin-Stators noch Schaltringe, Kontaktringe bzw. Anbaugruppen in die Phasen integriert werden. Hierdurch kann das Wickelschema bei verhältnismäßig geringerem Aufwand in der Produktion angepasst und die Montage vereinfacht werden. Diese Schaltringe bestehen zumeist aus verschiedenen Lagen und Schichten und werden häufig in wärmebeständigen Kunststoff eingebettet.

Obwohl die Hairpinstatoren bzw. die Steckspulenbauweise schon über 100 Jahren bekannt und bei Generatoren eingesetzt werden, war der erste Einsatz als elektrischer Traktionsmotor im PKW der Toyota Prius, für dessen Stator die Firma „Denso Corporation" den ersten Hairpin-Stator entwickelt und industrialisiert hat.[190] Zu den gängigsten Anwendungsfällen der Hairpin-Bauweise zählten bis vor dem Einsatz als Traktionsmotoren vor allem Statoren großer Generatoren sowie verhältnismäßig kleine Startergeneratoren für PKW.[191] Seit einigen Jahren ist jedoch ein Trend hin zum Einsatz in Traktionsantrieben für die Elektromobilität zu erkennen.[192]

[189] Vgl. Kampker et al. (2018): Herausforderung Hairpintechnologie Technologieschub für OEMs und Anlagenbauer, S. 62ff.; Vgl. Kampker et al. (2019): Produktionsprozess eines Hairpin-Stators, S. 1ff; Vgl. Kampker et al. (2018): Ex-Ante Process-FMEA for Hairpin Stator Production by Early Prototypical Production Concepts, S. 1ff; Vgl. Fleischer et al. (2017): Quo Vadis Wickeltechnik?, S. 17f; Vgl. Ishigami et al. (2014): Development of Motor Stator with Rectangular-Wire Lap Winding and an Automatic Process for Its Production, S. 51ff.; Vgl. Du-Bar et al. (2018): Comparison of Performance and Manufacturing Aspects of an Insert Winding and a Hairpin Winding for an Automotive Machine Application, S. 5ff.

[190] Vgl. Braymer (1920): Armature Winding and Motor Repair; Vgl. Tokizawa et al. (2003): Method of manufacturing winding of rotary electric machine.

[191] Umgangssprachlich auch: „Lichtmaschine".

[192] Vgl. Fleischer et al. (2017): Quo Vadis Wickeltechnik?, S. 17; Vgl. Wirth et al. (2018): FE-Based Simulation of Hairpin Shaping Processes for Traction Drives, S. 1.

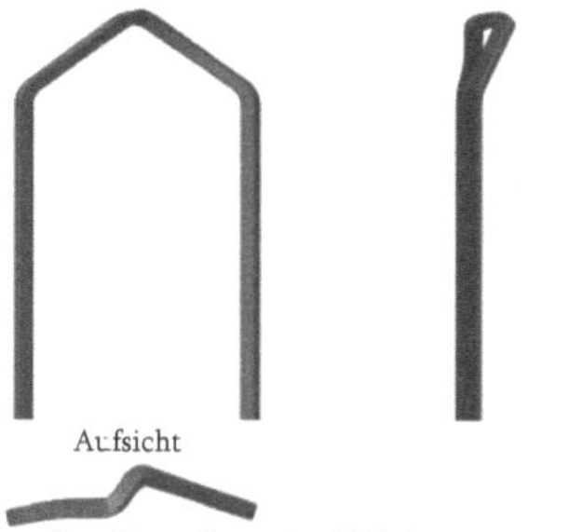

Einzeldarstellung eines Hairpins
(Nicht verschränkt)

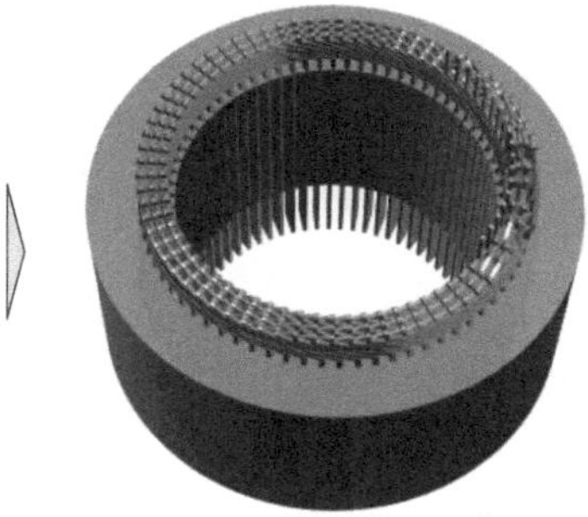

Montierte Hairpins im Stator
(an der offenen Seite unverschweißt)

Abbildung 2-15: Schematischer Aufbau eines Stators mit Hairpin-Technologie[193]

Die Schenkellänge der Hairpins vor dem charakteristischen Dach zwischen den senkrechten Leitern (engl. endturn) haben typischerweise einen Querschnitt zwischen 2.2 und 21 mm², mit Seitenlängen in den Bereichen 1.0 – 6.0 mm x 1.0 – 3.5 mm. Die Anzahl der Nuten variiert bei einem elektrischen Traktionsmotor mit Hairpinstatortechnologie aufgrund der eingangs angesprochenen Wechselstromeffekte zwischen 42 und 96 Nuten, wobei die übliche Nutanzahl aufgrund des optimalen Verhältnisses aus Anzahl der Leiter, Vorteilen aus dem Wickelschema und der Wickelkopfgröße 72 beträgt. Pro Nut werden zwischen zwei (bei Riemenstartergeneratoren) und acht Leitern eingesetzt.[194] In der Forschung und Entwicklung sind bis zu zehn Leiter pro Nut möglich. Aufgrund der hohen Produktionskomplexität und dem Fehlerrisiko aufgrund der steigenden Anzahl an Schweißstellen kommen diese Bauformen in der Praxis jedoch nur selten zum Einsatz. Somit verwendet ein einzelner Stator in diesem Anwendungsfeld zwischen 42 und 384 Hairpins. Aufgrund der verschiedenen Kreisbahnen, auf denen sich die Hairpins bei mehreren Leitern pro Nut befinden, unterliegen auch die Hairpins einer Varianz. Zusätzlich werden zwischen 3 und 16 verschiedene Hairpin-Geometrien innerhalb des Stators eingesetzt, um komplexere Wickelschemata zu realisieren, den Sternpunkt zu verbinden oder Lagensprünge zu ermöglichen.[195] Die gewählte Geometrie der einzelnen Hairpins hat maßgeblichen Einfluss auf die Geschlossenheit und Größe des Wickelkopfes, die mögliche Leiteranzahl pro Nut und die Kurzschlussgefahr.[196] Die Reduzierung der Wickelkopfhöhe zur Reduzierung der Kupferverluste und zur Verkleinerung des benötigten Bauraumes bleibt auch beim Hairpin-Stator eine Kernentwicklungsstoßrichtung.[197]

[193] Eigene Darstellung in Anlehnung an die Vorlesung „Produktion elektrischer Antriebe" für die der Autor als betreuender Wissenschaftlicher Mitarbeiter verantwortlich war.

[194] Vgl. Sell-Le Blanc (2018): Aktuelle Trends der Wickeltechnologien, S. 13.

[195] Siehe dazu das Patent der Ford Motor Company, das eine Vielzahl von unterschiedlichen Hairpingeometrien verwendet und bei dessen Prototypenbau der Autor mitgewirkt hat. Vgl. Liang et al. (2020): Balanced hairpin winding electric machine; Vgl. Ishigami et al. (2015): Motor Stator With Thick Rectangular Wire Lap Winding for HEVs, S. 2922.

[196] Vgl. Pushev et al. (2016): Advanced Conductor Shape Technology, S. 5.

[197] Vgl. Inoue et al. (2016): New-Structure Motor for Full Hybrid Electric Vehicle, S. 3.

Im Vergleich zu den biegeschlaffen Runddrähten, welche bei herkömmlichen Wickelverfahren verwendet werden, zeichnet sich der bei der Hairpin-Statortechnologie verwendete Flachdraht aufgrund des großen Querschnitts durch eine hohe Formfestigkeit aus. Dadurch können in der Produktion hohe Automatisierungsgrade realisiert werden, welche für die hohen Absatzvolumina im Markhochlauf der Elektromobilität genutzt werden.

Wie in Abschnitt 2.2.3 und in Abschnitt 2.2.4 beschrieben ist, unterliegt die Produktionstechnik für Hairpin-Statoren noch vielen Einflüssen auf die Produktqualität, sodass die Produktion als komplex gilt und die Produktkonzepte, die Produktionstechnik- und das Produktionsmanagement noch Potenzial zur Weiterentwicklung haben.[198] Aus diesem Grund wurden weitere Steckspulenkonzepte mit massivem Flachdraht entwickelt, die die einzelnen produkt- und produktionstechnischen Herausforderungen aufgreifen.

Eine weitere Bauform eines Stators mit gestecktem massivem Flachdraht neben dem Hairpin-Stator ist der „*I-Pin-Stator*". Der I-Pin erlangt seinen Namen aufgrund der Tatsache, dass keine U-förmigen Hairpins gebogen werden, sondern dass I-förmige bzw. stabförmige Flachdrähte (I-Pins) in den Stator eingebracht und auf beiden Seiten tangential umgeformt (verschränkt) werden. Hieraus resultieren dann zwei geschweißte Hairpin-Körbe auf beiden Seiten. Vorteile dieser Bauform liegen in dem Verzicht auf Biegeoperationen, jedoch liegen Nachteile in der doppelten Anzahl an Schweißpunkten, welche eine höhere Fehleranfälligkeit in der Produktion und eine größere axiale Baulänge bedingen. Die längere axiale Baulänge ergibt sich aus der doppelten Schweißseite, da diese aufgrund des axialen Vorhalts für die Schweißung etwa 5 mm länger ist als die einer geschlossenen Hairpin-Seite. Der Aufbau des I-Pin-Stators und die zugehörige charakteristische Drahtgeometrie sind in der nachfolgenden Abbildung dargestellt (siehe Abbildung 2-16, mittlere Grafik).

Für die dritte Bauform mit massivem Steckspulen aus Flachdraht existieren unterschiedliche Bezeichnungen in der Literatur und in der industriellen Praxis: Meist wird diese als *kontinuierliche Hairpin-Wicklung* (engl. Continuous Hairpin) bzw. als Wellenwicklung (Wave winding) bezeichnet. Die letztere Bezeichnung ist allerdings nicht eindeutig, da auch mit dem konventionellen Hairpin-Stator bzw. mit dem I-Pin-Stator eine Wellenwicklung im Sinne des Wickelschemas herzustellen ist.

Bei der kontinuierlichen Hairpin-Wicklung werden einzelne Leiter nicht wie beim Hairpin-Stator vereinzelt, umgeformt und kontaktiert, sondern es wird eine kontinuierliche, durch den Stator mäandernde Matte aus in abwechselnder Richtung umgeformten Leiterteilen in U-Form verwendet (siehe Abbildung 2-16, untere Grafik). Mehrere solcher Matten werden in den Stator eingebracht und müssen nicht weiter untereinander verschaltet werden. Folglich resultiert daraus, dass auf beiden axialen Seiten des Stators keine Schweißungen vorhanden sind und der Wickelkopf bzw. die axiale Baulänge dadurch im Gegensatz zum Hairpin-

[198] Vgl. Ishigami et al. (2014): Motor stator with thick rectangular wire lap winding for HEVs, S. 1881; Vgl. Mechler (2010): Manufacturing and Cost Analysis for Aluminum and Copper Die Cast Induction Motors for GM's Powertrain and R&D Divisions; Vgl. Fleischer et al. (2017): Quo Vadis Wickeltechnik?, S. 29; Vgl. Riedel et al. (2018): Challenges of the Hairpin Technology for Production Techniques; Vgl. Halwas et al. (2019 - 2019): Coherences Between Production Technology and Performance of Electric Traction Drives; Vgl. Kampker et al. (2018): Herausforderung Hairpintechnologie Technologieschub für OEMs und Anlagenbauer; Vgl. Kampker et al. (2018): Ex-Ante Process-FMEA for Hairpin Stator Production by Early Prototypical Production Concepts.

und I-Pin-Stator reduziert ist. Dies führt im Gegensatz zu den anderen Bauformen zu Effizienzvorteilen durch die geringeren Kupferverluste im Wickelkopf. Weitere Vorteile ergeben sich aus dem Verzicht auf die hohe Anzahl an Schweißstellen, welche, wie zuvor erwähnt, bei den anderen Bauformen von Statoren mit massiven Steckspulen aus Flachdraht zu einer erhöhten Fehleranfälligkeit in der Produktion führen. Nachteile dieser Bauform sind in der geringeren Flexibilität im Wickelschema zu finden, welche aus den zusammenhängenden Matten resultiert. Weiterhin kann auch die notwendige offene Nutöffnung bei manchen Verfahren zur radialen Montage der Matten in den Stator ein Nachteil bedingen, welchem allerdings durch optimierte Montageverfahren oder auch durch segmentierte Statorblechpakete begegnet werden kann.

Für die vorliegende Dissertation wird das Betrachtungsobjekt auf die Hairpin-Statortechnologie mit einer umgeformten und mit einer geschweißten Seite festgelegt, da diese Technologie einen vorteilhaften Kompromiss aus Produkteffizienz, Flexibilität und Produktivität bietet, weshalb sich die Hairpin-Statortechnologie auch gerade im Markt im Hochlauf befindet.

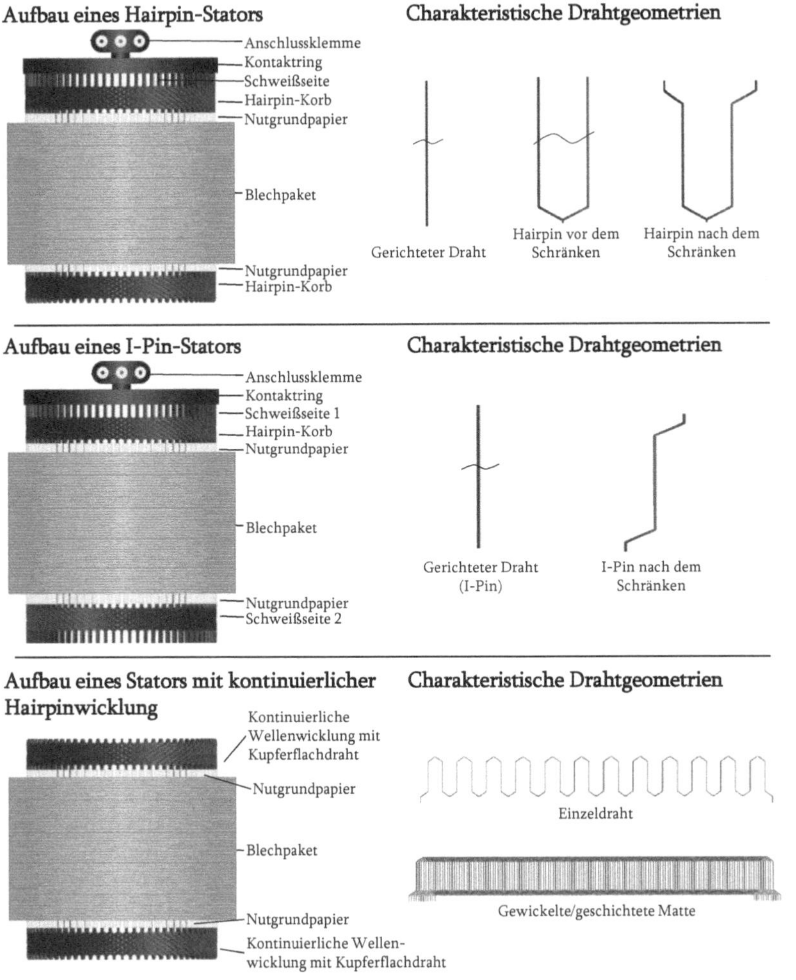

Abbildung 2-16: Schematischer Aufbau relevanter Formsteckspulen- / Hairpin-Statortechnologien für die Elekromobilität[199]

[199] Eigene Darstellung in Anlehnung an Vgl. Kampker et al. (2019): Produktionsprozess eines Hairpin-Stators, S. 2 sowie an die Vorlesungseinheit „Grundlagen der Wickeltechnologie" der Vorlesungsreihe „Produktion Elektrischer Antriebe" der RWTH Aachen für die der Autor als betreuender wissenschaftlicher Mitarbeiter verantwortlich war

2.1.6 Disruption im Kontext von Elektromotoren für die Elektromobilität

Wie bereits in der Einleitung eingeführt, soll die vorliegende Dissertation disruptive Produktionstechnologien betrachten. Vor diesem Hintergrund ist es notwendig, die Begrifflichkeiten disruptiver Technologien zu analysieren und im Kontext dieser Dissertation zu definieren. Zur Abgrenzung gegenüber anderen disruptiven Innovationen soll zunächst der Technologiebegriff abgegrenzt werden.

Der Begriff der ‚Technologie' kann aus den griechischen Begriffen ‚téchnē' und ‚lógos' hergeleitet werden, welche im altgriechischem mit ‚Kunst' oder ‚Handwerk' und ‚Lehre' bzw. ‚Wissenschaft' übersetzt werden können.[200] Folglich handelt es sich in Anlehnung an diese Übersetzung bei einer Technologie um eine Lehre eines Handwerks.[201] Übertragen auf den heutigen Kontext, stellt die Technologie also das „*Wissen* [... dar,] *gegebene Mittel einzusetzen, um Ziele zu erreichen*"[202]. Der im alltäglichen Sprachgebrauch oft fälschlicherweise synonym gebrauchte Begriff der ‚Technik' beschreibt die tatsächliche Umsetzung des technologischen Wissens bzw. der Technologie zur Erzeugung von Produkten oder zur Realisierung von Problemlösungsverfahren.[203]

Weiterhin soll der Technologiebegriff um eine Differenzierung bzgl. des Einsatzgebietes der Technologie erweitert werden. STEVEN untergliedert den Technologiebegriff im Kontext des Produktionsumfeldes in die Produkt- und Produktionstechnologie.[204] So beschreiben Produkttechnologien technologischen Entwicklungen, die die Bauart und Funktion des Produkts oder einzelner Komponenten des Produkts betreffen.[205] Der Elektromotor – speziell der Hairpin-Stator - soll im Kontext dieser Dissertation als die Produkttechnologie verstanden werden und das Betrachtungsobjekt der vorliegenden Dissertation darstellen. Wie in den Abschnitten 2.2.3 sowie 2.3 beschrieben wird, ist die Produktionstechnologie zur Produktion des Produktes notwendig. Nach STEVEN fallen hierunter alle Technologien, die zur Herstellung, Verarbeitung und Montage von Komponenten oder Produkten benötigt werden.[206] Die Hairpin-Statorproduktion soll daher als Produktionstechnologie das Betrachtungsobjekt der vorliegenden Dissertation darstellen.

Zur Definition der Begrifflichkeit der ‚Disruption' wird in der vorliegenden Dissertation vor allem auf das Werk von CHRISTENSEN referenziert.[207] Allerdings wird in der Praxis vereinfacht auch häufig ein rapider Technologiewandel als disruptiver Wandel verstanden, der das Potenzial hat, bestehende Marktverhältnisse nachhaltig zu zerstören.[208]

[200] Vgl. Duden Online (2020): Technologie.
[201] Vgl. Binder et al. (1996): Technologiepotentiale, S. 88.
[202] Kroy (1995): Technologiemanagement für grundlegende Innovationen, S. 65.
[203] Vgl. Voigt (2008): Industrielles Management, S. 147.
[204] Vgl. Steven (2007): Handbuch Produktion, S. 144.
[205] Vgl. Janke et al. (2018): Disruptive Technologien im Mittelstand, S. 12.
[206] Vgl. Steven (2007): Handbuch Produktion, S. 144.
[207] Vgl. Christensen (2008): The innovator's dilemma Vgl. Sprei (2018): Disrupting mobility, S. 238; Vgl. Kilkki et al. (2018): A disruption framework, S. 275; Vgl. Hopp et al. (2018): Disruptive Innovation: Conceptual Foundations, Empirical Evidence, and Research Opportunities in the Digital Age, S. 446; Vgl. Janke et al. (2018): Disruptive Technologien im Mittelstand, S. 14.
[208] Vgl. Hopp et al. (2018): Disruptive Innovation: Conceptual Foundations, Empirical Evidence, and Research Opportunities in the Digital Age, S. 446.

CHRISTENSEN differenziert erhaltende und disruptive Technologien, wobei erstere die Leistungsmerkmale bereits bekannter und am Markt etablierter Produkte verbessern. Die Fokussierung der Aktivitäten wird hierbei auf die Merkmale gelegt, die für den Kunden den höchsten Mehrwert bieten. Eine zentrale Differenzierung zwischen den erhaltenden und den disruptiven Technologien liegt im zugrundeliegenden Wertesystem. Während dieses bei einer erhaltenden Technologie(-innovation) weitgehend unverändert bleibt, verändert sich das Wertesystem einer disruptiven Technologie(-innovation) grundlegend. Im Anwendungskontext kann beispielhaft der Antriebsmotor für Personenkraftwagen herangezogen werden. So wurde im Laufe der letzten Jahrzehnte der Verbrennungsmotor kontinuierlich weiterentwickelt und verbessert, sodass z.B. der durchschnittliche Kraftstoffverbrauch gesenkt werden konnte. Das Grundprinzip des Verbrennungsmotors als Kolbenarbeitsmaschine mit seinem zugrundeliegenden Wertesystem ist jedoch trotz vieler inkrementeller Innovationen (Direkteinspritzung, Turbolader, Abgasnachbehandlung etc.) unverändert geblieben. Im Zuge der Elektromobilität wird der Elektromotor als Antriebstechnologie verwendet, welcher durch eine Batterie mit der notwendigen Energie versorgt wird. Zur Untersuchung, ob der Elektromotor als disruptive Technologie verstanden werden, kann muss daher das zugrunderliegende Wertesystem herangezogen und analysiert werden. Das veränderte Wertsystem, das CHRISTENSEN nutzt, um disruptive Innovationen zu identifizieren, also dem „*Kontext, in dem ein Unternehmen Kundenbedürfnisse identifiziert und darauf reagiert, Probleme löst, Input beschafft, auf Konkurrenten reagiert und nach Gewinn strebt*"[209], kann zwar auf die Elektromobilität, allerdings nur erschwert auf den Elektromotor selbst angewendet werden. Es kann zwar vereinfacht argumentiert werden, dass, wenn die Elektromobilität von CHRISTENSEN als disruptive Innovation gekennzeichnet wird, die zugrundeliegenden Kerntechnologien als disruptive Technologien verstanden werden können. Und da der elektrische Antrieb, bestehend aus Batterie, Leistungselektronik und Elektromotor, die Kerntechnologien des elektrischen Antriebs darstellen, diese folglich als disruptive Technologien anzusehen sind. Allerdings greift diese Deduktion zu kurz, weil auch lediglich die Batterie einen disruptiven Charakter aufweisen kann. Folglich hat sich KLEINE BÜNING in seinem Werk mit der Analyse des disruptiven Charakters elektrischer Traktionsantriebe beschäftigt und festgestellt, dass elektrische Traktionsmotoren als disruptive Technologien klassifiziert werden können.[210] Hierzu nutzt er die aufgestellten Kriterien von KASSICIEH ET AL., welche im Abschnitt 2.2.4 aufgegriffen werden sollen.

Weiter lassen sich nach JANKE UND BURKHARDT disruptive Technologien in inkrementell-disruptive und radikal-disruptive Technologien einteilen. Ähnlich wie bei der inkrementell-erhaltenden Technologie verändert die inkrementelle Disruption lediglich einzelne Komponenten, die Basis der Technologie bleibt allerdings gleich.[211] Das Produkt mit der disruptiven Komponente ergänzt also zunächst das Portfolio, um das etablierte Produkt schlussendlich zu überholen. Radikale Disruptionen stellen so eine direkte Konkurrenz zu den bisherigen Produkten dar, welche sie schlussendlich vollständig vom Markt verdrängen. Da der Hairpin-Stator als Teilkomponente des Elektromotors aufgefasst wird und zunächst das Portfolio

[209] Aus dem Englischen übersetzt: Christensen (2008): The innovator's dilemma, S. 39.

[210] Vgl. Kleine Büning (2019): Informationsorientierte Prototypenplanung zur Effizienzsteigerung im Produktionsplanungsprozess, S. 30.

[211] Vgl. Janke et al. (2018): Disruptive Technologien im Mittelstand, S. 22.

der am Markt verfügbaren Elektromotoren ergänzt, wird dieser als inkrementell-disruptive Technologie verstanden.

2.1.7 Zwischenfazit

Elektromotoren werden bereits seit vielen Jahrzehnten erfolgreich in verschiedensten Anwendungsfällen eingesetzt und in Großserie produziert. Die verschiedenen heterogenen Anwendungsfälle, die von kleinsten Stellmotoren bis hin zu Kraftwerksgeneratoren reichen, stellen variierende Anforderungen an die Elektromotoren, was in einer hohen Vielzahl an Bauformen und verwendeten Einzeltechnologien resultiert.[212] Die meisten Entwicklungen der Einzeltechnologien lassen sich nach dem Verständnis von CHRISTENSEN als inkrementelle Verbesserungen bezeichnen.

Der Wandel der Automobilindustrie hin zur Elektromobilität und der daraus folgende Einsatz von elektrischen Traktionsmotoren stellt dabei weitere und neue Anforderungen an die Elektromotorentechnologie, welche eine sehr hohe Effizienz, niedriger Bauraum und eine hohe Lebensdauer bei gleichzeitig niedrigen Kosten beinhalten.

Während der Produktion der ersten Generation von elektrischen Traktionsmotoren[213] mit verhältnismäßig niedrigen Stückzahlen hat sich insbesondere der Stator als Handlungsfeld mit Hinblick auf die zuvor aufgeführten Anforderungen dargestellt.[214] Eine wesentliche Reaktion auf die identifizierten Defizite war das Aufkommen der Hairpin-Statortechnologie bei der anstelle von biegeschlaffen Runddraht, rechteckiger Flachdraht verwendet wird, was maßgeblich dazu beitragen kann, die produktseitigen Anforderungen zu erfüllen. Der Einsatz dieser Technologie hat das Potenzial, in der kommenden Generation von in Großserie produzierten elektrischen Traktionsmotoren derartige Marktanteile zu erlangen, dass die Hairpin-Statortechnologie nach dem Verständnis von CHRISTENSEN als inkrementell-disruptive Technologie für die Automobilindustrie einzuordnen ist.

Zusammenfassend ist festzustellen, dass die Hairpin-Statortechnologie einen wesentlichen Entwicklungsschritt hin zu gesteigerter Produkt- und Kosteneffizienz für elektrische Traktionsmotoren darstellt und aufgrund ihrer schnellen Marktdurchdringung dabei als inkrementell-disruptive Produkttechnologie zu anzusehen ist. Aufgrund der hohen Relevanz für elektrische Traktionsmotoren stellt die Hairpin-Statortechnologie das Betrachtungsobjekt der vorliegenden Dissertation dar.

---

[212] Vgl. Kleine Büning (2019): Informationsorientierte Prototypenplanung zur Effizienzsteigerung im Produktionsplanungsprozess, S. 40f.

[213] Hiezu zählt der Autor Elektromotoren von Fahrzeugen zwischen 2008 bis 2018, da ab 2019 die etabilierten Automobilhersteller die zweite Generation ihrer Elektomotoren für den Großserienproduktion entwickelt haben.

[214] Vgl. Kampker et al. (2018): Herausforderung Hairpintechnologie Technologieschub für OEMs und Anlagenbauer, S. 63.

2.2 Produktionsprozesse von Elektromotoren für die Elektromobilität

Nachdem im vorherigen Kapitel die Heterogenität der verschiedenen Bauformen von Elektromotoren vorgestellt wurde und der Hairpinstator als Formsteckspulentechnologie als das maßgebliche produktseitige Entwicklungsfeld dargestellt wurde, soll im folgenden Abschnitt auf die zugrundeliegenden Produktionsprozesse genauer eingegangen werden.

Zwar ist die Produktionstechnik für Elektromotoren genau wie das Produkt Elektromotor selbst schon deutlich über 100 Jahre alt, jedoch hat sie sich im Laufe des letzten Jahrhunderts stark gewandelt. Während Elektromotoren beispielsweise, wie bei Westinghouse oder Siemens anfangs noch manuell bewickelt hergestellt wurden, hat die zunehmende Automatisierung es ermöglicht, dass auf manchen Fertigungslinien bis zu einer Million Elektromotoren pro Jahr hergestellt werden können. Besonders in der Elektromotorenproduktion, mit der nur schwer zu automatisierenden Wickeltechnik, hat sich gezeigt, dass die Leistungsfähigkeit der Produktionsprozesse für Elektromotoren dabei immer auch die Leistungsfähigkeit der Elektromotoren selber determiniert.

Im Kontext des disruptiven Wandels der Automobilindustrie hin zur Elektromobilität steht die Elektromotorenproduktion vor einem weiteren Wandel, da sie nun den Anforderungen der stark qualitäts- und effizienzorientierten Automobilindustrie gerecht werden muss. Die Elektromotorenproduktion steht aktuell vor den Herausforderungen, schnell hohe Stückzahlen unter Beibehaltung des automobilen Qualitätsstandards in einem hochkompetitiven Markt darzustellen.[215] Dabei zeigt sich, dass vor allem die Zeit und Geschwindigkeit („time-to-market"), mit der neue Produkt- und Produktionstechnologien auf ein automobiles Qualität-, Stückzahl- und Effizienzniveau gebracht werden müssen, die wettbewerbsentscheidenden Faktoren sind.

Der vorliegende Abschnitt adressiert daher die Produktionsprozesse der Elektromotorenproduktion und geht nach einer Einführung in die Grundlagen (siehe Abschnitt 2.2.1) besonders auf die Statorproduktion mit Fokus auf die Wickeltechnik (siehe Abschnitt 2.2.3) ein.

2.2.1 Begriffliche Definitionen im Kontext der Elektromotorenproduktion

Wie bereits in Abschnitt 2.1.1 erläutert wurde, ist auch trotz der alltäglichen Verwendung der zentralen Begriffe im Themenfeld der Produktion deren Bedeutung keinesfalls eindeutig. Daher muss vor dem Hintergrund des wissenschaftlichen Diskurses in dieser Dissertation ein einheitliches begriffliches Verständnis geschaffen werden. Hierzu werden im Folgenden die Begrifflichkeiten „Produktion", „Prozess", „Produktionsprozess", „Produktionstechnik", „Produktionsanlage", „Fertigungsressource" und „Produktionslinie" genauer definiert.

Ausgangspunkt zur Begriffsinterpretationen der *Produktion* ist GUTENBERGS Aufarbeitung der Grundlagen der Betriebswirtschaftslehre. Nach GUTENBERG ist die Produktion eine „Leistungserstellung, die außer Arbeitsleistungen und Betriebsmitteln auch den Faktor

[215] Ebd.; Vgl. Kampker et al. (2018): Ex-Ante Process-FMEA for Hairpin Stator Production by Early Prototypical Production Concepts; Vgl. Müller (2020): Elektromobilität - Chancen und Risiken für den deutschen Maschinen, S. 21.

Werkstoff enthält."[216] WEBER beschreibt die Produktion als den „betriebliche(n) Umwandlungs- bzw. Transformationsprozess, durch den aus den Einsatzgütern andere Güter oder Dienstleistungen erstellt werden."[217] Durch den Einsatz von Betriebsmitteln, zu denen Arbeitskraft- und Energieeinsatz zählen, werden Rohstoffe, Informationen oder Dienste umgewandelt. Ergebnis der Transformation kann sowohl ein physisches Gut als auch eine Information oder ein Dokument sein.[218] Der allgemeine Transformationsaspekt wird von GÜNTHER UND TEMPELMEIER zwar ebenfalls aufgegriffen, allerdings ist aus ihrer Sicht die „Erzeugung von Ausbringungsgütern aus materiellen und nichtmateriellen Einsatzgütern nach bestimmten technischen Verfahrensweisen" Kern der industriellen Produktion.[219] Eine ähnliche Einschränkung auf den industriellen Kontext wird von DYCKHOFF vorgenommen, der die Produktion als Transformationsprozess versteht, „wenn sie den Zweck hat, ein oder mehrere definierte Outputobjekte (Hauptprodukte) hervorzubringen."[220]

Aufgrund des industriellen Kontextes dieser Dissertation wird der Begriff „Produktion" wie folgt verwendet:

Die Produktion wird als die Transformation von Rohstoffen durch den Einsatz von Betriebsmitteln in ein physisches Gut, dem sogenannten Produkt, verstanden. Informationen und Dokumente werden zu den erforderlichen Eingangsfaktoren gezählt.

Im Folgenden soll auf den Produktionsprozess eingegangen werden, jedoch wird der (Teil-)begriff ‚*Prozess*' genauer definiert, weil dieser (Teil-)begriff äußerst vielseitig im Produktionskontext eingesetzt wird. Neben physikalischen Abläufen und algorithmischen Informationsverarbeitungen kann sogar eine juristische Auseinandersetzung als Prozess bezeichnet werden. Im Rahmen dieser Arbeit ist jedoch nur die technische Facette relevant.

Ausgehend vom lateinischen Wort ‚procedere'[221], beschreibt die Enzyklopädie BROCKHAUS das Wort ‚Prozess' zunächst allgemein: „Verlauf, Ablauf, Hergang, Entwicklung."[222] In den Begriffsbestimmungen der DIN EN ISO 9000 wird der Prozess als „Satz zusammenhängender oder sich gegenseitig beeinflussender Tätigkeiten, der Eingaben zum Erzielen eines vorgesehenen Ergebnisses" bezeichnet.[223] Nach BECKER ist ein Prozess eine „inhaltliche und sachlogische Funktionsfolge, an deren Ende ein spezifisches Objekt in einem spezifischen Zustand steht."[224] SCHULTE-ZURHAUSEN orientiert seinen Prozessbegriff am betriebswirtschaftlichen Ziel einer Unternehmung. Er definiert den Prozess als „die zielgerichtete Erstellung einer Leistung oder Veränderung eines Objektes durch eine Folge von logisch zusammenhängenden Aktivitäten." Dabei ist unerheblich, ob dieses Objekt eine Information, ein Werkstück oder ein Materialfluss ist.[225]

[216] Gutenberg (1971): Grundlagen der Betriebswirtschaftslehre, S. 3.
[217] Weber et al. (2018): Einführung in die Betriebswirtschaftslehre, S. 9.
[218] Vgl. Dangelmaier (2009): Theorie der Produktionsplanung und -steuerung, S. 13.
[219] Günther et al. (2012): Produktion und Logistik, S. 6ff.
[220] Dyckhoff (2003): Eine moderne Konzeption der Produktionstheorie, S. 3.
[221] Deutsch: Voranschreiten
[222] Brockhaus (2004): Der Brockhaus, S. 566.
[223] Vgl. Deutsches Institut für Normung e.V. (DIN EN ISO 9000) 2015, S. 33.
[224] Becker (2008): Prozesse in Produktion und Supply Chain optimieren, S. 7.
[225] Schulte-Zurhausen (2014): Organisation, S. 51.

Eingegrenzt auf den ‚technischen Prozess' definiert die BROCKHAUS-Enzyklopädie: „[Der technische Prozess ist] ein strukturverändernder Vorgang, bei dem Werkstoffe, Energien oder Informationen transportiert oder umgeformt werden."[226] In der vom VEREIN DEUTSCHER INGENIEURE herausgegebenen Richtlinie VDI 3633, die im Kontext der zu entwickelnden Methodik hohe Relevanz hat, ist unter dem Begriff ‚Prozess' mit Fokus auf den Einsatz in der Leittechnik, die „Gesamtheit von aufeinander einwirkenden Vorgängen in einem System, durch die Materie, Energie oder Informationen umgeformt, transportiert oder auch gespeichert werden" zu verstehen.[227]

Erwähnt sei noch das Prozessverständnis von PONN und LINDEMANN im Entwicklungskontext, die Prozesse als Steuerelement der Arbeitskoordination sehen.[228] Diese Ansicht ist im Kontext dieser Dissertation von nachrangiger Bedeutung, sodass sich aus den zahlreichen genannten Definitionen die folgende, technisch fokussierte Definition ergibt (siehe dazu Abbildung 2-17):

Ein Prozess ist gekennzeichnet durch die logische Folge zusammenhängender Vorgänge, die in oder an einem System zu Veränderungen führen.

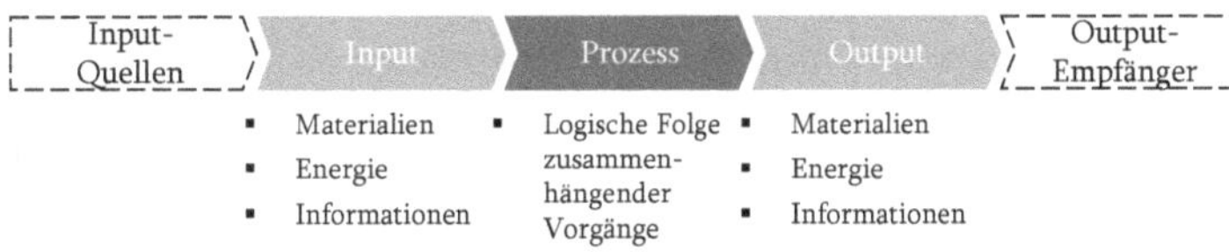

Abbildung 2-17: Schematische Darstellung des technischen Prozessverständnisses

Zur Realisierung einer Produktion sind zahlreiche Prozesse, von Fertigungsprozessen über logistische Prozesse, bis hin zu Steuerungsprozessen erforderlich. In diesem Zusammenhang spielt folglich der übergeordnete Begriff ‚***Produktionsprozess***' eine wichtige Rolle. SCHENK fasst unter Produktionsprozess „alle Vorgänge zur Herstellung von Sach- und Dienstleistungen in Einheit von Personal, Technik und Organisation"[229] zusammen. GÜNTHER UND TEMPELMEIER hingegen beschreiben Produktionsprozesse als „Folgen von Arbeitsgängen, die von Arbeitssystemen an Arbeitsobjekten vollzogen werden."[230] Nach ZAFIROV umfasst der Produktionsprozess „drei zentrale Klassen von Aufgaben: Fertigung, Montage und interne Logistik."[231] Beispiele für ein übergeordnetes Begriffsverständnis sind unter anderen in Arbeiten von KAMPKER und WESTKÄMPER UND DECKER, WEBER ET AL., EHRLENSPIEL zu finden.[232] Allerdings wird ‚Produktionsprozess' auffällig häufig ohne explizite Definition verwendet.

Für die vorliegende Dissertation wird der Produktionsprozessbegriff aufbauend auf den dargestellten Definitionen von Produktion und Prozess wie folgt definiert:

---

[226] Brockhaus (2004): Der Brockhaus, S. 567.

[227] Vgl. Verein Deutscher Ingenieure (VDI 3633) 2018, S. 26; in Anlehnung an DIN IEC 60050-351-42-33

[228] Vgl. Ponn et al. (2011): Konzeptentwicklung und Gestaltung technischer Produkte, S. 10.

[229] Schenk et al. (2014): Fabrikplanung und Fabrikbetrieb, S. 48.

[230] Günther et al. (2012): Produktion und Logistik, S. 12.

[231] Zafirov (2014): Produktionsmodelle und Simulation (DiFa), S. 204.

[232] Vgl. Westkämper et al. (2006): Einführung in die Organisation der Produktion, S. 200; Vgl. Ehrlenspiel (2009): Integrierte Produktentwicklung, S. 312; Vgl. Weber et al. (2018): Einführung in die Betriebswirtschaftslehre, S. 3; Vgl. Kampker (2014): Elektromobilproduktion, S. 59.

Der Produktionsprozess bezeichnet das Zusammenspiel von über logistische und technologische Ketten miteinander verbundene Fertigungs- und Montageprozesse, durch die unter Einsatz von Betriebsmitteln Eingangsfaktoren in ein physisches Objekt transformiert werden.

In Literatur und Praxis finden sich verschiedene Bezeichnungen für den Begriff des Produktionssystems. Zunächst zu nennen ist der Begriff des Produktionssystems aus dem Feld der Produktionstheorie. Nach DANGELMAIER ist ein Produktionssystem „eine Menge von technischen Einrichtungen und den zwischen diesen technischen Einrichtungen bestehenden Relationen“, die eine Produktionsaufgabe erledigen Das kleinstmögliche Produktionssystem ist ein Produktionsplatz, bestehend aus Bearbeitungseinrichtung, Eingangs- und Ausgangsspeicher sowie Handhabungseinrichtungen.[233] DANGELMAIERS Begriffsverständnis fußt auf der Einschätzung von ROPOHL, für den ein „Produktionssystem aus miteinander verknüpften soziotechnischen Mikrosystemen besteht, die auch als Arbeitssysteme bezeichnet werden.“[234]

Der Verwendung des Begriffs ‚Produktionssystem‘ im Kontext dieser Dissertation steht jedoch die prominente Nutzung in der Managementlehre entgegen. Darin wird mit der Implementierung ganzheitliche Produktionssysteme die Optimierung sämtlicher Abläufe und Strukturen in der Produktion angestrebt. Erster Vertreter und damit von entscheidender Bedeutung für die Prägung des Begriffes ist das Toyota-Produktionssystem, zuerst öffentlich vorgestellt im Jahr 1982.[235] Um einer Verwechslung vorzubeugen, wird in dieser Arbeit auf den Begriff „Produktionssystem“ verzichtet.

Alternativ werden die genannten Systeme als ‚Anlagen‘, teilweise als ‚*Produktions-, Fertigungs-, oder Montageanlagen*‘, bezeichnet. Zahlreiche Anbieter im Bereich des Maschinenbaus nutzen eine oder mehrere der genannten Formen zur Beschreibung ihres Leistungsportfolios. Allerdings liegt dabei weder ein einheitliches Verständnis vor, noch findet eine stringente Verwendung statt.[236] Daher ist zu bestimmen, inwieweit sich der Anlagenbegriff für die gesuchte Beschreibung eignet. In der BROCKHAUS-Enzyklopädie ist unter dem Begriff der Anlage die „Gesamtheit der maschinellen u.a. Ausrüstungen eines Betriebes, die zur Produktion oder Fertigung (Produktions- oder Fertigungs-A.), zur Energieerzeugung (Kraft-A.), zu Förder- oder Transportzwecken (Förder- oder Transport-A.) u.a. erforderlich sind“ aufgeführt.[237] Dieser Logik des anwendungsbezogenen Anlagenbegriffs folgend, kommt als Bezeichnung für das gesamte System einer Produktion demnach ‚Produktionsanlage‘ in Frage. VOIGTS Definition im GABLER WIRTSCHAFTSLEXIKON beschränkt sich auf Ausschnitte eines Gesamtsystems der Produktion. Er beschreibt Produktionsanlagen als „Gebrauchsgüter, die ein Nutzungspotenzial darstellen und im Laufe ihrer produktiven Verwendung eine Vielzahl

[233] Dangelmaier (2009): Theorie der Produktionsplanung und -steuerung, S. 521.

[234] Ropohl (2009): Allgemeine Technologie eine Systemtheorie der Technik, S. 174.

[235] Vgl. Ōno et al. (1988): Toyota production system, S. 4ff.

[236] Beispielsweise finden sich auf den Internetauftritten der Firmen GROB-WERKE GmbH & Co. KG, VAF GmbH, ThyssenKrupp System Engineering GmbH sowie Strama-MPS Maschinenbau GmbH & Co. KG der Anlagenbegriff in verschiedenen Ausprägungsformen mit unterschiedlichen Bedeutungen. GROB beschreibt das angebotene Gesamtsystem zur Statorproduktion als Montageanlage, wohingegen Thyssenkrupp von einer Produktionsanlage spricht.

[237] Brockhaus (2004): Der Brockhaus, S. 618.

von Arbeitsgängen durchführen können."[238] In ähnlicher Weise werden (Produktions-)Anlagen im ‚Lexikon Technik' von BÖGE lediglich als „umfangreiche technische Erzeugnisse, die aus mehreren Maschinen oder Maschinenanordnungen bestehen", beschrieben.[239] SCHULZ ET AL. schränken dies zusätzlich ein, indem sie als Elemente einer Produktionsanlage lediglich die Werkzeugmaschine und das Werkzeug in Betracht ziehen. Insgesamt bezeichnet Produktionsanlage im Kontext des Maschinenbaus eher Teile einer Produktion als das Gesamtsystem. Im Rahmen dieser Dissertation gilt das folgende Begriffsverständnis: *Eine Produktionsanlage ist eine in das Gesamtsystem der Produktion eingebundene Maschine oder Anordnung von Maschinen, auf der Produktionsaufgaben durchgeführt werden. Ein Wirksystem aus Werkzeug, Werkzeughalter, Spannsystemen- und Vorrichtungen die dient der Realisierung einer Fertigungstechnologie.*

Die ‚*Produktionslinie*' umfasst alle für die Produktion erforderlichen Fertigungs- und Montageanlagen, inklusive der notwendigen Förderanlagen und Automatisierungstechnik. *Die Produktionslinie besteht aus sämtlichen Produktionsanlagen, die zur Realisierung der Produktion erforderlich sind. Sie bildet den gesamten Produktionsprozess ab, inklusive der technologischen und physischen Verknüpfungen der einzelnen Produktionsanlagen.*

2.2.2 Grundlagen der Elektromotorenproduktion

Die generische Prozesskette der Elektromotorenproduktion gliedert sich üblicherweise in die Prozessketten der Vorfertigung der Komponenten Blechpaket, Gehäuse, Rotorwelle sowie in die vorranging montageorientierten Prozessketten der Rotormontage, Statormontage und der finalen Endmontage (Siehe dazu Abbildung 2-18). Stator- und Rotorblechpakete werden, wie in der Abbildung, dargestellt in der gleichen Prozesskette hergestellt. Mit modernen Fertigungsverfahren ist es möglich, beide Blechpakete in einem Werkzeug zu fertigen. Wie bereits in Abschnitt 2.1.3 dargelegt, wird der Motortyp maßgeblich über die Bauart des Rotors bestimmt. Daher unterscheiden sich auch in generischen Prozesskette der Elektromotorenproduktion die Prozessketten für die Rotormontage.

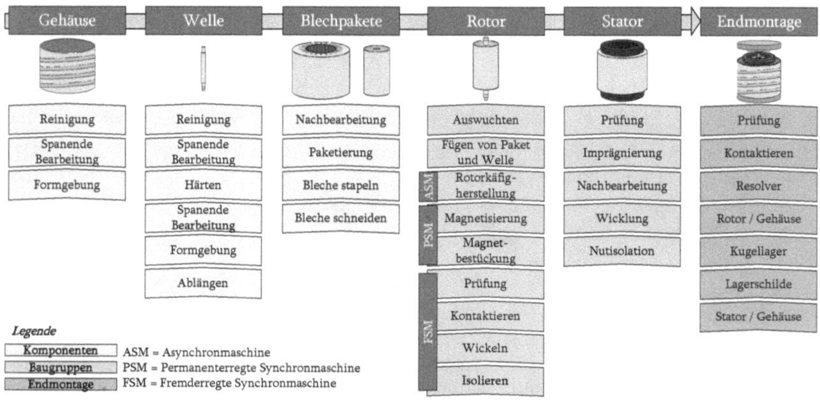

Abbildung 2-18: Generische Prozesskette der Elektromotorenproduktion

[238] Voigt (2020): Produktionsanlagen.

[239] Böge (1997): Vieweg Lexikon Technik, S. 20.

Im Folgenden scll zu zunächst auf die Produktionsprozesse für die vorgefertigten Komponenten eingegangen werden. Hier werden die aktuell in der Automobilindustrie üblichen Produktionsverfahren mit Hinblick auf den Einsatz für die Großserie vorgestellt und ein Ausblick auf zukünftige Verfahren gegeben.

Gehäuseproduktion: Wie bereits in Abschnitt 2.1.2 vorgestellt, besteht das Gehäuse von Traktionsmotoren zumeist aus Aluminium.[240] Aufgrund aktueller Bestrebungen zur Kostenreduktion im Kontext der steigenden Nachfrage nach Elektrofahrzeugen gibt es bereits Ansätze, auch Gehäuse aus Kunststoffen einzusetzen.[241] Bei Hybridanwendungen können separate Gehäuse für Traktionsmotoren auch entfallen, weil der Elektromotor direkt in das Getriebegehäuse integriert wird.[242] Die erste Formgebung (Urformen) erfolgt in der automobilen Großserie in der Regel mittels des Druckgussverfahrens.[243] Alternativ kann auch für getriebeintegrierte Bauformen das Tiefziehverfahren oder das Drückwalzverfahren für Statorträger genutzt werden.[244] Obwohl das Verfahren des Druckgusses eine endkonturnahe Fertigung ermöglicht, muss das Werkstück nachbearbeitet werden.[245] Die Nacharbeitung besteht aus einer Entgratung mit Hilfe von Entgratpressen oder einer Trowalisieranlage und der Feinbearbeitung durch Fräsbearbeitungszentren.[246] Funktionelle spanende Bearbeitungen, wie für Gewindebohrungen, sind für Schraubverbindungen notwendig, welche zur Fixierung der Komponenten im Gehäuse oder auch des Gehäuses im Fahrzeug dienen können. Weitere wichtige Feinbearbeitungen können für Dicht- oder Passungsflächen relevant sein. Als letzter Schritt werden mit der Reinigung Rückstände des Gießens und des Zerspanens, sowie Staub- und Schmutzpartikel entfernt, welche im Betrieb des Elektromotors zu abrasivem Verschleiß führen könnten. Hierzu werden Verfahren wie Durchlauf-, Ultraschall- oder Trockenstrahlreinigung eingesetzt.[247]

Wellenproduktion: Ausgehend von einem Strangmaterial werden die Rotorwellen abgelängt und mittels umformenden Verfahren (Kaltumformung, Halbwarmumformung, Schmieden oder Drückwalzen) oder zerspanender Verfahren (Drehen) vorbearbeitet.[248] Mittels weiterer zerspanender Verfahren wie Drehen, Fräsen, Schleifen, Rändeln, Räumen werden Funktionsflächen wie Lagersitze oder Passungen zur Fixierung des Blechpaketes auf der Welle aufgebracht.[249] Teilweise werden umgeformte (Steck-)Verzahnungen aufgebracht oder mittels Laserschweißverfahren angeschweißt. Durch Wärmebandlungen (beispielsweise induktiv)

[240] Vgl. Tong (2014): Mechanical Design of Electric Motors, S. 259.

[241] Der Autor hat in diesem Themenfeld ein Industrieprojekt mit der Firma Winkelmann Powertrain Components aus Ahlen bearbeitet, bei dem die Machbarkeit von Kunststoffgehäusen aus Duroplast untersucht worden sind.

[242] Vgl. Langbein (2013): Getriebe haben auch im E-Fahrzeug eine Zukunft.

[243] Vgl. Kraus (2017): Die Zukunft der Antriebe ist elektrisch - und mit Guss, S. 115.

[244] Vgl. Winkelmann Automotive (2020): Rotorträger/Statorträger.

[245] Vgl. Klocke (2015): Fertigungsverfahren 5, S. 36.

[246] Vgl. Kampker (2014): Elektromobilproduktion, S. 140.

[247] Ebd., S. 140.

[248] Vgl. Rudert (2020): Mit Druck und Rotation zur Rotorhohlwelle, S. 6ff.;Vgl. Wagner et al. (2019): Modulare Rotorwellen für die Elektromobilität, S. 60; Vgl. Tekfor (2020): Rotorwelle.

[249] Vgl. EMAG GmbH (2020): Fertigungslinie zur Fertigung von Rotorwellen für die Elektromobilität; Vgl. Tong (2014): Mechanical Design of Electric Motors, S. 206f.

können einzelne Funktionsflächen wie die Lagersitze gehärtet werden.[250] Nach den Bearbeitungsschritten müssen auch die Rotorwellen durch eine Reinigung von Rückständen des Zerspanens, sowie von Staub- und Schmutzpartikeln befreit werden, weil auch diese im Betrieb des Elektromotors zu abrasivem Verschleiß führen können oder in den Luftspalt zwischen Rotor und Stator gelangen könnten. Eine Besonderheit der Rotorwellen im Kontext der Elektromobilität sind Rotorhohlwellen. Im Gegensatz zum Einsatz von Vollwellen bei Industrieelektromotoren sind diese leichter, was zu einer erhöhten Effizienz beitragen kann. Darüber hinaus zeichnet sich ein Trend hin zu innengekühlten Rotorhohlwellen ab.[251] Dabei kann die Rotorwelle direkt durchflutet sein oder es können Einlegeteile verwendet werden.[252]

Blechpaketproduktion: Wie bereits in Abschnitt 2.1.2 beschrieben wurde, ist das Blechpaket ein Stapel aus einzelnen Blechen, welche aus einem modifizierten Stahl (Elektroblech) bestehen. Das Blechpaket wird sowohl im Stator, als auch im Rotor zur Leitung des elektromagnetischen Flusses und zur Minderung der Verluste durch Wirbelströme eingesetzt. Die Prozesskette der Blechpaketproduktion beginnt mit dem Vereinzeln bzw. Schneiden der Bleche.[253] Hierbei kann zwischen Stanzverfahren und Laserschneidverfahren unterschieden werden. Während Stanzverfahren sehr produktiv sind, aber auch hohe Werkzeugkosten für die komplexen Stanzwerkzeuge erfordern, ist das Laserschneidverfahren zwar weniger produktiv, jedoch sehr typflexibel.[254] Aufgrund des Fokus der vorliegenden Dissertation auf die Großserienproduktion elektrischer Traktionsmotoren mit Hairpinstator, werden im weiteren Verlauf von Blechpaketen ausgegangen, die mit Stanzverfahren hergestellt worden sind. Bei den Stanzverfahren ist zwischen dem Komplettschnitt bei dem innerhalb eines Hubes der Stanzmaschine alle Nuten ausgestanzt werden, dem Folgeschnitt sowie Sonderverfahren wie der Einzelnutung oder dem Slinky-Verfahren, zu unterscheiden.[255] Da der Komplettschnitt, die Einzelnutung sowie das Slinky-Verfahren aufgrund der Größenlimitierung jedoch entweder nur für sehr kleine oder sehr große Blechpakete relevant wäre, wird für elektrische Traktionsmotoren meist das Folgeschnittverfahren eingesetzt, bei dem auf bis zu 16 aufeinander folgenden Stationen innerhalb des Werkzeuges nacheinander die Kavitäten eingebracht werden.[256] Dabei wird nach jedem Hub des Stanzstempels das Blech eine Station weiter verschoben. Am Ende dieses Stanzprozesses werden die Bleche aufeinandergestapelt, bis die gewünschte Höhe erreicht wird. Aufgrund schwankender Blechdicken innerhalb des

[250] Vgl. Hirschvogel Automotive (2020): Rotorwelle Elektrofahrzeug; Vgl. Rudert (2020): Mit Druck und Rotation zur Rotorhohlwelle, S. 9.

[251] Der Autor bearbeitete hierzu ein Industrieprojekt mit einem Tier-1 Zulieferer der Automobilindustrie, bei dem Rotorhohlwellen gängiger Elektroautos untersucht worden sind. Hierbei wurde deutlich, dass vor allem Asynchronmotoren für Premiumfahrzeuge neueren Baujahres aufgrund der höheren Verlustleistung im Rotor eine gekühlte Rotorhohlwelle aufweisen.

[252] Vgl. Gai et al. (2017): Shaft cooling and the influence on the electromagnetic performance of traction motors, S. 1f.; Vgl. Tong (2014): Mechanical Design of Electric Motors, S. 453.

[253] Vgl. Feldmann et al. (2014): Handbuch Fügen, Handhaben, Montieren, S. 200.

[254] Vgl. Ziegler et al. (2019 - 2019): Potentials of Process Monitoring During Laser Welding of Electrical Steel Laminations, S. 1; Vgl. Tong (2014): Mechanical Design of Electric Motors, S. 111.

[255] Bei dem Einzelnutungsverfahren werden die Nuten nacheinander tangential eingestanzt. Beim Slinky Verfahren wird einen kontinuierliche Spirale aus Elektroblech ausgestanzt. Vgl. Feldmann et al. (2014): Handbuch Fügen, Handhaben, Montieren, S. 201.

[256] Vgl. Röver (2020): Herausforderungen beim Stanzen von Rotor-/Statorpaketen für Traktionsmotoren, S. 6f.

Elektrobandes kann es dazu kommen, dass zwischen den Chargen eine unterschiedliche Anzahl an Blechen verwendet wird, um die gewünschte Höhe zu erreichen. Daher muss in den Prozess eine Höhenkontrolle integriert werden.[257] Weiterhin ist auch der Stanzgrat sehr relevant für die Effizienz des Blechpaketes. So kann dies lokale Kurzschlüsse zwischen einzelnen Blechen erzeugen, da durch den Grat die Beschichtung der beiden Bleche beim Stapelvorgang beschädigt wird.[258] Auch mechanische Belastungen durch die Stanzprozesse kann die Eigenschaften des Bleches negativ beeinflussen.[259] Im nächsten Teilschritt muss der Stapel an ausgestanzten Blechen fixiert werden. Hierbei wird bei Elektroblechen von einer Paketierung gesprochen. Die Paketierung kann durch Stanzpaketieren innerhalb des Stapelvorgangs erfolgen, indem an Punkten mit lokalen Minima der elektromagnetischen Sättigung im Blech mit einem Stempel in das obenliegende Blech gedrückt wird, sodass das axial vorstehende Material wiederum in das untere Blech eindringt. Dieses Prinzip wird als Tiefen bezeichnet. Ein verbreitetes alternatives Verfahren hierzu ist das Schweißen am radialen Ende des Blechpaketes. Aufgrund der Beeinflussung der Materialeigenschaften des Elektrobleches wird zumeist nur am äußeren Umfang des Statorblechpaketes geschweißt. Dieses Verfahren wird daher nicht im Luftspalt am Statorinnendurchmesser oder am Rotoraußendurchmesser eingesetzt.[260] Nachdem das Blechpaket durch eine Paketierung fixiert wurde, kann es noch weitere Nachbearbeitungsschritte wie das Drehen und Schleifen der Außenkonturen oder das Nachglühen zur Verbesserung der Materialeigenschaften geben.[261]

Rotorproduktion: Wie bereits einführend erwähnt, ist die Rotormontage stark abhängig von der Bauart (PSM, ASM oder FSM, siehe dazu Abschnitt 2.1.3). Zunächst soll auf die Montage des Rotors der permanterregten Synchronmaschine eingegangen werden. Bei der permanterregten Synchronmaschine ist die Besonderheit, dass einzelne Magnete im Rotorblechpaket verbaut sind. Daher beginnt die Teilprozesskette mit der Magnetmontage. Hierzu werden die einzelnen Magnete, welche in der Regel unmagnetisiert sind, in dafür vorgesehene Kavitäten im Rotorblechpaket eingebracht.[262] Zur Fixierung der Magnete kann vorher ein Klebstoff in die Kavitäten über entsprechende Dosiereinheiten eingebracht werden.[263] Bei der Magnetmontage ist vor allem die Beschädigungsfreiheit der Magnetoberflächen zu gewährleisten, weil schon kleinste Beschädigungen zu einer Oxidation der Dauermagnete führen können. Auch müssen die Magnete korrekt fixiert werden, weil beispielsweise bei Über- oder Unterbenetzung mit Klebstoff zum Bruch der Magnete führen kann.[264] Nach der teils

---

[257] Vgl. Kleine Büning (2019): Informationsorientierte Prototypenplanung zur Effizienzsteigerung im Produktionsplanungsprozess, S. 33.

[258] Vgl. Tong (2014): Mechanical Design of Electric Motors, S. 111.

[259] Vgl. Schoppa et al. (2000): Influence of the manufacturing process on the magnetic properties of non-oriented electrical steels, S. 74ff.; Vgl. Arshad et al. (2007 - 2007): Incorporating Lamination Processing and Component Manufacturing in Electrical Machine Design Tools, S. 94ff.; Vgl. Leuning et al. (2017 - 2017): Analysis of a novel laser welding strategy for electrical steel laminations, S. 1.

[260] Ebd., S. 1ff.

[261] Vgl. Tong (2014): Mechanical Design of Electric Motors, S. 113.

[262] Im Prototypenbau oder in der Kleinserie können auch schon magnetisierte Magnete verwendet werden. Die Handhabung dieser ist in der Produktion jedoch fehleranfällig, da die Magnetisierung auch metallische Fremdpartikel anzieht.

[263] Vgl. Franke et al. (2011): Innovative developments for automated magnet handling and bonding of rare earth magnets, S. 2.

[264] Ebd., S. 3.

parallelen Montage der Magnete wird das Blechpaket in Abhängigkeit des verwendeten Klebstoffes in einem Ofen aufgeheizt, um die Vernetzung des Klebers zu ermöglichen. Im nächsten Schritt erfolgt eine Magnetisierung der Magnete in der Rotorbaugruppe. Hierzu wird ein kurzer Spannungsimpuls auf eigens auf den Rotor angepasste Spulen in der Magnetisieranlage angelegt, sodass die Magnete innerhalb Rotorbaugruppe entsprechend aufmagnetisiert werden. Im Gegensatz zur Montage des PSM-Rotors wird bei der Montage des ASM-Rotors zwischen verschiedenen Verfahren unterschieden. So kann der Leiterkäfig innerhalb des Rotorblechpaketes entweder durch urformende Verfahren wie dem Kupfer- oder Aluminiumdruckguss oder auch durch Montage von Einzelleiterstäben und der Kontaktierung eines Kurzschlussrings erfolgen.[265] Bei den Urformverfahren ist vor allem die Porosität des Gusses entscheidend, weil es durch Poren und Lunker zu Vibrationen und Geräuschanregungen sowie Drehmoment- und Drehzahlschwankungen kommen kann. Dadurch kann auch die Motorleistung sinken.[266] Alternativ zur ASM wird bei der FSM, der fremderregten Synchronmaschine, der Rotor bewickelt. Dazu müssen analog zur Statorproduktion (siehe Abschnitt 2.2.3) die einzelnen Rotorzähne oder Rotorsegmente erst isoliert werden. Hierzu eignet sich Isolationspapier oder eine Kunststoffumspritzung (siehe Abschnitt 2.1.2). Danach wird meist mit einem Flyerwickelverfahren der Rotordraht aufgebracht. Nach einer optionalen Imprägnierung wird die Rotorwicklung kontaktiert und es erfolgt die Montage des Schleif- oder Induktionsringes, bevor die Wicklung analog zum Prozess in der Statorproduktion geprüft wird.[267] Unabhängig von der Bauart erfolgen nun die nächsten Schritte der Rotormontage. Zunächst wird das Rotorblechpaket mit der vorgefertigten Rotorwelle gefügt. Hierzu werden in der Regel thermische Verfahren wie das Aufschrumpfen (Erwärmen des einen und Abkühlen des anderen Fügepartners) oder auch das axiale Verschrauben verwendet.[268] Je nach Wuchtart werden auch noch axiale Wuchtscheiben aufgepresst. Die nun entstandene Baugruppe aus bestückten Blechpaket und Rotorwelle muss abschließend gewuchtet werden. Hierzu kann entweder subtraktiv über Bohrungen in die entsprechenden Wuchtscheiben oder additiv über Klebepunkte gewuchtet werden.[269]

Aufgrund des spezifischen Fokus der vorliegenden Dissertation auf die Hairpinstatorproduktion, wird erst im folgenden Abschnitt 2.2.3 detailliert auf die Statorproduktion und die Wickeltechnik eingegangen. Aus diesem Grund wird in diesem Abschnitt auf die Detaillierung der Statorproduktion verzichtet und direkt auf die Endmontage übergegangen.

Endmontage: Die Endmontage eines elektrischen Traktionsmotors ist stark typen- und herstellerabhängig. So differieren eingesetzte Komponenten, Anordnungen und Fixierungen der jeweiligen Komponenten im Gehäuse. Die Montage beginnt im generischen Produktionsprozess eines Elektromotors mit der Montage des Stators im Gehäuse. Hierzu kann eine

[265] Vgl. Szilagyi (2020): Zero Porosity Rotor - The new industry standard, S. 6; Vgl. Tong (2014): Mechanical Design of Electric Motors, S. 86; Vgl. Varghese et al. (2018): Fault Investigations on Die-Cast Copper Rotors, S. 185.

[266] Vgl. Varghese et al. (2016): Design and development of rotor quality test system for die-cast copper rotors, S. 1f.

[267] Vgl. Tong (2014): Mechanical Design of Electric Motors, S. 83ff.

[268] Vgl. Kampker (2014): Elektromobilproduktion, S. 169.

[269] Vgl. Schneider (2013): Auswuchttechnik, S. 266; Vgl. Wößner et al. (2018): Intelligent Rotor Assembly Enabling Positive Balancing Concepts for High-Performance Permanent Magnet Rotors, S. 1.

Vielzahl an Fixierungen eingesetzt werden. So kann der Stator in einen Kühlmantel eingepasst werden oder es kann der Stator über in den Stator eingebrachte Bohrungen im Gehäuse verschraubt werden. Bei der Statormontage ist zu berücksichtigen, dass hohe mechanische Kräfte aus dem Fügevorgang oder aus einer inhomogenen Passung die Materialeigenschaften des Blechpaketes negativ beeinflussen können.[270] In den nächsten Schritten werden Lagerschilde und die Rotorlager selbst in das Gehäuse gefügt. Dies erfolgt im Regelfall über Presssitze in den zuvor präzise bearbeiten Lagersitzen im Gehäuse. Im nächsten Schritt wird die Rotorbaugruppe in der Mitte des Stators montiert. Abhängig von der verwendeten Bauart können beispielsweise durch die in der permanenterregten Synchronmaschine verbauten Magnete hohe Kräfte bei der Ausrichtung auftreten, sodass hohe Anforderungen an die Montagepräzision gestellt werden. Gleichzeitig muss auch der Bauraum frei von Spänen und sonstigen metallischen Resten gehalten werden, damit diese nicht zu abrasiven Verschleiß im Motor führen können. Abhängig vom Design werden in den weiteren Schritten Resolver oder weitere Sensoren (Temperatursensoren etc.) im Gehäuse montiert. Weiterhin werden alle notwendigen Kontaktierungen durchgeführt. Vor allem die Wicklung im Stator wird über eine Anbaugruppe an einer Aufnahme zur Verbindung mit dem Inverter gefügt. Dabei ist sicherzustellen, dass die Kontaktierung gemäß den Sicherheitsanforderungen erfolgt, weil sonst im schlimmsten Fall die Gefahr besteht, dass das Gehäuse unter Spannung steht. Abschließend wird der so entstandene Elektromotor in einem End-of-Line-Bereich bestromt und es werden notwendige Leistungstests durchgeführt. Darüber hinaus wird der Motor auch im Generatorbetrieb angesteuert und es wird das sogenannte Back-EMF-Signal im Stator analysiert.[271] Eine Besonderheit im Bereich der elektrischen traktionsantriebe stellt die NVH-Prüfung zur Analyse der Geräusch- und Schwingungsemissionen des Elektromotors dar. Hierbei werden über eine Vielzahl von Mikrofonen und Schwingungsmessungen auf dem Gehäuse das Schwingungsverhalten analysiert.[272]

Neben den dargelegten Produktionsverfahren können noch weitere alternativ verwendet werden. Aufgrund der Fokussierung dieser Dissertation wird auf die weitere Vertiefung an dieser Stelle verzichtet.[273]

2.2.3 Statorproduktion und Wickeltechnik

Im Folgenden Abschnitt soll auf die Teilprozesskette der Statorproduktion mit besonderem Hinblick auf die Wickelverfahren eingegangen werden. Hierzu werden zunächst die konventionellen Wickelverfahren dargestellt, um anschließend einen Vergleich zur Produktionstechnik für Hairpinstatoren anzustellen.

Wie in Abbildung 2-19 dargestellt, gliedert sich die generische Prozesskette der Statorproduktion in die Schritte ‚Nutisolation', ‚Wicklung', ‚Nachbearbeitung', ‚Imprägnierung' und

---

[270] Vgl. Schoppa et al. (2000): Influence of the manufacturing process on the magnetic properties of non-oriented electrical steels, S. 74ff.; Vgl. Arshad et al. (2007 - 2007): Incorporating Lamination Processing and Component Manufacturing in Electrical Machine Design Tools, S. 94ff.;

[271] Unter dem "Back Electromotive Force" Signal wird die Stärke und Form der induzierten Spannung in den Stator im Generatorbetrieb bezeichnet.

[272] Vgl. Propst (2017): E-drive testing, S. 1ff.

[273] Für eine ausführliche Übersicht wird auf die Dissertation von KLEINE BÜNING verwiesen. Kleine Büning (2019): Informationsorientierte Prototypenplanung zur Effizienzsteigerung im Produktionsplanungsprozess, S. 36ff.

‚Prüfung'.[274] Aufgrund des Fokus der vorliegenden Dissertation auf elektrische Traktionsantriebe wurde das Flyerwickel-/Einziehverfahren als Statorwickeltechnologie in der Prozesskette dargestellt, da diese Technologie aufgrund ihrer hohen Produkteffizienz die bisher dominierende Statorwickeltechnologie für elektrische Traktionsantriebe war.[275]

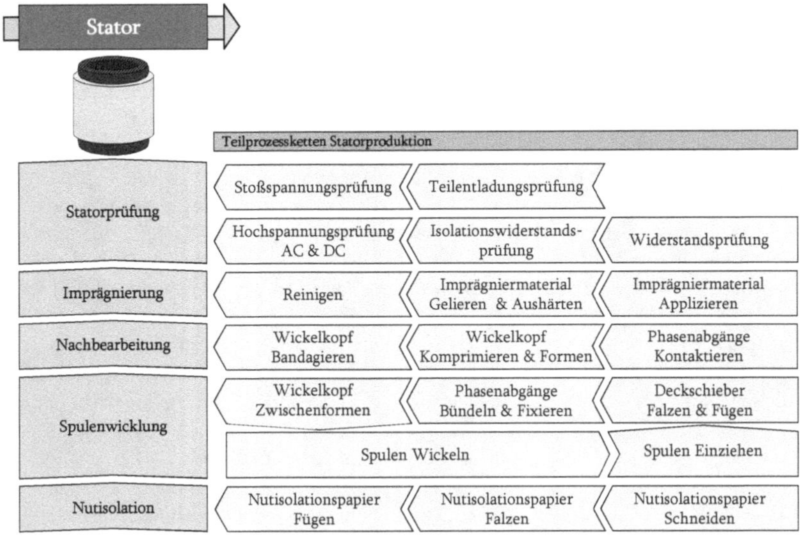

Abbildung 2-19: Generische Teilprozessketten der Statorproduktion am Beispiel der Flyer-/Einziehwickelverfahren

Nutisolation: Die generische Prozesskette der Statorproduktion beginnt mit der Teilprozesskette der Applikation der Produkttechnologie ‚Nutisolationspapier'. In Abhängigkeit der geometrischen Ausprägung des Stators und den stoffspezifischen Eigenschaften des Isolationsmaterials gliedert sich die Teilprozesskette in drei Schritte: ‚Nutisolationspapier Schneiden', ‚Nutisolationspapier Falzen' und Nutisolationspapier Fügen'. Zum Herstellen der Nutauskleidungen wird das flächige Ausgangsmaterial, das üblicherweise als aufgerolltes Bandmaterial vom Zulieferer bezogen wird, abgewickelt und über Vorschubwalzen dem Schneidewerkzeug zugeführt. Hier erfolgt dann der erste Teilschritt ‚Nutisolationspapier Schneiden'. Da ein unidirektionaler Zuschnitt vorteilhaft ist, entspricht die Rollenbreite des Ausgangsmaterials meist der Länge der Nut – erweitert um die zusätzliche Länge für eventuelle Überstände und gefalzte Kragen. Um das zugeschnittene Material dem Nutprofil anzupassen, werden die Schenkel im zweiten Schritt ‚Nutisolationspapier Falzen' in der Falz- und Umbördelstation längsseitig gefalzt. Das Nutisolationspapier wird durch das Einspannen in den Ausschiebekanal der Station entsprechend der Nutgeometrie geformt. Zusätzlich können Längsprägun-

[274] Die generische Prozesskette der Statorproduktion ist Ergebnis der wissenschaftlichen Arbeit des Autors. Ähnliche Prozessketten sind in der Vorlesung Produktion Elektrischer Antriebe des PEM der RWTH Aachen, so wie in Ebd., S. 35 und Vgl. Kampker (2014): Elektromobilproduktion zu finden. Auf Basis neuer Erkenntnisse wurde die generische Prozesskette kontinuierlich angepasst.

[275] Vgl. Fleischer et al. (2017): Quo Vadis Wickeltechnik?, S. 22.

gen vorgesehen werden, um die Knicksteifigkeit der Isolierstreifen zu erhöhen. Dadurch erhalten die teilweise sehr dünnen Streifen von ca. 0,25 mm zusätzliche Formstabilität und neigen beim Einschießen in das Statorblechpaket weniger zu Verformung.[276] Im Anschluss an die Formgebung in Längsrichtung können dem Nutisolationspapier noch durch ein ein- oder zweifaches Falzen die beidseitigen Kragen in Breitenrichtung hinzugefügt werden. Nach Abschluss der Formgebung des Nutisolationspapiers werden diese im dritten Schritt ‚Nutisolationspapier Fügen' entweder direkt in die fluchtend ausgerichtete Nut des Blechpakets geschoben oder in einem Magazin zwischengelagert. Das Einschießen in die Statornut geschieht durch einen mechanischen Ausstoßschieber, der axial an der geringen Querschnittfläche des Nutisolationspapiers ansetzt und diese axial in die Statornut vorschiebt. Wegen der hohen Arbeitsgeschwindigkeit von bis zu drei Nuten pro Sekunde wird dabei von einem ‚Einschießen' gesprochen.[277] Die zuvor beschriebenen Teilprozesse erfolgen in einer Station üblicherweise vollautomatisch.

Wicklung: Bevor auf die Teilprozesskette der Spulenwicklung für die Technologiealternative ‚Flyerwickel-/Einziehverfahren' eingegangen wird, soll zunächst eine Einordnung der Wickeltechnik in die Fertigungsverfahren nach DIN 8580 erfolgen. So wird das Aufwickeln eines Drahtes auf einen Trägerkörper nach DIN 8580 der Hauptgruppe ‚Fügen' (DIN 8593-0) zugeordnet und in der Untergruppe „Fügen durch Umformen drahtförmiger Körper" (DIN 8593-5) genauer definiert.[278] Nach der Ordnungsnummer (ON) 4.5.1.6. wird das Verfahren „Wickeln mit Draht" als "fortlaufendes Biegen eines Drahtes um ein Innenteil" bezeichnet.[279]

Je nach Art und Geometrie der zu wickelnden Spulen und dem Anwendungsfall können unterschiedliche Verfahrensvarianten eingesetzt werden, welche erheblichen Einfluss auf die Wicklungsgestaltung und schlussendlich die Effizienz des Stators haben. Für elektrische Traktionsantriebe wird bei den konventionellen Wickelverfahren mit Draht zwischen Linear-, Flyer- und Nadelwickeln sowie der Verfahrenskombination Flyerwickeln und Einziehen unterschieden.[280] Vor dem Hintergrund der Fokussierung auf elektrische Traktionsantriebe wird auf die Teilprozesskette der Verfahrenskombination Flyerwickeln und Einziehen genauer eingegangen.

Im ersten Teil der Prozesskette für die Verfahrenskombination Flyerwickeln und Einziehen, der das eigentliche Wickeln nach DIN 8593-5 beinhaltet, wird für die aus mehreren Spulen zusammengesetzten Phasen die Flyerwickeltechnik verwendet (‚Spulen Wickeln'). Über den Flyer werden der Anlage bis zu acht parallele Drähte zugeführt und durch eine Drahtbremse entsprechend in ihrem Drahtzug kontrolliert. Der rotierende Flyer wickelt die parallelen Drähte auf eine Schablone, die in der Länge in Abhängigkeit der axialen Statorlänge verstellbar ist. Der Flyer wickelt die parallelen Drähte entsprechend der geforderten Windungszahl um die Schablone, bis eine Spule vollständig ist. Ein Nachteil der Flyerwickeltechnik ist, dass

[276] Vgl. Tzscheutschler et al. (1990): Technologie des Elektromaschinenbaus, S. 165ff.; Vgl. Kampker (2014): Elektromobilproduktion, S. 147ff.

[277] Vgl. Stone (2014): Electrical insulation for rotating machines, S. 100f.;Vgl. Tzscheutschler et al. (1990): Technologie des Elektromaschinenbaus, S. 191ff.

[278] Vgl. Deutsches Institut für Normung e.V. (DIN 8580) 2019, S. 15.

[279] Vgl. Deutsches Institut für Normung e.V. (DIN 8593-5) 2003, S. 4.

[280] Vgl. Feldmann et al. (2014): Handbuch Fügen, Handhaben, Montieren, S. 210; Vgl. Fleischer et al. (2017): Quo Vadis Wickeltechnik?, S. 21; Vgl. Hagedorn et al. (2016): Handbuch der Wickeltechnik für hocheffiziente Spulen und Motoren, S. 173; Vgl. Kampker (2014): Elektromobilproduktion, S. 151;

keine definierte Drahtablage möglich ist, sodass keine orthozyklische Wicklung möglich ist (Siehe Abschnitt 2.1.4).[281] Die Spule auf der Schablone wird nach dem Wickelvorgang auf ein sternförmiges Werkzeug zum Zwischenspeichern abgelegt. Der Vorgang wiederholt sich bis die erforderliche Anzahl Spulen (abhängig von Polpaar bzw. Nutenzahl) erreicht ist. Hierbei kann zwischen dem Wickeln und Zwischenspeichern lediglich einer Phase des Stators sowie aller Phasen unterschieden werden. Sofern das Werkzeug zum Zwischenspeichern der Spulen vollständig bestückt ist, wird dieses zum nächsten Prozessschritt ‚Spulen Einziehen' weitertransportiert. Im Fall, dass die Phasen einzeln gewickelt und eingezogen werden, müssen die Spulen, die im konzentrisch axial vor dem Statorblechpaket ausgerichtete Zwischenspeicherwerkzeug angeordnet sind, über ein weiteres pilzförmiges Werkzeug axial in das Statorblechpaket eingezogen werden. Es können hohe Fügekräfte entstehen, wodurch der Draht potenziell beschädigt werden kann. Im nächsten Teilprozessschritt ‚Deckschieber Falzen und Fügen' wird der Deckschieber analog zum Prozess in der Teilprozesskette ‚Nutisolation' hergestellt und axial gefügt. Das Einschieben der Deckschieber kann auch in den Teilprozessschritt ‚Spulen Einziehen' integriert werden. Nachdem die Phasen eingezogen und die Deckschieber montiert worden sind, werden im Teilprozessschritt ‚Phasenabgänge Bündeln und Fixieren' die jeweiligen Phasenabgänge bzw. die losen Drahtenden in entsprechenden Klemmvorrichtungen auf einer Vorrichtung fixiert. Hierzu fährt der Stator aus der Einziehstation in eine weitere Station, die nicht vollständig automatisierbar ist und daher meist manuell bedient wird.[282] Dies resultiert aus der Biegeschlaffheit der Wicklungsenden, welche nach dem unfixierten Einziehprozess nur schwer automatisch gegriffen werden können.[283] Daher resultiert aus diesem Teilprozessschritt ein hoher Zeitbedarf und eine hohe Fehleranfälligkeit.[284] Im letzten Teilprozessschritt ‚Wickelkopf Zwischenformen' werden die Phasen im Wickelkopf in eine definierte Form gepresst. Dieser Teilprozessschritt ist notwendig, um die Beschädigungsfreiheit der Wickelköpfe beim Einziehen weiterer Phasen zu gewährleisten und den Wickelkopf zu komprimieren. Die Teilprozesskette wiederholt sich so lange bis alle Phasen gewickelt, eingezogen sowie entsprechend fixiert und komprimiert sind.

Nachbearbeitung: Die Teilprozesskette der Nachbearbeitung eines gewickelten Stators ist stark produktabhängig. In der generischen Prozesskette der Statorproduktion werden zunächst im Teilprozessschritt ‚Phasenabgänge Kontaktieren' die Phasenabgänge aus den Fixiervorrichtungen genommen und Isolationselementes sowie Kabelschuhe angebracht. Weiterhin können in diesem Teilprozessschritt auch NTC-Temperatursensoren[285], der Sternpunkt sowie weitere Isolations-, Fixierungs- und Kontaktierelemente angebracht werden.

[281] Vgl. Feldmann et al. (2014): Handbuch Fügen, Handhaben, Montieren, S. 213.

[282] Vgl. Fleischer et al. (2017): Quo Vadis Wickeltechnik?, S. 22.

[283] Vgl. Kampker (2014): Elektromobilproduktion, S. 153.

[284] Vgl. Tzscheutschler et al. (1990): Technologie des Elektromaschinenbaus; Vgl. Kampker (2014): Elektromobilproduktion, S. 153; Vgl. Fleischer et al. (2017): Quo Vadis Wickeltechnik?, S. 22.

[285] ‚NTC-Sensoren' (engl. für Negative Temperature Coefficient) dienen der Temperaturmessung und basieren auf dem Funktionsprinzip, dass ihr elektrischer Widerstand temperaturabhängig ist.

Die Kontaktierung kann über Widerstandsschweißen, Heißcrimpen, Löten, Steckverbindung oder weitere Verfahren erfolgen.[286] Im folgenden Schritt der Teilprozesskette ‚Wickelkopf Komprimieren & Formen' werden die beiden axialen Wickelköpfe jeweils durch Formwerkzeuge geformt. Um zu verhindern, dass die Wickelköpfe in den Statorinnenraum gepresst werden, werden Werkzeuge zum Abstützen an den Innendurchmessern der Wickelköpfe positioniert. Im nächsten Teilprozessschritt ‚Wickelkopf Bandagieren' wird eine Bandagierfaden mittels einer Bandagiernadel um den Wickelkopf inkl. aller eingelegten Bauteile gewoben. Die so entstandene Bandage fixiert alle Bauteile und gibt den Wickelköpfen zusätzlich Stabilität. Der Prozess erfolgt meist teilautomatisiert und beinhaltet optische Kontrollen und manuelle Eingriffe.

Imprägnierung: Beim Imprägniervorgang kann zwischen verschiedenen Verfahrensalternativen ‚Träufeln', ‚Tauchen', ‚Vakuumimprägnieren', ‚Vakuumdruckimprägnieren' und ‚Vollverguss' unterschieden werden.[287] Alle Verfahrensalternativen verfolgen das gleiche Ziel – ein flüssiges Harz in die Zwischenräume zwischen den Drähten im Blechpaket und im Wickelkopf einzubringen und dieses durch Wärme auszuhärten.[288] Die Verfahrensalternativen unterscheiden sich vor allem im ersten Schritt ‚Imprägniermaterial Applizieren' der Teilprozesskette. Nach einem Vorwärmen des Statorblechpakets wird beim Träufelverfahren ein Harzstrahl auf jeweils einen um ca. 5-20 Grad geneigten Wickelkopf eines um seine Achse rotierenden Stators appliziert.[289] Das Harz wird lediglich auf den Wickelkopf aufgebracht, sodass das Statorblechpaket danach nicht gereinigt werden muss.[290] Durch die Kapillarwirkung des Harzes füllt dieses die Statornuten bis in die Hohlräume zwischen den Drähten. Vorteilhaft ist, dass die aufgenommene Harzmenge genau kontrollierbar ist sowie nur kurze Prozesszeiten für eine konstant gute Qualität benötigt werden.[291] Anders wird bei den Tauchverfahren der Stator mit der Wicklung in das Harz eingetaucht. Hier ist zwischen weiteren Verfahrensvarianten zu unterscheiden. So kann der Stator entweder vollständig eingetaucht werden (‚Tauchen')[292] oder dabei auch über die Bestromung der Wicklungen über den Joule-Effekt schon vortemperiert werden (‚Heißtauchen'). Weiterhin kann der Stator

[286] Vgl. Kleine Büning (2019): Informationsorientierte Prototypenplanung zur Effizienzsteigerung im Produktionsplanungsprozess, S. 39; Vgl. Kuehl et al. (2019 - 2019): Hot Crimping Through Innovative Inductive Heating in the Production of Electric Motors, S. 1404ff.

[287] Vgl. Richnow et al. (2014): Influence of different impregnation methods and resins on thermal behavior and lifetime of electrical stators, S. 1; Vgl. Tong (2014): Mechanical Design of Electric Motors, S. 248ff.; Vgl. Stone (2014): Electrical insulation for rotating machines, S. 127f.; Vgl. bdtronic GmbH (2020): Imprägnierverfahren.

[288] Vgl. Richnow et al. (2014): Influence of different impregnation methods and resins on thermal behavior and lifetime of electrical stators, S. 1; Vgl. Tzscheutschler et al. (1990): Technologie des Elektromaschinenbaus, S. 21ff.

[289] Vgl. Stone (2014): Electrical insulation for rotating machines, S. 128; Vgl. Richnow et al. (2014): Influence of different impregnation methods and resins on thermal behavior and lifetime of electrical stators, S. 2; Vgl. Tong (2014): Mechanical Design of Electric Motors, S. 250.

[290] Vgl. bdtronic GmbH (2020): Imprägnierverfahren.

[291] Vgl. Richnow et al. (2014): Influence of different impregnation methods and resins on thermal behavior and lifetime of electrical stators, S. 2; Vgl. Tong (2014): Mechanical Design of Electric Motors, S. 250; Vgl. Thurman (1989): Trickle impregnation of small motors, S. 30ff.; Vgl. bdtronic GmbH (2020): Imprägnierverfahren.

[292] Oder engl. auch ‚Dip & Bake'; Ebd.

auch nur zur Hälfte in das Harz eingetaucht und dabei um die Rotationsachse gedreht werden (,Rolltauchen oder Vertikaltauchen'). Die Tauchverfahren haben alle den Nachteil, dass sie hohe Tropfverluste bei vergleichsweise geringer Harzaufnahme aufweisen. Dies ist dadurch begründet, dass das ungelierte Harz aus dem Stator zu tropfen beginnt, sobald der Stator aus dem Harzbad entnommen wird.[293] Zur weiteren Steigerung der Füllung der Zwischenräume zwischen den Drähten in der Nut, kann der Stator auch unter Vakuum entsprechend eingetaucht werden (Verfahrensvariante ,Vakuumimprägnierung'). Darüber hinaus kann der Druck nach dem Eintauchen des Stators in das Harzbad auch noch optional über den Atmosphärendruck erhöht werden, um die Nutfüllung mit Harz noch weiter zu steigern. Diese Verfahrensalternative wird als ,Vakuumdruckimprägnierung' (VPI) bezeichnet.[294] Mit der Vakuumdruckimprägnierung lässt sich die höchste Imprägnierqualität mit Hinblick auf die Nutfüllung mit Harz erreichen.[295] Im nächsten Schritt der Teilprozesskette ,Imprägniermaterial Gelieren & Aushärten' wird der Stator entweder über Bestromung und den Joule-Effekt, einen Konvektionsofen, induktiv oder mit UV-Licht erwärmt, sodass eine Gelierung des Imprägniermaterials erfolgt und sich die Viskosität verringert.[296] Aufgrund der notwendigen Aufheiz- und Abkühlkurven, die das Harz zum Aushärten benötigt, können die Imprägnieranlagen fast so viel Fläche wie die restliche Statorlinie in Anspruch nehmen. Wenn Tauchverfahren eingesetzt werde, ist häufig auch der letzte Schritt der Teilprozesskette ,Reinigen' erforderlich, um Funktionsflächen wie die Statorinnenseite oder Kontaktstellen vom Harz zu reinigen. Alternativ zu den genannten Träufel- und Tauchverfahren kann der Stator auch analog zum Spritzgussverfahren vollvergossen werden.[297] Für elektrische Traktionsmaschinen ist derzeit das Träufelverfahren weit verbreitet, weil es eine hohe Qualität bei einem hohem Füllgrad ermöglicht und keine Reinigung und Nachbesserungen notwendig sind.[298] Es bietet das beste Kosten-/Nutzenverhältnis für die Großserienproduktion von elektrischen Traktionsmaschinen.[299]

Statorprüfung: Die Teilprozesskette der sogenannten Stator End-of-Line Prüfung kann unterschiedliche Prüfverfahren je nach Qualitätsmanagementsystem und nach Absatzmarkt beinhalten. Nach einer Kontaktierung des Stators an die Messstation werden im ersten Teilprozessschritt ,Widerstandsprüfung' die Widerstände der einzelnen Phasen und ihr Verhältnis relativ zueinander (Widerstandssymmetrie) gemessen.[300] Im zweiten Teilprozessschritt ,Isolationswiderstand' wird der Isolationswiderstands gegen Erde bei einer Parallelschaltung aller stromführenden Leiter ermittelt.[301] Der dritte Teilprozessschritt der ,Hochvoltprüfung

[293] Vgl. Richnow et al. (2014): Influence of different impregnation methods and resins on thermal behavior and lifetime of electrical stators, S. 2.

[294] Ebd., S. 1f.

[295] Vgl. Tong (2014): Mechanical Design of Electric Motors, S. 250ff.

[296] Vgl. Richnow et al. (2014): Influence of different impregnation methods and resins on thermal behavior and lifetime of electrical stators, S. 1.

[297] Die produktseitigen Vorteile des Statorvollvergusses sind in Abschnitt 2.1.2 beschrieben.

[298] Vgl. Tong (2014): Mechanical Design of Electric Motors, S. 250ff.

[299] Vgl. Guo et al. (2019 - 2019): Challenges in Electric Machine Stator Manufacturing and Their Influences on Thermal Performance, S. 1.

[300] Vgl. Tong (2014): Mechanical Design of Electric Motors, S. 570.

[301] Vgl. Schleich GmbH (2020): Prüfmethode Isolationswiderstand.

AC & DC' beinhaltet die Prüfung der „elektrischen Isolationsfähigkeit und die Spannungsfestigkeit von Luft - und Kriechstrecken an elektrischen Bauteilen bzw. Baugruppen".[302] Der vierte Teilprozessschritt der ‚Stoßspannungsprüfung' ist vor dem Hintergrund sehr wichtig, dass viele Feldausfälle von Elektromotoren auf Windungsschlüsse zurückzuführen sind und die Stoßspannungsprüfung eine Möglichkeit bietet, diese Fehler vorherzusagen.[303] Diese Windungsschlüsse können durch Fehler beim Umformen oder der Montage des Drahtes in die Wicklung eingebracht werden. [304] Bei der Stoßspannungsprüfung wird ein kurzer Stoßimpuls auf die zu prüfende Wicklung beaufschlagt, um Wicklungsfehler, Spule-zu-Spule- und Phase-zu-Phase-Isolierungen zu erkennen. Durch die Induktivität der Wicklung entsteht ein elektrischer Schwingkreis, dessen Dämpfungsverhalten aufgenommen wird. Für jede Wicklung entsteht so ein charakteristischer Amplitudenverlauf, der verglichen werden kann.[305] Ziel des letzten Teilprozessschrittes der ‚Teilentladungsprüfung' ist es festzustellen, bei welcher Prüfspannung erste Teilentladungen einsetzen. So lässt sich eine Aussage über die Qualität der Isolation machen.[306] Hierbei ist die Teilentladungsprüfung von den Hochvoltprüfungen zu unterscheiden, weil bei diesen geprüft wird, wann die Spannung vollends durchschlägt. Wenn die Teilentladungsprüfung mittels verschiedener intelligenter Wechselspannungsvarianten durchgeführt wird, lassen sich Erkenntnisse über Mikroentladungen in nur einem Teilbereich der Wicklung ableiten.[307]

Alternative Wickelverfahren: Neben der dargestellten Verfahrenskombination ‚Flyerwickeln/Einziehen' können weitere Wickelverfahren für Elektromotoren eingesetzt werden, welche einen erheblichen Einfluss auf die Wicklungsgestaltung und die erreichbaren Produkteffizienzen haben. Wie bereits in Abschnitt 2.1.4 eingeführt, ist vor allem relevant, ob welcher Wicklungstyp (Konzentrierte oder verteilte Wicklung) mit dem entsprechenden Wickelverfahren herstellbar ist. Die Wickelverfahren sind zunächst in direkte und indirekte Wickelverfahren einzuteilen. Während bei direkten Wickelverfahren der Draht in der Endposition in der Statornut abgelegt wird und hierin auch die Schleifen gelegt werden, zeichnen sich die indirekten Wickelverfahren durch eine statorexterne Windung des Drahtes in Schleifen aus.

Die möglichen Wickelverfahren für Elektromotoren im Kontext der Elektromobilität sind die direkten Wickelverfahren ‚Linearwickeln', ‚Nadelwickeln', ‚Flyerwickeln' sowie das indirekte Wickelverfahren ‚Flyerwickeln und Einziehen'. Darüber hinaus sind die Formsteckspulentechnologien für Flachdraht ‚Hairpinwicklung', ‚I-Pinwicklung' ‚Kontinuierliche

---

[302] Hagedorn et al. (2016): Handbuch der Wickeltechnik für hocheffiziente Spulen und Motoren, S. 242; Vgl. Schleich GmbH (2020): Prüfmethode Hochspannung DC; Vgl. Schleich GmbH (2020): Prüfmethode Hochspannung AC.

[303] Vgl. SPS electronic GmbH (2020): Stoßspannungsprüfung.

[304] Vgl. Tong (2014): Mechanical Design of Electric Motors, S. 572.

[305] Vgl. Hagedorn et al. (2016): Handbuch der Wickeltechnik für hocheffiziente Spulen und Motoren, S. 241; Vgl. Tong (2014): Mechanical Design of Electric Motors, S. 572; Vgl. Schleich GmbH (2020): Prüfmethode Stoßspannung.

[306] Vgl. Schleich GmbH (2020): Know How – Teilentladung bei Stoßspannung.

[307] Vgl. Hagedorn et al. (2016): Handbuch der Wickeltechnik für hocheffiziente Spulen und Motoren, S. 241f.

Hairpinwicklung' für elektrische Traktionsantriebe relevant. Im Folgenden sollen die Wicklungstechnologien beschrieben und mit ihren inhärenten Vor- und Nachteilen sowie Anwendungsbereichen gegeneinander abgegrenzt werden.

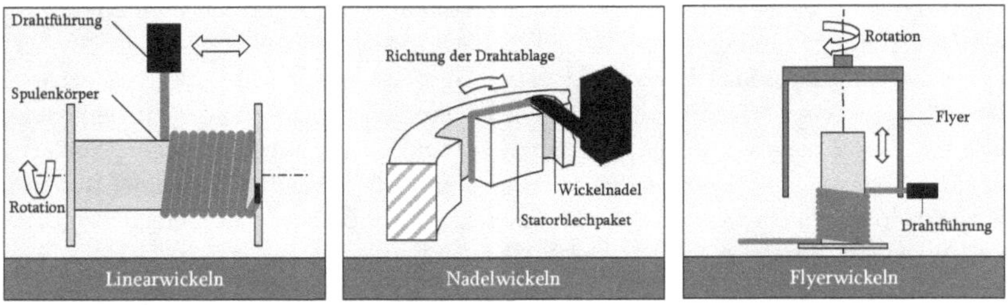

Abbildung 2-20: Direkte Wickelverfahren mit Runddraht

Linearwickeln: Im Linearwickelverfahren wird die Spule durch Rotation des Spulenkörpers relativ zur feststehenden Drahtzuführung gewickelt. Zur Verteilung des Drahts entlang der der Spulenkörperachse wird die Drahtzuführung parallel zur Rotationsachse linear bewegt.[308] Das Linearwickeln eignet sich im Kontext der Elektromobilität für die Produktion von Einzelzahlspulen mit konzentrierter Wicklung.[309] Dadurch, dass Mehrspindelautomaten einsetzbar sind und die Drahtzuführung flexibel programmierbar ist, zeichnet das Linearwickeln die höchste Produktivität aus, was dieses Verfahren für die automobile Großserienproduktion qualifiziert.[310] Mithilfe der programmier- und synchronisierbaren CNC-Achsen der Drahtzuführung ist es möglich, sowohl wilde als auch orthozyklische Wicklungen herzustellen.[311] Auch können die Spulenanschlüsse terminiert – also an definierten Punkten fixiert und später kontaktiert werden.[312]

Nadelwickeln: Eine weiteres direktes Wickelverfahren ist das Nadelwickeln. Die Namensgebung dieses Verfahren liegt in dem Geometrieaufbau des Drahtführers begründet. Die Drahtzuführung, die wie eine Nadel fungiert, fährt automatisiert einen Wicklungsvorgang nah am fixierten Spulenkörper ab und legt dabei den Draht konturnah an den Spulenkörper an. Üblicherweise fährt die drahtführende Nadel zwischen zwei benachbarte Statorzähnen in der Nut und bewickelt so den Stator direkt. Hierbei muss zwischen zwei benachbarten Statorzähnen bzw. im Nutinnenraum ein Freiraum vorgehalten werden, dessen Größe mindestens dem Nadeldurchmesser entspricht.[313] Das ist notwendig, um eine sichere Durchfahrt der Nadel zu gewährleisten, aber verringert durch die nie offene Gestaltung einen hohen Nutfüllfaktor. Abhilfe kann ein segmentiertes Blechpaket schaffen, bei dem die Einzelzähne

[308] Vgl. Feldmann et al. (2014): Handbuch Fügen, Handhaben, Montieren, S. 210; Vgl. Hagedorn et al. (2016): Handbuch der Wickeltechnik für hocheffiziente Spulen und Motoren, S. 182; Vgl. Kampker (2014): Elektromobilproduktion, S. 152.

[309] Vgl. Fleischer et al. (2017): Quo Vadis Wickeltechnik?, S. 14.

[310] Ebd., S. 14.

[311] Vgl. Hagedorn et al. (2016): Handbuch der Wickeltechnik für hocheffiziente Spulen und Motoren, S. 193.

[312] Vgl. Feldmann et al. (2014): Handbuch Fügen, Handhaben, Montieren, S. 212.

[313] Vgl. Hagedorn et al. (2016): Handbuch der Wickeltechnik für hocheffiziente Spulen und Motoren, S. 212.

erst bewickelt und dann in eine runde Form gebracht werden, sodass kein Freiraum vorgehalten werden muss.[314] Die Drahtablage ist durch eine CNC-Steuerung hochflexibel, jedoch ist die fertigbare Windungszahl pro Minute aufgrund der hohen dynamischen Kräfte begrenzt.[315] Das Nadelwickeln wird vor allem für konzentrierte Wicklungen eingesetzt. Durch eine weitere Achse in der Nadelführung, gibt es auch die Möglichkeit verteile Wicklungen zu verlegen. Hierfür sind an den axialen Enden des Stators jedoch sogenannte Deckscheiben mit Drahtführungselementen notwendig, damit eine präzische Schichtung im Wickelkopf möglich ist.[316] Auch ist durch die Drahtablage eine orthozyklische Wicklung grundsätzlich möglich, welche aber durch das Abknicken des Drahtes an der Nadel erschwert wird.[317] Vorteilhaft ist beim Nadelwickeln auch, dass der Draht präzise in Kontaktierelemente eingelegt werden kann.

Flyerwickeln: Im Flyerwickelverfahren wickelt ein umlaufender und ausgewuchteter Flyer eine Wicklung um einen fixierten Spulenkörper.[318] Der namensgebende Flyer ist ein rotierender Arm, an dessen Spitze der Drahtauslass bzw. die Drahtführung verortet ist. Zur Drahtführung ist der Flyer entweder von innen hohl gestaltet oder es sind seitlich Umlenkrollen befestigt, durch die der Draht an die Spitze zum Drahtauslass geführt wird.[319] Die Drahtführung rotiert so auf einem Durchmesser, der größer als der Durchmesser des Spulenkörpers ist.[320] Häufig werden Leitbacken an beiden axialen Enden des Blechpakets vor den Nuten positioniert, um den Draht besser zu positionieren.[321] Während des Wickelprozesses müssen beide Drahtenden fixiert werden, da für die Drahtablage ein entsprechender Drahtzug benötigt wird.[322] Das Verfahren wir im überwiegenden Fall für die Wicklung von außengenuteten Statoren und Rotoren eingesetzt.[323] Nachteilig beim Flyerwickeln ist, dass eine präzise Drahtablage bei hohen Prozessgeschwindigkeiten sowie ein Terminieren nicht möglich ist. Bei niedrigen Prozessgeschwindigkeiten kann jedoch das Eigenführungsverhalten des Drahtes genutzt werden, um so eine orthozyklische Wicklungen herzustellen.[324] Ein weiterer Nachteil des Flyerwickelns ist, dass die Drähte bei jeder Umdrehung um den Spulenkörper verdrillt werden, was zu hohen Belastungen im Kupferdraht und der Lackisolation

[314] Beispielsweise durch die Nutzung einer Polkette

[315] Ebd., S. 211.

[316] Vgl. Feldmann et al. (2014): Handbuch Fügen, Handhaben, Montieren, S. 215.

[317] Vgl. Hagedorn et al. (2016): Handbuch der Wickeltechnik für hocheffiziente Spulen und Motoren, S. 212.

[318] Vgl. Feldmann et al. (2014): Handbuch Fügen, Handhaben, Montieren, S. 213; Vgl. Fleischer et al. (2017): Quo Vadis Wickeltechnik?, S. 14; Vgl. Kampker (2014): Elektromobilproduktion, S. 152; Vgl. Hagedorn et al. (2016): Handbuch der Wickeltechnik für hocheffiziente Spulen und Motoren, S. 196ff.

[319] Vgl. Feldmann et al. (2014): Handbuch Fügen, Handhaben, Montieren, S. 213;

[320] Vgl. Wolf (1997): Verbesserte Prozessführung und Prozessplanung zur Leistungs-und Qualitätssteigerung beim Spulenwickeln, S. 9.

[321] Vgl. Kampker (2014): Elektromobilproduktion, S. 152.

[322] Vgl. Hagedorn et al. (2016): Handbuch der Wickeltechnik für hocheffiziente Spulen und Motoren, S. 203.

[323] Vgl. Fleischer et al. (2017): Quo Vadis Wickeltechnik?, S. 15.

[324] Vgl. Hagedorn et al. (2016): Handbuch der Wickeltechnik für hocheffiziente Spulen und Motoren, S. 200.

führt.[325] Der große Vorteil des Flyerwickelns liegt in der Produktivität. So kann durch die hohe Wickelgeschwindigkeit und die Nutzung von Mehrspindelautomaten sehr kosteneffizient produziert werden. Aufgrund der genannten Restriktionen wird das direkte Flyerwickeln nicht für elektrisch Traktionsmaschinen eingesetzt.

Flyerwickeln & Einziehen: Wie bereits im vorherigen Abschnitt detailliert beschrieben wurde, handelt es sich beim ‚Flyerwickeln & Einziehen' um eine Verfahrenskombination aus dem Flyerwickeln mit der Einziehtechnik. Es nutzt so die produktionsseitigen Vorteile der hohen Produktivität im Wickelprozess und kombiniert diese mit den produktseitigen Vorteilen wie beispielsweise der verteilten Wicklung. Allerdings besteht weiterhin der Nachteil der hohen Drahtbelastung sowie des verhältnismäßig niedrigen Nutfüllfaktors.

Hairpinstatorproduktion: Wie bereits zuvor in Abschnitt 2.1.5 kurz eingeführt, bietet die Hairpinwicklung als Formsteckspulentechnologie mit massivem Flachdraht Produktvorteile, die ihren Einsatz als elektrischen Traktionsmotor im Kontext der Elektromobilität rechtfertigen. Im Folgenden soll ein Überblick auf die generische Produktionskette der Hairpinstatorproduktion gegeben werden[326]. Da die Hairpinstatortechnologie das Betrachtungsobjekt der vorliegenden Dissertation darstellt, wird in Abschnitt 2.3 detailliert auf die Produktionsprozesskette mit ihren Verfahrensalternativen sowie Qualitätseinflüssen eingegangen. Die generische Produktionskette der Hairpinstatorproduktion gliedert sich in fünf Teilprozessketten, sowie die Teilprozesskette ‚Nutisolation'.[327]

In der ersten Teilprozesskette ‚Hairpin Herstellung' werden die einzelnen Hairpins geformt. Hierzu wird im ersten Teilprozessschritt ‚Draht richten' der zugelieferte Kupferflachdraht in einer Richtstation gerichtet und es werden die mechanischen Materialeigenschaften homogenisiert.[328] Im Anschluss wird die Beschichtung des Drahtes an den Stellen entfernt, an den später die Kontaktierung erfolgen soll. Die Abisolation dient der Schweißnahtvorbereitung,

---

[325] Vgl. Wolf (1997): Verbesserte Prozessführung und Prozessplanung zur Leistungs-und Qualitätssteigerung beim Spulenwickeln, S. 9; Vgl. Feldmann et al. (2014): Handbuch Fügen, Handhaben, Montieren, S. 215; Vgl. Manning (1990): A Comparison Between Flywinding and Rotating Spindle Methods of Winding Coils, S. 242ff.

[326] Die generische Produktionsprozesskette des Hairpinstators wurde vom Autor in seiner Tätigkeit als wissenschaftlicher Mitarbeiter am Lehrstuhl PEM der RWTH Aachen in Zusammenarbeit mit der Ford Motor Company sowie dem VDMA e.V. definiert und in einer Broschüre zusammen mit dem VDMA e.V. veröffentlicht. Vgl. Kampker et al. (2019): Produktionsprozess eines Hairpin-Stators

[327] Vgl. Kampker et al. (2018): Ex-Ante Process-FMEA for Hairpin Stator Production by Early Prototypical Production Concepts, S. 1ff.; Vgl. Kampker et al. (2019): Produktionsprozess eines Hairpin-Stators; Vgl. Kampker et al. (2018): Herausforderung Hairpintechnologie Technologieschub für OEMs und Anlagenbauer, S. 62ff.; Vgl. Fleischer et al. (2017): Quo Vadis Wickeltechnik?, S. 17f.; Vgl. Riedel et al. (2018): Challenges of the Hairpin Technology for Production Techniques, S. 2471ff.; Vgl. Mechler (2010): Manufacturing and Cost Analysis for Aluminum and Copper Die Cast Induction Motors for GM's Powertrain and R&D Divisions, S. 33; Vgl. Ishigami et al. (2014): Development of Motor Stator with Rectangular-Wire Lap Winding and an Automatic Process for Its Production, S. 51ff.; Vgl. Ishigami et al. (2014): Motor stator with thick rectangular wire lap winding for HEVs, S. 1880ff.;Vgl. Du-Bar et al. (2018): Comparison of Performance and Manufacturing Aspects of an Insert Winding and a Hairpin Winding for an Automotive Machine Application, S. 1ff.

[328] Vgl. Fleischer et al. (2017): Quo Vadis Wickeltechnik?, S. 17; Vgl. Wirth et al. (2019): Einfluss geometrischer Materialtoleranzen auf die werkzeuggebundene Formgebung und Eigenschaften von Hairpin-Steckspulen, S. 3ff. Vgl. Nastran et al. (2002): Stabilisation of mechanical properties of the wire by roller straightening, S. 718.

da keine Isolationsreste die Schweißnaht verunreinigen dürfen.[329] Abschließend wird im letzten Teilprozessschritt ‚Hairpin Biegen' der Flachdraht schlussendlich in die charakteristische Geometrie (U-Form) gebogen. Die zweite Teilprozesskette ‚Hairpin Montage' beinhaltet im ersten Teilprozess die Vormontage der Hairpins, welche aus ihrer vereinzelten Form zu einem Korb nach vordefiniertem Steckmuster zusammengefügt werden. Der so entstandene Hairpinkorb wird im Anschluss in das bereitgestellte Blechpaket gefügt, in den zuvor die Nutisolation gefügt wurde. Die dritte Teilprozesskette ‚Schränken' beinhaltet das Verschränken der freien Drahtenden. Dies bedeutet, dass die Drahtenden abwechselnd im und gegen den Uhrzeigersinn tangential umgeformt werden und in der Endposition einem Drahtende aus einer anderen Lage gegenüberstehen. Die jeweiligen Positionen sind durch das Wickel- und Steckschema definiert. Hierzu müssen die Drahtenden im ersten Teilprozessschritt ‚Hairpinenden freistellen' in ihren Lagen zunächst radial aufgeweitet bzw. freigestellt werden, um eine Zugänglichkeit für das Schränkwerkzeug zu ermöglichen. Nach dem Schränkvorgang besteht das Risiko, dass die Höhen der Hairpinenden nicht mehr in der geforderten Toleranz sind, sodass diese im Teilprozessschritt ‚Hairpinenden Ablängen' entsprechend abgelängt werden. Im ersten Schritt der letzten Teilprozesskette ‚Kontaktieren' erfolgt die Kontaktierung der geschränkten Hairpinenden, sodass so eine durch den Stator mäandernde Wicklung geschaffen wird. Zur Realisierung komplexer Wickelschemata, sowie zur Kontaktierung des Sternpunktes können daraufhin im Teilprozessschritt ‚Verschaltelemente Montieren' verschiedene Steckbrücken, Anbaugruppen, Kontaktringe oder sonstige Verschaltelemente auf der geschweißten Seite des Stators montiert werden. Hierbei werden die mit den Verschaltelementen zu kontaktierenden Hairpinenden aus dem vorherigen Teilprozessschritt unverschweißt belassen und dann im letzten Schritt der Teilprozesskette ‚Verschaltelemente Kontaktieren' verschweißt. Abschließend werden in der letzten Teilprozesskette ‚Imprägnieren' zunächst die blanken Fügestellen isoliert bzw. imprägniert, sowie der gesamte Stator analog zur generischen Produktionskette der Statorproduktion imprägniert und später den End-of-Line-Prüfungen der Statorproduktion unterzogen.

[329] Vgl. Gläßel et al. (2017): Challenges in the manufacturing of hairpin windings and application opportunities of infrared lasers for the contacting process, S. 4.

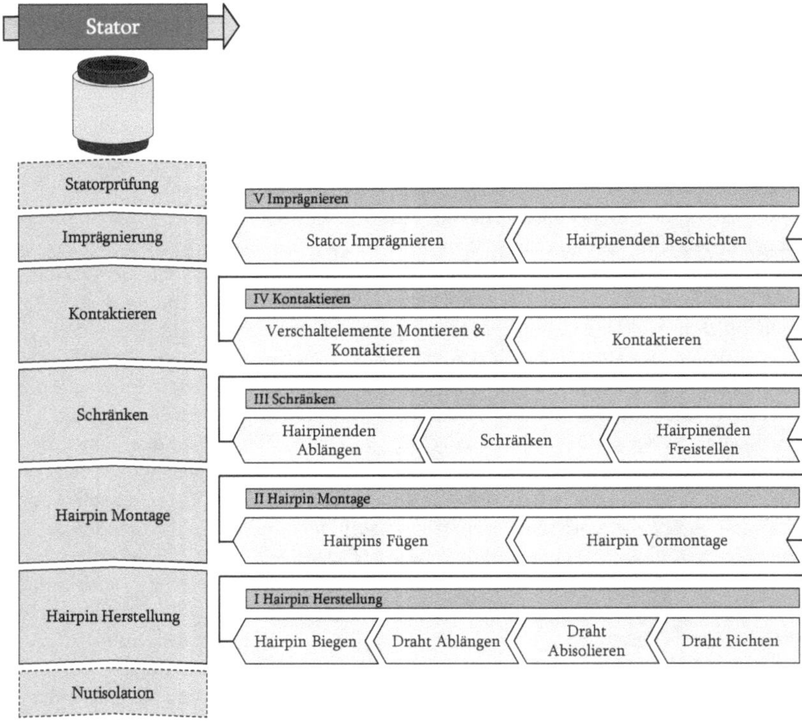

Abbildung 2-21: Generische Prozesskette der Hairpinstatorproduktion[330]

Verfahrensvergleich: Während in den Abschnitten 2.1.4 und 2.1.5 bereits identifiziert wurde, dass sich die Hairpinwicklung durch ihre massiven Flachdrähte von den Runddrahttechniken unterscheidet, soll im Folgenden ein Vergleich der Unterschiede in den Produktionsprozessketten aufgestellt werden. Nachdem im vorherigen Abschnitt bereits in die Prozessketten der Statorproduktion mit Flyerwickeln & Einziehtechnik sowie auf die Hairpinwicklung eingeführt wurde, werden die jeweiligen Produktionsprozesse nun in die gültigen DIN-Normen der Fertigungsverfahren (DIN 8580) eingeordnet.[331] Diese Einordnung ist in

[330] Die generische Prozesskette der Hairpinstatorproduktion wurde im Rahmen mehrere Projekte in der industriellen Praxis entwickelt und kontinuierlich verbessert. Abweichende Versionen dieser Prozesskte wurden in einer Broschüre zusammen mit dem VDMA, Vgl. Kampker et al. (2019): Produktionsprozess eines Hairpin-Stators, sowie in der Vorlesung Elektromotorenproduktion an der RWTH Aachen veröffentlicht.

[331] Vgl. Deutsches Institut für Normung e.V. (DIN 8580) 2019.

Tabelle 2-1 dargestellt. Während die Teilprozesskette des Spulenwickelns für gewickelte Statoren vorrangig durch das Wickeln (Wickeln mit Draht, DIN 8593-5, 4.5.1.6)[332], Gesenkformen (DIN 8583-4)[333], Fügen durch Einpressen (DIN 8593-3, 4.3.4) von biegeschlaffen Runddraht charakterisiert ist, werden diese Verfahren bei der Hairpinwicklung durch heterogene Umformverfahren und Fügeverfahren ersetzt.

So beinhaltet die Prozesskette der Hairpinwicklung Walzrichten (DIN 8586, 2.4.2.1.2)[334], Freies Biegen, Gesenkbiegen, Schwenkbiegen, Rundbiegen (DIN 8586 2.4.1.1, DIN 8586, 2.4.1.2, DIN 8586, 2.4.2.2, DIN 8586, 2.4.2.3)[335], Biegeumformen mit geradliniger Werkzeugbewegung (DIN 8586, 2.4.1)[336], Biegeumformen mit drehender Werkzeugbewegung (DIN 8586, 2.4.2)[337] und zudem Fügen durch Einlegen/Einsetzen (8593-1.,4.1.2)[338], wie auch Fügen durch Einpressen (DIN 8593-3, 4.3.4).[339]

Im direkten Vergleich der Umformverfahren wird deutlich, dass in der Prozesskette der Hairpinwicklung eine Vielzahl verschiedener Fertigungsverfahren eingesetzt werden. Auch in den Kontaktierprozessen unterscheiden sich die Prozessketten deutlich. Während bei den Runddrahtwicklungen nur wenige Kontaktierungen für die Phasenabgänge notwendig sind, müssen bei den Hairpinwicklungen alle Leiter einzeln kontaktiert werden. Aufgrund der hohen Anforderungen an die Produktivität sowie aus Gründen der Zugänglichkeit werden daher Schmelzschweißverfahren durch Strahlung (bspw. Laser) im Gegensatz zu Pressschweißverfahren durch Strom bei konventionellen Runddrahtwicklungen eingesetzt. Zusätzlich kommen bei der Hairpinwicklung weitere Verfahren aus den Bereichen thermisches Abtragen durch Laserstrahl (DIN 8590 3.4.1.5.2)[340], Schleifen (DIN 8589-11),[341] Fräsen (DIN 8589-3),[342] Bürstspanen (DIN 8589-8)[343] sowie Schaben (DIN 85899-9)[344] dazu. Auch bedingt die Abisolierung wieder ein Beschichten der Kupferenden durch Wirbelsintern (DIN 8580, 5.4.1)[345] oder Beschichten aus dem flüssigen Zustand (DIN 8580, 5.1)[346].

In den vorherigen Abschnitten wurde zudem dargelegt, dass bei konventionellen Runddrahtwicklungen wie dem ‚Flyerwickeln & Einziehen' aufgrund der Biegeschlaffheit des Runddrahtes immer noch eine Vielzahl an Arbeitsschritten manuell durchgeführt werden

---

332 Vgl. Deutsches Institut für Normung e.V. (DIN 8593-5) 2003.

333 Unter Gesenkformen wir das „Druckformen mit gegeneinander bewegten Formwerkzeugen (Gesenken)" verstanden, welche das „Werkstück ganz oder zu einem wesentlichen Teil umschließen und dessen Form enthalten". Vgl. Deutsches Institut für Normung e.V. (DIN 8583-4) 2003, S. 3.

334 Vgl. Deutsches Institut für Normung e.V. (DIN 8586) 2003, S. 7.

335 Vgl. Deutsches Institut für Normung e.V. (DIN 8586) 2003, S. 11.

336 Vgl. Deutsches Institut für Normung e.V. (DIN 8586) 2003, S. 11.

337 Vgl. Deutsches Institut für Normung e.V. (DIN 8586) 2003, S. 11.

338 Vgl. Deutsches Institut für Normung e.V. (DIN 8593-1) 2003, S. 6.

339 Unter dem Fügen durch Einpressen wird grundsätzlich das Fügen durch ein zwischen den Fügeteilen vorhandenes Übermaß verstanden. Vgl. Feldmann et al. (2014): Handbuch Fügen, Handhaben, Montieren, S. 225f.

340 Vgl. Deutsches Institut für Normung e.V. (DIN 8590) 2003, S. 22.

341 Vgl. Deutsches Institut für Normung e.V. (DIN 8589-11) 2003, S. 12.

342 Vgl. Deutsches Institut für Normung e.V. (DIN 8589-3) 2003, S. 12.

343 Vgl. Deutsches Institut für Normung e.V. (DIN 8589-8) 2003, S. 4.

344 Vgl. Deutsches Institut für Normung e.V. (DIN 8589-9) 2003, S. 4.

345 Vgl. Deutsches Institut für Normung e.V. (DIN 8580) 2019, S. 16.

346 Vgl. Deutsches Institut für Normung e.V. (DIN 8580) 2019, S. 16.

müssen. Im Gegensatz dazu läuft der Produktionsprozess bei Hairpinstatoren weitestgehend automatisiert ohne manuelle Eingriffe ab. Einzig im Schritt ‚Verschaltelemente Montieren' sind zum Teil bei Produktionslinien mit niedriger Jahresstückzahl noch manuelle Füge- und Montagevorgänge erforderlich.

Tabelle 2-1: Prozesskettenvergleich ‚Flyerwickeln & Einziehen' und ‚Hairpinwicklung'

	Umformen DIN 8582	Trennen DIN 8588, 8589, 8590	Fügen DIN 8593	Beschichten DIN 8580
Hairpin wicklung	• **Draht Richten**: Walzrichten (DIN 8586, 2.4.2.1.2) • **Hairpin Biegen**: Freies Biegen, Gesenkbiegen, Schwenkbiegen, Rundbiegen (DIN 8586 2.4.1.1, DIN 8586 2.4.1.2, DIN 8586 2.4.2.2, DIN 8586 2.4.2.3) • **Hairpinenden Freistellen:** Biegeumformen mit geradliniger Werkzeug-bewegung (DIN 8586, 2.4.1) • **Schränken**: Biegeumformen mit drehender Werkzeug-bewegung (DIN 8586, 2.4.2)	• **Draht Ablängen / Hairpinenden Ablängen:** Zerteilen (DIN 8588) • **Draht Abisolieren:** Thermisches Abtragen durch Laserstrahl (DIN 8590 3.4.1.5.2), Schleifen (DIN 8589-11), Fräsen (DIN 8589-3), Schaben (DIN 8589-9), Bürstspanen (DIN 8589-8)	• **Hairpin Vormontage/Hairpin Fügen/Verschaltelemente Montieren**: Fügen durch Einlegen/Einsetzen (8593-1.,4.1.2); Fügen durch Einpressen (DIN 8593-3, 4.3.4 • **Kontaktieren/Verschalteleme nte Kontaktieren:** Schmelzschweißen durch Strahlung (8593-6., 4.6.2.5)	• **Hairpinenden Beschichten**: Wirbelsintern (DIN 8580, 5.4.1), Beschichten aus dem flüssigen Zustand (DIN 8580, 5.1
Flyerwickeln & Einziehen	• **Spulen Wickeln**: Wickeln mit Draht (DIN 8593-5, 4.5.1.6.) • **Wickelkopf Zwischen-formen/ Wickelkopf Komprimieren & Formen:** Gesenkformen (DIN 8583-4, 2.1.3.1)		• **Spulen Einziehen**: Fügen durch Einpressen (DIN 8593-3, 4.3.4 • **Phasenabgänge Bünden & Fixieren** (Manuell): Fügen durch Einlegen/Einsetzen (8593-1.,4.1.2) • **Phasenabgänge Kontaktieren**: Pressschweißen durch elektrischen Strom (DIN EN 14610) • **Wickelkopf Bandagieren:** Nähen (DIN 8593-9, 4.9.8)	

2.2.4 Disruption im Kontext der Elektromotorenproduktion

Nachdem die Produkttechnologie der Elektromotoren –insbesondere der Hairpinstatoren– im Kontext der Elektromobilität bereits in Abschnitt 2.1.6 als disruptiv definiert wurde, soll nun analysiert werden, ob die Produktionstechnologiekette als disruptiv einzuordnen ist. Denn disruptive Produkte können auch mit konventionellen Produktionstechnologieketten (wie beispielsweise Drehen, Fräsen, Schleifen etc.) produziert werden. Da die Produktionsprozesskette der Hairpinstatorproduktion nicht aus einem einzigen innovativen, und potenziell disruptiven Fertigungsprozess wie beispielsweise dem 3D-Drucken besteht, sondern vielmehr auf vielen bereits bekannten Fertigungsarten beruht (siehe vorheriger Abschnitt), kann diese nicht einfach als disruptiv im Sinne von CHRISTENSEN verstanden werden.[347] Vielmehr soll die Elektromotorenproduktion vor allem als disruptiv eingeordnet werden, weil sie zur Produktion des disruptiven Produktes notwendig ist. In diesem Fall teilen sich das Produkt sowie die Produktion auch die Eigenschaften einer Disruption. KASSIECH hat zur Bewertung der Disruptivität von Produkten Kriterien eingeführt, die KLEINE BÜNING genutzt hat um das Produkt ‚Elektromotor' als disruptiv zu einzuordnen.[348]

[347] Vgl. Christensen (2008): The innovator's dilemma.

[348] Vgl. Kleine Büning (2019): Informationsorientierte Prototypenplanung zur Effizienzsteigerung im Produktionsplanungsprozess, S. 26ff.; Vgl. Kassicieh et al. (2002): Factors differentiating the commercialization of disruptive and sustaining technologies, S. 375

- **Veränderung des Technologieparadigmas:** Deterministische Fertigung einzelner Hairpins, die parallel gefertigt und geprüft werden, wohingegen bei stochastischen Runddraht Fehler nicht erkannt und nachgearbeitet werden können.[349]
- **Veränderungen in Marktstrukturen:** Hairpinstatorproduktionsanlagen werden von neuen Marktteilnehmer wie Grob, Felsomat, ThyssenKrupp Systems Engineering oder Gehring erfolgreich am Markt angeboten, obwohl diese Anbieter zuvor nicht im Bereich des Anlagenbaus für Elektromotoren aktiv waren.
- **Veränderung der Technologiebasis:** Flachdraht wird umgeformt, montiert und verschweißt, anstatt, dass Runddraht gewickelt wird (Abschnitt 2.2.3)
- **Veränderung in der Lernkurve:** Die Lernkurve der Hairpinstatorproduzenten muss mit der hohen Innovationsgeschwindigkeit, der hohen Nachfrage nach Elektromotoren (insbesondere in Hairpinbauweise) und dem hohen Anspruch an die Prozessstabilität einer automobilen Großserienproduktion Schritt halten.[350] Aufgrund der Marktnachfrage ist von einer geringen Erfahrungsgrundlage und eine hohe Unbekanntheit in Bezug auf die Technologie auszugehen.
- **Veränderungen im Kundennutzen:** In Bezug Runddrahtwickelanlagen kann ein ähnlicher Kundennutzen angenommen werden (Produktion von Statoren).

Folglich ist die Hairpinstatorproduktion auch auf Basis der Kriterien zur Bewertung von Disruptionen die Hairpinstatorproduktion als disruptiv zu bezeichnen, wenngleich die Kriterien bei der Bewertung von Produktionstechnik nur eingeschränkt anwendbar sind.

2.2.5 Zwischenfazit

Die Leistungsfähigkeit von Elektromotoren mit Hinblick auf die Erfüllung der an sie gestellten Anforderungen ist stark von der Gestaltung und Leistungsfähigkeit der zugrundeliegenden Produktionsprozesse abhängig. Zusätzlich zu bekannten Prozessen aus konventionellen Verbrennungsmotoren kommen zur Produktion neue Technologien zum Einsatz, die spezifisch für die Elektromotorenproduktion entwickelt worden sind und maschinenseitig unter dem Begriff des „Sondermaschinenbaus" zu subsummieren sind. So werden beispielsweise zur Verbrennungsmotorenproduktion viele Zerspanprozesse eingesetzt, welche sich bei der Produktion von Elektrofahrzeugen um bis zu 74% verringern.[351] Insbesondere die eingesetzten Produktionstechnologien im Stator, wie die Runddrahtwickeltechnik oder die Produktionstechnologien für das Betrachtungsobjekt der Hairpinstatoren, bestimmen maßgeblich die Leistungsfähigkeit des Elektromotors. Wie auch die Produkttechnologien von Elektromotoren unterliegen auch die Produktionstechnologien dem Wandel hin zur Elektromobilität in der Automobilindustrie und müssen die Anforderungserfüllung an das Produkt ermöglichen. Vor allem die erwarteten hohen Stückzahlen bedingen einen Wandel von vormals (teil-)manuellen Verfahren hin zu vollautomatisierten Prozessen. Hierbei bietet vor allem die Produktionstechnologien des Betrachtungsobjektes der Hairpinstatoren ein hohes

[349] Vgl. Kampker et al. (2018): Herausforderung Hairpintechnologie Technologieschub für OEMs und Anlagenbauer, S. 62ff.; Vgl. Fleischer et al. (2017): Quo Vadis Wickeltechnik?, S. 13ff.; Vgl. Kampker (2014): Elektromobilproduktion, S. 235.

[350] Vgl. Kampker et al. (2017): Automotive quality requirements and process capability in the production of electric motors, S. 1ff.

[351] Vgl. Abele et al. (2009): Wandel im Pkw-Antriebsstrang, S. 12ff.

Potenzial wirtschaftlich eingesetzt zu werden. Gleichwohl wird deutlich, dass sich die verwendeten Technologien innerhalb der Produktionstechnologieketten der konventionellen Wickeltechnik und der des Betrachtungsobjektes der Hairpinstatorproduktion in ihren zugrundeliegenden Fertigungsarten unterscheiden. Die Technologiekette der Hairpinstatorproduktion weist im Gegensatz zu der konventioneller Wickeltechnik die folgenden Eigenschaften auf, wodurch sie in Anlehnung an die von REIß definierten Kriterien als komplex zu bezeichnen ist (siehe dazu die nachfolgende Abbildung 2-22).[352]

	Komplexitätsdimensionen			
	Vielzahl	Vielfalt	Vieldeutigkeit	Veränderlichkeit
Elementenkomplexität	**Größe** • Vielzahl an Teilprozessen (Abschnitt 2.2.3) und Qualitätsmerkmalen • Vielzahl an Eingangs- und Ausgangsparametern (Abschnitt 2.3.2)	**Diversität** • Unterschiedliche Prozessarten kommen in der Prozesskette zum Einsatz (siehe Tabelle 2-2)	**Freiheitsgrade** • Vielzahl an Freiheitsgraden bzgl. der Technologiealternativen (Abschnitt 2.3.2)	**Dynamik** • Starke Wachstumsraten im Kontext des disruptiven Umfeldes (siehe Abschnitt 2.1.6)

Gesteigerter Bedarf zur proaktiven Beherrschung der Komplexität

Abbildung 2-22: Analyse der Komplexität der Hairpinstatorproduktion mit Hinblick auf die Elementenkomplexität in Anlehnung an REIß

Die Analyse der Komplexität der Hairpinstatorproduktion zeigt, dass die Hairpinstatorproduktion hinsichtlich der Elementenkomplexität als komplex zu bezeichnen ist. Um eine effiziente Produktion und insbesondere einen effizienten Produktionsanlauf zu gewährleisten, bedarf es daher einer Beherrschung dieser Komplexität. Da die Komplexitätsdimensionen bereits vor der Produktion festgelegt werden (Technologiealternativen, Fragmentierung der Prozesskette, Anzahl an Eingangs- und Ausgangsparametern etc.) bedarf es einer Beherrschung der Komplexität in der frühen Phase (der Planung – also vor dem Anlagenerwerb). Nach der physischen Installation der Anlage des Betrachtungsobjektes der Hairpinstatorproduktion sind die wesentlichen Komplexitätsdimensionen festgelegt, sodass nur noch reaktiv die Komplexität beherrscht werden kann. Folglich bedarf es auch einer Möglichkeit zur proaktiven Beherrschung der Komplexität der Hairpinstatorproduktion.

Zusammenfassend ist festzustellen, dass sich die Produktionsprozesskette zur Herstellung von Hairpin-Statoren mit Hinblick auf die eingesetzten Fertigungsarten von der Produktionsprozesskette zur Herstellung gewickelter Runddrahtwicklungen deutlich unterscheidet. Die Produktionsprozesskette zur Herstellung von Hairpin-Statoren weist vor allem eine höhere Vielzahl von Teilprozessen und eine höhere Vielfalt eingesetzter Fertigungsarten auf. Zudem erfordern viele Einzelprozesse neuentwickelte Sondermaschinen. Folglich resultiert auch eine höhere Komplexität der Produktionsprozesskette. Die Hairpin-Statorproduktion ist als disruptiv einzuordnen, da sie einerseits zur Produktion eines disruptiven Produktes notwendig ist und andererseits die Kriterien zur Bewertung der Disruptivität trotz erschwerter Anwendbarkeit weitgehend erfüllt.

[352] Vgl. Reiß (1993): Komplexitätsmanagement. T. 1, S. 58. Die Analyse der Komplexität von Prozessketten der Elektromotorenproduktion ist auch in KLEINE BÜNING sowie in WESTERMEIER zu finden. Vgl. Kleine Büning (2019): Informationsorientierte Prototypenplanung zur Effizienzsteigerung im Produktionsplanungsprozess, S. 35f.; Vgl. Westermeier (2016): Qualitätsorientierte Analyse komplexer Prozessketten am Beispiel der Herstellung von Batteriezellen, S. 12f.

2.3 Qualitätsmerkmale und qualitätsrelevante Einflüsse in der Hairpinstatorproduktion

Der Fokus dieses Abschnitts liegt in der Darstellung der Einzelprozesse der Hairpinstatorproduktion und der Verfahrensalternativen der jeweiligen Teilprozessschritte. In jedem Teilprozessschritt werden die Qualitätsmerkmale und Qualitätseinflüsse systematisch aufgezeigt, um das Praxisdefizit der unbekannten und qualitätssensitiven Produktionsprozesskette herzuleiten.

2.3.1 Begriffliche Definitionen im Kontext des Qualitätsmanagements für die Hairpinstatorproduktion

Zunächst sollen notwendige Begriffe und Konzepte im Kontext des Qualitätsbegriffes sowie des Qualitätsmanagements eingeführt werden, welche diese eindeutig für diese Dissertation definieren.

Die Qualität (lateinisch: „qualitas“, Beschaffenheit) wird im allgemeinen Sprachgebrauch häufig als subjektive Einschätzung der Güte der Eigenschaften einer Sache verstanden wird und im Duden so auch mit ‚Güte' gleichgesetzt.[353] Das Verständnis der Qualität in der industriellen Praxis wurde in der DIN EN ISO 9000 standardisiert und als den „Grad, in dem ein Satz inhärenter Merkmale eines Objekts [bspw. eines Produkts] Anforderungen erfüllt“ definiert.[354] Unter einem Qualitätsmerkmal werde ebenso nach der DIN EN ISO 9000 die inhärenten Merkmale verstanden, die sich auf die Anforderung beziehen.[355] Während WESTERMEIER unter einem Qualitätsmerkmal die realisierten Merkmale eines End- oder Fertigproduktes versteht, fokussieren auch PREFI, FALK UND SCHMITT die Wahrnehmung von Qualitätsmerkmalen durch den Endkunden.[356] Demgegenüber soll in dieser Dissertation nicht nur die Qualität des Endproduktes im Vordergrund stehen. Vielmehr haben sich in der Praxis der Hairpinstatorproduktion auch Merkmale zur Charakterisierung der Zwischenprodukte etabliert, welche im Rahmen von Qualitätsprüfungen überprüft werden. So stellt eine Qualitätsprüfung eine Überprüfung der Qualität bspw. eines Produktes dahingehend dar, in welchem Maße dieses im Vorhinein spezifizierte Anforderungen (siehe Abschnitt 2.1.1) erfüllt. Die konkrete Eigenschaft oder Funktion, die durch die Prüfung erfasst wird, wird als Prüfmerkmal bezeichnet.[357] Da aber in der Praxis der Hairpinstatorproduktion Zwischenprodukte wie der ‚Hairpin' selbst oder das Blechpaket bereits als im Sprachgebrauch als eigenständige Produkte verstanden werden, sollen die an diese Zwischenprodukte gestellten Anforderungen in ihren inhärenten Merkmalen auch als Qualitätsmerkmale bezeichnet werden, welche wiederum bei Qualitätsprüfungen in Form von Prüfmerkmalen überprüft werden.

[353] Vgl. Duden Online (2020): Qualität.

[354] Vgl. Deutsches Institut für Normung e.V. (DIN EN ISO 9000) 2015, S. 39.

[355] Vgl. Deutsches Institut für Normung e.V. (DIN EN ISO 9000) 2005, S. 59.

[356] Vgl. Westermeier (2016): Qualitätsorientierte Analyse komplexer Prozessketten am Beispiel der Herstellung von Batteriezellen, S. 5ff.; Vgl. Pfeifer et al. (2014): Masing Handbuch Qualitätsmanagement, S. 386.

[357] Vgl. Verein Deutscher Ingenieure; Verband Deutscher Elektrotechniker; Deutsche Gesellschaft für Qualität (VDI/VDE/DGQ 2619) 1985, S. 3f.

Dabei kann sich eine Qualitätsprüfung sowohl auf materielle, als auch immaterielle Produkte sowie auch Tätigkeiten und Prozesse beziehen. Je nach Zielobjekt werden die Begriffe Produkt- oder Prozessprüfung verwendet.[358] Die Qualitätsprüfung bettet sich in das Qualitätsmanagement eines Unternehmens ein, wobei das Qualitätsmanagement als ein Teilbereich der Unternehmensführung, die „aufeinander abgestimmte Tätigkeiten zur Führung und Steuerung von Qualität im gesamten Unternehmen umfasst", definiert wird. Diese Tätigkeitsbereiche beinhalten das Festlegen von Qualitätspolitiken und -zielen sowie die Qualitätsplanung, Qualitätssicherung, Qualitätssteuerung und Qualitätsverbesserung.[359] Die Qualitätssicherung ist dabei ein Teil des Qualitätsmanagements und dient dazu, einen Nachweis über die Erfüllung vorgegebener Anforderungen zu erbringen, Mängel präventiv zu vermeiden sowie die Qualität der Prozesse sicherzustellen, wobei sowohl die Methoden als auch begleitende Prozesse berücksichtigt werden.[360] Die Qualitätsplanung ist der Teil des Qualitätsmanagements, das die Festlegung der Qualitätsziele und der zur Erreichung dieser Ziele notwendigen Prozesse mit ihren jeweils benötigten Ressourcen umfasst.[361] Die Qualitätsplanung ist dabei abzugrenzen von der Prüfplanung. Diese ist kein Teilbereich des Qualitätsmanagements, sondern rein auf die Planung von Qualitätsprüfungen gerichtet[362] und ist der Qualitätssicherung zuzuordnen. [363] In der industriellen Praxis wird die Prüfplanung oft gleichgesetzt mit der Planung von Produkt- und Prozessprüfungen in der Phase der Produktion[364]. Ihr Ergebnis ist der Prüfplan, der alle Informationen durchzuführender Prüfungen wie allgemeine Prüfspezifikationen, Prüfanweisungen und Prüfablaufpläne enthält.[365]

Kernelemente der Prüfplanung wie auch des Qualitätsmanagements sind die Prüfmerkmale, welche zur Vereinfachung für die vorliegende Dissertation mit Qualitätsmerkmalen gleichgesetzt werden. Abbildung 2-23 gibt einen Überblick über mögliche Qualitäts- und Prüfmerkmale in der Elektromotorenproduktion. Theoretisch sind aber so viele Qualitäts- und Prüfmerkmale möglich, wie es unterschiedliche Eigenschaften wiederum unterschiedlicher Bauteile gibt. In der industriellen Praxis können jedoch abstrakte Merkmalkategorien definiert werden, mit denen sich ein Großteil der im Anwendungskontext relevanten potenziellen Prüfmerkmale hinreichend beschreiben lässt. Im Wesentlichen basiert ein Großteil der Merkmale auf Form- und Lagetoleranzen, welche als ein Teilgebiet der geometrischen Produktspezifikation nach DIN EN ISO 1101 standardisiert und in der Kategorie ‚Geometrische Eigenschaften' zusammengefasst sind.[366] Weitere Hauptkategorien fokussieren die mechanischen Eigenschaften, geometrischen Eigenschaften, elektrischen Eigenschaften sowie Oberflächeneigenschaften unterscheiden. Darüber hinaus kann auch auf bekannte Fehlertypen und sonstige innere Merkmale geprüft werden.

---

[358] Vgl. Deutsches Institut für Normung e.V. (DIN 55350-17) 1985, S. 3.

[359] Vgl. Deutsches Institut für Normung e.V. (DIN EN ISO 9000) 2015, S. 31.

[360] Vgl. Verein Deutscher Ingenieure (VDI 2206) 2004, S. 113.

[361] Vgl. Deutsches Institut für Normung e.V. (DIN EN ISO 9000) 2005, S. 31.

[362] Vgl. Verein Deutscher Ingenieure; Verband Deutscher Elektrotechniker; Deutsche Gesellschaft für Qualität (VDI/VDE/DGQ 2619) 1985, S. 3.

[363] Vgl. Bernards (2005): Modulare Prüfplanung, S. 13.

[364] Vgl. Kukulies et al. (2013): Agile Prüfplanung, S. 33.

[365] Vgl. Verein Deutscher Ingenieure; Verband Deutscher Elektrotechniker; Deutsche Gesellschaft für Qualität (VDI/VDE/DGQ 2619) 1985, S. 3.

[366] Vgl. Deutsches Institut für Normung e.V. (DIN EN ISO 1101) 2017, S. 15.

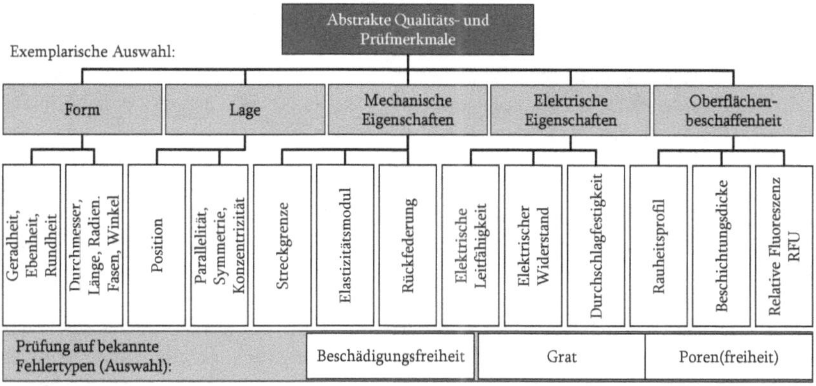

Abbildung 2-23: Auswahl relevanter Qualitäts- bzw. Prüfmerkmale in der Hairpinstatorproduktion[367]

Der Begriff ‚Qualitätseinfluss' findet in der wissenschaftlichen Forschungsliteratur keine Verbreitung und ist auch nicht in den gängigen Normen, wie der DIN EN ISO 9000, geführt. Trotzdem wird dieser in der industriellen Praxis gebraucht und subsummierend für Faktoren benutzt, die die Qualität von Zwischen- und Endprodukt beeinflussen. Darunter werden im Kontext dieser Dissertation die Entscheidung zu Verfahrens- bzw. Technologiealternativen mit Einfluss auf die Qualität, der Einfluss der Ausprägung von Prüf- bzw. Qualitätsmerkmalen aus verketteten Prozessen (siehe dazu Abschnitt 2.4.1), etwaige externe Störgrößen, Stellgrößen im Kontext der Prozessführung, wie auch relevante physikalische Effekte verstanden.

2.3.2 Qualitätsorientierte Analyse der Hairpinstatorproduktion

Ausgehend von Definition eines einheitlichen Verständnisses der relevanten Begrifflichkeiten im Kontext des Qualitätsmanagements soll im nachfolgenden Abschnitt jeder Teilprozessschritt der Hairpinstatorproduktion auf seine Zielsetzung, Technologiealternativen und Qualitätsmerkmale und -einflüsse untersucht werden.

2.3.2.1 Draht Richten

Zielsetzung: Da der Draht zum Transport auf einen Spulenkörper aufgewickelt wird, entsteht eine Vorbiegung in Richtung der Aufrollrichtung durch eine plastische Verformung des Drahtes. Ziel des ersten Prozesses ist es daher, diese Vorbiegung sowie weitere Abweichungen in der Ebenheitstoleranz zu entfernen, aber auch die mechanischen Materialeigenschaften zu homogenisieren. Diese Korrektur ist insbesondere aufgrund der nachfolgenden Prozessschritten notwendig, da die Produktionsanlagen einen ebenen Draht mit möglichst homogenen Materialeigenschaften sowie ohne Drahtbeschädigungen erfordern.

Technologiebeschreibung und -alternativen: Das Richten des Drahtes entfernt die Krümmung, indem der Draht in mehreren Richtwerkzeugen bzw. Richtrollen umgeformt wird. Der rechteckige Flachdraht muss dabei auf zwei Achsen (Höhe und Breite) begradigt wer-

[367] Eigene Darstellung. Qualitätsmerkmale in Bezug auf Form und Lage basieren auf DIN EN ISO 1101. Vgl. Deutsches Institut für Normung e.V. (DIN EN ISO 1101) 2017, S. 15.

den, sodass ein Teil der Richtwerkzeuge gegenüber den Restlichen um 90° versetzt angeordnet ist. Für den vorliegenden Fall des Korrekturbiegens von Draht ist das Walzrichten das typische Anwendungsverfahren. Nach DIN 8580 gehört es als Biegeverfahren mit drehender Werkzeugbewegung zu den Umformverfahren.[368] Das Rückbiegen einer Krümmung mit einer einzelnen, exakt definierten Rückbiegung ist in der Praxis nahezu unmöglich. Stattdessen werden durch mehrere Walzwerkzeuge mehrere Wechselbiegungen erzeugt, wobei die Krümmungsradien stetig zunehmen und somit den Draht begradigen. Durch Krafteintrag sowohl in als auch senkrecht zur Vorschubrichtung werden Abweichungen von der gewünschten Geometrie beseitigt und Spannungen gelöst. Dazu wird der Draht in einer möglichst konstanten Bewegung mit einer Geschwindigkeit von meist ca. 1-2 m/s durch eine Reihe von Richtrollen gezogen. Die beginnende Biegung muss dabei in plastischer Verformung einen größeren Krümmungsradius hervorrufen, als die größte vorhandene Krümmung im ungerichteten Werkstück.[369] Weiterhin ist es möglich, durch die die mehrfache entgegengesetzte Umformung des Drahtes durch die einzelnen Rollen die mechanischen Eigenschaften des Drahtes zu homogenisieren. So werden durch die mehrfache Umformung die Streckgrenze herabgesetzt, was auch die Rückfederung mindert.[370] Dieses Prinzip beruht auf dem Bauschinger-Effekt,[371] welcher besagt, dass nach „vorheriger plastischer Verformung durch Zugbeanspruchung die Zugstreckgrenze nicht mehr erreicht [wird].“[372]

Richtanlagen, die in der Industrie verwendet werden, sind meist modular aufgebaut. Die konstruktive Zusammenstellung für den entsprechenden Anwendungsfall der Richtanlagen hängt stark von den geometrischen und mechanischen Eigenschaften des Prozessmaterials ab. Grundsätzlich bestehen die Richtanlagen jedoch aus einer Vielzahl von Rollen mit einem Rollendurchmesser und einer Rollenteilung. Die Rollen sind angestellt, sodass der Draht zwischen den Rollen umgeformt wird. Erfahrungswerte für den Rollendurchmesser für Flachdraht aus der Hairpin-Produktion bewegen sich zwischen 20 und 35 mm. Erfahrungswerte für die Rollenteilung hingegen bewegen sich zwischen 28 und 40 mm.[373] Technologiealternativen sind vor allem im Drahtvorschub zu finden. So gibt es Systeme, die mit einer Hertz‘schen Pressung zwischen zwei Vorschubrollen arbeiten, aber auch Systeme, die mit einem Kunststoffband einen flächigen Kontakt herstellen. Weiter gibt es Greifersysteme, die den Draht in Takten greifen und so fördern.

Das Richten stellt in den meisten drahtverarbeitenden Wirtschaftsbereichen einen Standardprozess dar. Der Ausgleich der plastischen Verkrümmung, die sich während des Transports auf der Haspel bildet, ist ein typischer Anwendungsbereich des Biegerichtens.[374] Aufgrund der hohen Anforderung an die Toleranzeinhaltung im Bereich der Hairpin-Technologie und den komplexen mehrlagigen Drahtbeschichtungen, ist im Richtprozess von einer

[368] Vgl. Deutsches Institut für Normung e.V. (DIN 8580) 2019.

[369] Vgl. Siegert (2015): Blechumformung, S. 214f.

[370] Vgl. Nastran et al. (2002): Stabilisation of mechanical properties of the wire by roller straightening, S. 712.

[371] Vgl. Gui et al. (2015): The Influence of Bauschinger Effect in Straightening Process, S. 1ff.

[372] Roos et al. (2011): Werkstoffkunde für Ingenieure, S. 92.

[373] Vgl. Albert et al. (2000): "We do it straight" - Drahtrichten.

[374] Vgl. Siegert (2015): Blechumformung, S. 214.

besonderen Herausforderung bezüglich der hohen Anforderungen an die Qualitätsmerkmale auszugehen.[375]

Qualitätsmerkmale: Das Ergebnis des Richtprozesses kann mit den Qualitätsmerkmalen der Ebenheit und der Anzahl an Drahtbeschädigungen bewertet werden. Daher muss der gerichtete Draht enge Toleranzen bezüglich der Ebenheit und Querschnittsveränderungen einhalten.[376] Zur Bestimmung der Ebenheit werden zwei parallele Ebenen mit einem festgelegten Abstand (Toleranzbreite) definiert. Die betrachtete Fläche muss zur Erfüllung der geforderten Toleranz zwischen den beiden definierten Flächen liegen und darf diese nicht durchstoßen. Der Draht kann bereits als Rohmaterial Beschädigungen der Isolationsschicht wie Risse, Blasen oder mangelnde Isolationsschichtdicken ausweisen. Im Richtprozess ist allerdings wichtig, keine weiteren Beschädigungen einzubringen. Hierzu darf der minimale Krümmungsradius nicht unterschritten werden, um eine zu starke Reduktion der Schichtdicke an der Außenfaser zu verhindern. Weiterhin darf der Draht keine Helizität, also eine Verdrillung in sich, aufweisen. Wie nachfolgend angeführt, ist es möglich, die mechanischen Drahteigenschaften durch den Richtprozess zu beeinflussen. Folglich ist auch die Konstanz dieser Parameter, wie der Zugspannung, Streckgrenze oder Rückfederung, ein Qualitätsmerkmal.

Kategorie	Relevante Merkmale (Auszug)	Übliche Intervalle
Geometrische Eigenschaften	Ebenheit	0 – 5 mm /m Länge
	Drahtdicke und -breite	0,5 – 4,5 mm pro Achse
	Kantenradius	0,5 x Nenndicke – 1 mm
	Helizität	0° - 25 °/m
Materialeigenschaften	Elastizitätsmodul E	70 – 120 GPa
	Streckgrenze $R_{p0,2}$	90 – 110 MPa
	Zugfestigkeit R_m	200 – 350 MPa
	Rückfederung	2,5 – 5 °
Beschichtungseigenschaften	Isolationsschichtdicken	50 – 400 µm
	Anzahl an Drahtbeschädigungen	3 – 40 je 30 m
	Reibkoeffizient	0,1 – 0,3

Abbildung 2-24: Auszug relevanter Qualitätsmerkmale des Drahtes vor und nach dem Richtprozess[377]

Qualitätseinflüsse: Insbesondere Schwankungen in der Eingangsqualität des zugekauften Drahtes, sind als Qualitätseinflüsse auf das spätere Richtergebnis in Form der Ebenheit zu berücksichtigen. In der Praxis unterliegt die Rohdrahtqualität Schwankungen in den geometrischen Eigenschaften wie Formtoleranzen, Schichtdickentoleranz, Kantenrundungen und Helizität sowie in den mechanischen Eigenschaften wie Zugspannung, Streckgrenze, Rückfederung, welche alle Einfluss auf das Prozessergebnis haben können.[378] Die genannten

[375] Vgl. Wirth et al. (2019 - 2019): Influence of Wire Tolerances on Hairpin Shaping Processes, S. 7.

[376] Ebd., S. 1.

[377] Eigene Darstellung. Die dargestellten Intervalle beruhen auf Erfahrungen aus dem Bereich des Prototyping des Autos sowie aus relevanten Normen. Vgl. Deutsches Institut für Normung e.V. (DIN EN 60317-0-8) 2014.; Vgl. Deutsches Kupfer-Institut e.V. (2000): Kupfer in der Elektrotechnik.

[378] Vgl. Nastran et al. (2002): Stabilisation of mechanical properties of the wire by roller straightening, S. 711; Vgl. Feinwerktechnik Otto Harrandt GmbH (2020): Unternehmensbroschüre: Höchste Präzision für Ihre Qualitätssicherung, S. 6ff.; Vgl. Witels-Albert GmbH (2020): Helizität; Vgl. Komodromos et al. (2017): Development of forming and product properties of copper wire in a linear coil winding process, S. 1ff.

Qualitätseinflüsse können sowohl zwischen verschiedenen Chargen, als auch innerhalb eines Coils stark schwanken.[379] Nach WIRTH UND FLEISCHER gibt es zwei Ansatzpunkte, um die Qualität des Eingangsmaterials für den Biegeprozess und folglich die Qualität des Richtprozesses zu optimieren. Zunächst kann die Qualität des verwendeten Rohmaterials erhöht werden. Dafür müssen Toleranzgrenzen für Material- und geometrische Eigenschaften des Drahtes enger definiert werden. Eine Verkleinerung des Toleranzfeldes hat allerdings steigende Materialkosten zur Folge. Alternativ kann die Robustheit des Richtprozesses oder auch des Biegeprozesess verbessert werden. Dazu müssen während des Prozesses wichtige Informationen wie die Hairpin-Kontur (direkte Prozesssteuerung) und Prozessparameter wie die aufgebrachte Biegekraft und -moment (indirekte Prozesssteuerung) entweder kontinuierlich oder zyklisch rückgemeldet werden. Mit einer Steuerlogik kann aus diesen Daten eine Anpassung der Formgebung generiert werden, die anschließend in den Prozess integriert wird.[380] Aber nicht nur der Richtprozess selbst hat Auswirkungen auf des Ergebnis, sondern auch die umgebenden Teilprozesse haben ebenfalls eine Auswirkung auf das Richtverhalten. So müssen auch der Abhaspelprozess, der Drahtvorschub und dementsprechend der Drahtzug kontrolliert werden.

2.3.2.2 Draht Abisolieren

Ziel: Damit im nachfolgenden Prozessschritt des Kontaktierens der Kupferenden eine stabile Schweißverbindung entstehen und unerwünschten Schweißspritzer durch verdampfendes Isolationsmaterial verhindert werden können, muss die Drahtbeschichtung bzw. Isolation selektiv auf allen Seiten des Drahtes im Bereich der späteren Kontaktierung entfernt bzw. abisoliert werden.[381]

Beschreibung: Die abisolierten Drahtabschnitte werden im nachfolgenden Ablängprozess mittig geteilt, sodass die doppelte Länge abzuisolieren ist, die für ein einzelnes Hairpin-Bein eigentlich benötigt wird. Die Verfahren für den Vorgang der Isolationsschichtentfernung sind in thermische, laserbasierte, in mechanische und in chemische Fertigungsverfahren zu unterteilen.[382] Im Bereich des laserbasierten Abisolierens gibt es zwei Wirkprinzipien, die für die Abisolation nutzbar sind.[383] Für beide Wirkprinzipien wird eine Laserquelle sowie ein Scanner verwendet, sodass eine schnelle Strahlbewegung ermöglicht wird. In Systemen für die Großserienproduktion können bis zu 4 Scanner verwendet werden, um von allen Seiten den Draht gleichzeitig abzuisolieren.[384]

Technologiealternativen: Das erste Wirkprinzip, das den thermischen, laserbasierten Technologiealternativen zuzurechnen ist, verwendet einen CO2-Laser, bei dessen Wellenlänge

---

[379] Vgl. Balic et al. (2002): An on-line predictive system for steel wire straightening using genetic programming, S. 560, Vgl. Wirth et al. (2019): Einfluss geometrischer Materialtoleranzen auf die werkzeuggebundene Formgebung und Eigenschaften von Hairpin-Steckspulen, S. 15.

[380] Vgl. Wirth et al. (2019 - 2019): Influence of Wire Tolerances on Hairpin Shaping Processes, S. 7.

[381] Vgl. Riedel et al. (2018): Challenges of the Hairpin Technology for Production Techniques, S. 2472; Vgl. Gläßel et al. (2017): Challenges in the manufacturing of hairpin windings and application opportunities of infrared lasers for the contacting process, S. 4.

[382] Vgl. Gläßel (2020): Prozessketten zum Laserstrahlschweißen von flachleiterbasierten Formspulenwicklungen für automobile Traktionsantriebe, S. 69.

[383] Ebd., S. 60f.

[384] Vgl. Beranek (2020): Lasertechnologien in der Elektromotorenproduktion, S. 1ff.

(*10.600 nm)* alle verschiedenen Drahtbeschichtungen eine hohe Absorption aufweisen.[385] Mit mehreren Überfahrten mit dem CO2-Laser bei vergleichsweise hohe Abtragsraten absorbiert die Beschichtung das Laserlicht und verbrennt, was durch eine Flamme sichtbar ist. Der Nachteil dieses Verfahrens ist, dass eine dünne, transparente Lack-Restschicht auf der Oberfläche verbleibt.[386] In der Praxis kann diese Restschicht entweder in Kauf genommen werden oder eine Verfahrenskombination mit dem zweiten Wirkprinzip verwendet werden.[387] Das zweite Wirkprinzip, das für die Abisolation der Drahtbeschichtung mittels Laserverfahren zum Tragen kommt, basiert auf dem Einsatz von gepulster Laserstrahlung. Dieser bearbeitet die Oberfläche des Polymerlacks des Drahtes mit Impulsen im Nanosekundenbereich. Die in den kurzen Pulsen übertragene Energie führt zu einer starken Erhitzung und einer Auflösung der Lackschicht mit Verdampfungscharakteristik statt der einer Verbrennung. Dies resultiert auch daher, dass die entstandene Dampffahne das Laserlicht besser absorbiert als das eigentliche Material.[388] Nachdem Teile der Isolation bereits verdampft sind, absorbiert die entstandene Dampffahne sowie das Leitermaterial Teile der Laserenergie, wodurch in der thermisch bedingten Ausdehnung des Materials die übrigen Verbrennungsrückstände quasi abgesprengt (Delamination) werden.[389] Durch die Verwendung von selektiv arbeitenden Kurzpulslaser ist eine Abisolation ohne starke thermische und mechanische Belastung des Leitermaterials möglich. Durch die Einstellung des optischen Lasersetups ist ein rechteckiger Laserspot darstellbar, wodurch die Pulse nebeneinandergesetzt werden können, anstatt überlappend wie bei normalen, runden Spots, sodass die Taktzeiten reduziert werden können. In der Industrie sind Lasersysteme mit verschiedenen Strahlquellen verfügbar. Einige Hersteller bieten auch zwei verschiedene Strahlquellen in einem System an, um beide zuvor beschriebenen Wirkprinzipien des ‚Abbrennens' und der ‚Delamination' zu nutzen. GLÄSSEL schlussfolgert, *„dass durch Laserprozesse die Isolation von rechteckigen Kupferleitern mit ausreichenden Abtragsqualitäten entfernt werden kann.*"[390] Neben den thermischen Verfahren zum Abisolieren sind auch mechanische Verfahren am Markt etabliert: So können Schleifen (DIN 8589-11),[391] Fräsen (DIN 8589-3),[392] Bürstspanen (DIN 8589-8)[393] sowie Schaben (DIN 85899-9)[394] verwendet werden.[395] Alle Verfahren eignen sich, die Isolation zu entfernen, allerdings besteht bei den mechanischen Verfahren das Risiko, dass durch Schwankungen der Isolationsschichtdicke es zu Beschädigungen oder zur Abtragung des Leitermaterials oder einer unvollständige Abisolation kommen kann. Auch chemische

---

385 Vgl. Gläßel (2020): Prozessketten zum Laserstrahlschweißen von flachleiterbasierten Formspulenwicklungen für automobile Traktionsantriebe, S. 60f.

386 Vgl. Davies et al. (2015): Developments in High Speed, High Quality, Precision Laser Stripping of Enamel Wire for Coil Winding Manufacturing Applications, S. 31ff.

387 Vgl. Prozessfabrik Berger GmbH (2020): Abisolieren von Kupferlackdraht / Laserentlacken von Kupferdraht.

388 Vgl. Barrera Calderon (2005): Oberflächenmodifizierung und -analytik von Polyimid, S. 14f.

389 Vgl. Thomas et al. Laser removal of layer or coating from a substrate.

390 Gläßel (2020): Prozessketten zum Laserstrahlschweißen von flachleiterbasierten Formspulenwicklungen für automobile Traktionsantriebe, S. 63.

391 Vgl. Deutsches Institut für Normung e.V. (DIN 8589-11) 2003, S. 12.

392 Vgl. Deutsches Institut für Normung e.V. (DIN 8589-3) 2003, S. 12.

393 Vgl. Deutsches Institut für Normung e.V. (DIN 8589-8) 2003, S. 4.

394 Vgl. Deutsches Institut für Normung e.V. (DIN 8589-9) 2003, S. 4.

395 Vgl. Gläßel (2020): Prozessketten zum Laserstrahlschweißen von flachleiterbasierten Formspulenwicklungen für automobile Traktionsantriebe, S. 29.

Verfahren eignen sich zur Abisolation. Diese werden aufgrund der langen Prozesszeiten und den umwelt- und gesundheitsgefährdenden Lösemitteln nur für Prototypenanwendungen eingesetzt. Das thermische, laserbasierte sowie das mechanische Abisolieren kann maschinenintegriert in der Hairpinbiegeanlage erfolgen.

Qualitätsmerkmale: Das relevanteste Qualitätsmerkmal ist die Reinheit der Oberfläche bzw. die Freiheit von Isolationsrückständen. Hierzu kann die Restschichtdicke der Rückstände mittels einer Fluoreszenzmessung ermittelt werden, wobei ein Fluoreszenzwert (RFU) angegeben wird, der nicht auf SI-Basiseinheiten zurückführbar ist. Je niedriger der Wert, desto geringer ist die verbleibende Isolationsschichtdicke.[396] Weitere relevante Qualitätsmerkmale sind die Beschädigungsfreiheit der Oberfläche des Leiters, die Beschädigungsfreiheit der Isolation in Bereichen, die nicht abisoliert werden sollen sowie die Lagetoleranz des abisolierten Bereiches.[397]

Qualitätseinflüsse: Direkte Einflüsse auf das Prozessergebnis sind die Parameter des Laserabisolierens sowie die Abisolierstrategie bzw. die Prozessführung. Hierbei sind die korrekte Auswahl und Parametrierung von Strahlquelle, Anzahl und Positionierung der Scanner, Laserleistung, Pulsdauer, Frequenz, Vorschub und der Abstand in Abhängigkeit vom Isolationsmaterial sowie der (schwankenden) Schichtdicke zu nennen.[398] Für die stark heterogenen mechanischen Abisolationsverfahren ist vor allem das Werkzeugmaterial sowie die Werkzeugstandzeit relevant.

2.3.2.3 Draht Ablängen

Ziel: Im Gegensatz zu gewickelten Spulen wird bei der Hairpinwicklung kein kontinuierlicher Draht verwendet. Folglich muss das gerichtete Rohmaterial in Drahtabschnitte gemäß der geforderten Hairpin-Geometrie getrennt bzw. vereinzelt werden. Um den Montageprozess zu erleichtern, kann der Draht nach dem Schneiden noch angefast werden, sodass der Draht in den nachfolgenden Schritten weder die Nutisolation oder die Drahtisolation der umliegenden Drähte beschädigt, noch sich in der Nut verkeilt.

Beschreibung: Das dazu eingesetzte Scherschneideverfahren gehört als eine von mehreren Unterkategorien zu den zerteilenden Fertigungsverfahren nach DIN 8588. Kennzeichnend für dieses Verfahren ist die Scherbewegung des Schneidstempels an der Schneidplatte vorbei. Im Falle der Hairpinproduktion wird der Kupferdraht mithilfe einer Vorschubeinrichtung (meist der Vorschub aus dem Prozess ‚Draht Richten') bis zur benötigten Länge zwischen Schneidstempel und -platte bewegt. Durch die konzentriert an der Stirnseite des

[396] Vgl. Gläßel et al. (2017): Challenges in the manufacturing of hairpin windings and application opportunities of infrared lasers for the contacting process, S. 1ff.

[397] Vgl. Kampker et al. (2018): Ex-Ante Process-FMEA for Hairpin Stator Production by Early Prototypical Production Concepts, S. 7; Vgl. Kampker et al. (2019): Produktionsprozess eines Hairpin-Stators, S. 5; Vgl. Gläßel (2020): Prozessketten zum Laserstrahlschweißen von flachleiterbasierten Formspulenwicklungen für automobile Traktionsantriebe, S. 46.

[398] Vgl. Kampker et al. (2019): Produktionsprozess eines Hairpin-Stators, S. 5; Vgl. Kampker et al. (2018): Ex-Ante Process-FMEA for Hairpin Stator Production by Early Prototypical Production Concepts, S. 7; Vgl. Gläßel (2020): Prozessketten zum Laserstrahlschweißen von flachleiterbasierten Formspulenwicklungen für automobile Traktionsantriebe, S. 64ff.

Schneidstempels aufgebrachte Kraft tritt nach der elastischen und plastischen Verformung eine plastische Strömung auf, die schließlich in der Rissbildung mündet.[399]

Technologiealternativen: Das Schneiden gehört nach DIN 8588 zur Gruppe der zerteilenden Fertigungsverfahren, welche in die Unterkategorien des Scherschneidens, Spaltens, Reißens, Messerschneidens und Beißschneidens aufgeteilt werden können.[400] Grundsätzlich sind alle Technologiealternativen geeignet, allerdings neigen einige Verfahren zu stärkerer Gratbildung. Auch die Notwendigkeit und Art einer eingebrachten Fase, die die Form einer Pyramide oder eine abgeflachten Pyramide haben kann, ist von Bedeutung für die Technologieauswahl.[401] Aufgrund dieser Anforderungen spielen die Verfahren ‚Spalten, Reißen, Messerschneiden und Beißschneiden' in der metallverarbeitenden Industrie nur eine untergeordnete Rolle und der Fokus liegt vor allem auf dem Scherschneiden.[402] Daneben wird aber auch das Reißen von einigen Maschine- und Anlagenbauern für die Elektromotorenindustrie wegen des geringen Grates eingesetzt. Das Ablängen kann maschinenintegriert in der Hairpinbiegeanlage erfolgen.

Qualitätsmerkmale: Die wesentlichen Qualitätsmerkmale für den betrachteten Prozessschritt sind ein geringer Schnittgrat, eine geringe Deformation des Querschnitts (Formtoleranz) sowie die Lage des Schnittes (Lagetoleranz).[403] Dabei gilt es laut RIEDEL ET. al den Draht so schnell wie möglich zu schneiden, ohne den Draht zu verformen oder einen Grat zu erzeugen.[404]

Qualitätseinflüsse: Haupteinflussfaktoren auf den Schneidprozess sind neben der grundsätzlichen Technologieauswahl die Schnittgeschwindigkeit und das Verhältnis von Schneidspalt zu Materialdicke.[405] Gerade eine hohe Schnittgeschwindigkeit trägt dazu bei, Gratbildung durch Fließen des Werkstoffs und Deformationen durch Kanteneinzüge gering zu halten. Übersteigt die Belastung jedoch das Umformvermögen des Werkstoffs zu sehr, kann dies zu unerwünschten Bruchflächen führen. Weiterhin unterliegen die Schneidwerkzeuge einem Verschleiß, welcher zu erhöhter Gratbildung führen kann, sodass die Werkzeugstandzeit als weiterer Einfluss aufgenommen und kontrolliert werden muss.[406]

2.3.2.4 Hairpin Biegen

Ziel: Ausgehend von einem biegesteifen, teilweise abisolierten Kupferstab ist das Ziel des Prozessschrittes ‚Hairpin Biegen' durch eine plastische Formveränderung die charakteristische "U"-Form zu biegen, so dass zwei Beine und eine Endwicklung entstehen (Hairpin). Mit

---

[399] Vgl. Klocke (2017): Umformen, S. 489f.

[400] Vgl. Deutsches Institut für Normung e.V. (DIN 8580) 2019, S. 14.

[401] Vgl. Sell-Le Blanc (2020): Applikationsspezifischer Vergleich konkurrierender Runddraht- und Profildraht-Wickelverfahren.

[402] Vgl. Klocke (2017): Umformen, S. 488.

[403] Vgl. Kampker et al. (2019): Produktionsprozess eines Hairpin-Stators, S. 6; Vgl. Kampker et al. (2018): Ex-Ante Process-FMEA for Hairpin Stator Production by Early Prototypical Production Concepts, S. 7.

[404] Vgl. Riedel et al. (2018): Challenges of the Hairpin Technology for Production Techniques, S. 2474.

[405] Vgl. Kampker et al. (2019): Produktionsprozess eines Hairpin-Stators, S. 6.

[406] Vgl. Klocke (2017): Umformen, S. 496; Ebd., S. 510.

den versetzen Hairpinbeinen werden die verschiedenen Lagen der Wicklung im Stator miteinander verbunden. Ermöglicht wird dies durch die dreidimensionale Form der Hairpins, die das Ergebnis eines ein- oder mehrstufigen Umformungsprozesses sind.

Beschreibung: Um die Hairpins in ihre charakteristische Form zu bringen, sind in der industriellen Praxis verschiedene Verfahrensalternativen und -kombinationen möglich, welche stark abhängig von der Wickelkopfgestaltung und dem geplanten Produktionsszenario (Varianz der Hairpins und geplanter Stückzahl) sind. Insbesondere muss die Verfahrensalternativ und -kombination auch vor dem Hintergrund der Taktzeitkonformität, Skalier- und Parallelisierbarkeit sowie Prozessstabilität ausgewählt werden.[407] Die Heterogenität der Anwendungsprofile hat daher zu einer fehlenden Technologiedominanz im Markt geführt.

Die eingesetzten zwei- und dreidimensionalen Biegeverfahren sind nach DIN 8580 dem Umformen zuzuordnen. Nach der DIN 8586 ist das Biegen als das „*Umformen eines festen Körpers, wobei der plastische Zustand im Wesentlichen durch eine Biegebeanspruchung herbeigeführt wird*“, definiert.[408] Es ist bzgl. seiner geometrischen Wirkung dadurch gekennzeichnet, dass das zu bearbeitende Werkstück nach dem Prozess eine Krümmung aufweist. Hierbei ist darauf zu achten, dass eine unerwünschte Querschnittsänderung oder Dickenänderungen des Werkstückes vermieden wird.[409] Eine Vielzahl von verschiedenen Biegeverfahren eröffnen ein breites Anwendungsspektrum. Primär können die Verfahren in ‚Umformen mit gradliniger Werkzeugbewegung' (Freies Biegen, Gesenkbiegen, Gleitziehbiegen, Rollbiegen und Knickbiegen) sowie in ‚Umformen mit drehender Werkzeugbewegung' unterschieden werden (Walzbiegen, Schwenkbiegen, Rundbiegen und Umlaufbiegen).[410] Sie unterscheiden sich im Bewegungsablauf des Werkzeuges, in der Relativbewegung der Werkzeuge zueinander sowie in der Form des Biegewerkzeuges.[411]

Technologiealternativen: Wie bereits eingangs beschrieben besteht der Hairpin aus einer zweidimensionalen Biegung in die charakteristische U-Form. Sowie aus einer Biegung, die orthogonal zu der U-Form in die Tiefe erfolgt. Diese Biegung folgt dem Durchmesser der Lage, in der sich die Hairpinenden befinden. In der Praxis erfolgt die zweidimensionale Biegung dabei meist durch Schwenkbiege- oder Rundbiegeverfahren, während die dreidimensionale Formgebung durch Freies Biegen oder Gesenkbiegen erreicht wird. Eine Integration der Prozesse in eine Anlage wird durch die Kombination der benannten Biegeverfahren in einer Maschine flexibel möglich, weshalb diese aufgrund ihrer freien Programmierung in der industriellen Praxis oftmals mit „CNC-Biegen“ bezeichnet wird. Diese flexiblen CNC-Biegeanlagen beruhen meist auf modifizierten Schenkelfederbiegemaschinen.[412] Die Verfahren werden im Folgenden kurz näher beschrieben.

[407] Vgl. Kampker et al. (2018): Herausforderung Hairpintechnologie Technologieschub für OEMs und Anlagenbauer, S. 65.

[408] Vgl. Deutsches Institut für Normung e.V. (DIN 8586) 2003, S. 3; Vgl. Chatti et al. (2012): Biegeumformen, S. 573.

[409] Ebd., S. 574.

[410] Vgl. Deutsches Institut für Normung e.V. (DIN 8586) 2003, S. 4ff.

[411] Vgl. Zünkler (1965): Untersuchung des überelastischen Blechbiegens, von einem einfachen Ansatz ausgehend, S. 503ff.

[412] Vgl. Wafios AG (2020): Hairpin- und Statoranschlussbaugruppenbiegemaschinen.

Beim Schwenkbiegen wird das Werkstück zwischen Ober- und Unterwange eingespannt. Die zu biegenden Hairpinenden werden durch ein Umschwenken der Biegewange über ein Biegewerkzeug umgeformt. Der Biegewinkel muss entsprechend zuzüglicher Rückfederung gewählt werden. Der Abstand der Biegewangen zueinander ist dabei entscheidend für den Biegeradius. Beim Gesenkbiegen hingegen, wird das Werkstück zwischen Biegestempel und Biegegesenk eingelegt. Mit Beginn des Prozesses senkt sich der Stempel ab, bis dieser an das Biegegesenk anliegt. Das Werkstück wird dementsprechend zusammengepresst und nimmt dabei die gewünschte Form an. Der Verfahrensteil zwischen dem Aufsetzen des Stempels auf dem Werkzeug und dem Kontakt der Schenkel des Biegestücks mit den Gesenkwänden, ist dem Freien Biegen zuzurechnen. Im darauffolgenden Nachformen passt sich das Werkstück der Werkzeuggeometrie plastisch an und erhält dabei seine finale Form. Das Freie Biegen zeichnet sich dadurch aus, dass die Verformung ausschließlich über die Kraft- bzw. Momentübertragung erfolgt und somit unabhängig von der Werkzeuggeometrie ist.[413] Unter Einsatz von Klemmbacken, Stempeln und Auflageflächen sind verschiedene Verfahrenskombinationen zur Biegung des Werkstückes möglich.[414] Eine Möglichkeit das Freie Biegen einzusetzen, ist den Hairpin zunächst in die zwei dimensionale charakteristische U-Form zu biegen und die Hairpinenden danach zu fixieren und auseinander zu ziehen, sodass die Biegung in die dritte Dimension entsteht. Im Gegensatz zur Verwendung eines Gesenks steht der Draht am sogenannten „Endturn, also an der Spitze der charakteristischen U-Form, der Draht um 90 Grad radial nach außen verdreht, was einen höheren Wickelkopf bedingt.[415] Wie bereits in Abschnitt 2.1.4 dargelegt, wirkt sich ein größerer Wickelkopf negativ auf die Produkteffizienz aus, sodass diese Verfahrenskombination nicht für elektrische Traktionsantriebe eingesetzt wird. Der Begriff „CNC“[416] beschreibt die elektronische Steuerung von Werkzeugmaschinen. Wie zuvor beschrieben, soll der Begriff ‚CNC-Biegen' für flexible, CNC gesteuerte Biegemaschinen verwendet werden, die über eine Vielzahl von flexiblen Achsen und Werkzeugen in der Lage, sind Hairpinformen ohne Werkzeugwechsel zu biegen. Diese Maschinen können mehrere Werkzeuge kombinieren, die seriell und parallel auf mehreren Achsen beweglich sind. CNC-Biegemaschinen können die bereits vorangegangen Biegeverfahren kombiniert einsetzen. Damit können flexibel verschiedenste Werkstücke automatisch hergestellt werden sowie mehrere Biegeumformungen zeitgleich ablaufen.

Qualitätsmerkmale: Wie bei allen umformenden Verfahren sind die Einhaltung von Form- und Winkeltoleranzen in der Produktion von Hairpins essenzielle Qualitätsmerkmale, die es zu erfüllen gilt.[417] Diese sind kritisch für die anschließende Montage der Hairpins und die Einhaltung des notwendigen Abstandes der Drähte zueinander im Wickelkopf. Bei Nicht-Einhaltung der Toleranzen ist eine Montage der Hairpins und somit alle weiteren Prozessschritte nicht durchführbar. Des Weiteren ist zu beachten, dass der Drahtquerschnitt sich bereits bei niedrigen Zugkräften verkleinert, was Auswirkungen auf den Widerstand des Leiters hat. Aus der zugrunde liegenden Korrelation zwischen aufgewendeter Kraft und

413 Vgl. Doege et al. (2010): Handbuch Umformtechnik, S. 368ff.

414 Vgl. Klocke (2017): Umformen, S. 429ff.

415 Vgl. Pushev et al. (2016): Advanced Conductor Shape Technology, S. 3ff.

416 Englisch: Computerized Numerical Control

417 Vgl. Kampker et al. (2019): Produktionsprozess eines Hairpin-Stators, S. 7.

Ohm'schen Widerstand folgt, dass es insbesondere für Drähte mit kleinem Querschnitt entscheidend ist, die Reduzierung der Querschnittsfläche zu verhindern.[418] Auch hat der Umformungsvorgang selbst einen direkten Einfluss auf die elektrische Leitfähigkeit des Materials.[419]

Der Umformungsprozess stellt auch eine besondere Gefahr für die Beschädigungsfreiheit der Isolationsschicht dar, da beim Biegen eine Relativbewegung zwischen Draht und Werkzeug unter Krafteinwirkung vorliegt. Eine Beschädigung hätte einen Kurzschluss im späteren Betrieb und damit einen Ausfall des Stators zur Folge. Die Beschädigungsfreiheit der Isolationsschicht ist daher als weiteres kritisches Qualitätsmerkmal anzusehen.[420] Die Qualitätsanforderungen müssen trotz Variantenflexibilität, Werkzeugverschleiß und Materialschwankungen in der Produktion eines Hairpins eingehalten werden.[421] In Bezug auf das Biegen eines Hairpin stellen insbesondere die kleinen Biegeradien, bei gleichzeitiger Unversehrtheit der Isolationsschicht und hohen Taktzeiten, eine Herausforderung dar.[422]

Qualitätseinflüsse: Der Umformprozess wird von Materialeigenschaften wie dem E-Modul, der Streckgrenze und der Rückfederung, wie auch vom Werkzeug und der Prozessführung beeinflusst. So müssen beispielsweise die Umformdauer, -geschwindigkeit und -kraft entsprechend der Materialeigenschaften eingestellt werden, um einen zuverlässigen Biegeprozess zu erhalten. Die Einhaltung der Formtoleranzen nach den Biegeprozessen der Hairpins wird daher neben prozessseitigen Abweichungen (z.B. Vibration und Werkzeugversatz) durch Schwankungen der Geometrie- und Materialeigenschaften des Kupferdrahtes beeinflusst. Diese treten bei Material von verschiedenen Herstellern oder Chargen auf und entstehen durch unterschiedliche Produktionstechniken beim Ziehen, Walzen, Glühen, Beschichten und Extrudieren des Drahtes. WIRTH ET AL. stellen fest, dass die Prozessstabilität der Formgebung von Hairpin-Steckspulen nach aktuellem Stand der Technik maßgeblich durch Schwankungen des Ausgangsmaterials beeinflusst wird.[423]

Diese sind zunächst in geometrische Materialtoleranzen und in mechanische Materialeigenschaften zu unterteilen. Zu den geometrischen Materialtoleranzen sind Abweichungen im Querschnitt, in der Ebenheit und Helizität zu verstehen, welche aus dem Rohmaterial und den vorausgegangenen Prozessen resultieren können. Die mechanischen Materialeigenschaften resultieren neben Schwankungen im Reibkoeffizienten vor allem in der für den Biegeprozess kritischen Qualitätseinfluss der Rückfederung des Kupferdrahtes. Die Rückfederung resultiert daher, dass Dehnungen und Stauchungen in der Biegezone durch Werk-

[418] Vgl. Komodromos et al. (2017): Development of forming and product properties of copper wire in a linear coil winding process, S. 6.

[419] Vgl. Hofmann et al. (2018): Werkstoffe in der Elektrotechnik, S. 136.

[420] Vgl. Weigelt et al. (2017): Potentials of an explicit finite element analysis of the bending processes for coated copper wires, S. 5.

[421] Vgl. Kampker et al. (2019): Produktionsprozess eines Hairpin-Stators, S. 7; Vgl. Gläßel (2020): Prozessketten zum Laserstrahlschweißen von flachleiterbasierten Formspulenwicklungen für automobile Traktionsantriebe, S. 46.

[422] Vgl. Weigelt et al. (2017): Potentials of an explicit finite element analysis of the bending processes for coated copper wires, S. 1.

[423] Vgl. Wirth et al. (2019): Einfluss geometrischer Materialtoleranzen auf die werkzeuggebundene Formgebung und Eigenschaften von Hairpin-Steckspulen, S. 6.

stoffverschiebungen ausgeglichen werden müssen, wodurch Spannungen im Material entstehen. Nach dem Biegevorgang bleiben plastische Formänderung bestehen und die Spannungen der elastischen Verformung werden wieder freigesetzt, was eine Rückfederung der gebogenen Schenkel bewirkt. Für den Prozess ist aber nicht die Rückfederung an sich kritisch, sondern vielmehr die Schwankungen des Rückfederungsverhaltens des Rohmaterials. So sind die entsprechenden Biegemaschinen beispielsweise auf einen konstant hohen Wert der Rückfederung einzustellen. Direkte Einflussfaktoren auf das Rückfederungsverhalten wiederum sind die Zugfestigkeit und die Streckgrenze bzw. vor allem die 0,2-%-Dehngrenze oder Elastizitätsgrenze ($R_{p0,2}$), welche alle signifikant durch den vorherigen Prozessschritt des Richtens beeinflusst wird.[424] Auch hier beeinflussen nicht nur die absoluten Werte der genannten Größen das Rückfederungsverhalten und somit den Prozess, auch die Schwankungen und Abweichungen vom Sollmaß dieser Größen sind entscheiden für die Prozessstabilität der Biegeprozesse. Mit FE-Simulationen lässt sich das komplexe Formgebungsverhalten des Drahtes darstellen, was eine erhebliche Unterstützung des Anlaufs zu einem stabilen und zuverlässigen Prozess hin darstellt, da dessen zeitlicher und finanzieller Aufwand reduziert werden kann.[425] Wie eingangs aufgeführt, beeinflusst auch das Pendant des Werkstücks, das Werkzeug, den Prozess maßgeblich. Die Geometrie, der Werkstoff, die Beschichtung bzw. Topografie und der Verschleiß über die Zeit sind an dieser Stelle zu nennen.

2.3.2.5 Hairpin Vormontage

Ziel: Je nach Anordnungsschema erschweren Hinterschnitte im Wickelkopf die direkte und sequenzielle Montage der Hairpins in das Blechpacket. Die Bewegungsfreiheit für Montageoperationen wird zusätzlich durch die Überdeckung der Hairpins eingeschränkt. Eine statorexterne Vormontage der Hairpins in einem Werkstückträger zu sogenannten Hairpinkörben vereinfacht den Montageprozess erheblich und ermöglicht komplexere Wickelschemata.[426]

Beschreibung: Die erforderlichen Werkstückbewegungen sind nach DIN 8593-1 den Fügefertigungsverfahren und nach VDI 2860 den Montageverfahren zuzuordnen.[427] Mithilfe einer Montageeinrichtung werden die Hairpins zunächst in den Werkstückträger oder in eine Übergabevorrichtung eingesetzt und danach radial zugestellt. Die richtige Anordnung der Hairpins entsprechend des Wickelschemas muss dabei zwingend beachtet werden.[428] Zur Vormontage können die Hairpins eingedreht, radial zugestellt und umgesetzt werden.[429] Pro konstruierter Montagevorrichtung kann immer nur ein Wickelschema realisiert werden. Deshalb gehen mit der maschinellen Vormontage komplexe Sondermaschinen und -vorrichtungen sowie eine geringe Variantenflexibilität einher.

[424] Vgl. Nastran et al. (2002): Stabilisation of mechanical properties of the wire by roller straightening, S. 712f.

[425] Vgl. Wirth et al. (2018): FE-Based Simulation of Hairpin Shaping Processes for Traction Drives, S. 2.

[426] Vgl. Kampker et al. (2018): Ex-Ante Process-FMEA for Hairpin Stator Production by Early Prototypical Production Concepts, S. 3; Vgl. Kampker et al. (2019): Produktionsprozess eines Hairpin-Stators, S. 10.

[427] Vgl. Deutsches Institut für Normung e.V. (DIN 8593-1) 2003, S. 3; Vgl. Lotter et al. (2006): Montage in der industriellen Produktion, S. 2; Anmerkung zu VDI 2860: Die Richtlinie ist seit 06/2016 zurückgezogen.

[428] Vgl. Riedel et al. (2018): Challenges of the Hairpin Technology for Production Techniques, S. 2474.

[429] Vgl. Kampker et al. (2019): Produktionsprozess eines Hairpin-Stators, S. 10.

Technologiealternativen: Neben der automatisierten Vormontage durch Roboter, können in Kleinserien Hairpins noch manuell montiert werden. Eine weitere, vom Wickelschema abhängige Alternative ist die direkte Montage in das Statorblechpaket.

Qualitätsmerkmale: Während der Vormontage dürfen die Leiterisolationen nicht beschädigt und die Hairpins nicht deformiert werden. Auch muss sichergestellt werden, dass die Hairpins sich im Hairpinkorb nicht berühren. Für die nachfolgenden Prozesse ist es notwendig, dass insbesondere keine Lageabweichungen bei den Hairpinbeinen vorhanden ist, um einen beschädigungsfreien Fügeprozess zu ermöglichen.

Qualitätseinflüsse: Der wichtigste Qualitätseinfluss auf den Vormontageprozess ist die geometrische Formabweichung der einzelnen Hairpins aus dem vorausgegangenen Biegevorgang. Um Schäden an der Leiterisolation zu verhindern, sind die Handhabungs- und Schließkräfte sowie die Oberfläche der bauteilberührenden Teile zu kontrollieren. Komplexe Hinterschnitte und Überdeckungen, die zu mehrstufigen Vormontageprozessen führen, erschweren die Vormontage und steigern die Investitionskosten.[430]

2.3.2.6 Hairpins Fügen

Ziel: Um die Hairpins im Blechpaket zu fixieren müssen der vormontierte Hairpinkorb in das Blechpaket mit der bereits parallel montierten Nutisolation gefügt werden.

Beschreibung: Das System greift den Korb und richtet die Hairpins entlang von Montagehilfen passend zu den Nuten aus. Hairpins, die besondere Hinterschnitte oder Positionen haben, können manuell nachgesteckt werden, um den Prozess nicht zu verlangsamen. Danach werden die Hairpins durch die Nuten geführt und mithilfe einer Nachdrückplatte in ihre Endposition gebracht. Zusätzliche Montagehilfen sorgen in Zusammenarbeit mit dem Greifersystem für die Endausrichtung.[431] Im Teilprozess ‚Draht Ablängen' eingebrachte Fasen und Formschrägen an den Hairpinspitzen und/oder Vorrichtungen erleichtern das Einführen in die Statornuten.

Technologiealternativen: Die gängigste technische Lösung für diese axiale Fügeoperation (DIN 8593-1) ist ein Vielfachgreifsystem.[432] Bei dem Prozessschritt ‚Hairpin Fügen', ist zwischen einer Montage des bereits vollständigen montierten Hairpinkorbes aus mehreren Lagen von Hairpins oder dem lagenweisen Fügen einzelner Hairpinkörbe in den Stator zu differenzieren.

Qualitätsmerkmale: Die einheitliche axiale Positionierung der Hairpinenden (Lagetoleranz) ist besonders mit Blick auf die spätere Verschränkung und Kontaktierung kritisch. Da der Fügeprozess im Fügespalt sehr geringen Toleranzen unterliegt, darf weder der Draht noch das bereits eingelegte Isolationspapier verschoben, verbogen oder beschädigt werden dürfen.[433]

[430] Ebd., S. 10.

[431] Ebd., S. 11.

[432] Vgl. Deutsches Institut für Normung e.V. (DIN 8593-1) 2003, S. 3; Vgl. Riedel et al. (2018): Challenges of the Hairpin Technology for Production Techniques, S. 2474.

[433] Vgl. Gläßel et al. (2020): Schlussbericht zu dem Teilvorhaben "Automatisierte Fertigungstechnologien zum Biegen, Montieren und Schalten von innovativen Formspulenwicklungen" im Verbundprojekt "PRO-E-Traktion".

Qualitätseinflüsse: Entscheidende Qualitätseinflüsse zur Gewährleistung der Fügeoperation und der Qualitätsmerkmale im Teilprozess sind die Form- und Lagetoleranzen der beteiligten Fügepartner. So müssen einerseits die Hairpinkörbe, aber andererseits auch das Blechpaket und die montierte Nutisolation die geforderten Toleranzen einhalten, damit es nicht zu erhöhten Fügekräften, Abknicken der Hairpins im Statorblechpaket oder zu Beschädigungen der Isolationen kommt.

Eine Betrachtung der resultierenden Toleranzen der zulässigen Materialstärken des Drahtes zeigt, dass für einen Grad 2 isolierten Rechteckleiter der Kantenlänge 3,15 mm $< B \leq$ 6,3 mm die kumulierte Breitentoleranz bei vier Leitern 0,15 mm beträgt. Für ein Nutgrundpapier der Dicke 0,2 mm beträgt die Breitentoleranz ohne Überdeckung 0,12 mm. Der Fügespalt beträgt für das Beispielsystem aufgrund der (geometrisch und nicht stochastisch verteilte) Halbzeug-Toleranzen (Leiter, Isolation, Blechpaket) zwischen 0 und 0,28 mm. Die Streuung des elektrischen Füllfaktors beträgt ca. 6%. Der Einfluss verstärkt sich bei kleinen Leiterdimensionen aufgrund der absoluten Toleranzmaße. Eine Maßnahme zur Maximierung der tatsächlichen Füllfaktoren und zur Homogenisierung des Fügespaltes könnte das Vermessen des Drahtes und das gezielte und toleranzbezogene „Matching“ bzw. die selektive Zuordnung der Einzelkomponenten sein.[434]

2.3.2.7 Hairpinenden Freistellen

Ziel: Die abisolierten Enden der Hairpins ragen eng beieinanderliegend aus dem Statorblechpaket heraus. In diesem Zustand können sie nicht von dem Schränkwerkzeug gegriffen und in die für die Kontaktierung erforderliche Schweißposition gebracht werden. Daher werden die Kupferenden in den einzelnen Statornuten im Rahmen mehrstufiger Umformprozess voneinander freigestellt.

Beschreibung: In Vorbereitung auf diesen freien Biegeumformprozess (DIN 8586) wird ein Stützring über den Ring der freien Hairpinenden geschoben. Die Enden werden von einem radial auffahrenden Formwerkzeug gegriffen und über den Stützring durch die radial wirkenden Umformkräfte nach außen gebogen. Auf diese Weise werden die Enden je Nut einzeln oder lagenweise voneinander freigestellt und für die Schränkwerkzeuge zugänglich gemacht. Für Sonderpins, welche zur Kontaktierung der Anschlussbaugruppen oder des Sternpunktes vorgesehen sind, können einzelne Greifer die Position kontrollieren und nachjustieren. Auch ist ein Abstützen der Hairpinenden oberhalb der Nutisolation auf der anderen, geschlossenen Seite des Blechpakets erforderlich, um auf der Schränkseite im Freistell- und späteren Schränkprozess Veränderungen in der Lage der Hairpinenden zu gewährleisten.

Technologiealternativen: Das Freistellen der Hairpins kann entweder durch radial auffahrende Umformwerkzeuge, durch Einführen der Hairpins in ein Werkzeug mit trichterförmigen Nuten oder durch die axiale Bewegung eines keilförmigen Formwerkzeugs zwischen die Hairpins erzeugt werden. Diese Verfahrensalternativen können entweder nutweise, lagenweise oder in einem Schritt erfolgen, was die erreichbaren Taktzeiten, Variantenflexibilität und Investitionskosten beeinflusst.[435]

---

[434] Die aufgestellte Kalkulation wurde von Christian Stäck 2019 im Rahmen eines gemeinsamen Projekts zusammen mit der Firma Feinwerktechnik Otto Harrandt GmbH aufgestellt, bei dem der Autor als Projektleiter tätig war.

[435] Vgl. Kampker et al. (2019): Produktionsprozess eines Hairpin-Stators, S. 12.

Qualitätsmerkmale: Entscheidendes Qualitätsmerkmal ist die axiale Zugänglichkeit für das Schränkwerkzeug, die nur bei Einhaltung der Form- und Lagetoleranzen der Hairpinenden gegeben ist. Zusätzlich sind auch Beschädigungen der Nut- und Leiterisolationen zu vermeiden.

Qualitätseinflüsse: Neben den mechanischen Materialparametern sind vor allem die Form- und Lagetoleranzen der Hairpinenden, die aus den vorherigen Prozessschritten resultieren, relevante Qualitätseinflüsse.

2.3.2.8 Schränken

Ziel: Um eine durch die Statornuten mäandernde und quasi künstlich erzeugte Wicklung zu realisieren, werden hervorstehenden Hairpinenden lagenweise tangential umgeformt und in ihre endgültige Form zum Kontaktieren gebracht.[436] Ziel ist es, die zu kontaktierenden Hairpinenden parallel zueinander auszurichten, was eine S-förmige Schränkgeometrie bedingt.

Beschreibung: Die der radialen Aufweitung der Hairpins nachgelagerte Verschränkung der Kupferstäbe zeichnet sich vor allem durch hohe Prozesskräfte und einen sehr kleinen Bauraum aus. Bei diesem Prozessschritt werden die Hairpin-Enden durch Schränkkronen „gefasst" und tangential in jeweils alternierende Drehrichtungen verschränkt. Bei den dabei verwendeten Kronen handelt es sich um dünnwandige, kreisrunde Metallformen, die durch ein spezielles Außenprofil die für das Umschließen der Hairpins notwendigen Nuten aufweisen. Diese Kronen besitzen jeweils unterschiedliche Durchmesser und werden bei der Maschinenanordnung ineinander und rotationssymmetrisch positioniert, um alle Hairpin-Reihen gleichzeitig aufzunehmen. Alternativ kann die Schränkkrone auch als eine eng tolerierte Lochscheibe die Hairpinenden umschließen. Auf die Werkzeugaufsätze werden unabhängig voneinander ein Drehmoment aufgebracht, welches für eine unabhängige rotatorische Bewegung der Kronen und damit eine tangentiale Verschränkung der Kupferstäbe sorgt. Während die Hairpinenden durch die rotatorische Werkzeugbewegung umgeformt werden, muss das Werkzeug dabei translatorisch radial und axial nachgeführt werden. Problematisch ist, dass sich die Bewegung der zu fügenden Hairpinenden in der Ebene nicht durch ein lineares Verhalten beschreiben lässt. So ist der Drehpunkt der Hairpin-Enden um den Schränkwinkel und die Nutposition verschoben. Darüber hinaus resultiert aus der starke Dringung des Wickelkopfes und der Kupferleiter in der Nut eine gegenseitige Abstützung und somit eine Beeinflussung der Hairpins untereinander. Somit sind die Drahtenden fast ausschließlich unter einer bildsamen Zwangsführung auszurichten Wie bereits in Abschnitt 2.1.2 beschrieben, handelt es sich bei dem verwendeten Kupferlackdraht um biegeelastisches Material. Das hat zur Folge, dass die Hairpins nach der Kraftübertragung leicht zurückfedern und damit ihre definierte Endposition wieder verlassen. Um diesem Effekt nach dem

[436] Vgl. Kampker et al. (2018): Herausforderung Hairpintechnologie Technologieschub für OEMs und Anlagenbauer, S. 62ff.; Vgl. Kampker et al. (2019): Produktionsprozess eines Hairpin-Stators, S. 1ff; Vgl. Kampker et al. (2018): Ex-Ante Process-FMEA for Hairpin Stator Production by Early Prototypical Production Concepts, S. 1ff; Vgl. Fleischer et al. (2017): Quo Vadis Wickeltechnik?, S. 17f; Vgl. Ishigami et al. (2014): Development of Motor Stator with Rectangular-Wire Lap Winding and an Automatic Process for Its Production, S. 51ff.; Vgl. Du-Bar et al. (2018): Comparison of Performance and Manufacturing Aspects of an Insert Winding and a Hairpin Winding for an Automotive Machine Application, S. 5ff.

Schränkvorgang entgegenzuwirken, werden die Hairpins entweder direkt nach der Verschränkung durch eine Schablone fixiert (auch als Fixierung für das Kontaktieren) oder noch weiter als erforderlich gebogen, um ein Rückfedern auszugleichen. Weiterhin werden beim Schränken freie Drahtenden im Biegeradius abgestützt, um eine definierte Umformung zu garantieren.

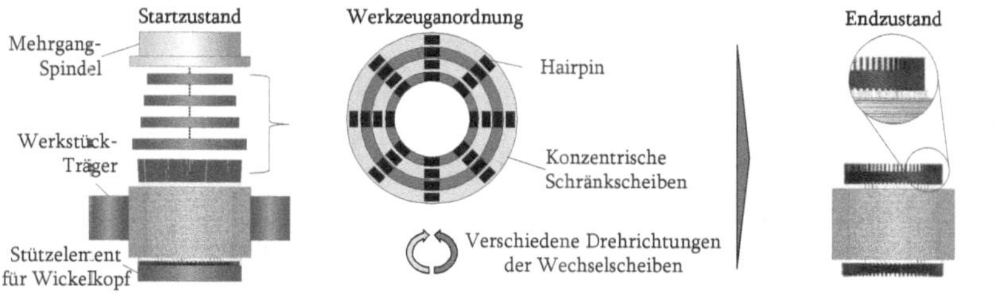

Abbildung 2-25: Exemplarische Darstellung des Prozessschrittes 'Schränken'[437]

Technologiealternativen: Der Schränkvorgang ist durch die Verwendung speziell angefertigter Werkzeugaufsätze hoch individuell auf die Statorgeometrie angepasst. Damit ist eine Variantenflexibilität nur durch einen Werkzeugwechsel realisierbar. Darüber hinaus ist bei der Konstruktion zu berücksichtigen, dass der dementsprechend erforderliche Bauraum für die Verfahr- und Drehachsen sowie Ein- und Ausleitung vorgesehen wird. Gegebenenfalls werden auch Stützelemente am gegenüberliegenden Wickelkopf verwendet, um der axialen Hubkraft des Biegevorgangs entgegenzuwirken. Bei den Schränkverfahren ist zwischen mehr- und einschrittigen Verfahren zu unterscheiden.[438]

Qualitätsmerkmale: Wie auch bei den vorgelagerten Prozessen sind die Form- und Lagetoleranzen der Hairpinenden sowie die Beschädigungsfreiheit der Isolationen wichtige Qualitätsmerkmale. Ein aus diesen Form- und Lagetoleranzen herausstechendes Qualitätsmerkmal ist die axiale Höhe der Hairpinenden, da diese nicht durch Fixierungen im Kontaktierprozess ausgeglichen werden kann, sondern der nachfolgende Prozessschritt 'Hairpinenden Ablängen' daher zusätzlich notwendig ist. Weiterhin muss durch geeignetes Abstützen sichergestellt werden, dass auf der geschlossenen Hairpinseite nicht zu hohe Kräfte im Wickelkopf entstehen, die durch die Umformung Beschädigungen in der Drahtisolation hervorrufen.[439]

Qualitätseinflüsse: Wie bereits in den vorgelagerten Prozessen sind die mechanischen Materialparametern sowie die Form- und Lagetoleranzen der Hairpinenden, die aus den vorherigen Prozessschritten resultieren, als relevante Qualitätseinflüsse zu nennen.

---

[437] Abbildung aus der generischen Produktionsprozesskette des Hairpinstators, welche vom Autor in seiner Tätigkeit als wissenschaftlicher Mitarbeiter am Lehrstuhl PEM der RWTH Aachen in Zusammenarbeit mit der Ford Motor Company sowie dem VDMA e.V. definiert und in einer Broschüre zusammen mit dem VDMA e.V. veröffentlicht wurde. Kampker et al. (2019): Produktionsprozess eines Hairpin-Stators, S. 8.

[438] Vgl. Katou et al. (2003): Method of manufacturing stator coil of rotary electric machine, S. 1ff.; Vgl. Ponzio et al. (2020): Device and method for widening and twisting, S. 1ff.

[439] Vgl. Kampker et al. (2019): Produktionsprozess eines Hairpin-Stators, S. 13.

2.3.2.9 Hairpinenden Ablängen

Ziel: Nach Abschluss des Schränkprozesses liegen die zu kontaktierenden Stirnflächen der Hairpinenden nebeneinander. Allerdings bestehen teilweise noch Höhenunterschiede zwischen den Hairpins, die aufgrund des unterschiedlichen Einkopplungsverhaltens des Lasers nur begrenzt toleriert werden dürfen. Um negativen Auswirkungen dieser Unterschiede auf das Ergebnis des nachfolgenden Schweißprozesses vorzubeugen, werden die Flächen mit einem Schneidverfahren angeglichen.

Beschreibung: Ein ringförmiges Positionierelement wird auf die Hairpinenden zu deren Schutz und Fixierung aufgeschoben. Die auf diese Weise fixierten Enden werden von einem automatischen Scherschneidelement auf einheitlicher Höhe gekürzt (DIN 8588).[440]

Technologiealternativen: Der Schneidprozess kann für jedes Ende einzeln, im Verbund einer Nut oder als Vollschnitt durchgeführt werden, jeweils mit korrespondierenden Auswirkungen auf Taktzeit und Variantenflexibilität. Anstelle des Scherschneidens können auch andere mechanische Trennverfahren, wie zum Beispiel das Schleifen oder das Fräsen, eingesetzt werden.[441] Die Spanbildung erhöht jedoch das angesprochene Risiko von Fehlern in der Statorprüfung. Denkbar ist auch, dass dieser korrigierende Schritt bei präziser und prozesssicherer Toleranzführung des Schränkprozesses komplett entfallen kann.

Qualitätsmerkmale: Um der Gefahr des Kurzschlusses vorzubeugen, muss verhindert werden, dass während des Schneidvorgangs Kupferabschnitte in den Wickelkopf gelangen. Verunreinigungen der Drahtoberfläche sind mit Blick auf den nachfolgenden Schweißprozess ebenso zu vermeiden wie Gratbildungen. Letztere werden im Wesentlichen durch die Stellgröße der Schnittgeschwindigkeit und der Standzeit der Schneidwerkzeuge beeinflusst.

Qualitätseinflüsse: Als relevanter Qualitätseinfluss ist vorrangig der Werkzeugverschleiß sowie das Wickelkopfdesign zu nennen, welches komplexere Schneidvorgänge erfordern könnte.

2.3.2.10 Kontaktieren

Ziel: Damit aus den einzelnen Hairpins in der charakteristischen U-Form nun eine durch den Stator mäandernde Wicklung, wird müssen die nebeneinander positionierten Hairpinenden durch eine stoffschlüssige Verbindung kontaktiert werden.

Beschreibung: Das Zwischenergebnis der bisherigen Prozesskette ist ein Hairpinkorb mit gemäß dem Wickelschema parallel zueinander liegenden, aber unverbundenen Hairpinenden. Vor dem eigentlichen Kontaktiervorgang müssen die Hairpinenden noch final zueinander positioniert und fixiert werden. Hierzu gibt es die Alternativen, die benachbarte Hairpinenden mittels einer Spannvorrichtung zu fixieren oder diese im Schweißprozess in Paaren zu greifen und so nur temporär zu fixieren. Im Idealfall sollten die Hairpinenden einen Nullspalt bilden und die Oberflächen sollten sich somit koplanar vollständig berühren. Daraus resultieren die Anforderungen an eine Spannvorrichtung, die Spalte der Pinpaare zu über-

[440] Vgl. Deutsches Institut für Normung e.V. (DIN 8588) 2003, S. 5.

[441] Vgl. Kampker et al. (2019): Produktionsprozess eines Hairpin-Stators, S. 13.

brücken und das Handling der verschiedenen Toleranzzustände der Pins je Stator zu gewährleisten.[442] Durch die Spannvorrichtungen werden bereits eine Vielzahl an Toleranzen ausgeglichen, in der Praxis ist der Zustand des Nullspaltes mit idealen Schweißbedingungen jedoch nur schwer zu erreichen, sodass das eingesetzte Schweißverfahren eine entsprechende Toleranz erlauben musst.

Primär wird zum Kontaktieren das Laserstrahlschweißen (Schmelzschweißen durch Strahlung DIN 8593-6, 4.6.2.5) eingesetzt und wird als solches zu den fügenden Fertigungsverfahren gezählt.[443] Mithilfe einer beweglichen Optik (Scanner) wird der Laserstrahl in einem automatisierten Prozess auf die zu verbindenden Kontaktflächen sequenziell fokussiert. Nachdem das sich bildende Schmelzbad erkaltet ist, besteht eine stoffschlüssige Verbindung, weshalb die elektrischen Eigenschaften der Schweißnaht vergleichbar sind mit denen des Rohmaterials.

Aufgrund der benötigten Einschweißtiefe ist für die Verbindung von Hairpin-Enden nur die Methode des Tiefschweißens geeignet.[444] Dort wird über einen längeren Zeitraum eine große Menge Energie auf eine kleine Fläche konzentriert, sodass das Material des Werkstückes teilweise verdampft. In der entstehenden schmelzflüssigen Mulde (auch Keyhole genannt) wird der Laserstrahl weiter reflektiert und absorbiert.[445]

Technologiealternativen: Die Kontaktierung der Drahtenden kann durch andere Technologiealternativen realisiert werden. Dazu gehören neben dem Laserstrahlschweißen, WIG-Schweißen, Widerstandslöten bzw. -schweißen und Elektronenstrahlschweißen.[446] Diese müssen neben den kritischen Ansprüchen an die Schweißnahtqualität ebenfalls hohe Anforderungen an Automatisierbarkeit, Taktzeit, Werkzeugverschleiß, Zuverlässigkeit und Reproduzierbarkeit erfüllen. GLAESSEL sieht das Laserstrahlschweißen, aufgrund dessen Vorteile in den Bereichen Prozessdauer, Zugänglichkeit, Reproduzierbarkeit und Prozessstabilität, gegenüber den alternativen Kontaktierungsmethoden als überlegen an.[447] Nach RIEDEL ist das Laserschweißverfahren in der Hairpin-Produktion dem Widerstandsschweißen bzw. -löten in den Punkten Automatisierbarkeit, Flexibilität, Verschleiß, Prozesszuverlässigkeit, Verfügbarkeit und Taktzeit zum Teil weit überlegen.[448]

Qualitätsmerkmale: Die stoffschlüssige Verbindung der Hairpins wird durch eine Reihe von Qualitätsmerkmalen bestimmt. Jedoch ist die Erzeugung einer stabilen, stoffschlüssigen Verbindung von besonderer Bedeutung, da bereits das Versagen einer einzelnen Kontaktierung zum Ausfall des gesamten Antriebs führt.

---

[442] Vgl. Zeltwanger Holding GmbH Hairpinstatorproduktion - Status Quo.

[443] Vgl. Deutsches Institut für Normung e.V. (DIN 8593-6) 2003, S. 4.

[444] Vgl. Beranek Schweißen alternativer Leitermaterialien in der Produktion elektrischer Antriebe am Beispiel von Hairpin-Statoren.

[445] Vgl. Leitz Laserstrahlschweißen von Kupfer- und Aluminiumwerkstoffen in Mischverbindung, S. 24.

[446] Vgl. Kampker et al. (2019): Produktionsprozess eines Hairpin-Stators, S. 14; Vgl. Gläßel (2020): Prozessketten zum Laserstrahlschweißen von flachleiterbasierten Formspulenwicklungen für automobile Traktionsantriebe, S. 23 Vgl. Löwer Elektronenstrahlschweißen in der Elektromotorenproduktion.

[447] Vgl. Gläßel et al. (2019 - 2019): Process Reliable Laser Welding of Hairpin Windings for Automotive Traction Drives, S. 2.

[448] Vgl. Riedel et al. (2018): Challenges of the Hairpin Technology for Production Techniques, S. 2476.

Der elektrische Widerstand im Bereich der Schweißnaht ist das maßgebliche Qualitätsmerkmal der Qualität des Schweißprozesses. Um diesen sicherzustellen, muss die Verbindung mindestens denselben Querschnitt aufweisen, wie der Hairpin selbst.[449] In der Praxis wird meist eine Anbindungsfläche gefordert, die 25% größer als die Querschnittsfläche der Fügepartner ist. Somit ist die notwendige Einschweißtiefe stark von den Dimensionen des Drahtes abhängig. Die Anbindungstiefe wird vor allem über die Einschweißtiefe und das zweite Qualitätsmerkmal, eine geringe Porenbildung, bestimmt. Darüber hinaus stellt Kupfer für den Schweißprozess eine besondere Herausforderung dar, da dessen Schmelze äußerst viskos ist und somit die Spritzerbildung begünstigt. Spritzer stellen einerseits für die Isolation der Wicklung außerhalb der Schweißzone eine Gefährdung dar. Diese muss unter allen Umständen vor thermischer und mechanischer Beschädigung geschützt werden, um einen Kurzschluss und den Ausfall des Stators zu verhindern.[450] Darüber hinaus verunreinigen Spritzer auch die Produktionsanlage bzw. die Schweißvorrichtungen, was zu Ausfällen bzw. wartungsbedingten Stillständen führen kann. Aufgrund der Vielzahl an durchzuführenden Kontaktierungen, ist eine hohe Prozessgeschwindigkeit unerlässlich.[451]

Qualitätseinflüsse: Betrachtet man den Kontaktierprozess isoliert, so kann unter konstanten Randbedingungen eine hohe Prozessstabilität des Laserstrahlschweißens für Kupfer-Hairpins nachgewiesen werden. In der industriellen Praxis stellen eine Vielzahl von äußeren Einflüssen den Schweißprozess vor Herausforderungen. So sind ein stabiler Schweißprozess und damit eine anforderungsgerechte Schweißnaht nur das Ergebnis einer beherrschten Prozesskette. Zwar besteht die Möglichkeit, Fehler und Abweichungen aus vorangegangenen Prozessschritten bis zu einem gewissen Maß mit einer erfolgreichen Schweißstrategie und einer Schweißmaske auszugleichen. Der Prozess des Laserschweißens der Hairpin-Enden ist trotzdem von verschiedenen Einflussgrößen abhängig. So sind vor allem die Positionierung der Hairpinenden zueinander, die Fasen, und Oberflächenbeschaffenheit und die Freiheit von Isolationsrückständen maßgeblich für die Qualität der Schweißung.[452] Aus dem Vergleich der Qualitätseinflüsse dieses Prozessschrittes mit den Qualitätsmerkmalen vorangegangener Prozessschritte wird deutlich, dass das Kontaktieren signifikant von den vorangegangenen Prozessschritten abhängt.

Wie bereits einführend erwähnt, bestimmt die Qualität der Kontaktierung die Qualität der gesamten Wicklung, weshalb die präzise Überwachung des Prozesses und Kontrolle des Resultates unabdingbar sind. Die Methoden und Messtechniken werden in der Praxis dabei in die Kategorien ‚Online' und ‚Offline' eingeteilt. Die Verwendung von Highspeed-Kameras

[449] Vgl. Bernstein (2018): Elektrotechnik/Elektronik für Maschinenbauer, S. 33.

[450] Vgl. Gläßel et al. (2019 - 2019): Process Reliable Laser Welding of Hairpin Windings for Automotive Traction Drives, S. 2.

[451] Vgl. Kampker et al. (2018): Ex-Ante Process-FMEA for Hairpin Stator Production by Early Prototypical Production Concepts, S. 5.

[452] Vgl. Gläßel (2020): Prozessketten zum Laserstrahlschweißen von flachleiterbasierten Formspulenwicklungen für automobile Traktionsantriebe, S. 112ff.; Vgl. Kampker et al. (2019): Produktionsprozess eines Hairpin-Stators, S. 15; Vgl. Kampker et al. (2018): Herausforderung Hairpintechnologie Technologieschub für OEMs und Anlagenbauer, S. 65; Vgl. Kampker et al. (2018): Ex-Ante Process-FMEA for Hairpin Stator Production by Early Prototypical Production Concepts, S. 3ff.; Vgl. Gäbler (2019): Optimizing Automotive Welding Applications with CleanWeld, S. 54; Vgl. Engler et al. (2011): Process Studies on Laser Welding of Copper with Brilliant Green and Infrared Lasers, S. 339ff.

sind eine häufig genutzte Online-Messtechnik, um die Eigenschaften des Schmelzbades zu beobachten. Des Weiteren werden Technologien, wie z.B. Photodioden, Pyrometer, Röntgenstrahlen, Spektrometer und Akustiksensoren eingesetzt. Im Bereich der Offline-Messtechnik, also der nachgelagerten Kontrolle, werden Technologien, wie Ultraschall, Röntgenstrahlen, Wirbelstromtests und visuelle Systeme eingesetzt, wobei insbesondere letztere aufgrund ihrer Kosteneffizienz verbreitet sind.[453]

2.3.2.11 Verschaltelemente Montieren und Kontaktieren

Ziel: Zusätzlich zur Verbindung paralleler Drahtenden erfordern die Wickelschemata der Hairpinstatoren eine Verknüpfung nicht benachbarter Hairpinenden (siehe dazu Abschnitt 2.1.5 sowie Abschnitt 2.2.3). Hierzu müssen Verschaltelemente wie Kontaktringe mit Steckbrücken, Anschlussklemmen und Sternverbinder bzw. Statoranbaugruppen zunächst montiert und dann kontaktiert werden.[454]

Beschreibung: Die Verschaltelemente werden entweder manuell oder mithilfe einer Kombination aus Kameramesssystem und einem Industrieroboter auf noch nicht kontaktierten Hairpinenden positioniert. Dabei können entweder einzelne Verschaltelemente oder ganze Baugruppen montiert werden.

Technologiealternativen: Insbesondere bei den verwendeten Kontaktiertechnologien und -strategien ist zwischen Alternativen zu differenzieren. So kann genau wie bei der Kontaktierung der Hairpinenden im vorgelagerten Prozess das Laserschweißen eingesetzt werden. Aufgrund der verhältnismäßig niedrigen Anzahl an Schweißpunkten und einer möglicherweise verbesserten Zugänglichkeit können allerdings auch das Widerstandsschweißen, Widerstandshartlöten oder auch Crimpverfahren verwendet werden.[455]

Qualitätsmerkmale: Neben den zuvor im Teilprozessschritt ‚Kontaktieren' benannten spezifischen Qualitätsmerkmalen im Laserschweißprozess, ist vor allem bei den kunststoffummantelten Kontaktringen und Anbaugruppen die Herausforderung, dass keine thermischen Beschädigungen der verwendeten Kunststoffe auftreten. Auch müssen diese Verschaltelemente die korrekten Lagetoleranzen aufweisen, weil diese zumeist noch im Gehäuse montiert und mit der Leistungselektronik kontaktiert werden.

Qualitätseinflüsse: Zusätzlich zu den spezifischen Qualitätseinflüssen auf den Laserschweißprozess, gilt es auch die Verschaltelemente vor dem Hintergrund des Einflusses auf die Qualität zu betrachten. So muss sichergestellt werden, dass die Form- und Lagetoleranzen der eingebrachten Bauteile den Anforderungen entsprechen und dass es auch zu keinem thermischen Verzug kommt. Weiterhin müssen die verwendeten Kunststoffe in den Verschaltelementen, die teilweise auch zur Isolation der in den Verschaltelementen enthaltenen Leiter vorgesehen sind, die entsprechenden Isolationsfestigkeiten prozessstabil aufweisen.

---

[453] Vgl. Mayr et al. (2018): Evaluation of Machine Learning for Quality Monitoring of Laser Welding Using the Example of the Contacting of Hairpin Windings, S. 1ff.

[454] Vgl. Kampker et al. (2019): Produktionsprozess eines Hairpin-Stators, S. 16.

[455] Ebd., S. 16

2.3.2.12 Hairpinenden Beschichten

Ziel: Zum prozesssicheren Kontaktieren der Hairpinenden wurden der Draht in den vorgelagerten Prozessschritten abisoliert. Zur Vermeidung von Kurzschlüssen und Kriechströmen ist das Ziel dieses Prozessschrittes, das blanke Kupfer wieder zu beschichten.

Beschreibung: Zum Beschichten oder auch imprägnieren der Hairpinenden eignen sich verschiedene Verfahrensalternativen. Aufgrund der Verbreitung in der Industrie wird im Folgenden das Wirbelsinterverfahren beschrieben. Bei diesem werden nach einem Vorwärmen der Kupferenden die Kupferenden unter Drehen in das Sinterbecken mit dem fluidisierten Pulver eingetaucht.[456] Daraufhin schmilzt das verwirbelte Pulver im Sinterbecken an der Kupferoberfläche. Dies erfolgt nur, wenn die Oberflächentemperatur über der Schmelztemperatur des Sinterpulvers liegt.[457] Eine elektrische Aufladung des Pulvers ist im Gegensatz zum Pulverbeschichten nicht erforderlich.[458]

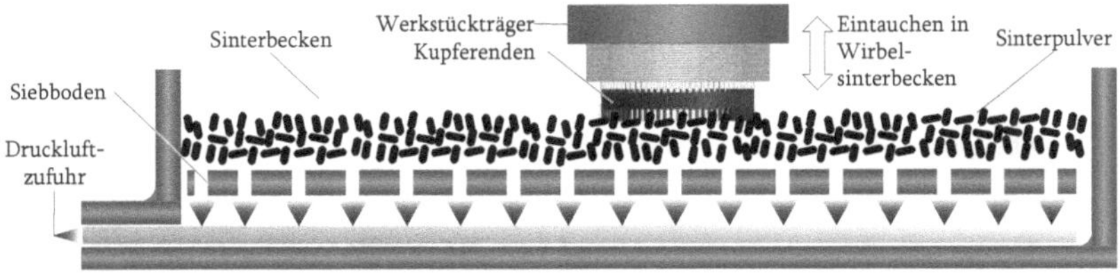

Abbildung 2-26: Exemplarische Darstellung des Prozessschrittes ‚Hairpinenden Beschichten' mit der Technologiealternative ‚Wirbelsintern'[459]

Technologiealternativen: Neben dem Wirbelsintern können auch Träufel-Imprägnierprozesse oder auch der Vollverguss eingesetzt werden (Verfahrensbeschreibung, siehe Abschnitt 2.2.3).

Qualitätsmerkmale: Wie auch bei den Imprägnierprozessen sind einen hoher Füllgrad sowie eine vollständige Benetzung des blanken Kupfers zur Sicherstellung der Anforderungserfüllung bei den elektrischen Tests wichtige Qualitätsmerkmale. So muss eine ausreichende Schichtdicke im gesamten Wickelkopf gewährleistet werden. Um den elektrischen Anforderungen gerecht zu werden, dürfen auch keine Lufteinschlüsse bzw. Poren in den Schichten enthalten sein.[460]

Qualitätseinflüsse: Damit im Sinterbad das fluidisierten Pulver alle Beschichtungsflächen erreichen kann, muss die relative Position der verschweißten Hairpinpaare zueinander in Toleranz sein (Lagetoleranz), sodass ein ausreichender Spalt zwischen den tangentialen Hairpinpaaren und den radialen Lagen gewährleistet ist.[461]

---

[456] Vgl. Pietschmann (2019): Industrielle Pulverbeschichtung, S. 150f.

[457] Vgl. AMS Anlagenbau (2020): Hairpin-Isolierung; Vgl. Kampker et al. (2019): Produktionsprozess eines Hairpin-Stators, S. 17.

[458] Vgl. Pietschmann (2019): Industrielle Pulverbeschichtung, S. 150f.

[459] Eigene Darstellung in Anlehung an einer Veröffentlichugn des Autors zusammen mit dem VDMA. Vgl. Kampker et al. (2019): Produktionsprozess eines Hairpin-Stators.

[460] Ebd., S. 17.

[461] Ebd., S. 17.

Nachfolgend sind in Tabelle 2-2 die zuvor beschriebenen Qualitätsmerkmale und -einflüsse auf die Hairpinstatorproduktion zusammenfassend aufgeführt.

Tabelle 2-2: Übersicht über Qualitätsmerkmale- und Einflüsse in der Hairpinstatorproduktion

Prozessschritt	Qualitätsmerkmale	Qualitätseinflüsse
Draht Richten	• Ebenheit • Form bzw. Querschnitt • Anzahl an Drahtbeschädigungen • Isolationsschichtdicken • Rückfederung • Zugspannung • Streckgrenze • Helizität	• **Geometrischen Eigenschaften des Rohmaterials:** Form bzw. Querschnitt, Schichtdicke, Kantenrundungen und Helizität • **Mechanischen Eigenschaften des Rohmaterials:** Rückfederung, Zugspannung, Streckgrenze • Drahtzug (Prozess) • Coilposition • Deformationen im Prozess
Draht Abisolieren	• Restschichtdicke (Reinheit der Obfläche) • Beschädigungsfreiheit der Oberfläche • Beschädigungsfreiheit der Leiterisolation (nicht abisolierte Bereiche) • Lagetoleranz der Isolation	• Strahlquelle/Wellenlänge • Abisolierstrategie (Prozessführung, Anzahl der Scanner) • Laserleistung • Pulsdauer • Fokussierung/ Abstand • Isolationsmaterial
Draht Ablängen	• Schnittgrat • Lagetoleranz (Positionierung des Schnittes) • Formtoleranz des Querschnittes und der Fase • Beschädigungsfreiheit Leiterisolation • Keine Deformation des Drahtquerschnittes	• Materialdicken und Materialart (schwankend) • Schneidspalt im Verhältnis zur Materialdicke • Verschleißzustand der Schneidwerkzeuge (Standzeit) • Schnittgeschwindigkeit
Hairpin Biegen	• Form-, Winkel- und Lagetoleranzen (Absolut-Position/Verdrehung, Öffnungswinkel) • Beschädigungsfreiheit Leiterisolation • Änderung der Isolationsdicke am Außenradius • Formtoleranz (Querschnittsänderung)	• Umformdauer, -geschwindigkeit und -kraft • Geometrische Materialeigenschaften (Ebenheit, Form, Helizität) sowie Größe der Schwankungen • Mechanische Materialeigenschaften (z.B. Rückfederung, E-Modul, Streckgrenze) sowie Größe der Schwankungen • Qualität und Standzeit der Biegewerkzeuge
Hairpin Vormontage	• Form- und Lagetoleranz der Hairpins • Beschädigungsfreiheit Leiterisolation	• Handhabungs- und Schließkräfte • Oberfläche der bauteilberührenden Teile • Form- und Lagetoleranzen (Hairpins) • Hinterschnitte und Überdeckungen
Hairpins Fügen	• Beschädigungsfreiheit Leiterisolation • Beschädigungsfreiheit und Lagetoleranz Nutisolation • Formtoleranz (Querschnitte Hairpins) • Form- und Lagetoleranz des Wickelkopfes und der freien Hairpinenden (axiale Höhe)	• Form- und Lagetoleranz (Hairpinkörbe und Blechpaket) • Nutgeometrie und Fügespalttoleranz • Fügekraft • Handhabungs- und Schließkräfte • Oberfläche bauteilberührender Teile
Hairpinenden Freistellen	• Form- und Lagetoleranz (Gefügte Hairpinenden) • Beschädigungsfreiheit Leiterisolation • Beschädigungsfreiheit Nutisolation • Höhentoleranz	• Geometrische Materialeigenschaften (Ebenheit, Form, Helizität) sowie Größe der Schwankungen • Mechanische Materialeigenschaften (z.B. Rückfederung, E-Modul, Streckgrenze) sowie Größe der Schwankungen
Schränken	• Form- und Lagetoleranz (Gefügte Hairpinenden) • Beschädigungsfreiheit Leiterisolation • Beschädigungsfreiheit Nutisolation • Höhentoleranz	• Geometrische Materialeigenschaften (Ebenheit, Form, Helizität) sowie Größe der Schwankungen • Mechanische Materialeigenschaften (z.B. Rückfederung, E-Modul, Streckgrenze) sowie Größe der Schwankungen
Hairpinenden Ablängen	• Gratbildung • Form- und Lagetoleranzen • Beschädigungsfreiheit Leiter- und Nutisolation (Späne)	• Werkzeugverschleiß • Komplexität des Wickelkopfes
Kontaktieren	• Elektrischer Widerstand der Schweißnaht • Anbindungsquerschnitt (Einschweißtiefe) • Anbindungsquerschnitt (Porenbildung) • Geringe Spritzerbildung • Zugfestigkeit der Schweißnaht • Geringer thermischer Eintrag	• Energieeintrag, Laserleistung, Wellenlänge • Position/Lage der Kupferenden (Schweißspalt), Fasen • Schweißvorschub, Fokussierung, Pulsdauer und -frequez • Schweißvorbereitung (Abisolieren, Oberflächensäuberung etc.) • Oberflächenbeschaffenheit, Schutzgas
Verschaltelemente Montieren & Kontaktieren	• Elektrischer Widerstand der Schweißnaht • Geringe Spritzer- und Porenbildung • Anbindungsquerschnitt (Einschweißtiefe) • Anbindungsquerschnitt (Porenbildung) • Zugfestigkeit der Schweißnaht • Geringer thermischer Eintrag	• Energieeintrag, Laserleistung, Wellenlänge • Position/Lage der Kupferenden (Schweißspalt), Fasen • Schweißvorschub, Fokussierung, Pulsdauer und -frequez • Schweißvorbereitung (Abisolieren, Oberflächensäuberung etc.) • Oberflächenbeschaffenheit, Schutzgas • Temperaturbeständigkeit des Kunststoffmaterials
Hairpinenden Beschichten	• Schichtdicke des Harzes • Benetzungs- und Füllgrad • Durchschlagsfestigkeit • Keine Lufteinschlüsse in der Isolation	• Form- und Lagetoleranz (Spalt zwischen radialen Lagen) • Homogene Dichte der Korngrößenverteilung im Sinterbecken • Prozesstemperaturprofil, Applikationsmenge des Harzes

2.3.3 Zwischenfazit

Die Analyse des Betrachtungsobjektes der Hairpinstatorproduktion mit Hinblick auf die Qualitätsmerkmale und Qualitätseinflüsse zeigt, dass in dieser komplexen Prozesskette eine hohe Zahl an Einflüssen wirken, die schlussendlich die Qualität des Endproduktes und folglich auch die Leistungsfähigkeit der Produktion beeinflussen. Es wird deutlich, dass nicht nur geometrische Qualitätsmerkmale wie Form- und Lage, wie bei Montage oder vielen zerspanenden Prozessen, die Qualität bestimmen, sondern, dass auch Materialeigenschaften und prozessspezifische Qualitätsmerkmale eine wesentliche Rolle spielen. Neben den in Abschnitt eingeführten Qualitätsmerkmalen und -einflüssen können zudem noch weitere auftreten, die aufgrund des disruptiven Charakters noch nicht bekannt sind. Eine vollumfängliche Analyse konnte in der wissenschaftlichen Forschungsliteratur nicht identifiziert werden.

Vor dem Hintergrund des Anforderungsmanagements sind die Bestimmung und Vorgabe dieser Qualitätsmerkmale und deren Einflüsse für die vorliegende Dissertation als eine wesentliche Teilmenge der Anforderungsumfänge an Neuanlagen zu verstehen. Unter der Anforderungsqualität wird die Bestimmtheit dieser und der empirische Nachweis der Gültigkeit verstanden. Aus einer Studie des Autors zur Ineffizienz disruptiver Produktionstechnik am Beispiel der Hairpinstatorproduktion wird deutlich, dass diese Anforderungsumfänge im Planungsprozess nicht ausreichend bekannt sind (siehe dazu auch Abschnitt 3.1).[462]

2.4 Qualitätsrelevante Zusammenhänge in der Prozesskette der Hairpinstatorproduktion

Nachdem im vorherigen Abschnitt 2.3 auf die Qualitätsmerkmale und Einflüsse in der Hairpinstatorproduktion als Betrachtungsobjekt der vorliegenden Dissertation fokussiert wurde, soll im folgenden Abschnitt zunächst auf die Grundlagen zu Wechselwirkungen und qualitätsrelevanten Zusammenhängen innerhalb von Prozessketten eingegangen und anschließend Hypothesen zu ebendiesen Zusammenhängen der Hairpinstatorproduktion qualitativ aufgezeigt werden.

2.4.1 Begriffliche Definitionen im Kontext von qualitätsrelevanten Zusammenhängen

Nach WESTERMEIER unterliegt der Begriff **‚Prozesskette'** im Kontext der Produktionstechnik einem nicht einheitlichen Verständnis. Aufgrund des spezifischen Fokus der vorliegenden Dissertation auf die Produktion des Betrachtungsobjektes ‚Hairpinstator', soll dem Verständnis von WESTERMEIER und EICHGRÜN gefolgt werden und die ‚fertigungstechnische Prozesskette' wie folgt definiert werden:

Die [fertigungstechnische] **Prozesskette** wird als *„materialflussgekoppelte Abfolge von Fertigungs- und Montageprozessen mit einer schrittweisen Zustandsänderung eines gemeinsamen Produktes"* verstanden.[463]

---

[462] Vgl. Treichel (2020): Effizienzsteigerung in der Realisierung der Großserienproduktion elektrischer Traktionsantriebe durch hybride Anlagenprototypen.

[463] Vgl. Westermeier (2016): Qualitätsorientierte Analyse komplexer Prozessketten am Beispiel der Herstellung von Batteriezellen, S. 7; Die Definition nach WESTERMEIER spricht von „betriebsmittelspezifische[n] Haupt- und Nebenprozesse[n]" sowie einer „schrittweisen

In der vorangegangenen Definition werden Montageprozesse mit in die Definition der fertigungstechnischen Prozesskette integriert, weil in der betrachteten fertigungstechnischen Prozesskette der Hairpinstatorproduktion die Fertigungsprozesse gegenüber den Montageprozessen überwiegen und weil auch die Montageprozesse hochautomatisiert in der fertigungstechnischen Prozesskette integriert erfolgen.

In der folgenden Abbildung 2-27 ist ausgehend von der Definition eines Prozesses (siehe Abschnitt 2.2.1) das Verständnis einer fertigungstechnischen Prozesskette nach WESTERMEIER aufgegriffen und um den Einsatz von möglichen Qualitätsprüfungen erweitert worden. Kennzeichnend ist, dass zwischen den Prozessschritten jeweils Zwischenprodukte mit eigenen Qualitätsmerkmalen entstehen, welche an einer Schnittstelle übergeben werden. Diese Schnittstelle beinhaltet nicht nur den physischen Materialaustausch, sondern auch den Energie- und Informationsaustausch.[464] Durch die spezifische Ausprägung dieser Größen an der Schnittstelle und durch die Ausprägung der Qualitätsmerkmale[465] des vorgelagerten Zwischenproduktes, beeinflussen sie den nachgelagerten Prozess. Sowohl bei den Zwischenprodukten, beim Rohmaterial wie auch beim Fertigprodukt können Qualitätsprüfungen bei Wareneingangs, Zwischen- und Bandendeprüfungen[466] erfolgen. **Zwischenprüfungen** werden als Bestandteil der Prozesskontrolle im Laufe der Fertigung durchgeführt. Dabei können einzelne Qualitätsmerkmale auf Korrektheit überprüft bzw. mögliche Defekte und Probleme erkannt werden. Aufgrund fehlender weiterer Komponenten oder Bearbeitungsschritte ist jedoch eine vollumfängliche Funktionsprüfung in der Regel nicht möglich. Am Produktionsende liegt dagegen das vollständige Produkt vor, so, wie es im weiteren Verlauf auch in Betrieb genommen werden soll. Entsprechend ist zur Endkontrolle im Rahmen einer **Bandendeprüfung** eine vollumfängliche Funktionsprüfung möglich.[467]

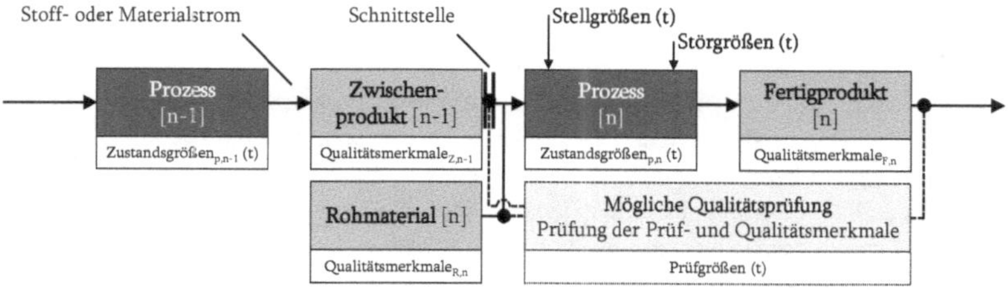

Abbildung 2-27: Verständnis der Struktur fertigungstechnischer Prozessketten im Kontext des Qualitätsmanagements[468]

Zustandsänderung eines gemeinsamen Systemelements". Diese übergeordnete Beschreibung wurde in der aufgeführten Definition auf den spezifischen Anwendungsfall angepasst.

[464] Vgl. Eichgrün (2003): Prozesssicherheit in fertigungstechnischen Prozessketten, S. 52ff.; Vgl. Westermeier (2016): Qualitätsorientierte Analyse komplexer Prozessketten am Beispiel der Herstellung von Batteriezellen, S. 8.

[465] Beispielsweise durch eine spezifische Ausprägung der Parameter der Qualitätsmerkmale im definierten Toleranzfeld

[466] Die finale Qualitätsprüfung des Fertigproduktes wird auch als ‚End-of-line' bezeichnet.

[467] Vgl. Blank (2010): Automatisierte Berücksichtigung von Qualitätsrisiken in der Prüfplanung, S. 31f.

[468] Eigene Darstellung in Anlehnung an WESTERMEIER. Vgl. Westermeier (2016): Qualitätsorientierte Analyse komplexer Prozessketten am Beispiel der Herstellung von Batteriezellen, S. 9.

Als **Zusammenhang** wird laut DUDEN im alltäglichen Sprachgebrauch eine innere Beziehung zwischen Vorgängen und Sachverhalten verstanden.[469] Ein mathematischer Zusammenhang kann in Form eines funktionalen Zusammenhangs einem bestimmten Wert einen anderen Wert zuordnen. Diese erfolgt dabei kausal in Form einer „Wenn-Dann-Beziehung" bzw. als „Ursache-Wirkung-Zusammenhang" und wird als „**Kausalzusammenhang**" bezeichnet.[470] Dem funktionalen Zusammenhang liegt ein deterministisches Prozessverständnis zugrunde. Demgegenüber steht ein stochastisches Prozessverständnis, das Störgrößen und Ergebnisstreuungen berücksichtigt.[471]
Der Begriff ‚Zusammenhang' darf aber nicht mit dem Begriff der ‚**Korrelation'** gleichgesetzt werden. Unter Korrelation bzw. dem dimensionslosen Korrelationskoeffizienten wir ein *„Maß für die Stärke des [linearen] Zusammenhangs zweier Zufallsvariablen"* verstanden.[472] Der Korrelationskoeffizient sagt dabei nichts über die Richtung des Zusammenhangs aus. Zur Interpretation einer Korrelation sollten daher immer sachlogische Überlegungen herangezogen werden.[473]

Eine Möglichkeit zur Untersuchung von Kausalzusammenhängen ist die **Regressionsanalyse**, welche zum Ziel hat, die Zusammenhänge und Richtung dieser quantitativ zu beschreiben und Werte der abhängigen Variable zu prognostizieren.[474]

Abzugrenzen von Zusammenhängen und von der Korrelation ist der **wechselseitige Zusammenhang.**[475] Dieser Begriff wird vor allem bei der Analyse des Einflusses zweier Faktoren (unabhängige Variablen) auf ein bestimmtes Merkmal (abhängige Variable) berücksichtigt, um die Wechselwirkung zwischen den Faktoren untereinander zu untersuchen.[476] In der Praxis wird der Begriff ‚Wechselwirkung' allerdings auch (und unter Umständen missverständlich) für gerichtete Zusammenhänge verwendet (siehe folgender Abschnitt 2.4.2).

Da im Betrachtungsobjekt der Prozesskette der Hairpinstatorproduktion die Art der Zusammenhänge und Wechselwirkungen noch nicht vollumfänglich bekannt sind [477] und die vorliegende Dissertation einen Beitrag zur Bestimmung von Zusammenhängen und Wechselwirkungen in fertigungstechnischen Prozessketten leisten soll, wird der Begriff ‚**qualitätsrelevanter Zusammenhang'** eingeführt. Dieser soll die verschiedenen Formen von Zusammenhängen (kausal, wechselseitig, korrelativ sowie weitere Zusammenhangsformen) unter einem Begriff zusammenfassen und für einen noch zu ergründenden Zusammenhang der beteiligten Prozesse und Zwischenprodukte mit Hinblick auf ihre Qualität stehen.

[469] Vgl. Duden Online (2020): Zusammenhang.
[470] Zur genaueren Definition und Abgrenzung des Kausalitätsbegriffes und zu Kausalität in fertigungstechnischen Prozessketten wird auf WESTERMEIER verwiesen. Vgl. Westermeier (2016): Qualitätsorientierte Analyse komplexer Prozessketten am Beispiel der Herstellung von Batteriezellen, S. 9ff.
[471] Vgl. Backhaus et al. (2018): Multivariate Analysemethoden, S. 59.
[472] Fahrmeir et al. (2016): Statistik, S. 140.
[473] Ebd., S. 141.
[474] Vgl. Backhaus et al. (2018): Multivariate Analysemethoden, S. 58.
[475] Vgl. Müller et al. (2013): Stochastik in den Ingenieurwissenschaften, S. 52.
[476] Vgl. Hedderich et al. (2016): Angewandte Statistik, S. 628ff.
[477] Vgl. Kampker et al. (2018): Herausforderung Hairpintechnologie Technologieschub für OEMs und Anlagenbauer, S. 62ff.; Vgl. Kampker et al. (2018): Ex-Ante Process-FMEA for Hairpin Stator Production by Early Prototypical Production Concepts, S. 1ff.

2.4.2 Grundlagen zu Wechselwirkungen in Prozessketten im Kontext der Technologiekettenplanung

Nach DENKENA ET AL. bestehen in Technologieketten Wechselwirkungen.[478] SCHINDLER definiert, dass es Wechselwirkungen zwischen einzelnen Elementen der Bauteilstruktur („Bauteil-Feature“) innerhalb von Technologieketten und Wechselwirkungen zwischen (Produktions-)Technologien und Bauteilfeatures gibt.[479] Im Fokus dieser Dissertation stehen die Wechselwirkungen innerhalb von Produktionsprozessketten, welche aus einzelnen Technologien bestehen und so eine Technologiekette bilden. Innerhalb von Technologieketten sind Wechselwirkungen nicht nur zwischen direkten benachbarten Technologien möglich, es besteht auch die Möglichkeit, dass die Wechselwirkungen über mehrere Technologien hin wirken.[480]

Der Begriff der ‚Wechselwirkungen' im Kontext von Technologieketten wird vor allem in der Technologie(ketten)planung berücksichtigt. Nachdem auf Basis der Wechselwirkungen zwischen Bauteilfeatures und Technologien eine Grobreihenfolge, wie beispielsweise eine Montagereihenfolge, entstanden ist, können die bekannten Wechselwirkungen zwischen Technologien genutzt werden, um Technologiereihenfolgen dieser festzulegen.[481] Dies resultiert daher, dass einzelne Technologien sich bedingen oder ausschließen können.[482] Für die vorliegende Dissertation wird jedoch von einer Referenzprozesskette ausgegangen, bei der die Reihenfolge der Prozesse zum Großteil definiert ist und lediglich zwischen Verfahrens- oder Technologiealternativen ausgewählt werden kann (siehe dazu die generische Produktionsprozesskette der Hairpinstatorproduktion, Abschnitt 2.3.2). Nach HEIMES, der die Produktionsprozesskette der Batterieproduktion untersucht, sind Wechselwirkungen von Technologien in Form von Beeinflussungen der Qualität, Kosten und Zeit möglich, wobei die wichtigste Form der Wechselwirkung die Qualität ist.[483] Wechselwirkungen zwischen Technologien können positiv oder negativ gerichtet sein, was bedeutet, dass die Wahl einer Technologie eine vor- oder nachgelagerte Technologie in Qualität, Kosten und Zeit begünstigt oder benachteiligt.[484]

Nachdem die Wechselwirkung im Kontext der Technologiekettenplanung eingeführt wurde, ist zu berücksichtigen, dass in der Praxis aus der Technologiekette eine Produktionslinie mit Produktionsanlagen gebildet wird, welche die entsprechenden Technologien jeweils beinhalten. In und zwischen diesen Produktionsanlagen werden neben Energie und

---

[478] DENKENA ET AL. definieren die Wechselwirkungen für Technologieketten. Dieses Verständnis wird auf den anwendungsbezogenen Begriff ‚Produktionsprozesskette' übertragen. Vgl. Denkena et al. Planung fertigungstechnischer Prozessketten ; Vgl. Schindler (2014): Strategische Planung von Technologieketten für die Produktion, S. 91.

[479] Ebd., S. 91ff.

[480] Vgl. Moryson et al. (2004): Minimierung der Prozesskette in der Grobplanungsphase der Produktionsplanung; Vgl. Knoche (2005): Generisches Modell zur Beschreibung von Fertigungstechnologien; Vgl. Schindler (2014): Strategische Planung von Technologieketten für die Produktion, S. 91.

[481] Ebd., S. 92.

[482] Ebd., S. 93.

[483] Vgl. Heimes (2014): Methodik zur Auswahl von Fertigungsressourcen in der Batterieproduktion, S. 59.

[484] Ebd., S. 59.

Informationen vor allem physische Materialien ausgetauscht. Die so entstehenden physischen Materialströme sind gerichtet, aber können wiederum auch in Wechselwirkung stehen. So kann eine nachgelagerte Produktionsanlage, wie das ‚Hairpin Biegen' ein Halbzeug ‚Draht' aus der Produktionsanlage ‚Draht Richten' erhalten und bei Nacharbeit beispielsweise wieder zurückschleusen. Zur Vereinfachung wird auch in diesem Falle von einem qualitätsrelevanten Zusammenhang gesprochen.

Eine praktikable Möglichkeit zur Darstellung der physischen wie auch anderer Abhängigkeiten, Zusammenhängen und Wechselwirkungen ist die Nutzung von Design-Structure-Matrizen (DSM), da in diesen alle Systemelemente dargestellt und ihre Interaktionen sowie Abhängigkeiten identifiziert werden können. Bei einer DSM handelt es sich um eine quadratische Matrix mit identischen Zeilen- und Spaltenbezeichnungen. Die Hauptdiagonale wird zumeist leer belassen oder mit der korrespondieren Zeilen- und Spaltenbezeichnung benannt. Ein Eintrag außerhalb der Diagonale steht für eine Abhängigkeit eines Elements von einem anderen bzw. für einen gerichteten Zusammenhang. Wenn entlang einer Zeile gelesen wird, so wird deutlich welche anderen Elemente von dem Element der Zeile abhängig sind. Wenn entlang der Spalte gelesen wird, so kann abgelesen werden von welchen anderen Elementen das Element abhängig ist.[485] Es existieren eine Reihe an Verfahren, um nach der Eintragung der Abhängigkeiten die Reihenfolgen so zu verändern, dass Cluster entstehen. Innerhalb der Cluster sind die Abhängigkeiten zwischen den im Cluster zusammengefassten Prozessen stärker, als nach außen zum nächsten Cluster. In Abbildung 2-28 sind die verschiedenen modellierbaren Abhängigkeitstypen nach BROWNING dargestellt. Die gesetzten Markierungen in der ersten Zeile stehen dafür, dass der erste Prozess seine Ausgangsgrößen in die Prozesse 2, 4, 6 einbringt. Dadurch, dass in der ersten Spalte keine weiteren Markierungen gesetzt werden, handelt es sich hierbei um eine sequenzielle Abhängigkeit, weil der erste Prozess keine Ausgangsgröße zurückerhält. Der 3. und 4.Prozess hingegen leitet jeweils seine Ausgangsgröße an den fünften Prozess, sodass sie unabhängig voneinander oder parallel sind. Im Fall der Prozesse 5 und 6 besteht eine gegenseitige Abhängigkeit oder Interdependenz, weil Prozess 5 nachdem er seine Ausgangsgröße an Prozess 6 geleitet hat, wieder eine Ausgangsgröße von Prozess 6 erhält.

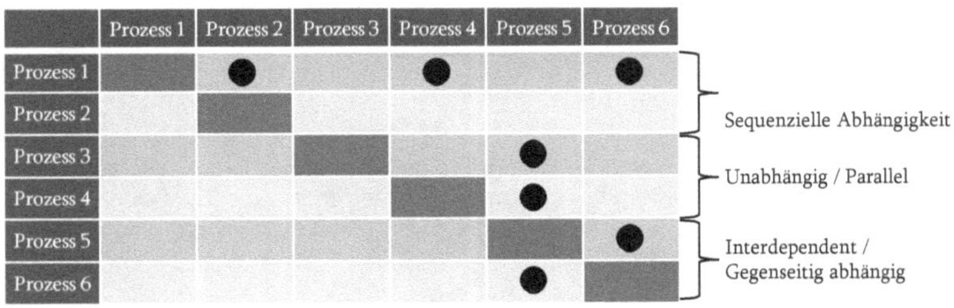

Abbildung 2-28: Abhängigkeitstypen in der DSM[486]

[485] Vgl. Browning (2001): Applying the design structure matrix to system decomposition and integration problems: a review and new directions, S. 292.

[486] Eigene Darstellung in Anlehnung an: Vgl. Dorf (2000): Technology management handbook, S. 103ff.; Vgl. Browning (2001): Applying the design structure matrix to system decomposition and integration problems: a review and new directions, S. 297

2.4.3 Grundlagen zu qualitätsrelevanten Zusammenhängen in Prozessketten

Nachdem die Wechselwirkungen innerhalb von Technologieketten im Kontext der Technologiekettenplanung sowie auf der physischen Ebene zur Bestimmung der Materialströme eingeordnet worden sind, soll im Folgenden der Fokus auf die Wechselwirkungen zwischen Prozessen im Kontext des Qualitätsmanagements eingegangen werden.

Die Grundlagen für die Analyse der Wechselwirkungen zwischen Prozessen mit Fokus auf die Qualität gehen auf SHEWHART zurück, dessen Theorien eine Qualitätsverbesserung durch eine gesteigerte Prozesskontrolle erzielen sollen. So wird eine hohe (Prozess-)Qualität nur durch eine hohe Prozessstabilität erreicht. Unter einer hohen Prozessstabilität wird eine niedrige Varianz in den Prozess- und Qualitätsparametern verstanden.[487]

Dem Verständnis liegt zugrunde, dass die Ausgangsgrößen eines Produktionsprozesses – gemessen in Qualitätsmerkmalen – einer Schwankung innerhalb einer vorher definierten Toleranz unterliegen. Wenn eine Ergebnisgröße außerhalb der definierten Toleranz liegt, wird diese als ‚Fehler' deklariert. Durch Messung der Ausgangsgrößen in Form der Qualitätsmerkmale und statistischer Analysen dieser, kann eine Abhängigkeit von anderen Prozessen und Eingangsgrößen nachgewiesen werden.

Verfahren, welche exemplarisch hierzu genutzt werden können, sind die Korrelations- oder Regressionsanalysen. Eine Herausforderung bei der Anwendung von statistischen Analysemethoden zu Bestimmung von Abhängigkeiten und Wechselwirkungen über mehrere Prozessschritte hinaus stellen die Störgrößen dar, welche innerhalb der Prozesskette eingebracht werden.

In der nachfolgenden Abbildung 2-29 ist dargestellt, wie die Ausgangsgrößen, beispielsweise gemessen in Form von Qualitätsmerkmalen (wie Form- oder Lagetoleranzen), wiederum die Eingangsgrößen für einen nachgelagerten Prozess sein können. Es wird auch deutlich, dass die Ausgangsgrößen des vorgelagerten Prozesses mit einer Streuung behaftet sind (stochastisches Prozessverständnis) und auch die Ausgangsgrößen des letzten Prozesses der Prozesskette einer Streuung unterliegen. Exemplarisch ist dargestellt, dass mit einer Regressionsanalyse die Zusammenhänge zwischen den verschiedenen Ausgangsgrößen in der Prozesskette untersucht werden können.

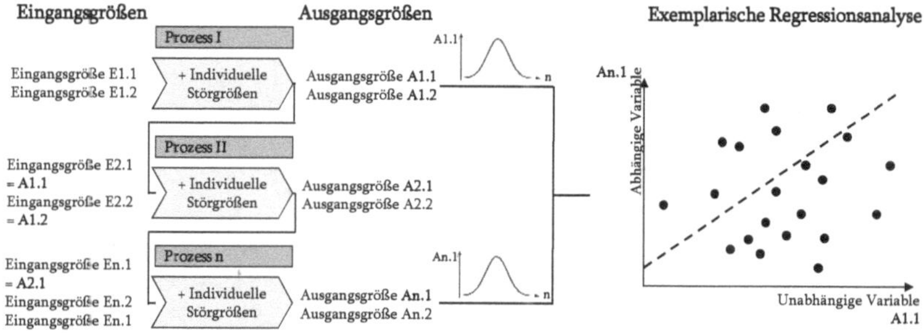

Abbildung 2-29: Schematische Darstellung von qualitätsrelevanten Zusammenhängen in fertigungstechnischen Prozessketten

[487] Vgl. Shewhart (1931): Economic control of quality of manufactured product.

Bei Betrachtung der qualitätsrelevanten Zusammenhänge im Kontext des Qualitätsmanagements wird deutlich, dass es nicht trivial ist, die Streuung der vorgelagerten Prozesse zu begrenzen oder die nachgelagerten Prozesse so robust zu gestalten, dass sie trotz vieler qualitätsrelevanter Zusammenhänge mit vorgelagerten Prozessen weiterhin prozesssicher in geforderter Qualität Teile liefern. Überhaupt müssen in der Produktionsprozesskette erst die entsprechenden Prüftechnologien implementiert sein, um durch die Aufnahme der Messwerte zu den entsprechenden Qualitätsmerkmalen eine Aussage zu den qualitätsrelevanten Zusammenhängen zu erhalten.

2.4.4 Qualitätsrelevante Zusammenhänge in der Hairpinstatorproduktion

Nachdem die Grundlagen zu qualitätsrelevanten Zusammenhängen betrachtet worden sind, soll nun dieses Verständnis auf das Betrachtungsobjekt der generischen Produktionsprozesskette Hairpinstatorproduktion angewandt werden. Im Fokus stehen hierbei die qualitätsrelevanten Zusammenhänge im Kontext des Qualitätsmanagements (siehe Abschnitt 2.4.1).

Auf Basis der identifizierten Qualitätsmerkmale- und Qualitätseinflüsse in der Hairpinstatorproduktion in Abschnitt 2.3.2 werden in der nachfolgenden Tabelle 2-3 qualitätsrelevante Zusammenhänge in der Hairpinstatorproduktion aufgestellt. Die Darstellungsform ist an einer Design-Structure-Matrix angelehnt, welche zur Darstellung und Analyse von qualitätsrelevanten Zusammenhängen im vorherigen Abschnitt eingeführt wurde. Weiterhin wurde die DSM um einen zusätzlichen Block zu den Eingangsgrößen erweitert.[488] Diese qualitätsrelevanten Zusammenhänge beruhen auf Erfahrungen des Autors aus dem Prototypenbau, einer Analyse der wissenschaftlichen Forschungsliteratur und den folgenden technischen Grundannahmen:

- Intentionell vorbearbeitete Bauteilmerkmale im Vorgängerprozess stehen im qualitätsrelevanten Zusammenhang mit den Bauteilmerkmalen im Nachfolgerprozess, die diese Vorbearbeitung erfordern.
- Form- und Lagetoleranzen von Bauteilmerkmalen eines Vorgängerprozesses stehen in Zusammenhang mit den Form- und Lagetoleranzen von Bauteilmerkmalen eines Nachfolgerprozesses, sofern die genutzten Werkzeuge in Interaktion mit den Bauteilmerkmalen stehen, die im Vorgängerprozess verändert worden sind.

Exemplarisch soll im Folgenden auf drei qualitätsrelevante Zusammenhänge innerhalb der Hairpinstatorproduktion eingegangen werden. Im Rahmen der Validierung der Methodik (Siehe Kapitel 6), wird die zu entwickelnde Methodik in der Praxis angewandt. In diesen Abschnitten werden die hier exemplarisch aufgeführten qualitätsrelevanten Zusammenhänge detaillierter beschrieben.

Beispiel 1 – Qualitätsrelevanter Zusammenhang der Prozesse ‚Draht Richten' und ‚Hairpin Biegen': Wie bereits einführend dargestellt, sind wesentliche Qualitätsmerkmale des Teilprozessschrittes ‚Hairpin Biegen' die Form des Hairpins sowie die Lage der Hairpinbeine. Da der Biegeprozess durch die mechanischen Materialeigenschaften des Drahtes beeinflusst

[488] Vgl. Browning (1998): Modeling and Analyzing Cost, Schedule, and Performance in Complex System Product Development, S. 129ff.

wird[489] und durch den Richtprozess die mechanischen Materialeigenschaften des Drahtes beeinflusst werden können,[490] kann die Hypothese zu einem qualitätsrelevanten Zusammenhang zwischen den Prozessen aufgestellt werden.

Beispiel 2 – Qualitätsrelevanter Zusammenhang der Prozesse ‚Hairpins Biegen' und ‚Hairpin Fügen': Da der Prozess ‚Hairpin Fügen', wie bereits in Abschnitt 2.3.2.6 dargelegt, von der Formgenauigkeit der Hairpinbeine abhängt, kann eine Hypothese zu einem qualitätsrelevanten Zusammenhang zwischen den Prozessen aufgestellt werden.

Beispiel 3 – Qualitätsrelevanter Zusammenhang der Prozesse ‚Draht Abisolieren' und ‚Kontaktieren': GLÄSSEL weist experimentell einen Zusammenhang zwischen Lackabtrag als Ergebnis des Prozesses ‚Draht Abisolieren' zum Prozess ‚Kontaktieren' nach.[491]

Tabelle 2-3: Qualitätsrelevante Zusammenhänge in der Hairpinstatorproduktion

Materialeingangsgrößen												
Draht	E, G, O, M	O, M	G, M	G,M		G	M	M	G, M	M	M	
Blechpaket						E, G, O						
Isolationspapier						E, G, O						
Verschaltelemente											E, G, M	
Beschichtungsmaterial (Lack / Harz)												E, M
Teilprozesse	Draht Richten	Draht Abisolieren	Draht Ablängen	Hairpin Biegen	Hairpin Vormontage	Hairpins Fügen	Hairpinenden Freistellen	Schränken	Hairpinenden Ablängen	Kontaktieren	V.-E. Mont. & Kontakt.ieren	Hairpinenden Beschichten
Draht Richten		L	G, M	G,M	G	G	M	M	G, M			
Draht Abisolieren				M						F, L, O, M	F, L, O, M	O
Draht Ablängen					F	F, L			F, L			
Hairpin Biegen					F, L	F, L	F, L	F, L				
Hairpin Vormontage						F, L						
Hairpins Fügen							F, L					
Hairpinenden Freistellen								F, L				
Schränken									F, L			
Hairpinenden Ablängen										F, L	F, L	F, L
Kontaktieren											O	
V.-E. Montieren & Kontaktieren												
Hairpinenden Beschichten												

Qualitätsrelevanter Zusammenhang: F = Form; L = Lage; O = Oberflächenbeschaffenheit; E = Eingangsgröße; G = Geometrische Materialeigenschaften; M = Mechanische Materialeigenschaften

2.4.5 Zwischenfazit

Die Analyse der qualitätsrelevanten Zusammenhänge des Betrachtungsobjektes der Hairpinstatorproduktion zeigt, dass eine hohe Zahl dieser vorhanden ist. Darüber hinaus wird

[489] Vgl. Weigelt et al. (2017): Potentials of an explicit finite element analysis of the bending processes for coated copper wires, S. 1ff.

[490] Vgl. Nastran et al. (2002): Stabilisation of mechanical properties of the wire by roller straightening, S. 712.

[491] Vgl. Gläßel (2020): Prozessketten zum Laserstrahlschweißen von flachleiterbasierten Formspulenwicklungen für automobile Traktionsantriebe, S. 149.

deutlich, dass auch dem Rohmaterial Draht eine wichtige Rolle zukommt.[492] Die dargestellten qualitätsrelevanten Zusammenhägen bestehen vor allem in den Bereichen Form- und Lage, aber auch mit Hinblick auf die Laserschweißprozesse.[493]

Die qualitätsrelevanten Zusammenhänge werden in der nachfolgenden Abbildung 2-30 auf ihre Relationenkomplexität untersucht. Die dargestellte Analyse zeigt, dass das Betrachtungsobjekt der Hairpinstatorproduktion mit Hinblick auf diesen Untersuchungsgegenstand als komplex zu bezeichnen ist. Gleichwohl wird deutlich, dass viele der dargestellten qualitätsrelevanten Zusammenhänge und Aspekte der Relationenkomplexität noch nicht zu quantifizieren sind. Dies resultiert aus der hohen Unbekanntheit, die eine neuartigen, disruptiven Technologie aufweist. Aus dieser wächst der Bedarf, die (Relationen-)Komplexität zu beherrschen, indem proaktiv (im Anwendungsfall vor der Produktion) die qualitätsrelevanten Zusammenhänge bestimmt werden müssen.

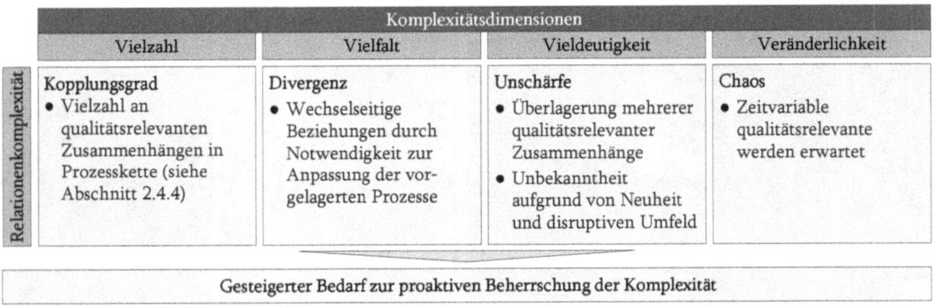

Abbildung 2-30: Analyse der Komplexität der Hairpin-Statorproduktion mit Hinblick auf die Relationenkomplexität in Anlehnung an Reiß[494]

Zusammenfassend ist festzustellen, dass im Kontext des Betrachtungsobjektes der Hairpinstatorproduktion viele qualitätsrelevante Zusammenhängen zwischen den Einzelprozessen bestehen, die bei der Spezifizierung der Anlagen aufgrund des disruptiven Charakters des Betrachtungsobjektes zum Großteil noch unbekannt sind. Hieraus resultiert der Bedarf nach einer effizienten Möglichkeit zur Bestimmung dieser qualitätsrelevanten Zusammenhänge bereits vor der Serienproduktion.

[492] Vgl. Wirth et al. (2019 - 2019): Influence of Wire Tolerances on Hairpin Shaping Processes.

[493] Vgl. Gläßel (2020): Prozessketten zum Laserstrahlschweißen von flachleiterbasierten Formspulenwicklungen für automobile Traktionsantriebe.

[494] Eigene Darstellung in Anlehnung an die Ausführungen Reiß. Reiß (1993): Komplexitätsmanagement. T. 1, S. 57ff.

2.5 Produktentstehungsprozesse für Elektromotoren im disruptiven Wandel zur Elektromobilität

In den vorherigen Abschnitten wurde die Hairpin-Statortechnologie sowie die dazugehörige Produktionstechnik eingeführt und gegenüber den bisher marktdominanten konventionellen Wicklungstechnologien abgegrenzt. Dabei wurde zusammenfassend im Rahmen der Ausgangssituation der Technologie festgestellt, dass

- die Hairpin-Wicklung Vorteile hinsichtlich der Produkteffizienz, den Herstellungskosten und der Großserientauglichkeit aufweist und so die bisher am Markt etablierten Wicklungstechnologien disruptiv ersetzen wird (Abschnitt 2.1)
- die Produktionsprozesse der Hairpin-Wicklung sich maßgeblich von denen der Runddrahtwicklungen unterscheiden und so diese als disruptive Produktionstechnik charakterisiert werden kann (Abschnitt 2.2)
- in der heterogenen Hairpin-Statorproduktion viele und zum Teil noch unbekannte Qualitätsmerkmale-und -einflüsse bestehen (Abschnitt 2.3)
- die Zusammenhänge und Wirkbeziehungen zwischen den Qualitätsmerkmalen der Zwischenprodukte und den Qualitätseinflüssen, wie den jeweiligen Technologiealternativen, Prozessführungen und Störgrößen noch nicht vollumfänglich bekannt sind (Abschnitt 2.4)

Im folgenden Abschnitt sollen die Implikationen des Einsatzes der Hairpin-Wicklung (dargestellte Ausgangssituation der Technologie) auf die Produktentstehungsprozesse mit Fokus auf Aspekte der Produktionsplanung und des Produktionsanlaufes untersucht werden. Dabei sollen die Analyse vor dem Hintergrund des in Kapitel 1 beschriebenen disruptiven Wandels der Automobilindustrie hin zur Elektromobilität erfolgen. Die Schaffung eines einheitlichen Verständnisses relevanter Begrifflichkeiten wird jeweils in die einzelnen Abschnitte integriert.

2.5.1 Grundlagen zu Produktentstehungsprozessen

Die Vielfalt an zu entwickelnden Produkten führt auch zu einer Vielfalt an eingesetzten Entwicklungsmethodiken und variierenden Gestaltungen des Produktentstehungsprozesses in der industriellen Praxis.[495] Die vorliegende Dissertation soll daher die wesentlichen Aspekte der existierenden Modelle zum Produktentstehungsprozess aufgreifen und vor dem Hintergrund der beschrieben Situation der industriellen Praxis der Hairpin-Statorproduktion als Betrachtungsobjekt einer disruptive Produkt- und Produktionstechnologie reflektieren.

Hierzu wird der Produktentstehungsprozess zunächst in das Konzept des Produktlebenszyklus eingeordnet aus. Der **Produktlebenszyklus** wird nach EIGNER UND STELZER als *„die komplette Planung und Entwicklung von Produkten und ihren zugehörigen Betriebsmitteln, Ressourcen, Fertigungs- und Montageprozessen, deren Herstellung sowie Nutzung, Betrieb*

[495] Die Gesamtheit des Prozesses von der Produktidee über die Planungsphase bis hin zum fertigen Produkt wird unter dem Begriff des ‚Produktentstehungsprozess' (PEP) zusammengefasst. Vgl. Feldhusen et al. (2013): Pahl/Beitz Konstruktionslehre, S. 29.

und Recycling" definiert.[496] FALLBÖHMER kennzeichnet im Produktlebenszyklus die Phasen der Produktentwicklung, Produktentstehung und definiert so auch die Produktentstehungszeit „time-to-market", welche vom Beginn des Produktlebenszyklus (erste Idee) bis zum ersten vertriebenen Produkt reicht.[497] Der Produktlebenszyklus umfasst alle das Produkt betreffenden Aktivitäten, von der ersten Idee bis hin zum Ende der Lebensdauer und kann in die sieben Phasen Anforderungen, Produktplanung, Entwicklung, Prozessplanung, Produktion, Betrieb und Recycling unterteilt werden, von denen die ersten fünf für die vorliegende Dissertation von Relevanz sind (siehe Abbildung 2-31).[498] Folglich soll unter dem **Produktentstehungsprozess** die „*die komplette Planung und Entwicklung von Produkten und ihren zugehörigen Betriebsmitteln, Ressourcen, Fertigungs- und Montageprozessen*" verstanden werden.[499]

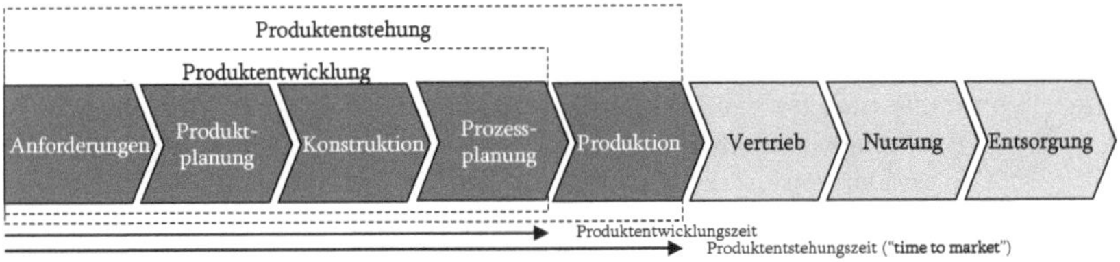

Abbildung 2-31: Einordnung in den Produktlebenszyklus[500]

In der industriellen Praxis erfolgt die Produktentwicklung jedoch nicht mehr rein sequenziell – wie in Abbildung 2-31 dargestellt. Zur Steigerung der Effizienz des Produktentstehungsprozesses hat sich in den 1990er-Jahren, das **Simultaneous Engineering** etabliert, bei dem insbesondere die für diese Dissertation relevante Prozessplanung oder auch Prozessgestaltung (Produktionsmittelplanung) parallel und integriert zur Produktentwicklung abläuft.[501] Durch verstärkte Aufwendungen in den frühen Phasen können Produktkonzepte, die technischen Möglichkeiten der Produktionsprozesse und -mittel früh abgeglichen werden.[502] Jedoch müssen zur Parallelisierung von Entwicklungsaktivitäten die Schnittstellen und Abhängigkeiten bekannt sein.[503] Das Simultaneous Engineering wurde in den nachfolgenden Jahren zum **Concurrent Engineering** erweitert, das das parallele Entwickeln von Produktmodulen unter Berücksichtigung der Produkt- und Entwicklungsschnittstellen vorsieht.[504]

---

[496] Eigner et al. (2009): Product-lifecycle-Management, S. 9.

[497] Vgl. Fallböhmer (2000): Generieren alternativer Technologieketten in frühen Phasen der Produktentwicklung, S. 3.

[498] Vgl. Eigner et al. (2009): Product-lifecycle-Management, S. 8.

[499] Ebd., S. 8.

[500] Eigene Darstellung in Anlehnung an FALLBÖHMER sowie ergänzt durch Aspekte von EIGNER UND STELZER und der VDI 2221. Vgl. Fallböhmer (2000): Generieren alternativer Technologieketten in frühen Phasen der Produktentwicklung, S. 3; Vgl. Eigner et al. (2009): Product-lifecycle-Management, S. 8; Vgl. Verein Deutscher Ingenieure (VDI 2221) 2019, S. 25.

[501] Vgl. Bochtler et al. (1995): Simultaneous Engineering, S. 2.

[502] Vgl. Eversheim et al. (2005): Integrierte Produkt- und Prozessgestaltung, S. 8.

[503] Vgl. Bullinger et al. (1997): Forschungs- und Entwicklungsmanagement, S. 16.

[504] Vgl. Haug (1993): Concurrent Engineering: Tools and Technologies for Mechanical System Design, S. 10ff.

EVERSHEIM versteht die ‚Integrierte Produkt- und Prozessgestaltung' oder auch ‚Integrierte Produkt- und Prozessentwicklung' als einen Befähiger zur Realisation von Simultaneous [bzw. Concurrent] Engineering.[505] Wie KLEINE BÜNING herausstellt, kommt dem Konzept der *„integrierten Produkt- und Prozessentwicklung eine gesteigerte Bedeutung in der Elektromotorenentwicklung und -industrialisierung zu*", was KLEINE BÜNING durch den *„hohen Einfluss des Produktionsprozesses auf Leistung und Qualität eines Elektromotors sowie durch die Investitions- und Prozesskosten des Produktionssystems*" begründet sieht.[506]

Die vorliegende Dissertation soll allerdings auf die Produktion, also stärker auf die „Prozessseite" der integrierten Produkt- und Prozessentwicklung, fokussieren und das Produkt soll als weitestgehend entwickelt angenommen werden.

Eine Übersicht über den Produktentstehungsprozess auf Basis von Modellen von WINKLER, LANZA, NYHUIS ET AL. und SCHMITT, unter besonderer Berücksichtigung der Aufteilung zwischen Produkt- und Prozessentwicklung, ist in Abbildung 2-32 dargestellt.

Anforderungsbestimmung: Der von EIGNER als „Anforderungen" bezeichnete Teilprozessschritt beinhaltet das Sammeln von Anforderungen und das Aufstellen einer Anforderungsliste für das Produkt.[507] Die Anforderungsbestimmung stellt so die Grundlage für die anschließende Produktentwicklung dar, indem sie Kundenwünsche sowie Anforderungen weiterer (auch interner) Stakeholder in Funktionen des späteren Produktes transformiert.[508] Volatile und sich kontinuierlich ändernden Anforderungen erfordern ein Anforderungsmanagement, was begleitend zum Produktentwicklungsprozess durchgeführt werden kann (Zur Vertiefung und Abgrenzung, siehe Abschnitt 2.5.2).[509]

Teilprozesskette Produktentwicklung: Die Produktentwicklung, welche im Modell nach EIGNER UND STELZER sowie FALLBÖHMER in Abbildung 2-31, neben der Anforderungsbestimmung auch noch die Teilschritte ‚Produktplanung' und ‚Konstruktion' aufweist, kann in Abhängigkeit des zu entwickelnden Produktes durch verschiedene Teilmethodiken abgebildet werden. Im Maschinenbau werden vor allem Entwicklungsmethodiken wie die VDI 2221[510], die Methodik der integrierten Produkterstellung IPE nach EHRLENSPIEL[511], das Münchener Vorgehensmodell nach LINDEMANN[512] in der Mechatronik und Softwareentwicklung, die VDI 2206 bzw. das V-Modell[513] sowie themenübergreifend das Axiomatic Design nach

[505] Vgl. Eversheim et al. (2005): Integrierte Produkt- und Prozessgestaltung, S. 9.

[506] Kleine Büning (2019): Informationsorientierte Prototypenplanung zur Effizienzsteigerung im Produktionsplanungsprozess, S. 50.

[507] Vgl. Verein Deutscher Ingenieure (VDI 2221) 2019, S. 31ff.; Vgl. Eigner et al. (2009): Product-lifecycle-Management, S. 9.

[508] Vgl. Verein Deutscher Ingenieure (VDI 2221) 2019, S. 34.

[509] Vgl. Pohl et al. (2015): Basiswissen Requirements Engineering, S. 5; Vgl. Schienmann (2002): Kontinuierliches Anforderungsmanagement, S. 46.

[510] Vgl. Verein Deutscher Ingenieure (VDI 2221) 2019, S. 1ff.

[511] Vgl. Ehrlenspiel (2009): Integrierte Produktentwicklung, S. 311ff.

[512] Vgl. Lindemann (2009): Methodische Entwicklung technischer Produkte, S. 46ff.

[513] Vgl. Verein Deutscher Ingenieure (VDI 2206) 2004, S. 1ff.

SUH[514] oder das Wasserfallmodell nach ROYCE[515] eingesetzt.[516] Neben weiteren Entwicklungsmethodiken, sind vor allem noch elektromotorenspezifische Entwicklungsmethodiken relevant. KLEINE BÜNING, der in seiner Arbeit die Rolle von Produktprototypen für Elektromotoren untersucht hat, hat hierzu Ansätze von CHAU[517], PYRHÖNEN ET AL.[518] und LEI ET AL.[519] identifiziert, und hat ein eigenes Modell abgeleitet[520] und herausgestellt, dass bei Produktentstehungsprozessen für Elektromotoren die Prozessentwicklung stark in die Produktentwicklung integriert werden muss. Insbesondere der *Prototypenproduktion* komm in der Automobilindustrie eine wichtige Rolle zur Bewertung und Validierung der Entwicklungsergebnisse zu (Zur Detaillierung und Fokussierung auf den Anlagenbau, siehe Abschnitt 2.5.3).[521] So werden in dieser vier Musterstände unterschieden, welche in Funktionsmuster (A-Muster), in Prototypen (B-Muster), in Vorserienteile (C-Muster) und in Erstmuster (D-Muster) differenziert werden können.[522] Ausgehend von den Erkenntnissen zur Anforderungserfüllung durch die Validierung in Form von Prototypen, ist ein *Änderungsmanagement* ein weiteres Element der produktfokussierten Prozesskette im Produktentstehungsprozess. Unter dem Änderungsmanagement wird nach LINDEMANN UND REICHWALD die *„Gesamtheit aller Maßnahmen zur Vermeidung sowie zur gezielten Vorverlagerung und effizienten Planung, Auswahl, Bearbeitung und Regelung von Produktänderungen"* verstanden.[523] Dabei sehen RÖSCH ET AL. das Produkt im Fokus des Änderungsmanagements, aber stellen heraus, dass auch Prozesse im Änderungsmanagement berücksichtigt werden müssen. So können auch Prozesse ursächlich für Änderungen am Produkt sein.[524]

Teilprozesskette Prozessentwicklung: Der Begriff „Prozessentwicklung" unterliegt sowohl in der wissenschaftlichen Theorie, als auch in der industriellen Praxis einem nicht einheitlichen Begriffsverständnis. So wird der Begriff „Prozessentwicklung" in einem betrieblich-organisatorischen Kontext[525] für die Entwicklung von Unternehmensprozessen verwendet.[526] Auch im Kontext der integrierten Produkt- und Prozessentwicklung (bzw. -gestaltung) nach EVERSHEIM UND SCHUH wird der Begriff „Prozessentwicklung" als Überbegriff für die Entwicklung von Unternehmensprozessen wie auch die Planung von Produktionsprozessen verwendet, sodass die Teilmethodik der integrierten Produkt- und Produktionsprozessgestaltung eingeführt wird.[527] Wird der Begriff auf die technische Prozessentwicklung

---

[514] Vgl. Suh (2001): Axiomatic design, S. 10ff.

[515] Vgl. Royce (1970): Managing the Development of Large Software Systems, S. 328ff.

[516] Eine detaillierte Analyse von Konstruktions- und Entwicklungsmethodiken ist im Standardwerk der Konstruktionslehre „Pahl/Beitz Konstruktionslehre" aufgeführt. Vgl. Feldhusen et al. (2013): Pahl/Beitz Konstruktionslehre, S. 11ff.

[517] Vgl. Chau (2015): Electric vehicle machines and drives, S. 62ff.

[518] Vgl. Pyrhönen et al. (2010): Design of rotating electrical machines, S. 301ff.

[519] Vgl. Lei et al. (2016): Multidisciplinary Design Optimization Methods for Electrical Machines and Drive Systems, S. 13.

[520] Vgl. Kleine Büning (2019): Informationsorientierte Prototypenplanung zur Effizienzsteigerung im Produktionsplanungsprozess, S. 46.

[521] Vgl. Bauernhansl (2020): Fabrikbetriebslehre 1, S. 96.

[522] Ebd., S. 96f.

[523] Lindemann et al. (2012): Integriertes Änderungsmanagement, S. 327.

[524] Vgl. Rösch et al. (2008): Grundlagen des Änderungsmanagements im Anlauf, S. 215.

[525] Im englischen als „Operations Management" bezeichnet.

[526] Vgl. Grabner (2012): Prozessentwicklung, S. 91ff.

[527] Vgl. Eversheim et al. (2005): Integrierte Produkt- und Prozessgestaltung, S. 11.

eingegrenzt, so wird er einerseits im Kontext der Fertigungsmittelplanung und andererseits im Kontext der Fertigungsvorentwicklung für die Entwicklung von innovativen technischen Fertigungsprozessen genutzt. In dieser Dissertation soll dem Verständnis von LANZA gefolgt werden, die die Prozessentwicklung vorranging im Kontext der Fertigungsvorentwicklung einordnet und den Fokus *„auf der Erstellung von neuen technischen Verfahren [...]“* definiert und diese bei *„Produktneuentwicklungen oder der Integration von neuen technischen Verfahren in den Produktionsprozess“* als notwendig erachtet.[528]

Teilprozesskette Produktionsanlauf: Die Teilprozesskette des Produktionsanlaufs ist in der wissenschaftlichen Forschungsliteratur sowie in der industriellen Praxis unterschiedlich definiert und gegliedert.[529] Im Rahmen der Aktivitäten der Inbetriebnahme wird zumeist, ausgehend von der Freigabe der Vorserie, in die Phasen der Vorserie, Nullserie und dem Produktionshochlauf unterschieden.[530] Der Produktionsanlauf endet mit dem Erreichen der sogenannten Kammline.[531] Unter der Kammline wird das Erreichen der geplanten Ausbringungsmenge verstanden.[532] Nach dem Erreichen der Kammline wird in der Serienproduktion produziert und die spezifischen Maßnahmen des Anlaufmanagements, wie beispielsweise der Anlageninbetriebnahme und -optimierung, werden zurückgefahren.

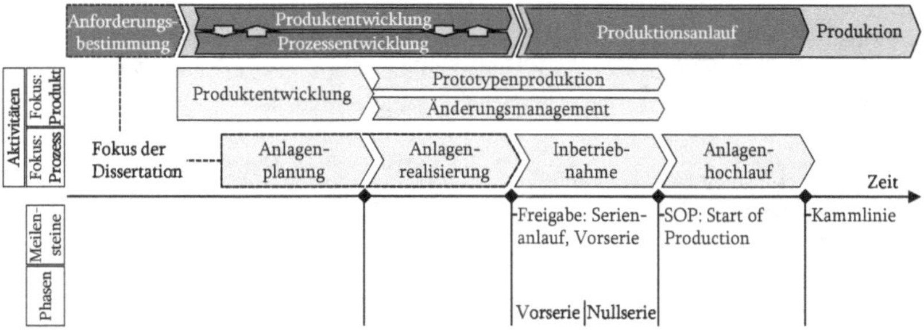

Abbildung 2-32: Einordnung der Dissertation in bestehende Modelle zum Produktentstehungsprozess mit Hinblick auf den Produktionsanlauf[533]

[528] Lanza (2005): Simulationsbasierte Anlaufunterstützung auf Basis der Qualitätsfähigkeiten von Produktionsprozessen, S. 11; Vgl. Schmitt (2015): Anlaufmanagement - Begriffe und Definitionen, S. 7.

[529] Vgl. Schuh et al. (2008): Grundlagen des Anlaufmanagements: Entwicklungen und Trends, Definitionen und Begriffe, Integriertes Anlaufmanagementmodell, S. 2; Vgl. Schmitt (2015): Anlaufmanagement - Begriffe und Definitionen, S. 8.

[530] Zur detaillierten Beschreibung der Anlaufphasen wird auf LANZA, SCHMITT, WANGENHEIM, WINKLER und ZEUGTRÄGER verwiesen. Vgl. Lanza (2005): Simulationsbasierte Anlaufunterstützung auf Basis der Qualitätsfähigkeiten von Produktionsprozessen, S. 8ff.; Vgl. Schmitt (2015): Anlaufmanagement - Begriffe und Definitionen, S. 7ff.;Vgl. Wangenheim (1998): Planung und Steuerung des Serienanlaufs komplexer Produkte, S. 25; Vgl. Winkler (2007): Modellierung vernetzter Wirkbeziehungen im Produktionsanlauf, S. 9ff.; Vgl. Zeugträger (1998): Anlaufmanagement für Großanlagen, S. 26f.

[531] Vgl. Lanza (2005): Simulationsbasierte Anlaufunterstützung auf Basis der Qualitätsfähigkeiten von Produktionsprozessen, S. 8.

[532] Vgl. Gronau (2008): Wettbewerbsfähigkeit durch Arbeits- und Betriebsorganisation, S. 283; Vgl. Schmitt (2015): Anlaufmanagement - Begriffe und Definitionen, S. 11.

[533] Eigene Darstellung in Anlehnung an WINKLER, LANZA, NYHUIS ET AL. und SCHMITT. Vgl. Winkler (2007): Modellierung vernetzter Wirkbeziehungen im Produktionsanlauf, S. 13; Vgl. Lanza (2005):

Im Fokus der prozessualen Betrachtung der vorliegenden Dissertation steht die Teilprozesskette des (Groß-)Anlagenbaus bzw. der Anlagenplanung und -realisierung.

Die Teilprozesskette der (Groß-)*Anlagenplanung* wird in der wissenschaftlichen Forschungsliteratur differierend beschrieben. Häufig wird von der Produktionsplanung gesprochen und die Planungs- und Entwicklungsschritte beim Auftraggeber gesehen. In der industriellen Praxis werden die Anlagen jedoch zumeist zugekauft und häufig auch zu Großanlagen integriert.[534] Abbildung 2-33 basiert auf den Werken von WINKLER und KLEIN und stellt eine Teilprozesskette für den Fall der externen Anlagenbeschaffung, -entwicklung und -integration dar. Hierin werden, ausgehend von einem ersten Produktionskonzept, das Produktionsszenario und die Personal- und Logistikplanung berücksichtigt[535], die ersten (technischen) Prozesskonzepte erarbeitet.[536] Im Teilprozessschrittes der Anforderungsspezifikation werden Anforderungen inklusive aller relevanter Abnahme- und Testkriterien festgelegt und in einem Lastenheft dokumentiert (Zur Detaillierung der Anforderungsspezifikation, siehe Abschnitt 2.5.2).[537] Im Teilschritt der Lösungsspezifikation werden *„geeignete technische Lösungen zur Umsetzung der gestellten Anforderungen“*[538] ermittelt. KLEIN differenziert in seiner dargestellten Prozesskette nicht zwischen den beiden Rollen ‚OEM / Tier-1' sowie dem Anlagenbau. In der in Abbildung 2-33 dargestellten Prozesskette soll die Rolle des ‚OEM / Tier-1' bereits Teile der technischen Lösung erarbeiten und spezifizieren. Wohingegen der Anlagenbau eine beratende Funktion hat und später auf die Konstruktion und Integration der spezifizierten technischen Lösungen fokussiert.

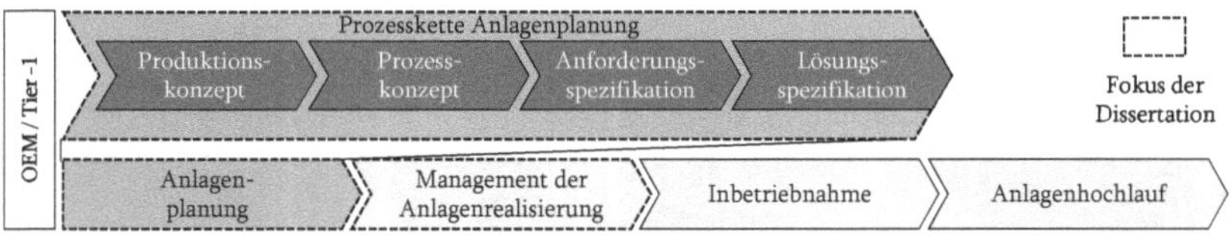

Abbildung 2-33: Adaptierte Teilprozesskette der Anlagenplanung nach ZEUGTRÄGER[539]

Simulationsbasierte Anlaufunterstützung auf Basis der Qualitätsfähigkeiten von Produktionsprozessen, S. 8; Vgl. Nyhuis et al. (2006): Prognosis-Based Ramp-Up Management by Modeling Cause–Effect Relationships Integrated in the Product Life-Cycle; Vgl. Schmitt (2015): Anlaufmanagement - Begriffe und Definitionen, S. 7.

[534] Experteninterviews 2019-2020 mit marktrelevanten Anlagenbauern: Aumann, ATOP, Felsomat, Grob, ThyssenKrupp Systems. Siehe dazu der Abschnitt zu Generalunternehmern.

[535] Vgl. Winkler (2007): Modellierung vernetzter Wirkbeziehungen im Produktionsanlauf, S. 14.

[536] Ebd., S. 14.

[537] Vgl. Klein (2016): Agiles Engineering im Maschinen- und Anlagenbau, S. 26; Vgl. Geisberger et al. (2004): Abschlussbericht des Projekts "ProMiS" - Projektmanagement für interdisziplinäre Systementwicklungen, S. 36ff.; Vgl. Schmidt (2007): Qualitätsgerechte Entwicklung softwareintensiver technischer Systeme, S. 60ff.

[538] Klein (2016): Agiles Engineering im Maschinen- und Anlagenbau, S. 26.

[539] Eigene Darstellung in Anlehnung an WINKLER und GEISBERGER ET AL. Vgl. Winkler (2007): Modellierung vernetzter Wirkbeziehungen im Produktionsanlauf, S. 14; Vgl. Geisberger et al. (2004): Abschlussbericht des Projekts "ProMiS" - Projektmanagement für interdisziplinäre Systementwicklungen, S. 37.

Die Teilprozesskette der Anlagenrealisierung gliedert sich nach ZEUGTRÄGER in die Teilschritte ‚Engineering', ‚Fertigung/Vormontage', ‚Versand' und ‚Montage' und wird von einem Anlagenbauer ausgeführt (Siehe dazu Abbildung 2-34).[540] Hierbei werden ausgehend von den Anforderungen im Lastenheft des OEM bzw. Tier-1 im Teilprozessschritt ‚Engineering' technische Konzepte entwickelt und in einem Pflichtenheft dokumentiert. Das Pflichtenheft stellt dann die Grundlagen des Kaufvertrags dar.[541] Eine Besonderheit der Prozesskette des Anlagenbaus stellt die finale Endmontage vor Ort beim Kunden dar, da erst hier die Anlage final zusammengefügt und später in Betrieb genommen wird.[542] So können bis zur finalen Endmontage vor Ort lediglich Teilfunktionen erprobt werden.[543] Weiterhin muss beim Einzug der (Groß-)Anlagen auch schon die technische Gebäudeausrüstung auf die Anlage angepasst und für die Inbetriebnahme weitestgehend installiert sein. Für Großproduktionsanlagen für die Hairpin-Statorproduktion müssen beispielsweise Strom, Kühlwasser, teilweise Schutzgase wie Argon und eine entsprechende Raumklimatisierung zur Verfügung stehen.

Nachdem die Anlagenrealisierung abgeschlossen ist und die Anlage vor Ort installiert worden ist, beginnt die Inbetriebnahme der Anlage. Die Inbetriebnahme dient der „*Überführung des fertig montierten Systems in einen betriebsfähigen Zustand gemäß den Vertragsbedingungen*"[544] und endet mit der Abnahme der Anlage durch den Auftraggeber.[545] In der Inbetriebnahme werden Mängel aus den Phasen Konstruktion, Arbeitsvorbereitung, Fertigung und Montage erkannt und müssen vom Anlagenbauer behoben werden.[546] Dabei werden in der industriellen Praxis bereits Anlageningenieure und Fertigungspersonal des Auftraggebers eingesetzt, um den Anlagenbauer zu unterstützen, aber auch um in die Anlage eingewiesen und qualifiziert zu werden.[547]

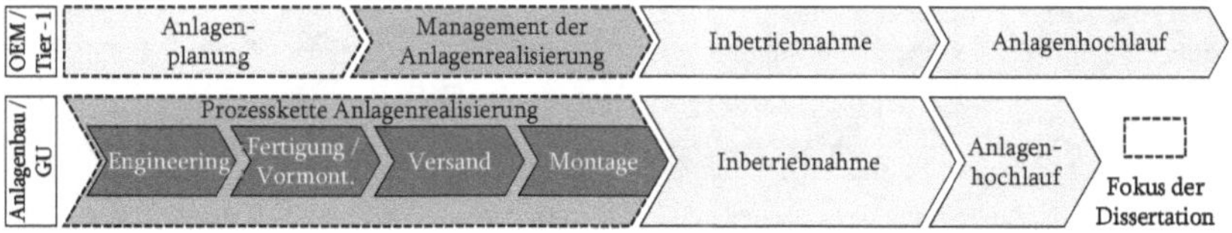

Abbildung 2-34: Adaptierte Teilprozesskette der Anlagenrealisierung nach ZEUGTRÄGER[548]

Ausgehend von einem fortgeschrittenen Entwicklungsstand des Produktes (Hairpin-Stator), bei dem relevante Merkmale wie geometrische Abmessungen, elektrische Eigenschaften

540 Vgl. Zeugträger (1998): Anlaufmanagement für Großanlagen, S. 5.
541 Vgl. Schloske (2020): Innovation und Produktentwicklung, S. 76f.
542 Vgl. Zeugträger (1998): Anlaufmanagement für Großanlagen, S. 5.
543 Ebd., S. 28.
544 Ebd., S. 28.
545 Vgl. Lanza (2005): Simulationsbasierte Anlaufunterstützung auf Basis der Qualitätsfähigkeiten von Produktionsprozessen, S. 15.
546 Ebd., S. 15.
547 Vgl. Zeugträger (1998): Anlaufmanagement für Großanlagen, S. 29.
548 Eigene Darstellung in Anlehnung an ZEUGTRÄGER. Ebd., S. 5.

(Spannungslage, Flussdichten), Leiter pro Nut, Wickelschemata, Draht- und Isolationsspezifikationen etc. schon festgelegt sind[549], werden in der industriellen Praxis der Hairpin-Statorproduktion die (Groß-)Produktionslinien zumeist von Automobilherstellern (OEM) oder Automobilzulieferern (Tier-1) in Auftrag gegeben und von einem Generalunternehmer installiert und nahezu schlüsselfertig übergeben. Die Rolle des Generalunternehmers wird vom GABLER WIRTSCHAFTSLEXIKON als von einem *„Auftraggeber mit der Ausführung eines Auftrages betraute Unternehmer, der sich zur Erfüllung des Auftrages anderer Unternehmer (Subunternehmer) bedient"* definiert.[550] Die Rolle des Generalunternehmers ist geprägt durch kundenspezifische Einzelaufträge mit hohem Konstruktions- und Entwicklungsaufwand. Dabei variiert die Fertigungstiefe zwischen den Anbietern, wobei viele kundenspezifische Produktionsprozesse mit Sondermaschinen wie das ‚Hairpin Fügen' oder ‚Schränken' in Eigenentwicklung und -Fertigung erfolgen, während bei Produktionsprozessen wie dem ‚Draht Richten' oder ‚Kontaktieren' auf zugelieferte Anlagen zurückgegriffen wird. In dem Prozess des ‚Hairpin Biegen' unterscheidet sich die Fertigungstiefe zwischen den Anbietern.[551] Der Auftraggeber trägt trotz der vertraglichen Zusicherung des Generalunternehmers zur Übergabe einer funktionsfähigen Produktionslinie die Verantwortung, sicherzustellen, dass die Produktionslinie entsprechend der Anforderungen produzieren kann. Diese Verantwortung verschärft sich, weil aufgrund der hohen geplanten Umsätze mit den Produktionslinien etwaige resultierende hohe Konventionalstrafen durch die Generalunternehmer möglicherweise nicht finanziert werden können.[552]

Merkmale	Ausprägungen			
Erzeugnisspektrum	Erzeugnisse nach Kundenspezifikation	Typisierte Erzeugnisse mit spez. Varianten	Standarderzeugnisse mit Varianten	Standarderzeugnisse ohne Varianten
Fertigungsablaufart	Baustellenfertigung	Werkstattfertigung	Gruppen-/ Linienfertigung	Fließfertigung
Fertigungsart	Einmalfertigung	Einzel- und Kleinserienfertigung	Serienfertigung	Massenfertigung
Fertigungstiefe	Geringe Fertigungstiefe	Mittlere Fertigungstiefe	Hohe Fertigungstiefe	

Abbildung 2-35: Einordnung des Anlagenbau-Generalunternehmers für Hairpin-Statoren in Betriebstypen nach SCHOMBURG und ZEUGTRÄGER[553]

Implikationen der dargestellten Ausgangssituation des Betrachtungsobjektes der Hairpin-Statorproduktion auf die Produktentstehungsprozesse:

549 Vgl. Pyrhönen et al. (2010): Design of rotating electrical machines, S. 314; Vgl. Kleine Büning (2019): Informationsorientierte Prototypenplanung zur Effizienzsteigerung im Produktionsplanungsprozess, S. 45.

550 Berwanger et al. (2020): Generalunternehmer.

551 Experteninterviews 2019-2020 mit marktrelevanten Anlagenbauern: Aumann, ATOP, Felsomat, Grob, ThyssenKrupp Systems.

552 Experteninterview 2019, das der Autor mit Mitarbeitern eines Tier1-Automobilzulieferers geführt hat.

553 Eigene Darstellung in Anlehnung an ZEUGTRÄGER. Vgl. Zeugträger (1998): Anlaufmanagement für Großanlagen, S. 15; Vgl. Schomburg (1980): Entwicklung eines betriebstypologischen Instrumentariums zur systematischen Ermittlung der Anforderungen an EDV-gestützte Produktionsplanungs- und -steuerungssysteme im Maschinenbau.

Die dargestellte Ausgangssituation des Betrachtungsobjektes der Hairpin-Statorproduktion verdeutlicht, dass in dieser eine hohe Zahl von Qualitätsmerkmalen und -einflüssen wirken und dass viele qualitätsrelevante Zusammenhänge bestehen. Der disruptive Charakter der Hairpin-Statorproduktion geht mit einer hohen Unbekanntheit mit Hinblick auf die Bestimmung dieser Qualitätsmerkmale und -einflüsse und sowie deren Zusammenhänge einher.

Wie Abbildung 2-32 sowie Abbildung 2-33 zu entnehmen ist, beginnen die Aktivitäten des OEMs bzw. des Tier-1 mit dem Produktions- bzw. Prozesskonzept, welche in der Anforderungsspezifikation münden. Da wie zuvor skizziert, die Qualitätsmerkmale und -einflüsse sowie die qualitätsrelevanten Zusammenhänge nicht ausreichend bekannt sind, können folglich auch nicht die Anforderungen vollumfänglich spezifiziert werden (Unbekannte Anforderungsgrundlage). Es entsteht folglich ein Bedarf, diese Anforderungen zu bestimmen. Dies kann durch eine Erweiterung des Teilschrittes ‚Prozesskonzept' zur Prozessentwicklung erfolgen. Dadurch rückt diese jedoch auf den kritischen Pfad zwischen Produktenwicklung und Anlagenrealisierung (siehe Abbildung 2-36).

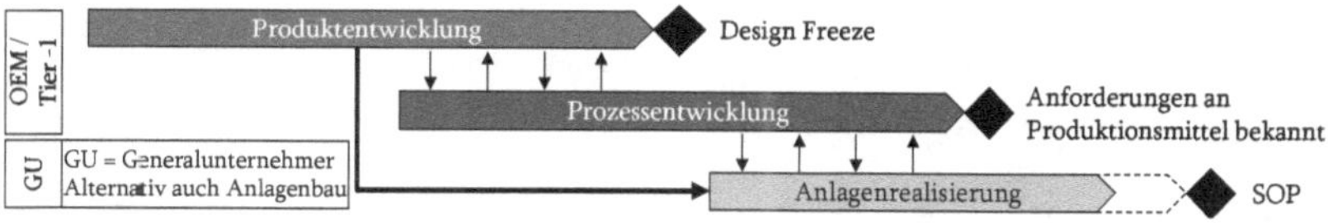

Abbildung 2-36: Rolle der Prozessentwicklung des Auftraggebers

> Zusammenfassend ist festzustellen, dass aus der Abfolge der notwendigen Aktivitäten im Produktentstehungsprozess deutlich wird, dass die Anforderungen an Produktionsanlagen vor der Realisierung der Anlage und der Produktion bekannt sein müssen, um Effizienzdefizite in den nachfolgenden Aktivitäten der Inbetriebnahme, des Produktionsanlaufes und der Serienproduktion zu vermeiden.

2.5.2 Anforderungsmanagement für Produktionsanlagen

Der Anforderungsbegriff, dessen wissenschaftliche Verwendung ihren Ursprung im Bereich des Software Engineering hat, wird in zahlreichen normativen Definitionen teils mit unterschiedlichem Fokus beschrieben. Im internationalen Standard ISO/IEC/IEEE 24765 werden diese in verschiedenen Verständnisgruppen zusammengefasst.[554] Die ISO/IEC/IEEE Richtlinien 24748-1 und 29148 konzentrieren sich auf die Form der Anforderung als Aussage, die ein Erfordernis sowie die zugehörigen Bedingungen und Restriktionen ausdrückt.[555] Demgegenüber stellen das PROJECT MANAGEMENT INSTITUTE sowie die IEEE STANDARDS ASSOCIATION die durch ein System oder Produkt zu erfüllende Bedingung oder Fähigkeit zur Bewältigung einer Aufgabe in den Vordergrund.[556] Eine weitere Definition aus dem Bereich

[554] Vgl. International Organization for Standardization (ISO/IEC/IEEE 24765) 2017, S. 377.

[555] Vgl. International Organization for Standardization (ISO/IEC/IEEE 24748-1) 2018, S. 7; Vgl. International Organization for Standardization (ISO/IEC/IEEE 29148) 2018, S. 4.

[556] Vgl. IEEE Computer Society (2014): IEEE standard for software quality assurance processes, S. 7; Vgl. Project Management Institute (2008): A guide to the project management body of knowledge, S. 445; Vgl. Kruchten (2003): The rational unified process, S. 190; Vgl. Dörnemann et al. (2003): Anforderungsmanagement kompakt, S. 1.

des Software Engineering bezeichnet eine Anforderung als Vorschrift, welche die zur Einhaltung eines Vertrages oder einer Norm zu erfüllenden Kriterien beinhaltet.[557] Die Arbeiten im Bereich des Software Engineering haben anderen Forschungsfeldern als Ausgangsbasis gedient und sind dementsprechend auch die Grundlage von Begriffsdefinitionen im Bereich der Produktentwicklung. In der Richtlinie DIN EN ISO 9000 wird festgehalten: *„[Eine Anforderung ist ein(e)] Erfordernis oder Erwartung, das oder die festgelegt, üblicherweise vorausgesetzt oder verpflichtend ist.“*[558] FELDHUSEN ET AL. nutzen eine Definition, wonach eine Anforderung als „*Vorgabe, deren Erfüllung den zielgerichteten Verlauf des jeweiligen Konstruktionsprozesses steuert und/oder Eigenschaften des betreffenden Produktes bestimmt*“ zu verstehen ist.[559] Im Rahmen der Dissertation wird der Anforderungsbegriff wie folgt verwendet:

Eine **Anforderung** ist ein dokumentiertes Erfordernis, das Bedingung für die Erfüllung einer Norm oder für die Sicherstellung einer festgelegten Funktion ist.

Anforderungsarten und -formulierung: Zahlreiche Autoren benennen funktionale Anforderungen, welche die durch das System bereitzustellenden Funktionen definieren, als die zentrale Anforderungsklasse.[560] Davon grenzt KRUCHTEN die nicht-funktionalen Anforderungen in den vier Kategorien Nutzbarkeit, Zuverlässigkeit, Performance und Unterstützbarkeit ab.[561] Nach Einschätzung von POHL begünstigt die Einordnung von Anforderungen als nicht-funktional in der Praxis eine mangelhafte Spezifizierung eigentlich funktionaler Anforderungen. Alternativ spricht POHL daher von Qualitätsanforderungen, welche „eine qualitative Eigenschaft des gesamten Systems, einer Systemkomponente oder einer Funktion [definieren]“[562]. Somit können zuvor als nicht-funktional eingeordnete Anforderungen in unterspezifizierte funktionale Anforderungen, die einer genaueren Betrachtung zu unterziehen sind und von Qualitätsanforderungen unterschieden werden.[563] Zu berücksichtigende gesetzliche und unternehmensspezifische Restriktionen werden unter dem Begriff Rahmenbedingungen zusammengefasst.[564] Die Einteilung nach POHL in die Kategorien Funktions- und Qualitätsanforderungen sowie Rahmenbedingungen ist unter anderem im Kontext der Produkt- und Produktionsentwicklung eine verbreitete Klassifizierung.[565] Nach der VDI 2221 ist auch *„der Bezug zwischen Anforderungen und der Analyse bzw. der Absicherung der entwickelten Ergebnisse“*[566] von besonderer Relevanz. So sollte jede Anforderung mit dem realisierten

[557] Vgl. Pohl et al. (2015): Basiswissen Requirements Engineering, S. 3.

[558] Vgl. Deutsches Institut für Normung e.V. (DIN EN ISO 9000) 2005, S. 39.

[559] Feldhusen et al. (2013): Pahl/Beitz Konstruktionslehre, S. 322.

[560] Vgl. Pohl (2007): Requirements engineering, S. 14; Vgl. Kruchten (2003): The rational unified process, S. 190f.; Vgl. Feldhusen et al. (2013): Pahl/Beitz Konstruktionslehre, S. 323; Vgl. Balzert (2009): Anforderungen und Anforderungsarten, S. 456.

[561] Vgl. Kruchten (2003): The rational unified process, S. 190f.; Vgl. Pohl (2007): Requirements engineering, S. 16.

[562] Ebd., S. 16.

[563] Vgl. Balzert (2009): Anforderungen und Anforderungsarten, S. 456; Vgl. Pohl (2007): Requirements engineering, S. 16.

[564] Ebd., S. 18.

[565] Vgl. Meis (2017): Produktionsseitiges Anforderungsmanagement, S. 31f.; Vgl. Feldhusen et al. (2013): Pahl/Beitz Konstruktionslehre, S. 323; Vgl. Balzert (2009): Anforderungen und Anforderungsarten, S. 456.

[566] Vgl. Verein Deutscher Ingenieure (VDI 2221) 2019, S. 34.

Ergebnis abgeglichen werden können, weshalb die Rahmenbedingungen zur Prüfung der Anforderung angegeben werden sollten.[567] SCHEDL stellt Regeln für die Formulierung von Anforderungen auf. So sollten die Anforderungen wie auch Einschränkungen einzeln formuliert werden. Dabei ist ebenfalls auf die Nennung konkreter Werte zu achten, damit Missverständnisse bei der Auslegung vor allem bei Randbedingungen vermieden werden.[568]

Im Folgenden soll der Begriff und die Ziele des **Anforderungsmanagements** vor dem Hintergrund der Anwendung im Betrachtungsbereich diskutiert werden. Dabei ist zunächst zu berücksichtigen, dass der Begriff ‚Anforderungsmanagement' keine eindeutige Übersetzung des englischen Begriffes ‚Requirements Management' ist, sondern auch eine Übersetzung des ‚Requirements Engineering' sein kann.[569]

Im Kontext der in der mechatronischen Produktentwicklung verbreiteten VDI 2221 werden die *„mit der Dokumentation und Pflege der Anforderungen verbundenen Aktivitäten auch als Anforderungsmanagement bezeichnet"*[570]. Dieser Definition versteht die Pflege der bereits ermittelten Anforderungen im Fokus des Anforderungsmanagements. Auch FELDHUSEN ET AL. sehen das Ziel des Änderungsmanagements in der *„konsistente[n] Verwaltung der Anforderungsänderungen"*.[571] Nach SCHEDL ist das Ziel des Anforderungsmanagements, *„die Anforderungen an das Produkt und dessen Komponenten zu managen und Inkonsistenzen sowohl zwischen den Anforderungen untereinander als auch zwischen den Produktanforderungen, den Projektplänen und den Arbeitsprodukten zu identifizieren und aufzulösen"*.[572] Eine weitere Definition, die auch auf die Auflösung von Widersprüchen abzielt, liefert SCHIENMANN, der definiert, dass im Anforderungsmanagement *„aus zunächst vagen und teilweise widersprüchlichen Anforderungen und Zielvorstellungen schrittweise eine vollständige und eindeutige Anforderungsdefinition"* entwickelt wird.[573] Auch MEIS sieht den Fokus des Anforderungsmanagement nicht nur in der Verwaltung und Pflege von Änderungen, sondern bezeichnet als Anforderungsmanagement *„alle Aktivitäten, die zur Aufnahme, systematischen Dokumentation und zielgruppenorientierten Aufbereitung von Anforderungen und den damit verbundenen, zusätzlichen Informationen nötig sind und die der Gestaltung, Steuerung und Überwachung aller Prozesse zur Änderung von einzelnen Anforderungen sowie von Anforderungsspezifikationen im Ganzen dienen"*.[574] Nach POHL UND RUPP beinhaltet das Anforderungsmanagements die Ermittlung, Dokumentation, Prüfung, Abstimmung sowie Verwaltung von Anforderungen.[575] SCHUH hingegen untergliedert dabei das

---

[567] Vgl. Verein Deutscher Ingenieure (VDI 2221) 2019, S. 34f.

[568] Vgl. Schedl (2009): Integration von Anforderungsmanagement in den mechatronischen Entwicklungsprozess, S. 73.

[569] Zur Vertiefung und Differenzierung wird auf SCHEDL und SCHIENMANN verwiesen, Ebd., S. 5ff.; Vgl. Schienmann (2002): Kontinuierliches Anforderungsmanagement, S. 32ff.

[570] Vgl. Verein Deutscher Ingenieure (VDI 2221) 2019, S. 34.

[571] Feldhusen et al. (2013): Pahl/Beitz Konstruktionslehre, S. 339.

[572] Schedl (2009): Integration von Anforderungsmanagement in den mechatronischen Entwicklungsprozess, S. 5.

[573] Schienmann (2002): Kontinuierliches Anforderungsmanagement, S. 32.

[574] Meis (2017): Produktionsseitiges Anforderungsmanagement, S. 35.

[575] Vgl. Pohl et al. (2015): Basiswissen Requirements Engineering, S. 4f.

Anforderungsmanagement in die Phasen ‚Anforderungsermittlung', ‚Anforderungsanalyse' und ‚Anforderungsvereinbarung'.[576]

Da der Fokus des Begriffes des Anforderungsmanagement der vorliegenden Dissertation vor allem auf der Anforderungsermittlung und -validierung liegt (siehe Kapitel 5), soll den Definitionen von POHL UND RUPP, SCHIENMANN und MEIS gefolgt werden und das Anforderungsmanagement wie folgt definiert werden:

Unter ***Anforderungsmanagement*** *werden alle Aktivitäten, die zur Ermittlung, Analyse, Dokumentation, Prüfung, Validierung und zur Verwaltung von Anforderungen notwendig sind, verstanden.*

In der industriellen Praxis der Beschaffung von Produktionsanlagen werden die konsolidierten Anforderungen des Auftraggebers (OEM oder Tier-1) in Form eines Lastenheftes dokumentiert und bilden so die Grundlage für Angebotsabgabe der Anlagenbauer.[577] Der Maschinen- und Anlagenbauer erarbeiten detaillierte Lösungskonzepte und dokumentieren diese in einem Pflichtenheft. Für viele Branchen ist der definierte Prozess an der Schnittstelle zwischen Auftraggeber und Zulieferer mit Lasten- und Pflichtenheft standardisiert. So werden in VDI/VDE 3694 der Prozess zur Erstellung von Lastenheft/Pflichtenheft für den Einsatz von Automatisierungssystemen sowie in VDI 2519 der Prozess zur Erstellung von Lastenheft/Pflichtenheft für den Einsatz von Förder- und Lagersystemen standardisiert.[578]

Implikationen der dargestellten Ausgangssituation des Betrachtungsobjektes der Hairpin-Statorproduktion auf die Produktentstehungsprozesse:

Wie bereits zuvor dargestellt, weist das Betrachtungsobjekt eine unbekannte Anforderungsgrundlage auf. Um Effizienzverluste im späteren Produktionsanlauf und der Serienproduktion zu verhindern (Ausschuss, Optimierungen etc.), besteht ein Bedarf die existierende Anforderungsgrundlage, um weitere Anforderungen zu erweitern. Hierzu existierenden in der Praxis zahlreiche Methoden (siehe Abschnitte 2.5.3, 3.3.4), allerdings sind alle mit einem Kosten- und Zeitaufwand verbunden. Aus diesem Grund bedarf es eines gezielten Anforderungsmanagements, das in die Produktentstehungsprozesse eingebettet werden muss und auf effiziente Weise die besonders relevanten Anforderungen ermittelt.

> Zusammenfassend ist festzustellen, dass bei einer unvollständigen Anforderungsgrundlage die Notwendigkeit zur Bestimmung und Erweiterung dieser besteht, welche jedoch durch den Aufwand der Bestimmung limitiert ist. Es bedarf daher eines Anforderungsmanagements zur Ermittlung, Analyse, Dokumentation, Prüfung, Validierung und zur Verwaltung von Anforderungen, um die relevanten Anforderungen für die Anforderungsgrundlage zu bestimmen.

[576] Vgl. Schuh (2012): Innovationsmanagement, S. 11.

[577] Anmerkung: WINKLER spricht von einem Pflichtenheft als Grundlage für die Abgabe der Angebote der Anlagenbauer. In der Erfahrung des Autors bildet das Lastenheft die Grundlage für die Abgabe der Angebote. Vgl. Winkler (2007): Modellierung vernetzter Wirkbeziehungen im Produktionsanlauf, S. 14.

[578] Vgl. Verein Deutscher Ingenieure e.V; Verband der Elektrotechnik Elektronik Informationstechnik e.V. (VDI/VDE 3694) 2004.;Vgl. Verein Deutscher Ingenieure (VDI 2519) 2001.

2.5.3 Grundlagen des Prototypenbaus im Anwendungskontext

In Anlehnung an das etymologische Verständnis als ‚erstes Urbild', wird der Prototyp-Begriff im Kontext der Produkt- und Produktionsentwicklung vornehmlich in der Entstehungsphase angesiedelt.[579] Wie genau der Begriff zu definierten ist und welchen Zweck ein Prototyp erfüllt, ist nicht klar definiert.[580] Während ein Prototyp nach GEUER das Produkt „in allen seinen Eigenschaften wiedergibt"[581], wird der Prototyp von HALLMANN als „Kommunikationsgegenstand verstanden, der als Mittel zum Wissenserwerb eingesetzt wird"[582]. ULRICH und EPPINGER schließen jede Annäherung an das Produkt in einer oder mehreren Dimensionen in die Definition des Prototyps ein. Ein weit gefasstes Prototypenbild umfasst demnach alles von der ersten Entwurfsskizze bis hin zum funktionsfähigen Vorserienmodell.[583] Aufbauend auf den Arbeiten von ULRICH und EPPINGER sowie HALLMANN beschreibt KLEINE BÜNING den Prototyp als *„modellhafte Ausführung eines unfertigen Systems, welche das Ziel der experimentellen Validierung einer Fragestellung an das Zielobjekt hat"*[584]. Dieser Bezug auf einzelne Fragestellungen wird im Modell des Prototyping von CAMERE UND BORDEGONI besonders hervorgehoben. [585] Aus Entwicklungsperspektive ist ein Prototyp ein Werkzeug der Validierung.[586] Zu beachten ist hier der im Kontext der Simulationsstudie herausgearbeitete Kern des Validierungsbegriffs als die Überprüfung der Übereinstimmung von Modell und Original. Ein Prototyp repräsentiert einen Ausschnitt des Originals und liefert Informationen darüber.[587] Entsprechend der Definition des Modellbegriffs handelt es sich bei einem Prototyp immer auch um ein Modell, das seinerseits zu validieren ist. Prototypen sind also immer Werkzeug und Objekt der Validierung zugleich. Im weiteren Verlauf dieser Arbeit wird der Prototyp in seiner Rolle als Werkzeug betrachtet. Zwar ist der Begriff des Prototyps stark von der Verwendung im Rahmen der Produktentwicklung geprägt, allerdings lässt sich das Konzept einer Modellierung für die Zwecke einer Analyse auch auf die Entwicklung einer Produktionslinie übertragen. Da es sich bei Prototypen um Modelle handelt, können zur Einteilung der Prototyparten die kennzeichnenden Modelleigenschaften herangezogen werden (siehe dazu Abschnitt 4.1). Als gängiges Unterscheidungsmerkmal hat

---

[579] Vgl. Kleine Büning (2019): Informationsorientierte Prototypenplanung zur Effizienzsteigerung im Produktionsplanungsprozess, S. 85; Vgl. Geuer (1996): Einsatzpotential des Rapid Prototyping in der Produktentwicklung, S. 2f.; Vgl. Klocke et al. (2005): Funktionsbewertung und Prototypenfertigung, S. 226.

[580] Vgl. Vetter (2011): Praktiken des Prototyping im Innovationsprozess von Start-up-Unternehmen, S. 38; Vgl. Wang (2002): Definition and Review of Virtual Prototyping, S. 232f.

[581] Geuer (1996): Einsatzpotential des Rapid Prototyping in der Produktentwicklung, S. 2f.

[582] Hallmann (1990): Prototyping komplexer Softwaresysteme, S. 46.

[583] Vgl. Ulrich et al. (2016): Product design and development, S. 293.

[584] Kleine Büning (2019): Informationsorientierte Prototypenplanung zur Effizienzsteigerung im Produktionsplanungsprozess, S. 86.

[585] Vgl. Camere et al. (2016): A lens on future products: an expanded notion of prototyping practice, S. 156.

[586] Vgl. Verein Deutscher Ingenieure (VDI 2206) 2004, S. 8; Vgl. Kleine Büning (2019): Informationsorientierte Prototypenplanung zur Effizienzsteigerung im Produktionsplanungsprozess, S. 86.

[587] Vgl. Camere et al. (2016): A lens on future products: an expanded notion of prototyping practice, S. 156.

sich das Abbildungsmedium etabliert, anhand dessen eine Unterteilung in physisch (real) und mathematisch (virtuell) vorgenommen wird.[588]

Reale Prototypen: Physische Prototypen, meist reale Prototypen genannt, sind materielle Objekte, die in kleinen oder auch großen Teilen die Eigenschaften des Originals annähern.[589] Sie reichen von ersten handgefertigten Produktentwürfen bis hin zum funktionsfähigen Vorserienprodukt.[590] Ebenfalls zu den realen Prototypen zu zählen sind Testaufbauten mechatronischer Systeme oder auch ganzer Produktionslinien. Reale Prototypen werden zur Überprüfung der Haptik eines Produktes oder auch zur Funktionsprüfung eingesetzt.[591]

Virtuelle Prototypen: Mathematische Modelle sind analytische oder visuelle Repräsentationen des Originals.[592] In der Literatur ist für die in diesem Kontext eingesetzten Rechnermodelle, die der Eigenschaftsanalyse dienen, der Begriff virtueller Prototyp weit verbreitet.[593] Die genaue Definition des Begriffs variiert jedoch je nach Anwendungsfall und Verwendungszweck.[594] Vor allem im Kontext der Produktentwicklung steht die Interaktion des Nutzers mit dem Produktentwurf im Vordergrund. Beispielsweise wird mit Techniken wie ‚Virtual Reality' die Nutzung des Produktes in einer virtuellen Umgebung mithilfe des digitalen Prototyps in Form einer 3D-Visualisierung simuliert oder die Wirkung eines Designs auf den Betrachter überprüft.[595] WANG definiert virtuelle Prototypen als Computersimulation eines physischen Produktes, die in sämtlichen Phasen des Produktlebenszyklus zur Analyse aber auch zur Präsentation genutzt werden kann.[596] Abweichend von diesem produktspezifischen Bild wird in Richtlinie VDI 3633 BLATT 8 „das Modell einer Maschine als virtueller Prototyp" bezeichnet und beispielsweise zur Steuerungssimulation eingesetzt.[597] Der Begriff des virtuellen Prototyps wird in diesem Sinne auch auf die Simulation ganzer Produktionslinien und Maschinen als Methode der Prozess- und Produktionsentwicklung bezogen.[598] So verstehen AMMERMANN & LOHSE den virtuellen Prototyp als „eine Umgebung gekoppelter, hochspezialisierter Simulationssysteme auf unterschiedlichen Ebenen", in der Eigenschaften einer Maschine abgebildet werden.[599] Zur Abbildung dieser Umgebung kann, in großer Abhängigkeit zu den Fähigkeiten des Anwenders, als äußerst flexible Option eine Programmiersprache verwendet werden. Gegenpol zur Flexibilität ist jedoch eine hohe Fehleranfälligkeit. Weniger fehleranfällig ist die Nutzung vorgefertigter Modellelemente, angeboten in kommerziell

---

588 Vgl. Ulrich et al. (2016): Product design and development, S. 293.

589 Vgl. Vajna et al. (2009): CAx für Ingenieure, S. 146.

590 Vgl. Wössner (2009): Virtuelle und hybride Prototypen in kooperativen Arbeitsumgebungen, S. 1.

591 Vgl. Ulrich et al. (2016): Product design and development, S. 293.

592 Ebd., S. 293; Vgl. Gausemeier et al. (2012): Produkte und Produktionssysteme integrativ konzipieren, S. 19.

593 Vgl. Verein Deutscher Ingenieure (VDI 2206) 2004, S. 24; Vgl. Wössner (2009): Virtuelle und hybride Prototypen in kooperativen Arbeitsumgebungen, S. 1; Vgl. Geuer (1996): Einsatzpotential des Rapid Prototyping in der Produktentwicklung, S. 3; Vgl. Herm et al. (2012): Virtualisierung, S. 54.

594 Vgl. Wang (2002): Definition and Review of Virtual Prototyping, S. 232.

595 Vgl. Lim et al. (2008): The anatomy of prototypes, S. 15; Vgl. Schulz et al. (2011): Virtuelle Produktionssysteme, S. 287.

596 Vgl. Wang (2002): Definition and Review of Virtual Prototyping, S. 233.

597 Vgl. Verein Deutscher Ingenieure (VDI 3633) 2018, S. 45.

598 Vgl. Verein Deutscher Ingenieure (VDI 2206) 2004, S. 25.

599 Ammermann et al. (2007): Virtueller Fertigungsanlauf, S. 10.

entwickelten Software-Paketen, die zu Gesamtmodellen kombiniert werden können. Allerdings ist diese Variante aufgrund der beschränkten Verfügbarkeit kommerzieller Applikationen weit weniger flexibel.[600] Zur besseren Einordnung der Möglichkeiten und Limitationen moderner Simulationstechniken werden diese aufbauend auf den Grundlagen der Modell- und Systemtheorie dargestellt.

Simulationsbegriff: Nach VDI 3633 ist die ‚Simulation' ein „Verfahren zur Nachbildung eines Systems mit seinen dynamischen Prozessen in einem experimentierbaren Modell, um zu Erkenntnissen zu gelangen, die auf die Wirklichkeit übertragbar sind". Die Untersuchung des abstrakten Modells mit dem Ziel des Erkenntnisgewinns über das reale Systemverhalten ist auch bei AßMANN und PAULS Kern der Simulation. PATZAK versteht die Simulation als „das Durchführen von Experimenten auf der Abstraktionsebene des Modells". Dieser Experiment-Charakter wird in der Definition von VAJNA ET AL. sowie LAW ebenfalls hervorgehoben. Die Simulation dient also der experimentellen Beantwortung von ‚Was wäre, wenn?' Fragen bei der Untersuchung komplexer realer Systeme durch den Einsatz von Modellen.

Aufbauend auf den zuvor dargestellten Definitionen sowie dem Verständnis der Begriffe ‚Modell' und ‚System' wird die Simulation an dieser Stelle wie folgt beschrieben:

*Die **Simulation** ist die experimentelle Untersuchung des Verhaltens eines Modells mit dem Ziel, Erkenntnisse auf das ursprüngliche, meist reale System zu übertragen.*

Hybrider Prototyp: Die Alternative des virtuellen Prototyps unterliegt gewissen Restriktionen, vor allem hinsichtlich der Abbildungsgenauigkeit. Auch wenn der Umfang, der durch virtuelle Simulationen abbildbaren Zusammenhänge stetig ansteigt, geht eine digitale Modellierung nach aktuellen Stand der Technik mit einer verstärkten Abstraktion einher. Besonders im Bereich der Produktionsanlagen ist der Einsatz realer Prototypen immer noch unvermeidlich.[601] Um dennoch die Vorteile virtueller Prototypen nutzen zu können, werden vermehrt reale mit virtuellen zu gemischten Prototypen kombiniert.[602] Während im englischen Sprachraum von ‚Mixed Prototyping' gesprochen wird, wird in der deutschen Literatur der Ausdruck ‚Hybrider Prototyp' vorwiegend verwendet. Abgeleitet vom lateinischen Ausdruck ‚hybrida', zu übersetzen mit Mischling, bezeichnet ‚hybrid' etwas ‚Zusammengesetztes' oder ‚Gemischtes'.[603] Im technischen Bereich werden vor allem Technologiekombinationen Hybride genannt. Beispiele hierfür sind Fahrzeugantriebe, Fertigungsverfahren oder auch Werkstoffe. Diese Begriffsverwendung lässt sich auf Prototypen übertragen, sodass die Verknüpfung realer und virtueller Modelle als der hybride Prototyp bezeichnet wird (zu Ansätzen zur Nutzung von hybriden Prototypen, siehe Abschnitt 3.3.4).

*Für die vorliegende Dissertation wird der **hybride Prototyp** als die Verknüpfung virtueller und physischer Simulations- und Modellierungstechniken definiert.*

[600] Vgl. Weck (1991): Simulation in CIM, S. 33Vgl. Rabe et al. (2008): Verifikation und Validierung für die Simulation in Produktion und Logistik, S. 49; Vgl. Law et al. (2000): Simulation modeling and analysis, S. 69; Vgl. Verein Deutscher Ingenieure (VDI 3633) 2018, S. 32.

[601] Vgl. Wössner (2009): Virtuelle und hybride Prototypen in kooperativen Arbeitsumgebungen, S. 44.

[602] Vgl. Bordegoni et al. (2009): Mixed prototyping for product assessment: a reference framework, S. 178; Vgl. Filippi et al. (2012): Classification and Selection of Prototyping Activities for Interaction Design, S. 147; Vgl. Verein Deutscher Ingenieure (VDI 2206) 2004, S. 8; Vgl. Wössner (2009): Virtuelle und hybride Prototypen in kooperativen Arbeitsumgebungen, S. 44.

[603] Vgl. Duden Online (2020): Hybride.

Je nach Position des Betrachters in der Wertschöpfungskette kann das Verständnis des Prototypenbegriffs variieren. So soll für die weitere Dissertation zwischen Produkt- und Anlagenprototypen unterschieden werden. Es ist zu beachten, dass für den Anlagenbauer das Produkt die vertriebene Anlage ist. Daher soll die Sichtweise auf die des Auftraggebers (O-EMs oder Tier-1) in der vorliegenden Dissertation festgelegt und die beiden Begriffe wie folgt definiert werden.

*Der **Produktprototyp** ist demnach der Prototyp des zu produzierenden Erzeugnisses, das am Markt vertrieben werden soll. Der **Anlagenprototyp** hingegen wird als der Prototyp einer Anlage verstanden, die für die Produktion des Erzeugnisses notwendig ist, das am Markt vertrieben werden soll.*

Implikationen der dargestellten Ausgangssituation des Betrachtungsobjektes der Hairpin-Statorproduktion auf die Produktentstehungsprozesse:

Wie bereits in den vorherigen Abschnitten dargestellt, bedarf es einer Möglichkeit, um die unbekannte Anforderungsgrundlage des Betrachtungsobjektes der Hairpin-Statorproduktion effizient zu bestimmen. Prototypen bieten eine Möglichkeit, in das Anforderungsmanagement eingebunden zu werden und so die Anforderungsgrundlage zu bestimmen. Neben dem physischen oder auch realen (Anlagen-)Prototypen, der zur Bestimmung der Anforderungen benutzt werden kann, existiert auch der virtuelle Prototyp bzw. die Simulation sowie noch Mischformen, die unter dem Begriff des Hybriden Prototyen zu subsummieren sind. Eine Zuordnung dieser Prototypenarten vor dem Hintergrund der maximalen Effizienz zur Bestimmung der unbekannten Anforderungsgrundlage ist jedoch nicht trivial möglich.

Zusammenfassend ist festzustellen, dass für den Anwendungskontext zur Bestimmung der Anforderungen an Produktionsanlagen verschiedene Arten von Prototypen existieren, die von realen, physischen Prototypen, über hybride Prototypen hin zu virtuellen Prototypen bzw. Simulationen reichen. Eine Zuordnung der verschiedenen Arten zur Bestimmung der relevanten Anforderungen ist nicht trivial möglich.

3 Grundlagen des Gestaltungsbereiches

Im vorliegenden Kapitel wird der aktuelle Stand der Forschung in der Theorie hinsichtlich des Objekt- und Zielbereichs der vorliegenden Dissertation untersucht. Zunächst werden hierzu auf Basis des identifizierten Handlungsbedarfs aus der Praxis Anforderungen an ein entsprechendes Vorgehen definiert, auf deren Basis bestehende Ansätze aus der wissenschaftlichen Literatur vorgestellt und qualitativ bewertet werden. Das Kapitel schließt mit einem Zwischenfazit, welches den identifizierten Forschungsbedarf aus Sicht der Theorie ableitet sowie die vorliegende Dissertation zwischen den bestehenden Ansätzen positioniert.

3.1 Handlungsbedarf aus der Praxis

Der Produktentstehungsprozess und die Industrialisierung der Produktionstechnik der Hairpin-Statorproduktion stellt sich durch die Komplexität, die sich insbesondere aus einer Vielzahl von Eingangs- und Ausgangsgrößen, Prozessparametern, Qualitätsmerkmalen und qualitätsrelevanten Zusammenhängen ergibt, als Herausforderung dar (Praxisdefizit 1, siehe dazu Abschnitte 2.1.7, 2.2.4, 2.3.3, 2.4.5).[604]

Zu der komplexen Produktionsprozesskette kommt hinzu, dass diese durch eine Unbekanntheit in den Komplexitätstreibern – insbesondere in den qualitätsrelevanten Zusammenhängen– charakterisiert ist (Praxisdefizit 2), was durch ihre Disruptivität und die Notwendigkeit zur schnellen Marktdurchdringung begründet ist. Diese Unbekanntheit drückt sich in einer nicht vollumfänglich bekannten Anforderungsgrundlage von Seiten des Auftraggebers (OEM oder Tier-1) an den Anlagenbau aus (Praxisdefizit 3, siehe folgende Abbildung 3-1). So kann bei disruptiven Technologien nicht auf Erfahrungswissen und die inkrementelle Weiterentwicklung bestehender Systeme zurückgegriffen werden. Die unbekannte Anforderungsgrundlage wird vor der Beauftragung eines Anlagenbauers für Großproduktionslinien mit verketteter Produktionstechnik und -anlagen deutlich, wenn geeignete Anlagenkonzepte, Technologiealternativen, Prüforte und Prüftoleranzen sowie Fehlervermeidungsstrategien spezifiziert werden müssen. Um die unbekannten Anforderungen spezifizieren zu können, müssen die zuvor genannten Komplexitätstreiber und insbesondere die qualitätsrelevanten Zusammenhänge bekannt sein.

[604] Vgl. Kampker et al. (2018): Herausforderung Hairpintechnologie Technologieschub für OEMs und Anlagenbauer, S. 62ff.

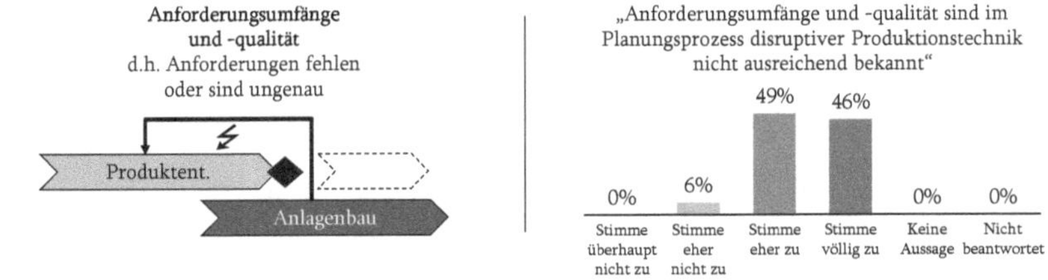

Abbildung 3-1: Unbekannte Anforderungsgrundlage disruptiver Produktionstechnik[605]

Im Produktionsentwicklungsprozess führt die unbekannte Anforderungsgrundlage an Produktionsanlagen zu Defiziten in Bezug auf Zeit und Kosten (Konsequenz der Praxisdefizite). Die unbekannte Anforderungsgrundlage bedingt außerdem ein Defizit in Bezug auf Qualität, welches als defizitäre Planungsqualität aufzufassen ist, und mündet wiederum in späteren Defiziten in der Produktion in den Dimensionen Zeit und Kosten. Die skizzierten Effizienzdefizite sind in der folgenden Abbildung 3-2 dargestellt.

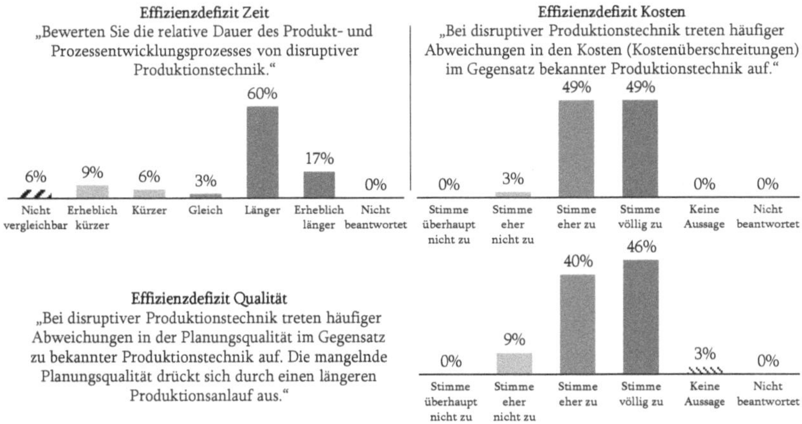

Abbildung 3-2: Effizienzdefizite disruptiver Produktionstechnik im Produktentstehungsprozess[606]

Die erwarteten Effizienzdefizite disruptiver, unbekannter Produktionstechnik im Produktentstehungsprozess können dadurch begründet werden, dass die unbekannte Anforderungsgrundlage entweder in weiteren Iterationen bestimmt werden muss oder unbestimmt verbleibt. Im Falle, dass sie bestimmt werden muss, rückt die Bestimmung auf den kritischen Pfad, sodass die zu bestimmenden Anforderungen vor dem Hintergrund von Zeit- und Kostenimplikationen genau ausgewählt werden müssen. Verbleibt die Anforderungsgrundlage

[605] Eigene Darstellung in Anlehnung an eine Veröffentlichung des Autors. Vgl. Kampker et al. (2020): A Systematic Approach to Inspection Planning in Agile Process Development of Hairpin Stator Production, S. 1f. sowie vgl. Kampker et al. (2020: Efficiency Deficits and Solution Principles of Requirements Management for Hairpin Stator Production Ramp-up by Early Prototypes, S.1ff. Die zugehörige Studie ist in Anhang A.5 aufgeführt.

[606] Eigene Darstellung in Anlehnung an eine Veröffentlichung des Autors. Ebd., S. 1f. Die zugehörige Studie ist in Anhang A.5 aufgeführt.

unbestimmt, so sind Effizienzdefizite im Produktionsanlauf und Kosten durch Ausschuss, Opportunitäten, Nachbesserungen und Anlagenmodifikation zu erwarten. Die notwendigen Änderungen und Anpassungen werden im Falle des Betrachtungsobjektes durch die hohe Komplexität erschwert (siehe Kapitel 2). Folglich besteht die Notwendigkeit, die Anforderungsgrundlage an die Produktionsanlagen vor der Spezifikation der Anlagen zu bestimmen (Praxisdefizit 4). Eine Möglichkeit in dieser Situation ist die Nutzung von Anlagenprototypen zur Bestimmung der Anforderungen (siehe nachfolgende Abbildung 3-3).

Abbildung 3-3: Prototypeneinsatz zur Bestimmung der unbekannten Anforderungsgrundlage[607]

Zwar ist die Nutzung von Anlagenprototypen eine Möglichkeit, um die Anforderungsgrundlage bereits vor der Spezifizierung der Produktionsanlage zu bestimmen, jedoch können reale Anlagenprototypen auch mit hohen Realisationskosten und langen Umsetzungszeiten im Verhältnis zum Gesamtprojektvolumen einhergehen (siehe oberer Teil, Abbildung 3-4). Aus diesem Grund ist die Menge der nutzbaren Anlagenprototypen in der Praxis begrenzt (Praxisdefizit 5). Wie bereits in Abschnitt 2.5.3 dargelegt, existiert neben dem realen, physischen Prototyp auch der virtuelle Prototyp. Bei diesem ist die Realisationszeit potenziell geringer als beim realen, physischen Prototypen, weshalb auch Änderungen und Iterationsschleifen einfacher abbildbar sind. Allerdings sind der virtuelle Prototyp, bzw. die zugrundeliegende Simulation von den eingegebenen Randbedingungen und der Modellierung abhängig und können gegebenenfalls einen zu hohen Abstraktionsgrad aufweisen.

[607] Eigene Darstellung in Anlehnung an eine Veröffentlichung des Autors. Ebd., S. 1f. Die zugehörige Studie ist in Anhang A.5 aufgeführt.

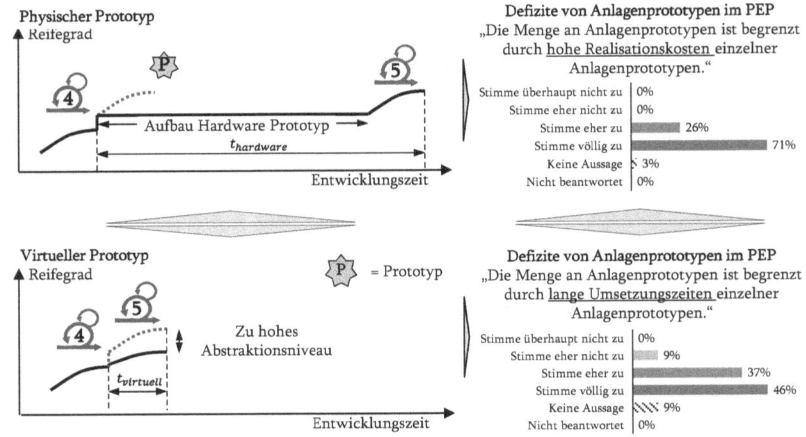

Abbildung 3-4: Defizite von Anlagenprototypen im Produktentstehungsprozess[608]

Die nachfolgende Abbildung 3-5 stellt subsummierend den Handlungsbedarf dar, der sich aus den einzelnen Praxisdefiziten zusammensetzt, welche im vorherigen Kapitel identifiziert und im vorliegenden Abschnitt verknüpft und gesamtheitlich analysiert wurden. Aus dem Handlungsbedarf aus der Praxis werden entsprechend Anforderungen an die Theorie gestellt, die ein wissenschaftlicher Ansatz erfüllen muss, um den Handlungsbedarf aufzulösen.

Abbildung 3-5: Handlungsbedarf aus der Praxis

[608] Eigene Darstellung in Anlehnung an eine Veröffentlichung des Autors. Ebd., S. 1f. Die zugehörige Studie ist in Anhang A.5 aufgeführt.

3.2 Kriterien zur Bewertung bestehender Ansätze

Im Sinne des forschungsmethodischen Ansatzes nach ULRICH soll untersucht werden, ob bereits vorhandene Ansätze die genannte Zielsetzung auf ähnlichem Wege verfolgen (Zur Zielsetzung, siehe 1.2). Dazu werden Kriterien zur Bewertung aufgestellt und auf die bestehenden Ansätze angewendet.

Ausgehend von dem identifizierten Praxisdefizit werden im folgenden Abschnitt Kriterien zur Bewertung bestehender wissenschaftlicher Literatur für

- den Objektbereich
- die Lösungshypothese sowie
- den Zielbereich

definiert und vorgestellt, um die bestehenden Ansätze und Theorien einheitlich vor dem Hintergrund des Betrachtungsfokus der vorliegenden Dissertation qualitativ zu bewerten. Die definierten Kriterien spiegeln auch die inhaltlichen Anforderungen an die zu entwickelnde Methodik wider, welche in Abschnitt 4.2.1 beschrieben sind.

Der *Objektbereich* bildet dabei den Betrachtungsbereich bzw. den zentralen Analysegegenstand ab. Der *Zielbereich* beschreibt den Zweck (Ergebnis), zu dessen Erreichung der jeweilige Ansatz entwickelt worden ist. So sollen die definierten Kriterien den Überdeckungsgrad zwischen der Zielsetzung des Vorgehens und bestehender Ansätze zu der Zielsetzung der vorliegenden Dissertation aufzeigen. Die Analyse und Bewertung der *Lösungshypothese* der zu untersuchenden Ansätze beschreibt den gewählten Lösungsweg, mit welchem die Ziele erreicht werden sollen. Die jeweiligen Kriterien der zuvor beschriebenen Bereiche gehen aus der folgenden Abbildung hervor:

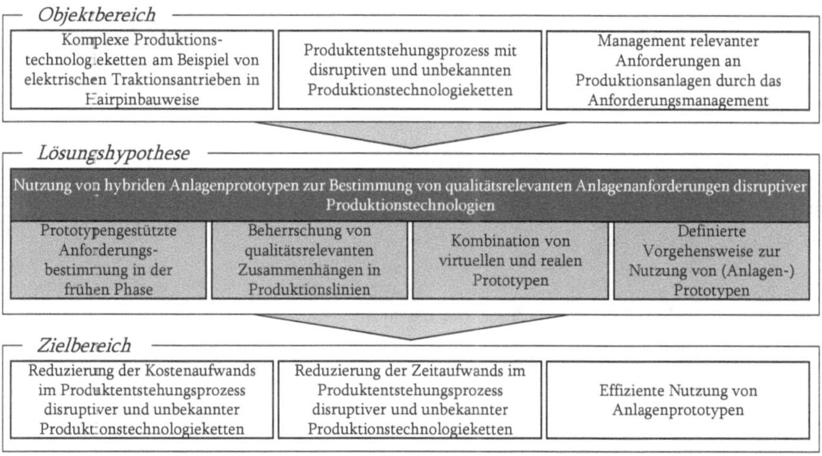

Abbildung 3-6: Kriterien zur Bewertung bestehender wissenschaftlicher Ansätze

In der nachfolgenden Untersuchung werden die bestehenden Ansätze darauf untersucht, inwiefern die Kriterien und Merkmale im Objekt- und Zielbereich sowie in der Lösungshypothese erfüllt werden. Da die Ansätze aus verschiedenen Forschungsbereichen stammen, werden sie in die vier Suchbereiche ‚Technologieplanung', ‚Anforderungsmanagement', ‚Präventives', ‚Anlaufmanagement' und ‚Prototypenbau und Simulationstechnik' eingeordnet

3.3 Darstellung und Bewertung bestehender Ansätze im Themenfeld

Im Folgenden werden zur Planung einer disruptiven Produktionstechnik relevante Ansätze aus der wissenschaftlichen Forschungsliteratur vor dem Hintergrund der aufgestellten Anforderungen analysiert und bewertet.

Die Auswahlkriterien für die dargestellten Ansätze, Methoden und Modelle sind einerseits der Bezug zur Zielsetzung des vorliegenden Dissertationsvorhabens (Effizienzsteigerung in der Planung disruptiver Produktionstechnologien), aber andererseits auch die Nähe zur verwendeten Lösungshypothese (Nutzung von hybriden Anlagenprototypen zur Bestimmung von qualitätsrelevanten Anlagenanforderungen disruptiver Produktionstechnologien). Bei der Recherche wurden die Veröffentlichungen der im Themenfeld aktiven deutschen sowie international Universitätsinstitute untersucht. Weiterhin wurde bei besonders relevanten Ansätzen analysiert, gegenüber welchen anderen Ansätzen sich die Autoren abgegrenzt haben.[609]

3.3.1 Ansätze aus dem Bereich der Technologieplanung

Die Technologieplanung wird als Teilbereich des Technologiemanagements eingeordnet. Ein für die vorliegende Dissertation entscheidender Part des Technologiemanagements stellt die Technologieplanung dar, die sich wiederum in einen strategischen und einen operativen Teil gliedert. Die primäre Aufgabe der strategischen Technologieplanung liegt in der langfristigen Sicherung und Stärkung der Marktposition des Unternehmens. Im Fokus steht dabei die Auswahl neuartiger bzw. die Änderung bereits verwendeter Fertigungstechnologien zum richtigen Zeitpunkt und zu angemessenen Kosten.[610] Die operative Technologieplanung dient der Umsetzung der in der strategischen Technologieplanung definierten Zielsetzungen. Sie besitzt somit die Aufgabe, eine abschließende Entscheidung für oder gegen eine Technologie zu treffen und ist somit an der Gestaltung von Technologieketten wesentlich beteiligt.[611]

V-Modell nach VDI 2206

Die Richtlinie VDI 2206 ist mit dem Ziel der methodischen Unterstützung der domänenübergreifenden Entwicklung mechatronischer Systeme erstellt worden.[612] Teil dieser Richtlinie ist das V-Modell, das einen generischen Prozess für den Entwurf dieser Systeme beschreibt.[613] Zu Beginn des Entwurfs erfolgt die Definition der Aufgabenstellung in Form von

[609] So wurden aufgrund der thematischen Nähe besonders die Ansätze von HEIMES und KLEINE BÜNING untersucht. Vgl. Heimes (2014): Methodik zur Auswahl von Fertigungsressourcen in der Batterieproduktion; Vgl. Kleine Büning (2019): Informationsorientierte Prototypenplanung zur Effizienzsteigerung im Produktionsplanungsprozess.

[610] Vgl. Schuh et al. (2011): Technologiemanagement, S. 5.

[611] Vgl. Eversheim (1996): Organisation in der Produktionstechnik, S. 46.

[612] Vgl. Verein Deutscher Ingenieure (VDI 2206) 2004, S. 8.

[613] Vgl. Verein Deutscher Ingenieure (VDI 2206) 2004, S. 29.

Anforderungen, die im späteren Teil als Bewertungsmaßstab dienen. Zur Eigenschaftsabsicherung wird der Entwurfsfortschritt in fortlaufender Rückkopplung zum Systementwurf an den eingangs aufgestellten Anforderungen gemessen.[614] Der Entwicklungsprozess wird vom Systementwurf bis zur -integration von einer Analyse der Systemeigenschaften durch Modelle und Simulationswerkzeuge begleitet. Üblicherweise wird das V-Modell bis zum real existierenden Erzeugnis iterativ angewendet.[615] Das V-Modell bietet Orientierung bei der systematischen Entwicklung mechatronischer Systeme und kann dementsprechend auch in der ganzheitlichen Entwicklung einer automatisierten Produktionslinie zum Einsatz kommen. Anforderungen werden als extern vorgegebener Bewertungsmaßstab und nicht als selbst zu erstellende Information betrachtet. Der kombinierte Einsatz unterschiedlicher Prototypenarten wird im Kontext der Werkzeuge zur Validierung des Systems erwähnt.[616] Der iterative Prozess der Eigenschaftsabsicherung trägt dazu bei, dass Wechselwirkungen im System zumindest in gewissem Maße berücksichtigt und beherrscht werden können.

Anlauforientierte Technologieplanung zur Auswahl von Fertigungstechnologien nach NAU

Der Forschungsansatz der Arbeit von NAU liefert einen Beitrag zur Planung von Fertigungstechnologien für einen optimierten Produktionsanlauf.[617] Ausgehend von einer Methodenauswahl zur Auswahl der Technologieplanungsmethode im ersten Teilschritt der Methodik, erfolgt im Rahmen des zweiten Teilschritts eine Bewertung alternativer Fertigungstechnologien in Bezug auf ihr Zusammenwirken mit dem betrieblichen Umfeld und das Verhalten im Anlauf.[618] Hierzu werden interne Einflüsse auf das Hochlaufverhalten untersucht und es kann eine Prognose abgegeben werden, ob das zeitliche Ziel der Anlaufphase eingehalten werden kann.[619] Der Ansatz von NAU fokussiert weniger die auftretenden Wechselwirkungen von Fertigungstechnologien innerhalb von Technologieketten, sondern vielmehr die Optimierung der Stellgrößen isoliert betrachteter Fertigungstechnologien während der Anlaufplanung. Bei der Optimierung steht die zeitliche Verkürzung der Anlaufdauer im Vordergrund. Das entwickelte Lösungskonzept verwendet eine standardisierte Vorgehensweise zur Optimierung bekannter Stellgrößen, jedoch nicht zur Aufdeckung dieser.

Modell zur Bewertung und Kontrolle technischer Risiken nach ZENTIS

Ein relevanter Ansatz des technischen Risikomanagements ist das Modell zur Bewertung und Kontrolle technischer Risiken nach ZENTIS. Der Ansatz enthält Methoden zur Darstellung möglicher Risikofolgen sowie qualitative und quantitative Evaluationsmöglichkeiten mithilfe von Fehlerbäumen. Dabei liegt der Fokus auf den Prozessrisiken in der Produktion sowie auf den Wechselwirkungen zwischen den einzelnen Risikofolgen. Unsicherheiten neuer Produkt- oder Prozesstechnologien werden nicht berücksichtigt. Hinsichtlich der

[614] Vgl. Verein Deutscher Ingenieure (VDI 2206) 2004, S. 29ff.
[615] Vgl. Verein Deutscher Ingenieure (VDI 2206) 2004, S. 44.
[616] Vgl. Verein Deutscher Ingenieure (VDI 2206) 2004, S. 47.
[617] Vgl. Nau (2012): Anlauforientierte Technologieplanung zur Auswahl von Fertigungstechnologien, S. 37.
[618] Ebd., S. 41f.
[619] Ebd., S. 49ff.

Kontrolle von Risiken wird nicht die Planung der Fertigungstechnologien oder der Qualitätsabsicherung fokussiert, sondern die organisatorische Gestaltung der Risikokontrollmechanismen während der laufenden Produktion.[620]

Methodik zur Auswahl von Fertigungsressourcen in der Batterieproduktion nach HEIMES

Das übergeordnete Ziel des Ansatzes von HEIMES liegt in der Erarbeitung einer Methodik zur Auswahl von Fertigungsressourcen für die Batterieproduktion sowie in der Erklärung der Wirkzusammenhänge der betrachteten Fertigungsressourcen. Die Methodik dient der Unterstützung während der Planungsphase der Fertigungsprozesse und richtet sich u.a. an Maschinen- und Anlagenbauer, die ihre Fertigungsressourcen an vor- und nachgelagerte Fertigungsschritte anpassen möchten.[621] Zur Bewertung von Fertigungsressourcen wird auch auf Erfahrungswissen aus umliegenden Industriebereichen zurückgegriffen,[622] allerdings werden die Wirkzusammenhänge lediglich über Expertenschätzungen bestimmt und nicht experimentell nachgewiesen.[623] Der Ansatz von HEIMES untersucht im Rahmen des Analysemoduls die innerhalb von Technologieketten auftretenden Wirkzusammenhänge zwischen Fertigungsressourcen. Es steht jedoch nicht explizit die Planungsphase des Serienanlaufs im Vordergrund.

Qualitätsorientierte Analyse komplexer Prozessketten am Beispiel der Herstellung von Batteriezellen nach WESTERMEIER

Der Ansatz nach WESTERMEIER beinhaltet drei Teilmethoden mit dem Ziel der qualitätsorientierten Optimierung der Prozesskette am Beispiel der Batteriezellproduktion. Hierbei wird vor allem die Verkürzung des Produktionsanlaufs, aber auch die Optimierung der Qualität in der laufenden Produktion fokussiert.[624] WESTERMEIER berücksichtigt Produktionsprozessketten, zu deren Betrieb keine Erfahrungen im Unternehmen vorliegen und untersucht daher qualitätsrelevante Ursache-Wirkungs-Zusammenhänge in der Prozesskette.[625] Hierzu wird ausgehend von einer expertenbasierten sowie standardisierten Aufnahme bereits bekannter qualitätsrelevanter Ursache-Wirkungs-Zusammenhänge eine detaillierte Versuchsmethodik für Experimente zur Aufdeckung noch unbekannter qualitätsrelevanter Ursache-Wirkungs-Zusammenhänge für die entsprechenden Produktionsanlagen aufgestellt.[626] WESTERMEIER geht davon aus, dass die entsprechenden Produktionsanlagen bereits installiert und betriebsbereit sind und dass diese auf Basis der Erkenntnisse über qualitätsrelevante Ursache-Wirkungs-Zusammenhänge optimiert werden können. Die Restriktionen in der Anlagenbeschaffung zur Durchführung der vorgeschlagenen Experimente und die Integration in das Anforderungsmanagement für die Beschaffung von Neuanlagen werden nicht berücksichtigt.

Anlauforientierte Gestaltung von Fertigungssystemen nach STAUDER

620 Vgl. Zentis (2013): Modell zur Bewertung und Kontrolle technischer Risiken.
621 Vgl. Heimes (2014): Methodik zur Auswahl von Fertigungsressourcen in der Batterieproduktion, S. 3.
622 Ebd., S. 62.
623 Ebd., S. 144ff.
624 Vgl. Westermeier (2016): Qualitätsorientierte Analyse komplexer Prozessketten am Beispiel der Herstellung von Batteriezellen, S. 3f.
625 Ebd., S. 50.
626 Ebd., S. 73ff.

Das Ziel des Ansatzes von STAUDER ist die Bewertung und Optimierung von Fertigungssystemen unter Berücksichtigung der Fertigungshistorie bei Änderungsanläufen. Bei Änderungsanläufen wird das Fertigungssystem nicht vollständig neugestaltet, sondern durch die Implementierung einer neuen Fertigungstechnologie in eine bestehende Technologiekette lediglich angepasst.[627] Im Rahmen des Anlaufmanagements müssen organisatorische und produktbezogene Schnittstellen berücksichtigt werden, wobei letztere technologische Schnittstellen zweier aufeinanderfolgenden Fertigungstechnologien darstellen.[628] Das Beschreibungsmodell für diese technologischen Schnittstellen, das STAUDER für seine Methodik wählt, dient ausschließlich zur deskriptiven Darstellung der Schnittstellen, um die Einflüsse der Fertigungshistorie während des Anlaufs beschreiben zu können. Der Ansatz enthält keine Methoden zur Ermittlung der Ausprägungen der Schnittstellen, sondern geht von bekannten Schnittstellen bekannter Technologien aus vorausgegangenen Anläufen aus. Durch das Beschreibungsmodell nutzt der Ansatz von STAUDER eine standardisierte Vorgehensweise zur Aufdeckung von Produktionsschritten mit hoher Sensitivität hinsichtlich Wirkzusammenhänge, wobei die Quantifizierung der Wirkzusammenhänge unberücksichtigt bleibt.

Accelerated Production Ramp-Up Utilising Clustering and Visualisation of Process Chain Interrelationships nach MEINERS ET AL.

Der Ansatz nach MEINERS ET AL. fokussiert die Effizienzsteigerung von Produktionsanläufen mit besonderem Fokus der Elektromotorenproduktion.[629] Dabei werden vor allem qualitätsrelevante Zusammenhänge im Produktionsanlauf durch eine Visualisierungsmethode auf Basis von Parallel Coordinate Plots (PCPs) auswertbar gemacht. Nachdem die qualitätsrelevanten Zusammenhänge durch eine Datenaufnahme im Produktionsanlauf erfasst und visualisiert wurden, können entweder bekannte Fehlertypen zugeordnet oder durch eine Clusteranalyse neue Zusammenhänge identifiziert werden.[630] MEINERS ET AL. gehen in ihrem Ansatz allerdings von einer Produktionsanlage aus, die sich bereits im Produktionsanlauf befindet. Dementsprechend stehen Anforderungen an Produktionsanlagen und ihre Bestimmung durch Prototypen nicht im Fokus der Arbeit. Der Ansatz ist daher eher den reaktiven und korrektiven Ansätzen im Anlaufmanagement, als den Ansäten aus dem Bereich der Produktions- und Technologieplanung zuzuordnen.

3.3.2 Ansätze aus dem Bereich des Anforderungsmanagements

Wie bereits in Abschnitt 2.5.2 dargestellt, zielt das Anforderungsmanagement auf die Ermittlung, Analyse, Dokumentation, Prüfung, Validierung und zur Verwaltung von Anforderungen ab. In den meisten Fällen wird das Anforderungsmanagement auf das vom Unternehmen zu entwickelnde Produkt bezogen und das Anforderungsmanagement fokussiert so die produktseitigen Anforderungen. Im Folgenden sollen Ansätze untersucht werden, welche das produktionsseitige Anforderungsmanagement fokussieren oder noch spezifischer das Anforderungsmanagement auf die Anforderungen an Produktionsanlagen ausrichten.

---

[627] Vgl. Stauder (2017): Anlauforientierte Gestaltung von Fertigungssystemen, S. 141.

[628] Ebd., S. 49f.

[629] Vgl. Meiners et al. (2019 - 2019): Accelerated Production Ramp-Up Utilising Clustering and Visualisation of Process Chain Interrelationships, S. 1.

[630] Ebd., S. 3.

Requirements engineering by prototyping: experiences in development of estimating system nach STEPHENS UND BATES

STEPHENS UND BATES beschreiben in ihrem Ansatz ein zweischrittigen Prototyping-Prozess im Bereich der Software-Entwicklung für den Produktionskontext. Ausgehend von einer Analyse der Spezifikationsphase von Produkten stellen sie fest, dass strukturierte und interviewbasierte Analysen von zukünftigen Funktionen des Produktes mit Entwicklern und Management zu einer unklaren Anforderungsgrundlage und fehlenden Spezifikationen führen. Die Konsequenz dieser mangelnden Anforderungsgrundlage ist, dass die Ergebnisse aus Simulationen mit den festgelegten Eingangsinformationen fehlerbehaftet sind, da bereits die Eingangsdaten fehlerbehaftet waren. Hieraus folgern sie, dass ein Trial-and-Error Prozess mit dem Anwender der Software besser geeignet ist, um Anforderungen des Anwenders zu spezifizieren kann.[631]

Kern des verwendeten Lösungsansatzes ist, dass sie Ihre Entwicklungsarbeiten zunächst in einen Prototypingphase mit Fokus auf das User-Interface (Interface Prototype) sowie in eine Prototypingphase mit Fokus auf die Validierung von Funktionalanforderungen gliedern (Funktional Prototype). Sie nutzen die den Interface Prototype, um auf Basis der erwarteten Interaktion des finalen Produktes mit seinen Anwendern funktionale Anforderungen abzuleiten. Hierzu verwenden sie kurze, iterative Entwicklungszyklen mit sogenannten Wegwerfprototypen.[632] In der zweiten Phase werden die Funktionalanforderungen dann in einem realen Prototyp im Fabrikeinsatz der Software validiert und weiterentwickelt.[633]

Der Ansatz von STEPHENS UND BATES hat den Charakter einer beschriebenen Case Study in der Softwareindustrie. Sie gehen weniger auf die einzelnen Bestandteile Ihrer Methodik, als auf die grundsätzlichen Vorteile des zweischrittigen Ansatzes im Softwareumfeld ein.

Anforderungsklärung in interdisziplinärer Entwicklungsumgebung nach JUNG

Der Ansatz von JUNG fußt auf der Annahme, dass die Anforderungsklärung maßgeblich verantwortlich für den Projekterfolg ist.[634] Daher wird ein Ansatz zur Anforderungsklärung entwickelt, „*der das Produkt nicht nur in seiner Gesamtheit betrachtet, sondern unter Einbindung bekannter Methoden den Entwickler auffordert, zusammen mit Experten das produktdefinierende System iterativ und systematisch in seine einzelnen Elemente zu zerlegen uns zu strukturieren*“.[635] Dabei wird ein Fokus auf die Relationen zwischen den Systembestandteilen gelegt, auf die durch eine Klärung der Anforderungen eingegangen werden muss.[636] JUNG geht in seinem Ansatz vor allem auf Produktanforderungen ein und fokussiert weniger die Implikationen auf die Produktion oder den Produktionsanlauf.

---

631 Vgl. Stephens et al. (1990): Requirements engineering by prototyping: experiences in development of estimating system, S. 254.

632 Ebd., S. 255.

633 Ebd., S. 256.

634 Vgl. Jung (2006): Anforderungsklärung in interdisziplinärer Entwicklungsumgebung, S. 2.

635 Ebd., S. 141.

636 Ebd., S. 85ff.

Integration von Anforderungsmanagement in den mechatronischen Entwicklungsprozess nach SCHEDL

Die Zielsetzung des Ansatzes von SCHEDL liegt in der Optimierung des mechatronischen Entwicklungsprozesses von Produktionssystemen, um insbesondere die Entwicklungszeit zu verkürzen.[637] Hierzu wird gliedert sich das Vorgehen in die Phasen der Planung der Anforderungserfassung, der Beschreibung der Anforderungen und Nutzung der Anforderungen in der Entwicklung.[638] Der Ansatz von SCHEDL fokussiert vor allem die strukturierte Abfrage, Dokumentation und Vernetzung von Anforderungen und schlägt hierzu die Strukturierung nach Komponenten oder Funktionen vor.[639] Wie die Kundenanforderungen zustande kommen bleibt unberücksichtigt.

Creating Dynamic Requirements Through Iteratively Prototyping Critical Functionalities nach KRIESI ET AL.

Der Ansatz von KRIESI ET AL. versteht Prototypen als „Prototypen zum Lernen" und geht von einer Ausgangssituation in der Produktentwicklungsphase aus, in der Anforderungen sowie zukünftige Probleme noch unbekannt sind und es dementsprechend noch keine Lösungen für ‚unknown unknowns' gibt.[640] Der Entwicklungsprozess wird im Ansatz als Entdeckungsreise verstanden (engl. Wayfaring), da das Produktentwicklungsteam einer Vision folgend mit vagen Informationen und Anforderungen mit dem Entwicklungsprozess beginnt.[641] Sie stellen in ihrer Analyse von Produktentwicklungsprozessen fest, dass bei Produktneuentwicklungen häufig ‚unknown unknowns' entdeckt werden und daraus dann kritische Anforderungen abgeleitet werden müssen. Hierzu fokussieren sie in ihrer Prototypenphase auf kritische Funktionalitäten, die das Produkt erfüllen muss. Dabei sieht ihre Methodik vor, dass zunächst nur eine grobe Richtung für die Produktentwicklung vorgegeben wird und mithilfe der prototypenbasierten Validierung der kritischen Funktionalitäten die Anforderungen dynamisch weiterentwickelt werden. Nach der Anwendung der Methodik sollen auf Basis der ermittelten kritischen Funktionalitäten und Anforderungen etablierte Vorgehensmodelle für die weitere Produktentwicklung genutzt werden (siehe dazu Abschnitt 2.5.1).[642]

Vor dem Hintergrund der aufgestellten Bewertungskriterien verwendet der Ansatz von KRIESI ET AL. die Lösungshypothese des prototypengestützten Anforderungsmanagements, indem sie Prototypen nutzen, um Anforderungen zu bestimmen und diese dynamisch weiterzuentwickeln.

[637] Vgl. Schedl (2009): Integration von Anforderungsmanagement in den mechatronischen Entwicklungsprozess, S. 54.

[638] Ebd., S. 55.

[639] Ebd., S. 62ff.

[640] Vgl. Kriesi et al. (2016): Creating Dynamic Requirements through Iteratively Prototyping Critical Functionalities, S. 790; Vgl. Sutcliffe et al. (2013): Requirements elicitation: Towards the unknown unknowns, S. 92ff.

[641] Vgl. Kriesi et al. (2016): Creating Dynamic Requirements through Iteratively Prototyping Critical Functionalities, S. 791.

[642] Ebd., S. 791.

Produktionsseitiges Anforderungsmanagement nach MEIS

MEIS stellt in seiner Arbeit heraus, dass die mittlerweile vielfach akzeptierten Konzepte zur kooperativen Produktentwicklung einerseits eine deutliche Reduktion der Time-to-Market sowie eine Einsparung durch die Reduktion von kostenintensiven Änderungen ermöglichen, andererseits die Ergebnisse diesbezüglich hinter den Erwartungen der Anwender zurückgeblieben sind. MEIS führt dies auf Ineffizienzen in der zielgerichteten Kommunikation zwischen den produzierenden und den entwickelnden Bereichen zurück. Das zentrale Defizit nach MEIS besteht darin, dass dem produzierenden Bereich die Möglichkeiten einer effizienten Definition und Nutzung von Anforderungen fehlen.[643] In seinem Ansatz entwickelt MEIS daher eine Struktur zur gezielten Zuordnung von produktionsseitigen Anforderungen zu den unterschiedlichen Beteiligten im Prozess der Generierung sowie im Prozess der Nutzung von Anforderungen, aber geht dabei nicht auf die Ermittlung von unbekannten Anforderungen ein.[644]

MEIS adressiert mit seinem Konzept zum produktionsseitigen Anforderungsmanagement eine Effizienzsteigerung in der Schnittstelle zwischen produzierenden und entwickelnden Bereichen im Produktentstehungsprozess. Der Ansatz führt die Effizienzverluste jedoch auf Defizite in der schnittstellenübergreifenden Kommunikation zurück und legt den Fokus dabei stärker auf der Dokumentation, Verwaltung und Verteilung von Anforderungen im Kontext des Anforderungsmanagements, als auf die Anforderungsermittlung.[645]

Produktionsseitige Gestaltung von Produktanforderungen für den elektrischen Antriebsstrang nach GILLEN

GILLEN stellt in seiner Arbeit die besondere Relevanz des Anforderungsmanagements im Umfeld disruptiver Technologien heraus. Aufgrund der hohen Unbekanntheit fehlt es an etablierten Produkt- und Prozesslösungen, was in einer hohen Anzahl alternativer Technologien resultiert. Dies hat zur Folge, dass Bewertungen lediglich qualitativ erfolgen und Entscheidungen, aufgrund der geringen Erfahrungsgrundlage auf zentraler Unternehmensebene getroffen werden. Weiterhin sind Auswirkungen einer Variation von Anforderungen nicht transparent, da es an Erfahrungen über die zugrundeliegenden Zusammenhänge mangelt. Vor diesem Hintergrund entwickelt GILLEN eine Methodik zur strukturierten Bewertung und Adaption von Anforderungen aus Sicht der Produktion an das Produkt. Die zugrundeliegende Methodik gliedert sich in drei Phasen. Ausgehend von einer Definition von Produkt- und Prozessanforderungen, über eine Generierung alternativer Prozessketten werden resultierende Fertigungsfolgen ausgewählt. In der Gestaltungsphase erfolgt die Adaption der Anforderungen auf Basis von erwarteten Änderungen der Bewertungsgrößen.[646]

Die hohe Unbekanntheit auf Produkt- und Produktionsebene im Produktentstehungsprozess disruptiver Technologien ist Anreiz für GILLEN zur Entwicklung seiner Methodik, ähnlich dem Praxisdefizit der vorliegenden Dissertation. Mit seiner Herangehensweise zielt GIL-

[643] Vgl. Meis (2017): Produktionsseitiges Anforderungsmanagement, S. 2.
[644] Ebd., S. 3.
[645] Ebd., S. 67.
[646] Vgl. Gillen (2019): Produktionsseitige Gestaltung von Produktanforderungen für den elektrischen Antriebsstrang.

LEN auf eine Steigerung der Effizienz in den Schnittstellen zwischen Produkt- und Produktionsentwicklung in frühen Phasen des Produktentstehungsprozesses ab. Die Spezifizierung von Anforderungen an Produktionsanlagen bleibt bei GILLEN unberücksichtigt.

3.3.3 Ansätze aus dem Bereich des präventiven Anlaufmanagements

Planung und Steuerung des Serienanlaufs komplexer Produkte nach WANGENHEIM

Im Ansatz von WANGENHEIM steht eine empirische Analyse des Innovationsprozesses an der Schnittstelle zwischen Automobilhersteller und -zulieferer im Vordergrund.[647] Der Ansatz aus dem Jahre 1998 entstand in einer Zeit, in der die deutsche und europäische Automobilindustrie den Effizienzrückstand, der durch die Lean-Philosophie in Japan entstanden war, bereits aufgeholt hatte. Wangenheim stellt in den Vordergrund, dass durch die Einführung von Simultaneous Engineering-Maßnahmen die Verzögerungen im Serienanlauf weiterhin hoch sind und dass die Effizienzdefizite der Schnittstelle zwischen Entwicklung und Produktion insbesondere im Serienanlauf deutlich werden.[648] Zwar liefert der Ansatz keine direkte Methodik zur Bewältigung der Effizienzdefizite im Produktionsanlauf disruptiver Produkte im Kontext der Elektromobilität, trotzdem wird durch diesen Ansatz deutlich, dass die Schnittstelle von Entwicklung und Produktion und folglich die der Produktionsentwicklung vor allem bei unbekannten, disruptiven Produkten besonders fokussiert werden sollten.

Anlaufmanagement für Großanlagen nach ZEUGTRÄGER

Der Ansatz von ZEUGTRÄGER fokussiert die Planungs- und Anlaufphase von Großanlagen an der Schnittstelle zwischen Betreiber und Anlagenbau und liefert eine detaillierte Analyse des Problemfeldes des Anlaufs von Großanlagen. Er stellt heraus, dass neue und unbekannte Anlagen vermehrt Fehler in der späten Anlaufphase aufweisen, welche auf Fehler aus der Planungsphase zurückzuführen sind.[649] Weiterhin führt er die Problematik auf eine Erfahrungstransferlücke, welche sich auf einen mangelnden wechselseitigen Austausch von Erfahrungswissen zwischen Anlagenbauer und -betreiber bezieht, und auf eine Managementlücke zurück, welche auf einem reaktiven, ereignisgesteuerten Projektmanagements resultiert.[650] ZEUGTRÄGER sieht die Lösung in der Befähigung der Schnittstellenpartner zu einer lernenden Projektorganisation, indem systematisch Probleme und Erfahrungen aufgenommen und Verbesserungen für Folgeprojekte abgeleitet werden sollen (Wissensmanagements). Auf diese Weise soll die Verschwendung in allen Bereich des Anlaufs reduziert.[651] Hierzu entwickelt ZEUGTRÄGER ein Konzept zur Vorbereitung und Durchführung von Endmontage, Inbetriebnahme und Hochlauf, das auf eine Methodik zur Projektanalyse und Erfahrungsextraktion zurückgreift.[652] Bausteine zur Realisierung dieses Konzeptes sowie zur Vermeidung der Verschwendung liegen in der Qualifikation der Projektmitarbeiter, im schnittstellenübergreifenden Austausch von Erfahrungen sowie in der systematischen Dokumentation dieser, in gezielten Kooperationen der Schnittstellenpartner sowie in der konsequenten Planung von Abläufen und der Nutzung von Werkzeugen wie FMEAs oder IT-

[647] Vgl. Wangenheim (1998): Planung und Steuerung des Serienanlaufs komplexer Produkte, S. 214.
[648] Ebd., S. 214.
[649] Vgl. Zeugträger (1998): Anlaufmanagement für Großanlagen, S. 9.
[650] Ebd., S. 10.
[651] Ebd., S. 55f.
[652] Ebd., S. 55f.

Tools.[653] ZEUGTRÄGER geht in seinem Ansatz von einer wiederholten Projektdurchführung aus und lässt die Möglichkeit zur Optimierung des Planungs- und Anlaufprozesses des ersten Projektes durch Nutzung von Prototypen außen vor.

Virtueller Fertigungsanlauf nach AMMERMANN & LOHSE

Im Konzept des virtuellen Fertigungsanlaufs führen AMMERMANN & LOHSE moderne Simulationstechniken im Kontext des Produktionsanlaufs von Werkzeugmaschinen zur Parallelisierung von Entwicklung und Funktionsprüfung zusammen. Als wesentliche Herausforderungen des Fertigungsanlaufs werden späte Änderungen aus der Produktentwicklung und nicht anforderungsgerechte Betriebsmittel herausgestellt.[654] Vor allem in Konstruktion und Steuerung treten dadurch während der Inbetriebnahme vermehrt kosten- und zeitintensive Fehler auf.[655] Um dieser Fehlerentstehung frühzeitig zu begegnen, entwickeln die Autoren ein Konzept zur virtuellen Parallelisierung der vorrangig sequenziellen Anlaufaktivitäten (genannt: virtueller Anlauf). Eingesetztes Werkzeug ist der virtuelle Prototyp einer Werkzeugmaschine, der das Maschinenverhalten unter gegebenen Randbedingungen widerspiegelt. Der virtuelle Prototyp wird von AMMERMANN & LOHSE als „Umgebung gekoppelter, hochspezialisierter Simulationssysteme auf unterschiedlichen Ebenen verstanden.“[656] Mit Rücksicht auf den zeitlichen Verlauf des virtuellen Produktionsanlaufes werden die Simulationssysteme in die drei Ebenen Prozess/NC-Simulation, Maschine/Virtuelle Steuerung und Anlage/Fertigungsleittechnik eingeordnet. Auf Prozessebene werden mithilfe von NC-Simulationen Maschinenabläufe visualisiert und beispielsweise Kollisionsprüfungen durchgeführt. Die Kopplung bestehender Modellierungskomponenten zu einem Gesamtmodell ermöglicht auf Maschinenebene eine virtuelle Maschinensteuerung. Damit lassen sich Schnittstellenprobleme frühzeitig erkennen. Den größten Abstraktionsgrad weisen Simulationen auf Anlagenebene auf. Ganze Anlagenteile werden als Maschineneinheit mit einer bestimmten Funktion simuliert und auf diese Weise Abläufe der Gesamtanlage kontrolliert.[657] AMMERMANN & LOHSE gehen in ihrem Ansatz nicht auf die Defizite bzgl. der Simulationsgenauigkeit und die Notwendigkeit von realen Anlagenprototypen zur Exploration unbekannter Zusammenhänge ein.

Simulationsbasierte Anlaufunterstützung auf Basis der Qualitätsfähigkeiten von Produktionsprozessen nach LANZA

LANZA entwickelt ein Simulationskonzept zur Bewertung eines im Anlauf befindlichen, instabilen Produktionssystems.[658] Bestimmend für die Erreichung der ergebnisbezogenen Ziele der Produktqualität und Mengenleistung ist die Anlagenqualität, die sich aus den Komponenten technisch und organisatorisch ergibt. Während zu Beginn des Anlaufs die Produktqualität und damit die technische Anlagenqualität im Vordergrund steht, rückt im zeitlichen Verlauf die Steigerung der Mengenleistung durch organisatorische Anlagenqualität in den

[653] Ebd., S. 59.

[654] Vgl. Ammermann et al. (2007): Virtueller Fertigungsanlauf, S. 5.

[655] Ebd., S. 6.

[656] Ebd., S. 10.

[657] Ebd., S. 11f.

[658] Vgl. Lanza (2005): Simulationsbasierte Anlaufunterstützung auf Basis der Qualitätsfähigkeiten von Produktionsprozessen, S. 5f.

Fokus.[659] Im Ansatz von LANZA können durch Ablaufsimulationen OEE-Kennzahlen für verschiedene Systemalternativen prognostiziert werden. Dabei wird zwischen planungs- und anlaufbegleitenden Simulationen unterschieden.[660] In der Planungsphase werden die Stellgrößen des Systems durch die vom Planer vorgegebenen Anforderungen und Zielgrößen bestimmt, während in der Anlaufphase reale Daten hinzugezogen werden.[661] Beabsichtigte Maßnahmen zur Änderung des Produktionssystems werden in Simulationsmodellen nachgebildet, um deren Auswirkungen ohne Einfluss auf das reale System beurteilen zu können. Während dieser Simulationen steht vorrangig der Produktionsprozess und weniger das Produkt im Vordergrund. Kern des Simulationsmodells ist die Dekomposition der Produktionsprozesse in Elementarprozesse und logische Zusammenhänge untereinander sowie die Zuweisung von einzelnen Qualitätsfähigkeiten zu diesen.[662] Für die Prognose der Qualitätsfähigkeit von Elementarprozessen werden aus historischen Daten ähnlicher Prozesse in vergleichbaren Phasen des Anlaufprozesses Referenzprozesse abgeleitet.[663] Einflussfaktoren werden basierend auf der 5-M-Methode in Literatur und Praxis ermittelt und den Elementarprozessen zugeordnet.[664] Aus den einzelnen Simulationen und der Kombination aller Qualitätsfähigkeitskurven ergibt sich die Anlaufkurve, die zur Prognose der Gesamtausbringung neuer Prozesse genutzt werden kann.

Modellierung vernetzter Wirkbeziehungen im Produktionsanlauf nach WINKLER

Der Ansatz von WINKLER liefert einen Beitrag zur Analyse von Wirkbeziehungen und Leistungsdaten im Produktionsanlauf und bietet so die Grundlage für ein Controlling des Anlaufs.[665] Die Analyse der Wirkbeziehungen erfolgt durch eine detaillierte mathematische Modellierung. Aufgrund der notwendigen Datengrundlage, eignet ist der Ansatz weniger für die Planung des Anlaufs von Neuanlagen, als vielmehr für die Steuerung von Anläufen.

Methoden für die virtuelle Inbetriebnahme automatisierter Produktionssysteme nach WÜNSCH

WÜNSCH analysiert, dass fehlerhaft programmierte Maschinensoftware sowie die mangelhafte Kompatibilität der Subsysteme einer Produktionsanlage die wesentlichen Schwachstellen im Hochlauf von Produktionsanlagen darstellen.[666] Als Lösung sieht Wünsch die Simulation von Mechanik, Elektrik und den zugrunde liegenden Steuerungsfunktionen im Rahmen einer virtuellen Inbetriebnahme. Allerdings stellt er fest, dass *„dem Nutzen der virtuellen Inbetriebnahme [] ein projektabhängiger Aufwand für die Modellierung und die Tests gegenüber"* steht.[667] Daher wird im Ansatz ein Vorgehen zur effizienten Einführung der virtuellen Inbetriebnahme in die unternehmerische Praxis entwickelt, eine Methode zur wirtschaftlichen Bewertung der virtuellen Inbetriebnahme aufgestellt und eine Methode zur

---

[659] Ebd., S. 58f.
[660] Ebd., S. 135ff.
[661] Ebd., S. 71.
[662] Ebd., S. 82ff.
[663] Ebd., S. 87.
[664] Ebd., S. 89.
[665] Vgl. Winkler (2007): Modellierung vernetzter Wirkbeziehungen im Produktionsanlauf, S. 139ff.
[666] Vgl. Wünsch (2008): Methoden für die virtuelle Inbetriebnahme automatisierter Produktionssysteme, S. 4f.
[667] Ebd., S. 7.

Auslegung der Ausrüstung für eine virtuelle Inbetriebnahme vorgestellt.[668] Insbesondere die Methode zur wirtschaftlichen Bewertung bietet eine Grundlage um eine Entscheidung darüber zu treffen, welche Anlagenteile wirtschaftlich mit virtueller Inbetriebnahme in Betrieb genommen werden sollten.[669]

A Holistic and DoE-based Approach to Developing and Putting into Operation Complex Manufacturing Process Chains of Composite Components nach WIEMER ET AL.

Der Ansatz von WIEMER ET AL. beinhaltet eine Methode zur Beschreibung und Analyse komplexer technischer Wechselwirkungen in Produktionsprozessketten am Beispiel der Textilfertigung.[670] Ausgehend von einer Beschreiung des Produktes und der Produktionsprozessketten werden parallel die Experimente auf Basis eines Design-of-Experiments-Ansatzes geplant und eine entsprechende Aufwandskalkulation für diese Experimente durchgeführt. Auf dieser Basis wird eine Entscheidung über die Anzahl der Iterationen der Experimente getroffen.[671] Der Ansatz dient durch die systematische Planung der Experimente und gleichzeitiger Bestimmung des Aufwandes vorrangig dazu, die Effizienz von statistischen Experimenten mit Produktionsanlagen zu erhöhen, aber geht nicht auf Aspekte der Anlagenplanung oder des Produktionsanlaufes ein.

3.3.4 Ansätze aus den Bereichen Prototypenbaus und Simulationstechnik

Learning by experimentation: Prototyping and testing nach THOMKE

Nach THOMKE ist es innerhalb von Projekten viel effizienter, in frühen, als in den späteren Phasen zu scheitern. Seiner Ansicht nach könnte dies durch bessere Teststrategien ermöglicht werden, die solche Fehlschläge in früheren Phasen erkennen und so Zeit- und Kostenverluste vermeiden können. Allerdings betrachten Unternehmen in den meisten Fällen das Testen als den Schritt, der am Ende der Entwicklungsphasen oder am Ende von Projektphasen "zu wenig und zu spät" durchgeführt wird.[672] Folglich basiert der Ansatz auf dem Sammeln von frühen Informationen aus Prototyping und Experimenten, die die Kosten im nachgelagerten Prozess reduzieren sollen. Testen und Prototyping ist nach THOMKE eine "Learning by Experimenting"-Methode, die iterativ in den Phasen ‚Design', ‚Build', ‚Run', ‚Analyze' durchgeführt wird, um unterschiedliche Informationen in verschiedenen Phasen zu identifizieren. THOMKE unterscheidet zwischen Prototypen mit geringer und hoher Genauigkeit. So sind Low-Fidelity-Prototypen kostengünstig und können relativ schnell hergestellt werden, um in der frühen Konzeptphase der Produktentwicklung ein schnelles Feedback zu erhalten. Auf der anderen Seite eignen sich High-Fidelity-Prototypen zur Validierung von Lösungen und zur Minimierung des Fehlerrisikos.[673] THOMKES Ansatz liefert eine Grundlage zur effizienten Einbindung von Prototypen in den Informationsgewinnungsprozess und zur

[668] Ebd., S. 7f.

[669] Ebd., S. 167.

[670] Vgl. Wiemer et al. (2017): A Holistic and DoE-based Approach to Developing and Putting into Operation Complex Manufacturing Process Chains of Composite Components, S. 147.

[671] Ebd., S. 150.

[672] Vgl. Thomke (2008): Learning by experimentation: Prototyping and testing, S. 401ff.

[673] Ebd., S. 409f.

Reduzierung von Unsicherheiten, welche auch in der Produktion bestehen.[674] Eine Kostenbetrachtung sowie eine Fokussierung auf Anlagenprototypen erfolgt nicht.

Mixed Prototyping for Product Assessment nach BORDEGONI ET AL.

Im Ansatz von BORDEGONI ET AL. wird ein Ordnungsrahmen für die Methoden gemischter Prototypen im Kontext der Entwicklung informationsverarbeitender Geräte aufgestellt. Zur Einordnung der Prototypen werden zunächst die beiden Domänen Nutzer und Prototyp betrachtet, welche dabei virtuell oder real umgesetzt werden können. BORDEGONI ET AL. führen auch das Konzept der gemischten Prototypen, also der Kombination realer und virtueller Komponenten, ein.[675] Auch dieser Ansatz betrachtete Produktprototypen insbesondere mit dem Ziel der Validierung von Optik und Haptik und geht nicht auf Aspekte der Produzierbarkeit ein. In der Entscheidung zum Virtualisierungsgrad werden die Kosten nicht detailliert berücksichtigt.

Virtuelle und hybride Prototypen in kooperativen Arbeitsumgebungen nach WÖSSNER

WÖSSNER entwickelt technische Systemelemente, mit denen virtuelle und hybride Prototypen erstellt und in den konstruktiven Entwicklungsprozess integriert werden können. Dabei werden die softwaretechnischen Lösungen für Simulationen sowie die VR-Visualisierung detailliert beschrieben. Der Ansatz sieht die Vorteile hybrider Prototypen vor allem in der Planung von kooperativen Arbeitsumgebung[676] sowie im Erkennen von Zusammenhängen durch simultanes Arbeiten im Team anhand des virtuellen Modells.[677]

Klassifizierung und Auswahl prototypischer Aktivitäten nach FILIPPI & BARATTIN

FILIPPI & BARATTIN verfolgen das Ziel, den Kosten- und Zeitaufwand während der Produktentstehung durch eine optimierte Nutzung von Prototypen zu reduzieren. Dazu klassifizieren sie die verfügbaren Methoden und Werkzeuge der Prototypenerstellung. Danach beinhaltet der Ansatz einen Algorithmus, der mithilfe dieser Klassifizierung die bestgeeigneten Validierungsmethoden für eine gegebene Entwicklungsaufgabe bestimmen soll.[678] Der Algorithmus berücksichtigt neben den Material- und Entwicklungskosten die für Entwicklung und Aufbau des Prototyps erforderliche Zeit. Den Kosten und der Zeit wird der Umfang physischen oder optischen Feedbacks – also der Nutzen – durch Experteninterviews gegenübergestellt. Dazu wird für jede Prototypenklasse eine charakteristische Analyseaufgabe definiert. Des Weiteren wird die Situation, in welcher der Prototyp zum Einsatz kommt, als Einflussfaktor auf die Eignung einer Methode identifiziert.[679] Der Ansatz von FILIPPI & BARATTIN geht auf die effiziente Zuordnung von realen bis virtuellen Prototypen zu relevanten Anwendungsszenarien ein. Im Fokus stehen jedoch vornehmlich Produktprotypen zur Bewertung von Optik und Haptik, als zur Validierung von Funktionalitäten.

Hybrid Prototype-in-the-Loop nach BUCHHOLZ ET AL.

674 Ebd., S. 403.

675 Vgl. Bordegoni et al. (2009): Mixed prototyping for product assessment: a reference framework, S. 178.

676 Vgl. Wössner (2009): Virtuelle und hybride Prototypen in kooperativen Arbeitsumgebungen, S. 2.

677 Ebd., S. 101f.

678 Vgl. Filippi et al. (2012): Classification and Selection of Prototyping Activities for Interaction Design, S. 150ff.

679 Ebd., S. 152f.

BUCHHOLZ ET AL. zielen auf die Absicherung des Montageprozesses in der frühen Phase der Anlagenplanung ab. Im Fokus steht die Erlebbarkeit der Interaktion des Werkers mit der Anlage oder Montagezelle mit dem Ziel eines höheren Verständnisses der Montageprozesse. Als ressourcenschonende Alternative zu physischen Prototypen wird die Kopplung virtueller 3D-Kinematikmodelle mit realen mechatronischen Elementen eingesetzt. Zur Einordnung der Ausprägungen dieser als hybride Prototypen bezeichneten Absicherungswerkzeuge wird die „MFV-Absicherungsmatrix" eingeführt. Dieser Raum, in dem jedes mögliche Werkzeug positioniert werden kann, wird durch die drei Dimensionen Mensch, Funktion und Virtualität aufgespannt. In welchem Umfang der hybride Prototyp ein ausführbares Modell darstellt, wird in der Dimension Funktion erfasst. Der Grad der Virtualität beschreibt, inwieweit virtuelle Methoden zur Erstellung des Prototyps eingesetzt werden. Die Einordnung des Ausmaßes der menschlichen Interaktion mit dem Prototyp erfolgt in der Dimension Mensch.[680] Der Ansatz von BUCHHOLZ ET AL. fokussiert stark montageorientiere Tätigkeiten, sieht Potenziale des Ansatzes in der Roboter-Mensch-Kollaboration und bietet gleichzeitig einen Ausblick auf den Transfer auf Großproduktionsanlagen.[681] Durch hybride (Anlagen-)Prototypen – eingebettet im Ansatz ‚Hybrid Prototype-in-the-Loop' – sollen in den Partialansätzen ‚Verhaltensmodelle der Montagezelle', ‚VR-Systeme' sowie ‚Kopplung der [] mechatronischen Bedienelemente, Anzeigen, Werkzeugen und Sensoren' eine Absicherung von Funktionen (bspw. Kollisionsvermeidung) und der Bedienbarkeit erfolgen.[682] Dabei wird jedoch nicht auf die Ausgestaltung der Experimente sowie auf die Nutzung zur Aufdeckung und Absicherung von qualitätsrelevanten Zusammenhängen zwischen mehreren Anlagen(teilen) eingegangen. Bei der Entscheidung über die Art und den Umfang des Prototyps erfolgt keine detaillierte Kosten-/Nutzenbetrachtung.

Virtual and Physical Prototyping Practices: Finding the Right Fidelity Starts With Understanding the Product nach LIKER UND PEREIRA

Der Ansatz von LIKER UND PEREIRA entwickelt ein Entscheidungsmodell für die Auswahl der verschiedenen Prototypenformen und basiert dieses auf einer Industriestudie. Sie stellen insbesondere das Spannungsverhältnis zwischen der Kosteneffizienz und der einfachen Iteration von virtuellen Prototypen gegenüber den realitätsgetreuen, aber teureren physischen Prototypen heraus und kommen zu der Erkenntnis, dass die Auswahl der Prototypenformen vorranging von der der Neuheit des Produkts abhängt.[683]

Für ihr Entscheidungsmodell stellen LIKER UND PEREIRA 8 Thesen auf, welche sie von 11 Industrieunternehmen bewerten lassen. Aus den Ergebnissen der Befragungen konnten Sie ableiten, dass virtuelle Prototypen besonders geeignet sind um schnell verschiedene Optionen des Produktes zu prüfen.[684] Weiterhin wurde bestätigt, dass die Komplexität von multiwissenschaftlichen Phänomenen (bspw. elektrische, magnetische, thermische, mechanische,

680 Vgl. Buchholz et al. (2018): Hybrid Prototype-in-the-Loop, S. 241f.

681 Ebd., S. 240f.

682 Ebd., S. 243f.

683 Vgl. Liker et al. (2018): Virtual and Physical Prototyping Practices: Finding the Right Fidelity Starts With Understanding the Product, S. 77.

684 Ebd., S. 77.

chemische Phänomene.) einen physischen Zustand des Prototypen erfordert.[685] Das resultierende Entscheidungsmodell gliedert sich in drei Fragestellungen, die über den Einsatz virtueller und schneller Prototypen sowie physischer Prototypen entscheiden (siehe Abbildung 3-7). Werden die Fragen zum Prototyping eines neuen Produktes, nach der Prüfung der Ästhetik oder der Struktur und Statik positiv beantwortet, so ist ein physischer Prototyp zu wählen. Andernfalls sollten virtuelle bzw. schnelle Prototyen (engl. Rapid Prototyping, wie additiv gefertigte Prototypen) verwendet werden.

Obwohl der Ansatz von LIKER UND PEREIRA trotz Abwägung der virtuellen und realen Prototypenmöglichkeiten nicht auf hybride Prototypen eingeht und auch keine detaillierten Bewertungskriterien für die Prototypenwahl nennt, ergründet er durch die Studie die industriellen Praktiken und bietet so eine valide Grundlage für weitere Forschungsansätze.

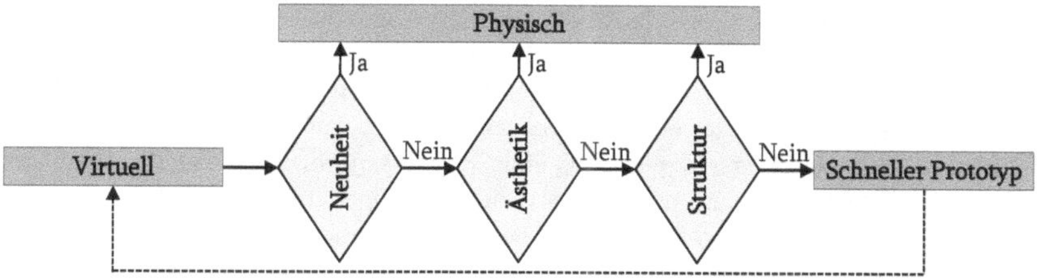

Abbildung 3-7: Entscheidungsmodell zum Einsatz physischer oder virtueller Prototypen nach LIKER UND PEREIRA[686]

Informationsorientierte Prototypenplanung zur Effizienzsteigerung im Produktionsplanungsprozess nach KLEINE BÜNING

Der Ansatz von KLEINE BÜNING, motiviert durch den im Zuge der Elektrifizierung des Individualverkehrs gestiegenen Informationsbedarfs in der Produktion von Traktionsmotoren, hat eine effiziente Produktprototypenplanung zur Informationsgenerierung für die Produktionsentwicklung zum Ziel.[687] KLEINE BÜNING folgert, dass Prototypen in einer frühen Phase des Produktentstehungsprozesses zur Produktoptimierung und Befähigung der Produktionsprozesse eingesetzt werden.[688] Dabei wird im Ansatz vor allem dem Kosten-Nutzen-Verhältnis des Einsatzes von Prototypen fokussiert. Denn jedem möglichen Erkenntnisgewinn stehen immer die mit den Experimenten verbundenen Kosten gegenüber. Die Effizienz in der Produktionsplanung setzt dementsprechend voraus, dass Prototypen dort zum Einsatz kommen, wo der größtmögliche Informationsbedarf durch den geringsten Ressourceneinsatz gedeckt werden kann. Der Ansatz von KLEINE BÜNING geht vor allem auf Produktprototypen ein und bietet Modelle zur Quantifizierung von Kosten und Nutzen von Informationswerten an.[689] Eine Abwägung gegenüber Defiziten im Anlauf erfolgt nicht. Auch werden beim Ansatz nicht der Nutzen von virtuellen Prototypen bzw. Simulationen betrachtet, obwohl diese in der industriellen Praxis bereits effizient eingesetzt werden. Zwar wird im Fragebogen die

[685] Ebd., S. 78.
[686] Eigene Darstellung in Anlehnung an Ebd., S. 80.
[687] Vgl. Kleine Büning (2019): Informationsorientierte Prototypenplanung zur Effizienzsteigerung im Produktionsplanungsprozess, S. 123ff.
[688] Ebd., S. 123.
[689] Ebd., S. 155.

Technologiekompatibilität erwähnt, allerdings bezieht sich diese vorrangig auf Wechselwirkungen im Kontext der Technologiekettenplanung (siehe Abschnitt 2.4.2).[690]

A model for dependency-oriented prototyping in the agile development of complex technical systems nach RIESENER ET AL.

Nach RIESENER ET AL. ist die Entwicklung der Prozesse, die von den Unternehmen mit agile Entwicklungsansätze aus der Softwareindustrie durchgeführt werden, nicht vollständig effizient, da sie die innerhalb der Prozesssystemelemente bestehenden Interdependenzen nicht berücksichtigen. Diese mangelnde Berücksichtigung der Interaktionen der Systemelemente führt zum Scheitern der meisten Projekte trotz der agilen iterativen Formate.[691] RIESENER ET AL. entwickeln daher ein Modell zur systematischen Strukturierung des abhängigkeitsbasierten Prototyping für die Auswahl des später zu entwickelnden Prototyps und die Implementierung des entwickelten Prototyps in den nachfolgenden Entwicklungs-Iterationen. Dies geschieht durch die frühzeitige Identifizierung von Interdependenzen im System und den frühzeitigen Abbau von Unsicherheiten in den Entwicklungsphasen.[692] RIESENER ET AL. betrachten dazu ein dreistufiges Modell. Im ersten Analyseschritt werden die prototyp- und systembezogenen Daten zur Generierung eines Prototypen-Portfolios, das alle möglichen Prototypen enthält, analysiert. Diese Prototypen werden auf der Grundlage ihres Unsicherheitsreduktionspotentials und des erforderlichen Bestimmungsgrades bewertet und angeordnet. Danach werden die Abhängigkeiten innerhalb der Systemelemente verwendet, um den Prototyp zu definieren, der die erforderliche Unsicherheitsreduktion bietet und die Modulinterdependenzregeln nicht verletzt.[693] Die betrachteten Abhängigkeiten im Ansatz werden hauptsächlich für die Abfolge der Ausführung der Prototypen im Entwicklungszyklus und nicht für die Definition der Umfänge eines bestimmten Prototyps verwendet. Auch erfolgt keine Abwägung des Nutzens gegenüber den verursachten Kosten der Prototypen.

3.3.5 Zusammenfassende Bewertung bestehender Ansätze

Nachdem bestehende relevante Ansätze aus der wissenschaftlichen Literatur vor dem Hintergrund des eingeführten Defizits aus der industriellen Praxis dargestellt und anhand der hergeleiteten Kriterien qualitativ bewertet wurden, zeigt die folgende Abbildung zusammenfassend die Bewertung der Ansätze anhand der vordefinierten Kriterien (Siehe Abbildung 3-8).

[690] Ebd., S. 151.

[691] Vgl. Riesener et al. (2019): A model for dependency-oriented prototyping in the agile development of complex technical systems, S. 1023.

[692] Ebd., S. 1024.

[693] Ebd., S. 1025f.

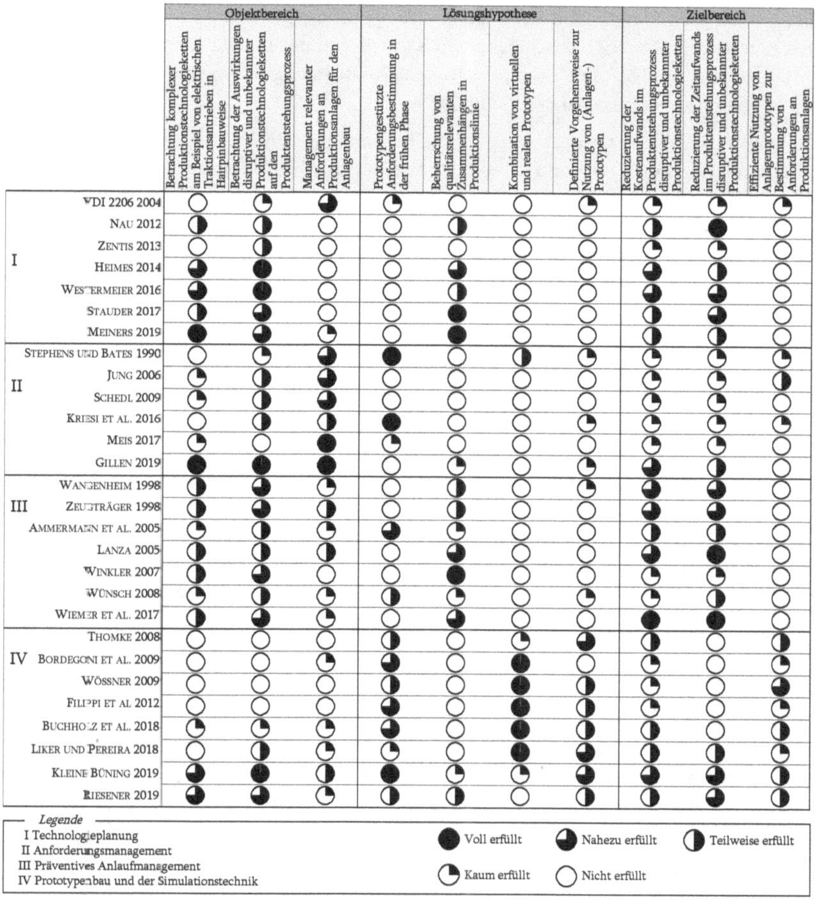

Abbildung 3-8: Bewertung relevanter Ansätze im Themenfeld

Die Bewertung der relevanten wissenschaftlichen Ansätze im Themenfeld zeigt, dass kein Ansatz die aufgestellten Kriterien vollumfänglich erfüllt. So fokussiert eine große Zahl der Ansätze aus dem Bereich der Technologieplanung zwar die Reduzierung der Anlauf- bzw. Produktionskosten, allerdings hängen sie in ihren Vorgehensmodellen vor allem von Expertenwissen ab. Oftmals verbleiben sie auf der Ebene der Technologiekettenplanung, ohne sich mit detaillierten Anforderungen an Produktionsanlagen zu beschäftigen. Auch bei den Ansätzen aus dem Bereich des Anforderungsmanagements nimmt die Untersuchung von Anforderungen an den Produktionsprozess in der betrachteten Literatur lediglich eine untergeordnete Rolle ein. Der Fokus dieser Ansätze aus dem Anforderungsmanagements liegt stärker auf der Strukturierung und der Verteilung von Kundenanforderungen an Produkteigenschaften, als auf Produktionsanlagen. Bei den Ansätzen aus dem Bereich des Anlaufmanagements wird vor allem das operative Anlaufmanagement geplant, um etwaige vormals reaktive Entscheidungen und Handlungen vorab geplant zu haben. Die Anlagenplanung und -spezifizierung wird bei den Ansätzen aus dem Anforderungsmanagement oft nicht adressiert, sondern als vorgegeben angenommen.

Der mangelnde Fokus dieser Ansätze auf die Bestimmung von Anforderungen an Produktionsanlagen, um einen effizienten Produktentstehungsprozess inklusive eines Produktionsanlaufes zu erhalten, kann dadurch begründet werden, dass die meisten Ansätze sich vor allem mit Fertigungsketten bekannter Produktionstechnik (Drehen, Fräsen, Montage etc.) befassen, als dass sie auf die spezifischen Besonderheiten disruptiver, unbekannter Produktionstechnik eingehen. Im Bereich des Prototypenbaus und der Simulationstechnik wird die Fokussierung vor allem auf den Einsatz der Prototypen zu Ermittlung und Validierung von Anforderungen an Produktprototypen gelegt, die der Endnutzer verwendet. Hervorzuheben ist der Ansatz von KLEINE BÜNING, der die Informationsgenerierung für die Produktionsplanung behandelt, dies aber durch die gezielte Beobachtung Produktprototypengeneration adressiert. Die Untersuchung der Ansätze zur Verwendung von realen, physischen Prototypen wie auch virtuellen Prototypen zeigt, dass diese vor allem das Produkt und den Endnutzer und nicht Produktionsanlagen fokussieren. So erfolgt der gleichzeitige Einsatz realer und virtueller Prototypen zur Anforderungsbestimmung und Fehlersuche bisher hauptsächlich im Bereich der Produktentwicklung. Ansätze, hybride Prototypen in der Produktion einzusetzen, beschränken sich in der untersuchten Literatur auf die Absicherung ergonomischer Anforderungen im Bereich der Montage. Im Kontext der Produktionsentwicklung werden virtuelle Methoden meist losgelöst von den Möglichkeiten realer Prototypen betrachtet. Die betrachteten Ansätze zur Produktionsentwicklung eignen sich daher nicht, der Herausforderung der disruptiven Technologie des Betrachtungsobjektes der Hairpin-Statorproduktion zu begegnen.

Insgesamt wird daher festgestellt, dass in der wissenschaftlichen Literatur kein Ansatz identifiziert wurde, der den Objekt- und Zielbereich voll abdeckt. Außerdem wurde kein Ansatz identifiziert, der die Lösungshypothese anwendet und hybride Prototypen zur Bestimmung von Anforderungen an Produktionsanlagen in einer frühen Phase des Produktentstehungsprozesses von disruptiver Produktionstechnik wie der Hairpin-Statorproduktion einsetzt.

3.4 Zwischenfazit und Handlungsbedarfs aus der wissenschaftlichen Theorie

Die Analyse und Bewertung der bereits bestehenden Ansätze der wissenschaftlichen Literatur hat dargestellt, dass keiner dieser Ansätze die in Abschnitt definierten Kriterien ganzheitlich erfüllt. Demnach existiert keine Methodik, die Kriterien des Objektbereichs in den Vordergrund stellt und durch die Anwendung der Lösungshypothese den Zielbereich abdeckt. Da ein Lösungsvorschlag zur Behebung des zuvor beschriebenen Praxisdefizits folglich nicht vorliegt, resultiert hieraus ein entsprechendes theoretisches Forschungsdefizit. Ein möglicher Lösungsvorschlag hierfür wird im Rahmen eines Entscheidungsmodells sowie einer Anwendungsmethode zum Einsatz von hybriden Anlagenprototypen zur Bestimmung von qualitätsrelevanten Anlagenanforderungen disruptiver Produktionstechnologien im folgenden Kapitel dargelegt und erläutert.

4 Konzeption der Methodik

Nachdem in Abschnitt 1.3 der explorative Forschungsansatz nach ULRICH gewählt wurde und darauf aufbauend der Betrachtungsbereich in Kapitel 2 auf die disruptive Produktionstechnik am Beispiel der Hairpin-Statorproduktion eingegrenzt wurde, ist in den Abschnitten 3.1 sowie 3.3 der Handlungsbedarf aus der industriellen Praxis dargelegt worden. Kapitel 3 beinhaltete die Darstellung und Diskussion des Gestaltungsbereiches der vorliegenden Dissertation. In Abschnitt 3.4 wurde konkludiert, dass in der wissenschaftlichen Theorie keine Vorgehensweise existiert, die die zuvor dargestellten Defizite aus der industriellen Praxis vollumfänglich aufhebt. Dementsprechend wird im nachfolgenden Kapitel eine Vorgehensweise konzipiert, die den Anforderungen zur Aufhebung der Defizite gerecht wird. Dazu erfolgt in Abschnitt 4.1 zunächst eine Einführung in die Grundlagen der Modellierung- und Systemtechnik die als forschungsmethodische Basis für die zu entwickelnde Vorgehensweise diesen soll. Darauf aufbauend werden im Abschnitt 4.2 die formalen und inhaltlich-konzeptionellen Anforderungen an die zu entwickelnde Vorgehensweise definiert. Abschnitt 4.3 und 4.4 dienen der Definition der Aufbau- und Ablaufstruktur und bestimmen so, an welchen anerkannten wissenschaftlichen Ansätzen sich die zu entwickelnde Vorgehensweise in ihrer Grobstruktur anlehnt und in welcher Modellierungssprache sie dargestellt wird. Abschließend wird in Abschnitt 4.5 in das Grobkonzept der Vorgehensweise der vorliegenden Dissertation eingeführt und ein Bezug zu den übergeordneten Zielen (Abschnitt 1.2) hergestellt.

4.1 Grundlagen der Modellierungs- und Systemtechnik

Um den komplexen Defiziten aus Praxis und Theorie sowie den resultierenden Anforderungen (siehe Abschnitt 4.2) zu entsprechen, bedarf es einer Vorgehensweise, die auf wissenschaftlichen Ansätzen, Instrumenten und Methodiken fußt. So müssen nach HABERFELLNER Maßnahmen mit weitrechenden Auswirkungen im Kontext betrieblicher Planungsvorhaben durch methodische Planung abgesichert werden.[694] Hierzu schlägt HABERFELLNER die Methodik des Systems Engineering vor, welche als „ *Weg komplexe Probleme in Angriff zu nehmen und deren Lösung zu organisieren*“ definiert wird.[695] Nach BRUNS stellt die Systemtechnik[696] eine „*gemeinsame formale Sprache bereit, die es gestattet, ingenieurmäßige Methoden auf Nachbargebiete und umgekehrt zu übertragen und legt somit tragfähige Grundlagen für interdisziplinäre Problemlösungen*“.[697] BRUNS sieht dabei Elemente der Systemtechnik als Strukturhilfsmittel für Methodiken.[698] Bevor auf das Systems Engineering als Grundlage der zu entwickelnden Vorgehensweise eingegangen werden soll, werden zunächst die zentralen Begriffe ‚System' und ‚Modell' eingeführt und definiert:

---

[694] Vgl. Haberfellner (1964): Systematische Planung mit Systems Engineering, S. 16.

[695] Ebd., S. 17.

[696] BRUNS übersetzt ‚Systems Engineering' mit ‚Systemtechnik'

[697] Bruns (1991): Systemtechnik, S. 2.

[698] Ebd., S. 2.

Die VDI-Richtlinie VDI 2221 beschreibt ein System als „*eine von einer Umgebung durch eine gedachte Systemgrenze abgegrenzte Menge von Elementen und die zwischen ihnen bestehenden Relationen, die einen definierten Zweck erfüllen sollen*".[699] In vergleichbarer Weise wird ‚System' von SCHENK ET AL. definiert. Auch sie greifen den Zweck der Relationen auf, indem sie von „*Beziehungen zur Verfolgung gesetzter Ziele*"[700] sprechen. EHRLENSPIEL nennt ähnliche, das System kennzeichnende Eigenschaften: „*Ein System besteht aus einer Menge von Elementen (Teilsystemen), die Eigenschaften besitzen und durch Beziehungen miteinander verknüpft sind [...und] wird durch eine Systemgrenze von der Umgebung abgegrenzt*"[701]. HABERFELLNER ET AL. ziehen zusätzlich die Elemente eines Systems als eigenständige Systeme in Erwägung.[702] Aus der systemtheoretischen Sicht von ROPOHL ist ein System „*das Modell einer Ganzheit*"[703] mit den zuvor genannten Eigenschaften. Diese Einschätzung steht jedoch in Konflikt zu den obigen Definitionen, die sowohl reale Objekte als auch Modelle als Systeme zulassen. DANGELMAIER beschränkt den Systembegriff implizit ebenfalls auf die Modellebene. Er schreibt dem System „*ein aufgrund seiner Funktion(en) regelhaft erklärbares Verhalten*" zu.[704] Dies suggeriert eine für reale Systeme teils nicht gegebene Erklärbarkeit und trifft erst für Systeme in der Abstraktionsebene der Modelle zu. Letztere Sichtweisen führen also zu einem Vermischen der Begriffe ‚System' und ‚Modell', weshalb sich im Hinblick auf den Rahmen dieser Dissertation der genormten Definition aus VDI 2221 weitgehen angeschlossen wird:

*Ein **System** ist eine begrenzte Menge an Elementen mit bestimmten Eigenschaften, die über zweckdienliche Beziehungen untereinander verknüpft und gegenüber der Umgebung durch eine Systemgrenze abgegrenzt sind.*

Reale Systeme sind häufig zu komplex, als dass präzise Aussagen zu ihrem zukünftigen Verhalten getroffen werden könnten. Daher werden die realen Systeme zu Modellen vereinfacht, deren Verhalten aufgrund einer geringeren Komplexität vorhersagbar wird. In diesem Sinne definiert PATZAK das Modell folgendermaßen: „*Ein Modell repräsentiert einen realen Sachverhalt in abstrahierender und damit simplifizierender Weise, es dient meist zur Vorhersage des Verhaltens des Realsystems.*"[705] Normative Definitionen finden sich in der VDI-Richtlinien VDI 2221. Nach VDI 2221 wird das Modell grundsätzlich als „*vereinfachtes, abstrahiertes Gebilde, das Analogien zu einem Objekt aufweist*"[706] verstanden. STACHOWIAK vermeidet eine explizite Definition und entwickelt ein Verständnis des Modellbegriffs anhand dreier Hauptmerkmale, die in gleicher oder ähnlicher Form bei anderen Autoren ebenfalls zu finden sind.[707] Zunächst weist er darauf hin, dass „*Modelle stets Modelle von etwas*"[708]

[699] Vgl. Verein Deutscher Ingenieure (VDI 2221) 2019, S. 12.

[700] Schenk et al. (2014): Fabrikplanung und Fabrikbetrieb, S. 121.

[701] Ehrlenspiel (2009): Integrierte Produktentwicklung, S. 20.

[702] Vgl. Haberfellner et al. (2019): Systems Engineering, S. 4.

[703] Ropohl (2009): Allgemeine Technologie eine Systemtheorie der Technik, S. 77.

[704] Dangelmaier (2009): Theorie der Produktionsplanung und -steuerung, S. 13.

[705] Patzak (1982): Systemtechnik, S. 307.

[706] Vgl. Verein Deutscher Ingenieure (VDI 2221) 2019, S. 7.

[707] Vgl. Stachowiak (1973): Allgemeine Modelltheorie, S. 131f.; Vgl. Ropohl (2009): Allgemeine Technologie eine Systemtheorie der Technik, S. 84; Vgl. Patzak (1982): Systemtechnik, S. 315; Vgl. Haberfellner et al. (2019): Systems Engineering, S. 12

[708] Stachowiak (1973): Allgemeine Modelltheorie, S. 131.

sind, hebt also den Abbildungscharakter (Abbildungsmerkmal) besonders hervor. Als Vereinfachungen der Realität bilden sie jedoch immer die relevanten Teile ebendieser ab, von STACHOWIAK benannt als das sogenannte Verkürzungsmerkmal.[709] Dieses Verkürzungsmerkmal ist eng mit dem verbunden, was STACHOWIAK als pragmatisches Merkmal bezeichnet. Der Nutzen eines Modells entsteht im Einsatz zur Analyse des Bezugsobjektes oder -systems. Daher ist von entscheidender Bedeutung, dass der abgebildete Teil trotzdem anwendungsbezogen hinreichend nützlich ist.[710] Damit geht einher, dass Modelle immer nur durch bestimmte Personen und über einen gewissen Zeitraum nutzbar sind.[711] Im Rahmen dieser Dissertation wird unter ‚Modell' das Folgende verstanden:

*Ein **Modell** ist die vereinfachte Repräsentation eines realen Systems und dient der situationsbedingten Verhaltensvorhersage ebendieses Systems.*

Das Konzept des Systems Engineering fasst die beiden Begriffe auf und integriert diese in ihrer Philosophie des Systemdenkens. Dieser Aspekt soll auch für die vorliegende Dissertation aufgegriffen werden und bedeutet nach HABERFELLNER, dass im Umgang mit Problemen eine ganzheitliche, systemische Denkweise in Wirkzusammenhängen erfolgen sollte, um von einem (Real-)Problem zu einer Lösung zu gelangen.[712] Zusammen mit dem Vorgehensmodell bildet das Systemdenken die System Engineering Philosophie. Dem Vorgehensmodell, das „*zweckmäßig und erfolgversprechend erachtete Vorgehensschritten zur Lösungssuche*"[713] enthält, kommt im Kontext der vorliegenden Dissertation eine wichtige Rolle zu, da dieses auch als zentrale Komponente im Problemlösungsprozess verstanden werden soll. Nach dem Konzept des System Engineering soll der Problemlösungsprozess auf Aspekte der Systemgestaltung und des Projektmanagements zurückgreifen. Während die Systemgestaltung „*Techniken der Informationsbeschaffung, Analyse der Problemstruktur, Zielformulierung, Lösungssuche, der Bewertung von Lösungsalternativen und der Auswahl*"[714] beinhaltet, berücksichtigt das Projektmanagement Planungs-, Darstellungs-, und Organisationstechniken.[715] Im diesen Sinne sollen auch die folgenden Abschnitte 4.3 sowie 4.4 gestaltet sein und die Aufbaustruktur sowie die Ablaufstruktur und -form berücksichtigt werden.

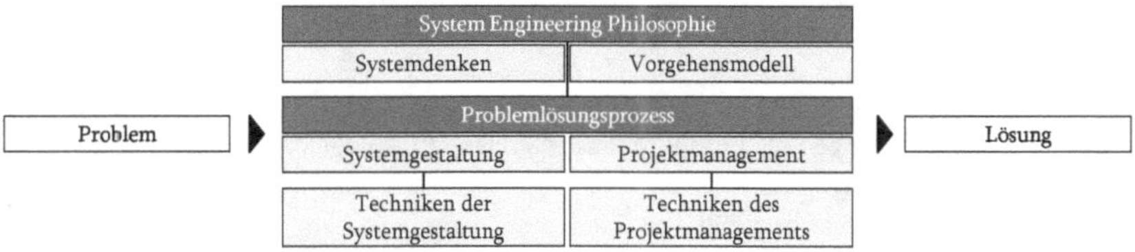

Abbildung 4-1: Komponenten des System Engineering

[709] Vgl. Banks (1998): Principles of Simulation, S. 6; Vgl. Stachowiak (1973): Allgemeine Modelltheorie, S. 132.

[710] Vgl. Haberfellner et al. (2019): Systems Engineering, S. 12; Vgl. Stachowiak (1973): Allgemeine Modelltheorie, S. 132.

[711] Ebd., S. 131f.

[712] Vgl. Haberfellner (1964): Systematische Planung mit Systems Engineering, S. 17.

[713] Ebd., S. 17.

[714] Ebd., S. 17.

[715] Ebd., S. 18.

Für die weitere Ausführung wird anstatt des Begriffes ‚Vorgehensmodell' der Begriff der Methodik verwendet. ‚Methodik' wird im BROCKHAUS als ein definierter Ablauf zur Problemlösung mit einem gebündelten System von Modellen, Hilfsmitteln und Methoden bezeichnet. Modelle sollen als Repräsentation realer Systeme verstanden und unter Verwendung von Hilfsmitteln nach festgelegten Vorgehensweisen, den Methoden, zum wissenschaftlichen oder praktischen Erkenntnisgewinn genutzt werden.[716] In dieser Dissertation soll BRUNS gefolgt werden, der definiert *„eine **Methode** ist zielgerichtet und besteht in dem planmäßigen Vorgehen zur Lösung einer Aufgabe, zur Realisierung einer Vorstellung oder zur Erschließung von Erkenntnissen. Eine Sammlung von Methoden heißt **Methodik**.*“[717] Um den Anforderungen gerecht zu werden bedarf es einzelner Teilmethoden, die unter dem Begriff ‚Methodik' zusammengefasst werden.

4.2 Anforderungen an die Methodik

Mit Hinblick auf die zu entwickelnde Methodik, bedarf es definierter Anforderungen. Diese Anforderungen sind untergliedert in formal-konzeptionelle und inhaltliche Anforderungen. Während sich die formal-konzeptionellen Merkmale anhand der in der Wissenschaft üblichen Gütekriterien quantitativer Forschung beziehen, fokussieren die spezifischen inhaltlichen Anforderungen diejenigen Anforderungen, die sich aus der Zielsetzung der Dissertation vor dem Hintergrund der identifizierten Defizite in industrieller Praxis und wissenschaftlicher Theorie ergeben.

4.2.1 Inhaltliche Anforderungen

Zur zielgerichteten Gestaltung einer Methodik, die die identifizierten Defizite im Betrachtungsbereich der industriellen Praxis und im Gestaltungsbereich der wissenschaftlicher Theorie auflöst, bedarf es inhaltlicher Anforderungen, die gemäß der gewählten Definition des Begriffes ‚Anforderung' (siehe Abschnitt 2.5.2) dokumentierte Erfordernisse darstellen, welche zur Sicherstellung festgelegter Funktion notwendig sind. Die gewählten Anforderungen gliedern sich in Objektbereich (kurz: „woran?“), Lösungshypothese (kurz „womit?“) und Zielbereich (kurz: „wozu?“) (Siehe Abschnitt 3.2).

Objektbereich („woran?“):

- **Anforderungen für Produktionsanlagen an den Anlagenbau:** Die Methodik soll Anforderungen für Produktionsanlagen an den Anlagenbau und ihr Management berücksichtigen (siehe Abschnitt 2.5.2).
- **Disruptive und unbekannte Produktionstechnologieketten:** Die Methodik muss die spezifischen Implikationen disruptiver und unbekannter Produktionstechnologien auf die Produktionsentwicklung berücksichtigen (siehe Abschnitte 2.1.6; 2.5)
- **Produktion elektrischer Traktionsantriebe:** Die Methodik soll die Produktion elektrische Traktionsantriebe im Kontext des Hairpin-Stators (Betrachtungsob-

[716] Vgl. Brockhaus (2001): MAE - MOB, S. 567; Vgl. Bruns (1991): Systemtechnik, S. 62.
[717] Ebd., S. 62.

jekt) als Beispiel für eine disruptive Produktionstechnologie fokussieren und dabei die Rahmenbedingungen einer automobilen Großserienproduktion berücksichtigen (siehe Abschnitte 2.1, 2.2 und 2.3).

Lösungshypothese („womit?"): Nutzung von hybriden Anlagenprototypen zur Bestimmung von qualitätsrelevanten Anlagenanforderungen disruptiver Produktionstechnologien:

- **Prototypengestützte Anforderungsbestimmung in der frühen Phase:** Die Methodik soll mithilfe von Prototypen Anforderungen bereits in einer frühen Phase des Produktentstehungsprozesses bestimmen.
- **Beherrschung von qualitätsrelevanten Zusammenhängen in Produktionslinien:** Die Methodik soll die Identifikation und Beherrschung von bekannten, wie unbekannten qualitätsrelevanten Zusammenhängen in einer Produktionslinie berücksichtigen (Siehe Abschnitte 2.3 und 2.4).
- **Kombination von virtuellen und realen Prototypen:** Aufgrund der begrenzt verfügbaren Anzahl an realen Prototypen, sollen auch virtuelle Prototypen zur Anforderungsbestimmung berücksichtigt werden. Die Kombination wird als hybrider Prototyp bezeichnet (siehe Abschnitt 2.5.3).
- **Definierte Vorgehensweise zur Nutzung von (Anlagen-)Prototypen:** Die Methodik soll eine definierte und klar strukturierte Vorgehensweise beinhalten, die Anlagenprototypen zur Anforderungsbestimmung für disruptiver Produktionstechnologien einsetzt.

Zielbereich („wozu?"):

- **Effiziente Nutzung von (Anlagen-)Prototypen:** In der Methodik sollen (Anlagen-)Prototypen effizient (d.h. niedriger Aufwand bei hohem erzieltem Ergebnis) eingesetzt werden.
- **Reduzierung der Anlaufkosten disruptiver Produktionstechnologien:** Mithilfe des Einsatzes der Methodik sollen die Anlaufkosten für disruptive Produktionstechnologien reduziert werden (am Beispiel Produktion elektrischer Traktionsantriebe im Kontext des Hairpin-Stators).
- **Reduzierung der Time-to-market disruptiver Produktionstechnologien:** Mithilfe des Einsatzes der Methodik soll die Time-to-market disruptiver Produktionstechnologien reduziert werden (am Beispiel Produktion elektrischer Traktionsantriebe im Kontext des Hairpin-Stators) reduziert werden.

4.2.2 Formale Anforderungen

Die formalen Anforderungen lassen sich aus der Modelltheorie sowie der Systemtechnik ableiten (Siehe Abschnitt 4.1) und auf die Methodik beziehen, deren zentrale Elemente Modelle sind. Nach STACHOWIAK ergeben sich die drei Hauptmerkmale und damit die grundlegenden formalen Anforderungen für die zu entwickelnde Methodik zu:[718]

- **Abbildungsmerkmal:** Modelle dienen der Abbildung natürlicher und künstlicher Originale
- **Verkürzungsmerkmal:** Modelle erfassen nicht alle Attribute, sondern nur solche, die der Modellschaffende als relevant erachtet

---

[718] Stachowiak (1973): Allgemeine Modelltheorie, S. 131f.

- **Pragmatisches Merkmal:** Eine eindeutige Zuordnung eines Modells zu seinem Original ist nicht zwingend gegeben und erforderlich.

Zusätzlich gelten die von PATZAK im Rahmen der Systemtechnik aufgestellten Anforderungen an ein Modell, welche auf die Methodik übertragen werden:[719]

- **Empirische Richtigkeit:** Mit der Realität übereinstimmend
- **Formale Richtigkeit:** Widerspruchsfrei, wiederholbar und nachprüfbar
- **Produktivität:** Zweckbezogen und brauchbare Antworten liefernd
- **Handhabbarkeit:** Leicht anwendbar und interpretierbar
- **Niedriger Aufwand:** Nutzung mit geringem Aufwand verbunden

4.3 Definition der Aufbaustruktur

In Anlehnung an den Grundgedanken von HABERFELLNER auf die beiden Aspekte der Systemgestaltung und des Projektmanagements im Problemlösungsprozess, soll im Folgenden die Aufbaustruktur der Methodik auf Basis der Anforderungen hergeleitet werden. Die Aufbaustruktur bezieht sich dabei auf den Aspekt der Systemgestaltung. Weiter definiert STACHOWIAK, dass in der Aufbaustruktur die Systeminhalte *„gegliedert nach sachlichen Zusammenhängen der in einem System enthaltenen Komponenten"* vorliegen.[720] Die Aufbaustruktur der zu entwickelnden Methodik basiert auf den grundlegenden Konzepten des Systems Engineering nach HABERFELLNER sowie auf Aspekten von PROBST ET AL., welche wiederum dem Ansatz von KLEINE BÜNING zugrunde liegen. Daneben wird noch auf Aspekte von den anwendungsorientierten Ansätzen von THOMKE, WIEMER ET AL., RIESENER ET AL. und WESTERMEIER zurückgegriffen, welche im Folgenden verknüpft, erweitert und auf die vorliegenden Anforderungen bezogen werden sollen (Ansätze: siehe Abschnitt 3.2).

Für die folgende Herleitung der Aufbaustruktur soll den Grundsätzen des Systems Engineering bzw. der Systemtechnik nach HABERFELLNER gefolgt werden:[721]

- **Grundsatz 1a – Vom Groben zum Detail:** Ausgehend von einer Grobstrukturierung des Problemfeldes sollten Lösungskonzepte erarbeitet werden, die als Orientierungshilfe für die detaillierte Ausgestaltung dienen sollen.
- **Grundsatz 1b – (Lösungs-)Variantenbildung:** Die Nutzung von Varianten der Lösungsansätze gibt mehr Sicherheit hinsichtlich der Richtigkeit des weiteren Ablaufs.
- **Grundsatz 2 – Phasengliederung:** Der Ablauf sollte in zeitlich abgrenzbare Phasen gegliedert sein, was zu einem stufenweisen Planungs-, Entscheidungs- und Konkretisierungsprozess führt.
- **Grundsatz 3 – Gleichbleibender Problemlösungszyklus:** Im Problemlösungszyklus sollte nach der Grundlogik: Zielsuche (was wollen wir?), Lösungssuche (welche Möglichkeiten gibt es?) und Auswahl (welche ist die beste?) vorgegangen werden.

---

[719] Patzak (1982): Systemtechnik, S. 309f.

[720] Stachowiak (1973): Allgemeine Modelltheorie, S. 40.

[721] Haberfellner (1964): Systematische Planung mit Systems Engineering, S. 22ff.

Ausgangspunkt für die Herleitung der Grobstruktur (siehe Grundsatz 1a) bildet die Forderung nach einer Phasengliederung (Grundsatz 2), weshalb die Methodik in vier Phasen aufgeteilt werden soll. In Anlehnung an HABERFELLNERS Ansatz zum Phasenablauf soll der Anstoß zur Vorstudie einen Entwicklungsauftrag auslösen und mit einer Vorstudie beginnen. Aufgrund des Bezuges zum Anlagenbau und schlussendlich der Produktions- oder Fertigungsentwicklung soll die Vorstudie nun auch an diese gerichtet sein (Siehe inhaltliche Anforderungen aus Abschnitt 4.2.1). Darauffolgend sollen die im Referenzmodell von HABERFELLNER dargestellten Haupt- und Detailstudien auch in dieser Methodik aufgeführt werden.[722] Weiter sollen auch der geforderte Systembau sowie die Systemeinführung und -benutzung berücksichtigt werden. Begleitend zur Durchführung der Methodik sollen die Aktivitäten des Projektmanagements mit Hinblick auf Planung und Ausführung der in der Methodik enthaltenen Teilmodule erfolgen. Wie später in Kapitel 5 dargestellt wird, sollen die zentralen Erkenntnisse kontinuierlich mit den Aktivitäten und Personen des Anforderungsmanagements des Anwenders verknüpft und koordiniert sein, weshalb dieses neben dem Projektmanagement berücksichtigt werden muss. Um der Forderung des gleichbleibenden Problemlösungszyklus gerecht zu werden (Grundsatz 3), sowie um Aspekte aus aktuellen iterativen Produktentwicklungsprozessen zu entsprechen, sollen die beiden Phasen jeweils iterativ in Zyklen durchlaufen werden. Dieses Vorgehen lehnt sich auch an das vorgestellte Konzept des „iterative testing and experimentation" nach THOMKE an (Siehe Abschnitt 3.3.4).[723]

Neben den Phasen in den beiden Iterationszyklen soll die Methodik Module enthalten, welche zur Hauptorientierung für den Anwender dienen und die wichtigste Granularitätsebene der Methodik darstellen sollen. Die Module werden ausgehend von der hergeleiteten Grobstruktur in Abschnitt 4.5 eingeführt und in Kapitel 5 detailliert.

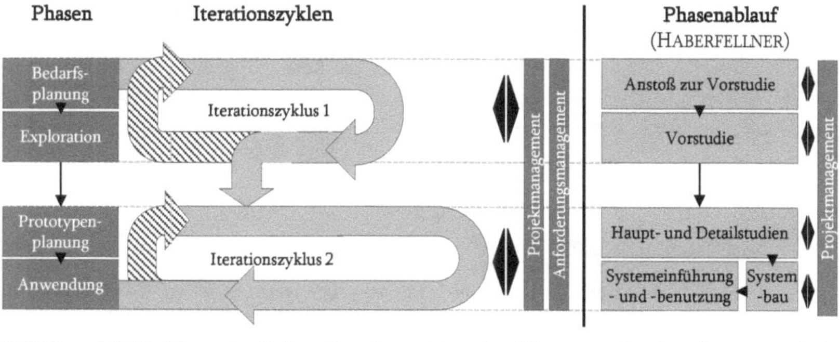

Abbildung 4-2: Herleitung der Grobstruktur in zwei iterativen Phasen aus den Grundsätzen sowie dem Phasenablauf nach HABERFELLNER[724]

Nach PATZAK beginnt der Lebenszyklus eines Systems mit der Systembedarfsplanung bzw. mit der Problemdefinition.[725] Aus diesem Grund soll die erste Teilphase mit der **Bedarfspla-**

[722] Ebd., S. 25.
[723] Vgl. Thomke (2008): Learning by experimentation: Prototyping and testing, S. 405.
[724] Vgl. Haberfellner (1964): Systematische Planung mit Systems Engineering, S. 25.
[725] Vgl. Patzak (1982): Systemtechnik, S. 153.

nung im Kontext des Anforderungsmanagement beginnen. Da Anforderungen von disruptiven, unbekannten Produktionstechnologien durch die Methodik bestimmt werden sollen (siehe inhaltliche Anforderungen aus Abschnitt 4.2.1) und ohne initiale Anwendung „nicht bekannt ist, was unbekannt ist" bedarf es einer Vorstudienphase im Sinne von HABERFELLNER, welche aufgrund ihres explorativen Charakters als **Exploration** bezeichnet wird. Nach HABERFELLNER ist die Zielsetzung der Vorstudie „*mit vertretbarem Aufwand abzuklären, ob ein Bedürfnis nach einer neuen Lösung besteht und welchen Anforderungen diese genügen sollte sowie welche Lösungsprinzipien denkbar wären*"[726] Wie bereits eingeführt, soll diese Phase iterativ durchlaufen werden.

Um der inhaltlichen Anforderung der effizienten Nutzung von (Anlagen-)Prototypen aus Abschnitt 4.2.1 zu entsprechen, muss eine Abwägung des Kosten/Nutzen-Verhältnisses der zu nutzenden Anlagenprototypen erfolgen, da wie bereits in Abschnitt 3.2 beschrieben, ihre Anzahl aufgrund ihrer Kosten und Realisationszeit limitiert ist. Auch PATZAK empfiehlt, dass „*bei der Datenerfassung [...] auch eine Nutzen-/Kosten-Betrachtung vorgenommen werden sollte*" und, dass „*der erwartete Nutzen zusätzlicher Daten in Form einer besseren Problemlösung [...] dem dafür notwendigen Aufwand gegenübergestellt werden*" muss.[727] Dementsprechend soll in der Hauptstudie eine detaillierte **Planung** der möglichen Anlagenprototypen erfolgen und die verursachten Kosten gegenüber ihrem Nutzen im Anforderungsmanagement geplant werden. Auf Basis der bestimmten Verhältnisse kann dann eine Auswahl der Anlagenprototypen aus der Prozesskette sowie ihrer spezifischen Gestaltung stattfinden, sodass in der darauffolgenden Phase der **Anwendung** die Anlagenprototypen realisiert und die entsprechenden Experimente zur Anforderungsbestimmung und -validierung für Produktionsanlagen durchgeführt werden können. Dieses Konzept lehnt sich dabei in seiner Berücksichtigung der nutzenorientierten Planung und Auswahl von Prototypen an die Ansätze von KLEINE BÜNING sowie WIEMER ET AL. an, wobei diese Produktprototypen fokussieren und stärker die Aufwände der Experimente selbst als die der Prototypen analysieren.[728] Dies ist auch der Tatsache geschuldet, dass die Kosten von Produkt- bzw. Komponentenprototypen wie der Elektromotor selbst geringere Herstellkosten aufweisen, als Anlagenprototypen. Auch die zweite Hauptphase soll iterativ durchlaufen werden und dabei bei jeder Iteration die Ergebnisse aus der ersten Hauptphase bzw. dem ersten Iterationszyklus erhalten.

4.4 Definition der Ablaufstruktur

Um eine systematische Anwendung der Methodik zu gewährleisten, bedarf es zunächst einer Modellierungssprache, anhand welcher die Methodik strukturiert und einheitlich dargestellt werden soll. Hierdurch wird vor allem den formalen Anforderungen der formalen Richtigkeit sowie Handhabbarkeit entsprochen (siehe Abschnitt 4.2.2), da die strukturierte Darstellung und Verknüpfung die Orientierung verbessert und so auch die Wiederholbarkeit der

[726] Eigene Darstellung. Rechter Teil in Anlehnung an HABERFELLNER, Vgl. Haberfellner (1964): Systematische Planung mit Systems Engineering, S. 23.

[727] Patzak (1982): Systemtechnik, S. 180.

[728] Vgl. Kleine Büning (2019): Informationsorientierte Prototypenplanung zur Effizienzsteigerung im Produktionsplanungsprozess; Vgl. Wiemer et al. (2017): A Holistic and DoE-based Approach to Developing and Putting into Operation Complex Manufacturing Process Chains of Composite Components.

Ergebnisse sicherstellt. Die Modellierungssprache ist hierbei an HEIMES angelehnt, der eine standardisierte Modulbeschreibung vorsieht, mit welcher jedes einzelne Modul beschrieben werden soll. Dabei werden neben Beschreibungsmerkmalen, die das Modul bezeichnen und in den Phasenverlauf einordnen, für jedes Modul die Zielsetzung und das Kernergebnis, die Ein- und Ausgangsgrößen sowie Hilfsmittel erfasst. Im Mittelpunkt eines jeden Moduls steht jedoch das Vorgehen, welches in verschiedene Ebenen untergliedert sein kann. In der nachfolgenden Detaillierung der Methodik werden mithilfe der Bezeichnungen ‚Vorgehen' und ‚Hilfsmittel' auf diese beiden Ebenen verwiesen. Die einzelnen Module sind über die Ein- und Ausgangsgrößen mit anderen Modulen verknüpft, wobei die Anzahl der Eingangsgrößen eines Moduls nicht der Anzahl der Ausgangsgrößen des vorgelagerten Moduls entsprechen muss – es können bei jedem Modul auch neue Eingangsgrößen hinzukommen. Die Anordnung der Module innerhalb der Ablaufstruktur weist einen zeitlich fortschreitenden Charakter auf und beinhaltet Rückkopplungen in Form der dargestellten Iterationszyklen.[729] Dabei sollen die enthaltenen Module sequenziell in den einzelnen Phasen wie in Abbildung 4-3 bearbeitet werden.

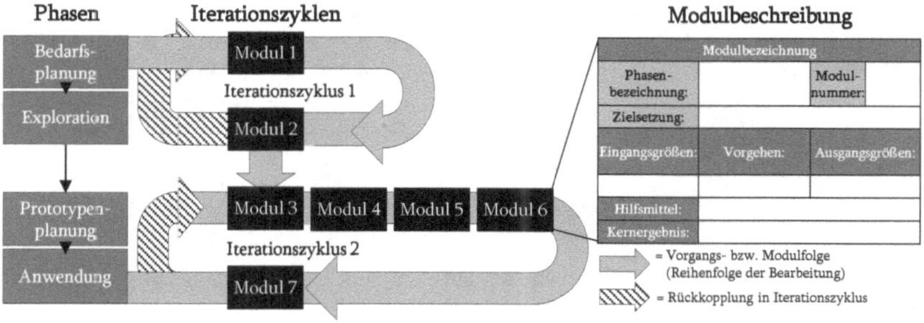

Abbildung 4-3: Ablaufstruktur und standardisierte Modulbeschreibung der Methodik[730]

4.5 Darstellung der Gesamtmethodik und Ableitung der Module

Im Folgenden wird die Gesamtmethodik auf Basis der zuvor entwickelten Aufbau- und Ablaufstruktur sowie den Anforderungen an die Methodik dargestellt. Hierzu wird zunächst auf die Ausgangssituation und die Rahmenbedingungen zur Nutzung der Methodik eingegangen, bevor die einzelnen Lösungsmodule zusammenfassend eingeführt werden.

Ausgangssituation und Rahmenbedingungen: Bevor die Module der Methodik zur Aufhebung der identifizierten Theorie- und Praxisdefizite eingeführt werden, müssen die Ausgangssituation und die spezifischen Rahmenbedingungen des Einsatzes der Methodik festgelegt werden:

- **Großserienproduzent als Anwender:** Die Methodik richtet sich an Teams aus Produktionsplanern, Prozessentwicklern sowie Einkäufern von Großserienpro-

[729] Vgl. Patzak (1982): Systemtechnik, S. 48.

[730] Eigene Darstellung. Rechte Seite (Modulbeschreibung) in Anlehnung an HEIMES sowie KLEINE BÜNING. Vgl. Heimes (2014): Methodik zur Auswahl von Fertigungsressourcen in der Batterieproduktion, S. 110; Vgl. Kleine Büning (2019): Informationsorientierte Prototypenplanung zur Effizienzsteigerung im Produktionsplanungsprozess, S. 153.

duzenten. Dabei stehen vor allem Komponentenproduzenten der Automobilindustrie im Vordergrund, es können jedoch auch anderen Branchen auf die Methodik zurückgreifen. Der Einsatz ist jedoch vor allem bei komplexen mechatronischen Produkten sinnvoll.

- **Produktentwicklung fortgeschritten:** Das Produkt, das mit der disruptiven Produktionstechnologie(kette) produziert wird, – im Betrachtungsfokus ist der Hairpin-Stator – ist weitestgehend serienreif. So sind die produktseitigen Anforderungen an den Entwicklungsstand erfüllt und bereits durch erste Prototypen abgesichert.
- **Disruptive und unbekannte Produktionstechnologien:** Die Methodik wurde mit dem Betrachtungsobjekt der Hairpin-Statorproduktion als motiviert und validiert. Alternativ können auch andere disruptive und unbekannten Produktionstechnologien im Betrachtungsfokus stehen, sofern sie aus verketteten Einzelproduktionstechnologien bestehen zu denen bislang wenig Erfahrung in der industriellen Praxis vorliegt.
- **Produktionsprozessabfolge und -technologiealternativen bekannt:** Die Produktionsprozessabfolge bzw. die Technologiekette ist weitestgehend bekannt. Das bedeutet, dass grundsätzlich bekannt ist, in welcher Abfolge und mit welchen Technologien das Produkt grundsätzlich produziert werden kann.
- **Produktionsrahmenbedingungen bekannt:** Grundsätzliche Parameter wie geplante Absatzmengen sowie die Kosten für Personal, Rohmaterialien sowie den Fabrikbetrieb müssen bekannt sein, um unter Verwendung dieser in der Methodik zu validen Ergebnissen zu gelangen.

Herleitung der Module: Ausgehend von der aufgestellten Grobstruktur gilt es, die einzelnen Module der zu entwickelnden Methodik herzuleiten. Hierbei geben die zuvor beschriebenen Phasen (Vorstudie, Hauptstudien, siehe rechte Seite der Abbildung 4-2). sowie das Konzept der Lebensphasen von Systemen nach PATZAK eine Orientierung.[731] Die Module des ersten Iterationszyklus basieren auf der Forderung von PATZAK nach einer Bedarfsplanung in Form einer Problemdefinition, welche jedoch aufgrund der spezifischen Anforderung der Fokussierung auf disruptive Produktionstechnologieketten nicht direkt erfüllbar ist. Aus diesem Grund werden in dem iterativ mit dem ersten Modul ablaufenden Modul des initialen Produkt-Prototypenbaus die Bedarfsanalyse präzisiert und durch Erkenntnisse aus der industriellen Praxis angereichert. Die Grundstruktur der Module des zweiten Iterationszyklus fußt auf dem Konzept des informationsorientierten Prototypings nach KLEINE BÜNING, welches wiederum auf dem Konzept des Wissensmanagements nach PROBST ET AL. zurückgreift.[732] Darüber hinaus wird auf den Ansatz den iterativen bzw. explorativen Prototypings nach THOMKE zurückgegriffen, indem der zweite, anlagenfokussierte Iterationszyklus zur Planung, Realisierung und Anwendung von Anlagenprototypen geschaffen wird.[733]

[731] Vgl. Patzak (1982): Systemtechnik, S. 153.

[732] Vgl. Kleine Büning (2019): Informationsorientierte Prototypenplanung zur Effizienzsteigerung im Produktionsplanungsprozess; Vgl. Probst et al. (2012): Wissen managen, S. 30ff.

[733] Vgl. Thomke (2008): Learning by experimentation: Prototyping and testing, S. 405ff.

Gesamtdarstellung: Die Gesamtmethodik gliedert sich folglich in zwei Iterationszyklen, welche sich in jeweils zwei Phasen einteilen. Die sieben Lösungsmodule stellen für den Anwender die handlungsleitenden Bearbeitungsschritte dar mit denen die Zielsetzung umgesetzt werden können. In der nachfolgenden Abbildung 4-4 ist die Gesamtmethodik dargestellt.

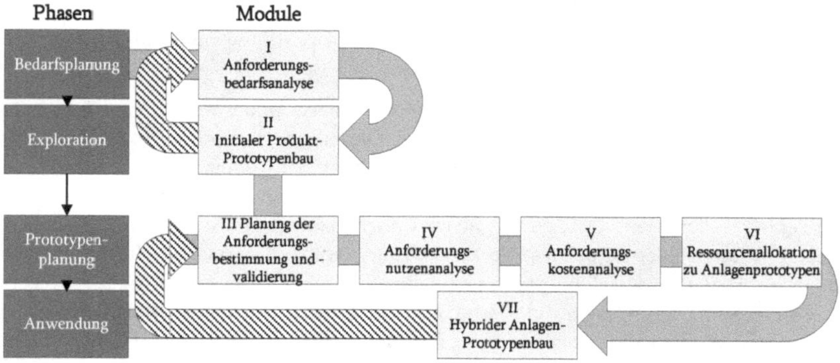

Abbildung 4-4: Darstellung der Gesamtmethodik[734]

Modul 1 – Anforderungsbedarfsanalyse: Im ersten Modul der Methodik erfolgt eine Anforderungsbedarfsanalyse, bei der es das Ziel ist, den Ist-Zustand der Beschreibung eines definierten Produktionsprozesses durch Anforderungen an den Anlagenbau systematisch zu erfassen und die offenen Anforderungsbedarfe an die Produktionsanlagen zu identifizieren. Die Anforderungen stellen den zentralen Informationsträger in der Methodik dar und werden an die Produktionsanlagen gestellt, welche in Form eines konsolidierten Lastenheftes an den Anlagenbau bzw. Generalunternehmer übermittelt werden. Mithilfe der Anforderungen werden vom Auftraggeber entwickelte technische Lösungen wie beispielsweise Technologiealternativen, Prüftechnologien oder Spezifikation zur Realisierung spezifischer Prozessparameter in Anforderungen überführt, die dem Anlagenbau als Leitlinie für seine Entwicklung dienen. Im Modul wird daher eine standardisierte Erfassung bereits bekannter Anforderungen bereitgestellt und ein Bewertungsschema für die Kategorien *Anlage, Prozess, Qualität* eines jeden Produktionsprozessschrittes entwickelt, um zu identifizieren, wo Bedarf zur weiteren Anforderungsbestimmung besteht. Der disruptive Charakter der verwendeten Technologien und die daraus resultierende geringe Datenbasis erzwingen hierbei zunächst den Rückgriff auf qualitative Methoden. Eine geeignete qualitative Methode ist die Expertenbefragung, weshalb eine Vorgehensweise zur Befragung der Prozessexperten erstellt werden soll.[735] Bereits entwickelte Befragungen im Kontext des Prototypenbaus und der Produktionsentwicklung sollen dabei als Ausgangspunkt verwendet werden, die es auf die Be-

[734] Das Vorgehen wurde bereits in einer Vorveröffentlichung des Autors beschrieben. Vgl. Kampker et al. (2020: Efficiency Deficits and Solution Principles of Requirements Management for Hairpin Stator Production Ramp-up by Early Prototypes, S.1ff.

[735] Vgl. Almefelt et al. (2006): Requirements management in practice: findings from an empirical study in the automotive industry, S. 119; Vgl. Schedl (2009): Integration von Anforderungsmanagement in den mechatronischen Entwicklungsprozess, S. 24; Vgl. Schienmann (2002): Kontinuierliches Anforderungsmanagement, S. 196; Vgl. Project Management Institute (2008): A guide to the project management body of knowledge, S. 108f.

dürfnisse dieser Methodik anzupassen gilt. Mit Expertenbefragungen sind allerdings nur bekannte Anforderungen oder bekannte Anforderungen mit unbestimmter Ausprägung zu ermitteln. In diesem Modul wird der Anforderungsbedarf daher der primären und den Sekundären Anforderungsbedarf unterschieden, wobei der primäre die unbestimmten Anforderungen und der sekundäre Anforderungsbedarf die sogenannten ‚unknown unknowns' berücksichtigt. Letztere treten vor allem bei disruptiver Produktionstechnik auf und sollen im zweiten Modul experimentell identifiziert werden,

Modul 2 – Initialer Produkt-Prototypenbau: Die im ersten Modul begonnene Exploration des Status-Quo der Anforderungen an die Produktionsanlagen disruptiver Produktionstechnik soll um die bisher unbekannten Anforderungen erweitert werden. Um zu identifizieren wo weitere Anforderungen an Produktionsanlagen zu stellen sind, wird ein Ansatz gewählt, der Fehlermöglichkeiten sowie die möglichen Ursachen fokussiert. Anforderungen zur Vermeidung dieser Fehler werden als unbekannte Anforderungen verstanden. Zur Exploration möglicher Fehler sowie Fehlerursachen wird ein produktionsfokussierter Produkt-Prototypenbau im Sinne des Ansatzes von KLEINE BÜNING eingesetzt, bei dem Prozessfehler identifiziert werden sollen, die produktseitig zu Abweichungen vom Soll-Zustand in den Qualitätsmerkmalen führen. Methodisch soll sich die Erfassung dieser Fehler auf das anerkannte Werkzeug der Fehlermöglichkeiten- und -einflussanalyse (FMEA)[736] stützen, wobei der Einsatz der FMEA „ex ante"[737] also vor der eigentlichen Produktion ohne Kenntnis und Möglichkeit zur Analyse historischer Daten erfolgen muss. Im Zuge des Produkt-Prototypenbaus, welcher mit prototypischen Vorrichtungen und Werkzeugen erfolgen soll, werden bewusst vorher identifizierte Prozessfehler induziert, so dass über das Auftreten weiterer Prozessfehler in nachgelagerten Prozessen qualitätsrelevante Zusammenhänge qualitativ ermittelt werden können. Eine genaue Quantifizierung dieser qualitätsrelevanten Zusammenhänge kann und soll in diesem Schritt nicht erfolgen. Wie bereits in Abschnitt 2.4 ausgeführt, liegen in der Berücksichtigung von qualitätsrelevanten Zusammenhängen Potenziale zur Effizienzsteigerung im Produktionsanlauf.

Schnittstelle Iterationszyklus 1 und 2: Ergebnis des ersten Iterationszyklus ist die Kenntnis über die bestimmten und die noch zu bestimmenden Anforderungen an Produktionsanlagen. Im folgenden zweiten Iterationszyklus bzw. der darin enthaltenen Planungsphase gilt es nun zu entscheiden, welche Anforderungen und Fehler welcher Produktionsanlage auf welche Art effizient bestimmt und validiert werden können. Ein gängiges Instrument zur Bewertung der Effizienz in Entscheidungssituationen ist die Abwägung der Kosten verschiedener Alternativen mit dem jeweiligen Nutzen.[738] Durch die Gegenüberstellung von Kosten und Nutzen eine Entscheidung über die umzusetzenden Anlagenprototypen zur Bestimmung der Anforderungen, können die Simulationen und Experimente durchgeführt werden, um die

[736] Bei der Fehlermöglichkeiten- und Einflussanalyse handelt es sich um eine weit verbreitete Methode zur standardisierten Erfassung, Bewertung und Verarbeitung von Fehlen in Produkten und Prozessen.

[737] Lateinisch für „im Voraus". Dieser Begriff wird aufgrund der in einer wissenschaftlichen Veröffentlichung des Autors verwendeten Bezeichnung für diese Teilmethodik analog in der vorliegenden Dissertation verwendet. Vgl. Kampker et al. (2018): Ex-Ante Process-FMEA for Hairpin Stator Production by Early Prototypical Production Concepts.

[738] Vgl. Haberfellner et al. (2019): Systems Engineering, S. 239; Vgl. Drèze et al. (1987): The Theory of Cost-Benefit Analysis, S. 909; Vgl. Patzak (1982): Systemtechnik, S. 180.

Ergebnisse dieser Prototypenarbeit zur Optimierung der Produktionsprozesse in Form von gestellten Anforderungen an den Anlagenbau zu nutzen.

Modul 3 – Planung der Anforderungsbestimmung und -validierung: Ausgehend von dem Anforderungsbedarf, welcher durch das explorative Produkt-Prototyping näher bestimmt wurde, gilt es im Modul drei der Planung der Anforderungsbestimmung und -validierung, die verschiedenen Optionen zur Anforderungsbestimmung einerseits durch das Aufstellen von Anforderungsclustern und andererseits durch die Art des Prototyps zu bilden. So hat sich der Einfluss limitierender Faktoren in der Anwendung virtueller Simulationsmethoden wie zum Beispiel die Rechenleistung und die Anzahl und Leistungsfähigkeit der verfügbaren Methoden reduziert, sodass dem Anwender auch in frühen Phasen vielfältige Möglichkeiten zur Verfügung stehen. Dennoch gibt es Anwendungsfälle, in denen nur ein realer Prototyp die Anforderungen einer guten Modellierung erfüllt.[739] Eine effiziente Anforderungsbestimmung und -validierung setzt voraus, dass alle verfügbaren Optionen untersucht werden und basierend darauf eine geeignete Auswahl der Methoden erfolgt. Eine resultierende Möglichkeit kann auch die Nutzung eines hybriden Prototypen der Produktionsprozesskette sein. Hierunter wird ein Prototyp einer verketteten Produktionslinie verstanden, bei dem einzelne Produktionsanlagen in einem Iterationszyklus real für Versuche aufgebaut und genutzt werden und andere Produktionsanlagen in virtuellen Simulationen vorliegen. Dabei können die Experimentergebnisse aus den einzelnen realen oder virtuellen Anlagenprototypen wiederum ausgetauscht werden, indem das Halbzeug entsprechend des Simulationsergebnisses nachträglich bearbeitet und dem realen Prototypen zugeführt wird. Alternativ können auch die Prozessergebnisse des realen Anlagenprotypen vermessen und als Simulationsparameter in der Simulation genutzt werden.

Modul 4 – Anforderungsnutzenanalyse: Ziel des vierten Moduls der Anforderungsnutzenanalyse ist es, den relativen Nutzen der zu bestimmenden Anforderungen zu quantifizieren und folglich die Entscheidung zur Umsetzung der Anforderungsbestimmung durch die Anlagenprototypen vorzubereiten. Hierzu wird davon ausgegangen, dass unbestimmte Anforderungen vor Anlagenerwerb spezifiziert werden müssen und dass unbekannte Anforderungen, die zu Fehlern bzw. Störungen des Produktionsprozesses im Produktionsanlauf führen, auch identifiziert werden. Jede Störung geht mit Verlusten aus nicht oder fehlerbehaftet produzierten Produkten einher. Da bei disruptiven und unbekannten Produktionstechnologieketten eine Quantifizierung aufgrund der unvollständigen Erfahrungsgrundlage nur schwer möglich ist, wird mithilfe der in Modul zwei bestimmten Fehler- und Fehlerursachen eine Bewertung des Anforderungsnutzens vorgenommen. Die Bestimmung des Anforderungsnutzens soll dabei auf die ermittelten Cluster aus Prozessen mit starken qualitätsrelevanten Zusammenhängen verteilt werden.

Modul 5 – Anforderungskostenanalyse: Die Auswahl der zu entwickelnden Prototypen soll basierend auf einer Abwägung der beiden Dimensionen Nutzen und Kosten erfolgen. Nachdem zuvor der Anforderungsnutzen bestimmt worden ist, sollen nun im Modul Anforde-

[739] Vgl. Kampker et al. (2018): Effizientere Wege für neue Produkte, S. 30; Vgl. Wössner (2009): Virtuelle und hybride Prototypen in kooperativen Arbeitsumgebungen, S. 1; Vgl. Verein Deutscher Ingenieure (VDI 2206) 2004, S. 25; Vgl. Ulrich et al. (2016): Product design and development, S. 293; Vgl. Verein Deutscher Ingenieure (VDI 3633) 2018, S. 13.

rungskostenanalyse die Kosten der Prototypen bestimmt werden. Auf das Projekt der Entwicklung und Umsetzung eines Prototyps sind die Verfahren der Projektkostenschätzung anwendbar. Allerdings bestehen aufgrund des disruptiven Charakters der verwendeten Technologien Einschränkungen in der Anwendbarkeit der Verfahren. Zusätzlich weist die Höhe der Entwicklungs- und Umsetzungskosten je nach Art und Umfang des zu erstellenden Prototyps erhebliche Unterschiede auf. Folglich sollte eine Bestimmung der Anforderungskosten auf die Eigenschaften des betrachteten Prototyps angepasst durchgeführt werden. Unabhängig von den einzelnen Experimenten kann angegeben werden, welche Arten von Kosten im Zusammenhang mit der Erstellung und Nutzung von Prototypen entstehen.

Modul 6 – Ressourcenallokation zu Anlagenprototypen: Das Werkzeug der Kosten-Nutzen-Analyse soll zur Entscheidung darüber genutzt werden, welche Prototypen in welcher Form umgesetzt werden sollen. In den vorangegangenen Modulen erfolgte bereits die Quantifizierung von Kosten und Nutzen. Im sechsten Modul der Ressourcenallokation zu den Anlagenprotypen soll basierend auf den ermittelten Werten eine Auswahl der umzusetzenden Prototypen getroffen werden. Ein systematisches Vorgehen zur Reihung der Prototypen wird zudem vorgestellt, das die geltenden Einschränkungen für die Informationsbasis berücksichtigt.

Modul 7 – Hybrider Anlagenprototypenbau zur Anforderungsbestimmung: Das Modul Anforderungsbestimmung enthält die Umsetzung der in der Entscheidungsfindung festgelegten Prototypen und die Durchführung der nötigen Simulationen. Erkenntnisse für den Produktionsprozess sollen je Cluster gewonnen und auf den Gesamtprozess übertragen werden. Für die Durchführung des Prototypenbaus sind zahlreiche Ansätze in der Literatur verfügbar. Ein geeignetes Vorgehen ist auszuwählen und in den Prozess der Bestimmung der Anlagenanforderungen zur Optimierung des Produktionsprozesses einzubinden.

5 Detaillierung der Methodik

Das fünfte Kapitel dient der Ausarbeitung und Detaillierung der Methodik unter Berücksichtigung der in Abschnitt 1.2 eingeführten Zielsetzung sowie der in Abschnitt aufgestellten Anforderungen an die Methodik 4.2. Die Methodik wird anhand der in den Abschnitten 4.3 und 4.4 definierten Auf- und Ablaufstruktur detailliert.

Zusammenfassend ist die Zielsetzung des Kapitels die Entwicklung einer Methodik zum effizienten Einsatz hybrider Prototypen im Anforderungsmanagement disruptiver Produktionstechnik, um eine Effizienzsteigerung im Produktionsanlauf zu realisieren. Die Methodik wird dabei vor dem Hintergrund der Praxisdefizite des Betrachtungsobjektes der Hairpin-Statorproduktion als relevanteste Teilproduktionskette der Elektromotorenproduktion entwickelt. Die Ausarbeitung der Methodik erfolgt gemäß der in Abschnitt 4.5 vorgenommenen Aufteilung der Gesamtmethodik in sieben Module in zwei Iterationszyklen.[740]

Im darauffolgenden Kapitel 6 wird die Methodik auf das Betrachtungsobjekt der Hairpin-Statorproduktion angewendet, um diese in der industriellen Praxis zu evaluieren und zu validieren.

5.1 Anforderungsbedarfsanalyse

Ziel des ersten Lösungsmoduls ist es, die vorgesehenen Produktionsanlagen durch Anforderungen an den Anlagenbau zu erfassen und die offenen Anforderungsbedarfe an die Produktionsanlagen zu identifizieren. Hierzu werden zunächst Daten des mit den Produktionsanlagen zu produzierenden Produktes standardisiert erfasst (siehe Abschnitt 5.1.1). Danach erfolgt eine initiale Anforderungsermittlung, in der die bereits bekannten Anforderungen ermittelt und standardisiert erfasst werden (siehe Abschnitt 5.1.2). Der Abschnitt endet mit der Definition und Identifikation des Anforderungsbedarfes (siehe Abschnitt 5.1.3). Sowohl in diesem, als auch in den folgenden Modulen soll die in Abschnitt 4.4 eingeführte Übersichtsgrafik das Modul zusammenfassen (siehe dazu die nachfolgende Abbildung 5-1).

[740] Das grundlegende Vorgehen der Methodik wurde bereits in einer Vorveröffentlichung des Autors beschrieben. Vgl. Kampker et al. (2020: Efficiency Deficits and Solution Principles of Requirements Management for Hairpin Stator Production Ramp-up by Early Prototypes, S.1ff.

<table>
<tr><th colspan="4">Anforderungsbedarfsanalyse</th></tr>
<tr><td>Phasenbezeichnung:</td><td>Bedarfsplanung</td><td>Modulnummer.</td><td>1</td></tr>
<tr><td>Zielsetzung:</td><td colspan="3">Identifikation der bekannten sowie unbestimmten Anforderungen an Produktionsanlagen und Ableitung des primären Anforderungsbedarfes</td></tr>
<tr><th>Eingangsgrößen</th><th colspan="2">Vorgehen</th><th>Ausgangsgrößen</th></tr>
<tr><td>- Produktinformationen
- Produktionsszenario
- Übergreifende Anforderungen an den Anlagenbau</td><td colspan="2">- 1.1 Produktionsorientierte Produktanalyse (HM1.1)
- 1.2 Initiale Anforderungsermittlung an Produktionsanlagen (HM1.2 und HM1.3)
- 1.3 Identifikation des Anforderungsbedarfes zur Anforderungsbestimmung und -validierung</td><td>- Strukturierte Produktbeschreibung als Grundlage für ein Lastenheft an Produktionsanlagen
- Anforderungsliste mit strukturiert erfassten, bekannten Anforderungen und Möglichkeit zur Beschreibung unbekannter Anforderungen
- Primärer Anforderungsbedarf in Anforderungsliste</td></tr>
<tr><td>Hilfsmittel:</td><td colspan="3">- HM1.1 Vorlage für Produktdatenblätter
- HM1.2 Vorlage für Anforderungsliste für Produktionsanlagen
- HM1.3 Vorlage für Lastenheft für Produktionsanlagen</td></tr>
<tr><td>Kernergebnis:</td><td colspan="3">Strukturierte Anforderungsliste mit bekannten und unbestimmten Anforderungen sowie Möglichkeit zur Beschreibung unbekannter Anforderungen</td></tr>
</table>

Abbildung 5-1: Vorgehensmatrix 1 - Anforderungsbedarfsanalyse

5.1.1 Produktionsorientierte Produktanalyse

Das Verständnis der Begriffe ‚Produkt' und ‚Produktionsanlage' ist in der Industrie abhängig von der Position des Anwenders in der Wertschöpfungskette. Im Kontext des Betrachtungsobjektes der Hairpin-Statorproduktion ist aus Sicht des Elektromotorenherstellers der Hairpin-Stator das Produkt (Rolle: Komponentenhersteller/Auftraggeber), wohingegen die dazu benötigte Produktionsanlage aus der Sicht des Anlagenbaus das Produkt seiner Wertschöpfung darstellt (Rolle: Anlagenbau/Auftragnehmer). Ähnlich verhält es sich mit den Produktanforderungen, welche analog abhängig von der Sichtweise sind. Aus diesem Grund soll für die folgende Betrachtung zunächst festgelegt werden, dass die Begriffe aus Sicht des Elektromotorenherstellers (Komponentenhersteller, meist OEM oder Tier-1 Hersteller) verstanden werden sollen und mit ‚Produkt' immer das auf der Produktionsanlage gefertigte Erzeugnis (Betrachtungsobjekt: Hairpin-Stator) verstanden wird.

Um die Anforderungen an Produktionsanlagen herzuleiten, gilt es zu verstehen, woher diese stammen. So beginnt der Prozess der Anforderungserhebung mit der Erhebung der Kundenanforderungen, was beispielsweise von Produktplanung/Produktmarketing-Abteilungen bearbeitet wird (bspw. „Premium-Automobil mit hoher Beschleunigungsfähigkeit"). Produktentwicklungs- und Konstruktionsabteilungen beispielsweise, überführen die Kundenanforderungen in Produktanforderungen (bspw. „Elektromotor mit 200 kW"). Produktionsplanungsabteilungen erstellen daraufhin auf Basis einer Produktions- und Anlagenplanung die Anforderungen an Produktionsanlagen. Wie im nächsten Abschnitt dargestellt (siehe Abschnitt 5.1.2), werden von Seiten des Komponentenherstellers Anforderungen an die Produktionsanlagen in Form von Lastenheften an den Anlagenbau übergeben.[741]

[741] Vgl. Humpert (1995): Methodische Anforderungsverarbeitung auf Basis eines objektorientierten Anforderungsmodells, S. 28; Vgl. Schienmann (2002): Kontinuierliches Anforderungsmanagement, S. 140; Vgl. Stechert (2010): Modellierung komplexer Anforderungen, S. 15.

Besonders relevante Informationen, die übergeben werden, sind Informationen über das später vom Komponentenhersteller zu fertigende Produkt, das mit den Anlagen, die vom Anlagenbau entwickelt und integriert werden, produziert wird. Dabei kann die Form der Übermittlung in der industriellen Praxis zwischen der reinen Übermittlung der Produktinformationen in Form von Produktdatenblättern bis hin zu bereits in Anforderungen an Produktionsanlagen übersetzte Produktinformationen variieren.[742] Für die vorliegende Methodik soll davon ausgegangen werden, dass vom Auftraggeber Produktdatenblätter übermittelt werden, auf deren Basis der Anlagenbau dann selbst eine detaillierte Technologiekettenplanung, Entwicklung und Konstruktion (der Produktionsanlage) durchführt. Die Technologiekettenbildung im Sinne der Planung der Technologiereihenfolge bzw. der Planung von Technologiealternativen und die Wechselwirkungen zwischen Produkt und Prozess sollen in dieser Methodik nicht adressiert werden.[743] Vielmehr sollen mit der Methodik detaillierte Anforderungen vor allem bezogen auf qualitätsrelevante Zusammenhänge innerhalb von verketteten Produktionsanlagen behandelt werden (siehe dazu die Anforderungskategorien in Abschnitt 5.1.2). Allerdings soll die Möglichkeit bestehen, dass der Auftraggeber einzelne Anforderungen an der Schnittstelle zwischen Produkt und Prozess stellt, die den Lösungsraum des Anlagenbaus an dieser Stelle gezielt ausrichten und einschränken.

Als praktikabler Ansatz zur Übermittlung der Produktinformationen hat sich die Beschreibung des Produktes in standardisierten Merkmalen und Ausprägungen etabliert, um eine hohe Übersichtlichkeit und eine einfachere Vergleichbarkeit zwischen einzelnen Produktvarianten zu gewährleisten. Für die Ausprägungen sollen die in Abschnitt 5.1.2 eingeführten Skalen gelten. Neben der standardisierten Beschreibung in Merkmalen und Ausprägungen werden in der industriellen Praxis auch CAD-Daten, Simulationen und Zeichnungssätze übermittelt, auf welche in den Produktdatenblättern referenziert werden kann. Abbildung 5-2 zeigt die strukturierte Beschreibung von Produktinformationen in Form von Merkmalen und Ausprägungen, welche im Lastenheft vom Auftraggeber an den Auftragnehmer übermittelt werden.

---

[742] Vgl. Heimes (2014): Methodik zur Auswahl von Fertigungsressourcen in der Batterieproduktion, S. 118f.

[743] Bestehende Ansätze zur Technologiekettenbildung und -optimierung finden sich in unter anderem in HEIMES, KNOCHE, MORYSON, NAU, STAUDER, WILLMS: Ebd.; Vgl. Knoche (2005): Generisches Modell zur Beschreibung von Fertigungstechnologien; Vgl. Moryson (2004): Die systematische, rechnerunterstützte Prozessauswahl und -kettenerstellung in der Grobplanungsphase der Produktionsplanung; Vgl. Nau (2012): Anlauforientierte Technologieplanung zur Auswahl von Fertigungstechnologien; Vgl. Stauder (2017): Anlauforientierte Gestaltung von Fertigungssystemen; Vgl. Willms (2008): Methodisches System zur Auslegung von kostenoptimalen und prozessstabilen Fertigungsverkettungen.

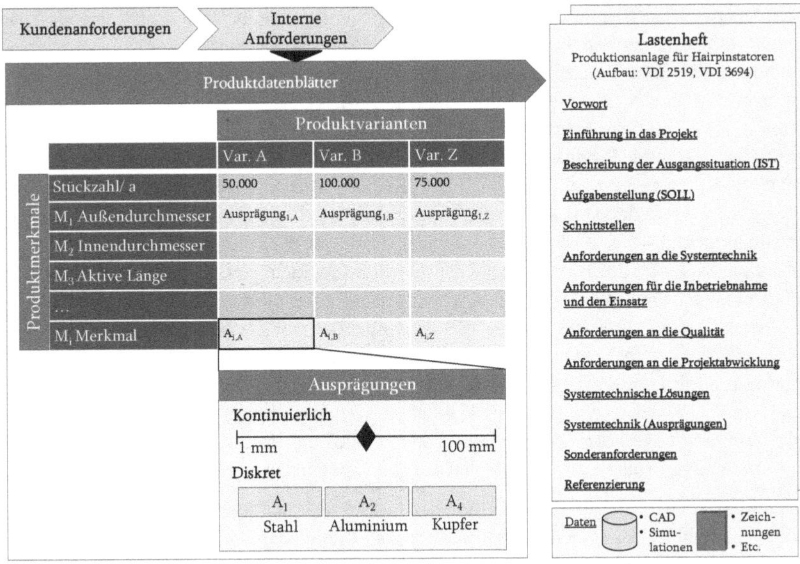

Abbildung 5-2: Strukturierte Produktbeschreibung für den Anlagenbau

5.1.2 Initiale Anforderungsermittlung an Produktionsanlagen

Grundlage und zentraler Informationsträger in der vorliegenden Methodik stellen Anforderungen an Produktionsanlagen dar, welche vom Auftraggeber (bspw. Elektromotorenhersteller, OEM, Tier-1) an den Auftragnehmer (Anlagenbau) übermittelt werden. Aus diesem Grund soll im Folgenden auf das Verständnis der Anforderungen an Produktionsanlagen sowie ihre Formulierung und Strukturierung eingegangen werden. In der Literatur finden sich zahlreiche Ansätze zur Anforderungsformulierung, -erfassung, -strukturierung und -verarbeitung, welche vor allem die IT-technische Verarbeitung und Vernetzung von Anforderungen und Unter-Anforderungen fokussieren.[744] Für die vorliegende Methodik soll unter Berücksichtigung der Vorarbeiten eine spezifische Anforderungsstrukturierung und -formulierung für das vorliegende Betrachtungsumfeld erfolgen. Im Fokus stehen textuelle Anforderungen, deren Beziehungen mit graphischen Methoden dargestellt werden können.

Die Anforderungsformulierung soll dem Schema nach HUMPERT folgen, der den Inhalt der Anforderung mit den Attributen Bezugsobjekt, Bezugsmerkmal bzw. Bezugseigenschaft[745] und Bezugsausprägung detailliert.[746]

---

[744] In diesem Kontext wurden die Ansätze nach Danner, Gillen, Humpert, Jung, Kruse, Meis, Rupp, Schedl, Schienmann, Stechert, Weilkiens analysiert.

[745] HUMPERT stellt heraus, dass die Bezugseigenschaft die inneren Kennzeichen und das Bezugsmerkmal die äußeren Kennzeichen der Beschaffenheit oder Wirkung einer Sache darstellen, aber verwendet beide Synonym unter dem Begriff ‚Bezugseigenschaft'. Für diese Dissertation sollen beide Begriffe auch synonym unter dem Begriff ‚Bezugsmerkmal' verwendet werden. Humpert (1995): Methodische Anforderungsverarbeitung auf Basis eines objektorientierten Anforderungsmodells, S. 75.

[746] Ebd., S. 74.

- **Bezugsobjekt:** Objekt, auf das sich die Anforderung bezieht, das ein reales Objekt oder ein imaginäres Konstruktionselement sein kann.
- **Bezugsmerkmal:** Kennzeichen der Beschaffenheit oder Wirkung einer Tätigkeit oder Sache, das die Anforderung beschreibt.
- **Bezugsausprägung:** Ausprägung eines Bezugsmerkmals in unterschiedlich Skalierung (Nominal-, Ordinal-, Intervall- oder Absolutskalierung)

Vor dem Hintergrund der späteren Validierung und Präzisierung von Anforderungen in der Methodik soll auf die Skalierung der Bezugsausprägung der Anforderungen genauer eingegangen werden. Die verschiedenen Skalierungen in hierarchischer Rangordnung bieten unterschiedlich wertige Möglichkeiten, wie sich das betrachtete Bezugsmerkmal bestimmen bzw. quantifizieren lässt. Die hierarchische Rangordnung reflektiert den steigenden Informationsgehalt der Daten, was auch HUMPERT in seiner Ausführung herausstellt und darauf verweist, dass absolute Skalierungen für Anforderungen anzustreben sind.[747] Das erste und niedrigste Skalenniveau ist die Nominalskala. Bei dieser Skala wird eine Elementenklassifikation auf Basis des Besitzes einer bestimmten Merkmalsausprägung vorgenommen. Die Merkmalsausprägungen bilden keine natürliche bzw. steigende Reihenfolge. Das zweite Skalenniveau ist die Ordinalskala, die die Aspekte der Nominalskala um die natürliche Reihenfolge der Merkmale erweitert. Die Abstände zwischen den einzelnen Merkmalsausprägungen sind jedoch nicht quantifizierbar. Das dritte Skalenniveau (Intervallskala), erlaubt mittels definierter Maßstäbe quantifizierte Aussagen über die Abstände zwischen den einzelnen Merkmalsausprägungen. Der Nullpunkt kann bei dieser Skala festgelegt werden (z.B. Temperaturskala nach Celsius). Im vierten Skalenniveau, der Verhältnisskala, liegt ein absoluter Nullpunkt vor. Der Nullpunkt führt so zu zuverlässigen Verhältnisaussagen, sodass die Verhältnisskala oder auch Absolutskala als höchstes Messniveau angesehen werden kann.[748]

Zur Formulierung der textuellen Anforderung sind folglich für eine vollständige Formulierung Attribute zu verwenden. In Anlehnung an die Beschreibung der Produktinformationen in Produktdatenblättern durch Merkmale und Ausprägungen im vorausgegangenen Abschnitt sollen für die vorliegende Dissertation zu jeder textuellen Anforderung weiter Merkmale zur Identifikation und Kategorisierung verwendet werden. In der Praxis verwendete Merkmale zur Beschreibung des Zustandes oder zur Identifikation in IT-Systemen sind zur Bestimmung des Anforderungsbedarfes nicht notwendig, aber können in der Praxis zusätzlich verwendet werden.[749] In der Anwendung der Methodik sollen für jede identifizierte (offene) Anforderung des Anforderungsbedarfes die folgenden Merkmale zusätzlich vermerkt werden:

- **Art:** Die Anforderungsart beschreibt, ob es sich bei der Anforderung um eine funktionale Anforderung, welche die durch das System bereitzustellenden

[747] Ebd., S. 76.

[748] Vgl. Stevens (1946): On the Theory of Scales of Measurement, S. 678ff.; Vgl. Backhaus et al. (2018): Multivariate Analysemethoden, S. 10ff. Vgl. Bleymüller et al. (2015): Statistik für Wirtschaftswissenschaftler, S. 5;

[749] An dieser Stelle wird auf SCHIENMANN und STECHERT verwiesen, die Zustandsmerkmale und weitere Attributen für Anforderungen in einem detaillierten Informationsmodellen zusammenführen. Vgl. Schienmann (2002): Kontinuierliches Anforderungsmanagement, S. 150ff.; Vgl. Stechert (2010): Modellierung komplexer Anforderungen, S. 206.

Funktionen definiert, oder um eine Qualitätsanforderungen oder Rahmenbedingung handelt (siehe dazu Abschnitt 2.5.2).

- **Priorisierung:** Die Priorisierung beschreibt, ob die Anforderung eine Festforderung, Mindestforderung oder ein Wunsch ist.[750]
- **Skala:** Beschreibt die verwendete Skala der Bezugsausprägung
- **Kategorie:** Die Kategorie soll das Bezugsobjekt zu vordefinierten und für Produktionsanlagen relevante Kategorien zuordnen.

Die Kategorien gliedern sich zunächst in ‚Übergreifende Anforderungen an den Anlagenbau' sowie in ‚Projektspezifische technische Anforderungen'.[751] Übergreifenden Anforderungen können unternehmensspezifische Vorgaben zu IT-Schnittstellen, Inbetriebnahme und Abnahme, Maschinensicherheit, Umweltschutz und Ergonomie, sowie zu Dokumentation, Schulung, Instandhaltung und Service beinhalten, aber stehen nicht im Fokus dieser Methodik. Stattdessen sollen die projektspezifischen technischen Anforderungen zentrale Informationsträger dieser Methodik sein. Sie gliedern sich in die folgenden Kategorien (siehe auch Abbildung 5-3, Linke Seite mit Beispielen):

- Fertigungsablauf und Materialfluss
- Maschinen und Prozess
- Werkzeug- und Vorrichtungstechnik
- Automatisierung
- Qualitäts- und Messtechnik.

[750] Vgl. Feldhusen et al. (2013): Pahl/Beitz Konstruktionslehre, S. 334.

[751] Die Kategorien sind auf Basis der Analyse von Lastenheften für Produktionsanlagen von verschiedenen Auftraggeber und Auftragnehmer der Automobilindustrie im Rahmen von Beratungstätigkeiten des Autors entstanden.

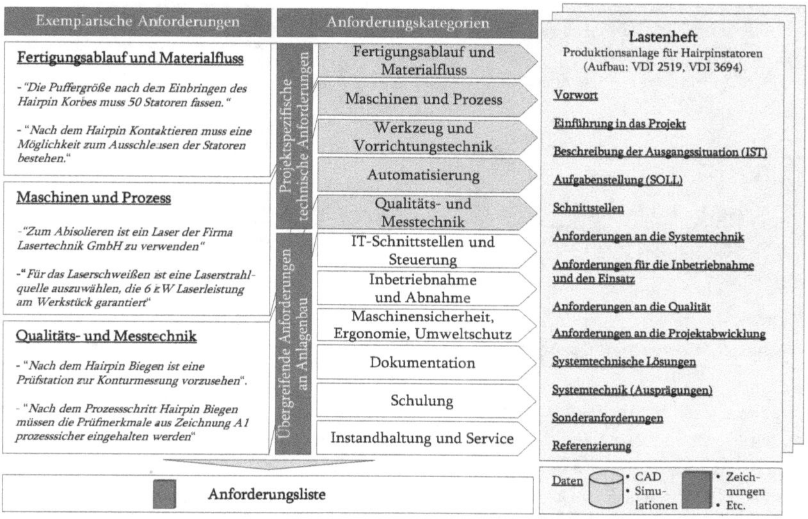

Abbildung 5-3: Anforderungskategorien an Produktionsanlagen[752]

Die formulierten Anforderungen werden in der Praxis in Form eines Lastenheftes an den Anlagenbau zur Angebotsabgabe übergeben. Dieser erstellt nach einer Lösungssuche ein Pflichtenheft.[753] Neben diesem formalisierten Prozess sollten gemeinsame Treffen für Rückfragen und zur Präzisierung der Anforderungen stattfinden. Neben den projektspezifischen technischen Anforderungen, die mithilfe der eingeführten Kategorien strukturiert werden sollen und den übergreifenden Anforderungen werden in einem Lastenheft noch die Ausgangssituation im Werk, die Gesamtzielsetzung sowie die Projektrahmenbedingungen ausführlich erläutert, um dem Anlagenbau den Kontext der gestellten Anforderungen näher zu bringen. In Abbildung 5-3 ist auf der rechten Seite eine Referenzstruktur für ein Lastenheft auf Basis der VDI 2519 sowie der VDI/VDE 3694 dargestellt. In Abschnitt 5.7 wird auf die Zuordnung der identifizierten und validieren Anforderungen zum Referenzaufbau des Lastenheftes weiter eingegangen.

Zur Verwaltung von Anforderungen sind in der Praxis zahlreiche Möglichkeiten vorhanden, die vom Anwendungsfall und der Produktkomplexität abhängen. Neben Softwaretools für umfangreiche Entwicklungsprojekte[754] ist die Anforderungsliste ein zentrales Werkzeug, welche zur Verwaltung der Anforderungen genutzt werden soll.[755] In Abbildung 5-4 ist eine vereinfachte Anforderungsliste mit den eingeführten Merkmalen dargestellt, welche als Hilfsmittel für diese Methodik dienen soll.

[752] Eigene Darstellung. Rechte Seite in Anlehnung an VDI 2519 und VDI 3694. Vgl. Verein Deutscher Ingenieure (VDI 2519) 2001.; Vgl. Verein Deutscher Ingenieure e.V; Verband der Elektrotechnik Elektronik Informationstechnik e.V. (VDI/VDE 3694) 2004.

[753] Vgl. Schienmann (2002): Kontinuierliches Anforderungsmanagement, S. 142.

[754] Wie beispielsweise DOORS von IBM.

[755] Vgl. Ehrlenspiel et al. (2014): Kostengünstig Entwickeln und Konstruieren, S. 58; Vgl. Stechert (2010): Modellierung komplexer Anforderungen, S. 15.

	Anforderungs-beschreibung	Bezugsobjekt	Bezugs-merkmal	Bezugs-ausprägung	Art	Priorisierung	Skala	Kategorie
Anforderung A_1	Nach dem Hairpin Kontaktieren muss eine Möglichkeit zum Ausschleusen der Statoren bestehen	Linienabschnitt: „Hairpin Kontaktieren“			Funktional	Fest	Nominal	Fertigungsablauf
Anforderung A_2	Für das Laserschweißen ist eine Laserstrahlquelle auszuwählen, die 6 kW Laserleistung am Werkstück garantiert	Prozess: „Hairpin Kontaktieren“	Laserleistung Strahlquelle	6 [kW]	Funktional	Mindestens	Absolut	Maschine und Prozess
Anforderung A_3	Nach dem Prozessschritt Hairpin Biegen müssen die Prüfmerkmale aus Zeichnung A1 prozesssicher eingehalten werden	Prozess: „Hairpin Biegen“	Prüfmerkmale	+- 0,01 [mm]	Qualität	Fest	Absolut	Qualität und Messtechnik
Anforderung A_i								

Abbildung 5-4: Verwaltung der Anforderungen an Produktionsanlagen in der Anforderungsliste (Hilfsmittel)

Vorgehen: Ziel der initialen Anforderungsermittlung ist es, bekannte Anforderungen mit den bereits verfügbaren Ausprägungen standardisiert zu erfassen. Hierzu soll die zuvor eingeführte Anforderungsliste genutzt und durch Methoden der Anforderungsermittlung systematisch befüllt werden. Das Erstellen einer Anforderungsliste ist die Ausgangsgröße der Anforderungsermittlung und wird in der Literatur allgemein wie auch in der Anwendung der Methodik als Startdokument eines Projektes betrachtet.[756]

Zur Formulierung der Anforderungen im Rahmen der Anforderungsermittlung stehen dem Anwender eine Vielzahl methodischer Werkzeuge zur Verfügung.[757] In der Entwicklung unbekannte, disruptiver Produktionslinien eignen sich vor allem explorative Methoden wie Anwenderinterviews, Fachgruppeninterviews unterstützt durch Fragebögen oder Anforderungsworkshops.[758] So empfiehlt HUMPERT im Falle der Prozessplanung einer Neuentwicklung mit hohem geforderten Detaillierungsniveau das Einzel- oder Fachgruppeninterview.[759]

Neben der Produktentwicklung, mit ihrer prototypischen Fertigung, dient die Übertragung von Erfahrungswissen aus ähnlichen Projekten bei Neuentwicklungen als wesentliche Quelle für die Ermittlung von Anforderungen. Selbst in der Fertigung disruptiver Produkttechnologien kommen immer auch erprobte Teilprozessketten, Messmittel, Steuerungstechniken oder Förder- und Automatisiersysteme zum Einsatz. Aufbauend auf Erfahrungswerten aus vorangegangenen Projekten mit ähnlichen Prozessen und der Literatur lassen sich erforderliche Anforderungen ermitteln. Insgesamt besteht in Verbindung mit den übergreifenden Anforderungen an den Anlagenbau aus unternehmensspezifischen Standardanforderungen und einem Basissatz bekannter Anforderungen.

[756] Vgl. Ehrlenspiel et al. (2014): Kostengünstig Entwickeln und Konstruieren, S. 58.

[757] Vgl. Schienmann (2002): Kontinuierliches Anforderungsmanagement, S. 196; Vgl. Schedl (2009): Integration von Anforderungsmanagement in den mechatronischen Entwicklungsprozess, S. 24; Vgl. Humpert (1995): Methodische Anforderungsverarbeitung auf Basis eines objektorientierten Anforderungsmodells, S. 114.

[758] Vgl. Almefelt et al. (2006): Requirements management in practice: findings from an empirical study in the automotive industry, S. 117; Vgl. Schienmann (2002): Kontinuierliches Anforderungsmanagement, S. 198.

[759] Vgl. Humpert (1995): Methodische Anforderungsverarbeitung auf Basis eines objektorientierten Anforderungsmodells, S. 114.

5.1.3 Identifikation des Anforderungsbedarfes zur Anforderungsbestimmung und -validierung

Nachdem zuvor die bekannten Anforderungen ermittelt und in einer Anforderungsliste dokumentiert worden sind, gilt es im Folgenden den Anforderungsbedarf zu identifizieren. Hierzu ist zunächst der Anforderungsbedarf im Kontext dieser Methodik näher zu bestimmen sowie zu definieren. Zur Schaffung eines einheitlichen Verständnisses des Anforderungsbedarfes für Produktionsanlagen wird zunächst die in Abbildung 5-5 dargestellte Typologie verwendet.[760]

In dieser werden drei Typen mit Hinblick auf die Unbekanntheit von Bezugsmerkmalen und Bezugsausprägungen von Anforderungen eingeführt. Das Konzept fußt auf der Kategorisierung von SUTCLIFFE UND SAWYER, die Anforderungen wie folgt unterscheiden:[761]

- **Known knowns** (Bekannte Bekannte): Beinhalten artikulierte, zugängliche Fakten[762]
- **Known unknowns** (Bekannte Unbekannte): Stellen bekannte Fragen dar, die im weiteren Entwicklungsprozess beantwortet werden müssen[763]
- **Unknown knowns** (Unbekannte Bekannte): Bekanntes Wissen, das noch artikuliert werden muss[764]
- **Unknown unknowns** (Unbekannte Unbekannte): Nicht ausdrückbares, artikuliertes oder direkt zugängliches Wissen, das aber dennoch potenziell relevant ist[765]

Im Kontext des Betrachtungsobjekts der Hairpin-Statorproduktion, die als Anwendungsfeld für die Industrialisierung einer unbekannten, disruptiven Produktionstechnik gelten soll, sind vor allem die ‚unknown unknowns' von besonderer Bedeutung. So beschreiben SUTCLIFFE UND SAWYER, dass vor allem mangelndes Domänenwissen – wie es bei unbekannter, disruptiver Produktionstechnik der Fall ist – zu einer hohen Relevanz von ‚unknown unknowns' führt.[766]

Um der inhaltlichen Anforderung der ‚standardisierten Vorgehensweise' (Siehe Abschnitt 4.2.1) zu entsprechen, soll das Konzept von SUTCLIFFE UND SAWYER auf die Verwendung von Bezugsmerkmalen und -ausprägungen adaptiert werden. Wenn Bezugsmerkmale und -ausprägungen bekannt sind, gilt die Anforderung als bekannt. Anforderungen bei denen Bezugsmerkmale bekannt, aber deren Ausprägungen unbekannt sind, werden als ‚unbestimmt'

[760] Unter einer Typologie wird das Ergebnis einer Typisierung, also die *„systematische Ordnung einer Menge von Untersuchungsobjekten* [...] *anhand dem Untersuchungsobjekt dienender Merkmale* [und Ausprägungskombinationen]" verstanden. Welter (2006): Die Forschungsmethode der Typisierung, S. 113f.

[761] Vgl. Sutcliffe et al. (2013): Requirements elicitation: Towards the unknown unknowns, S. 93.

[762] Aus dem Englischen übersetzt: Jensen et al. (2017): Eliciting unknown unknowns with prototypes: Introducing prototrials and prototrial-driven cultures, S. 5.

[763] Aus dem Englischen übersetzt: Ebd., S. 5.

[764] Aus dem Englischen übersetzt: Ebd., S. 5.

[765] Aus dem Englischen übersetzt: Sutcliffe et al. (2013): Requirements elicitation: Towards the unknown unknowns, S. 93.

[766] Ebd., S. 93.

bezeichnet. Wenn Bezugsmerkmale und -ausprägungen unbekannt sind, so gilt auch die Anforderung als unbekannt. Dass die Bezugsausprägung, aber nicht das Bezugsmerkmal bekannt ist, wird für den vorliegenden Fall als nicht möglich angenommen.

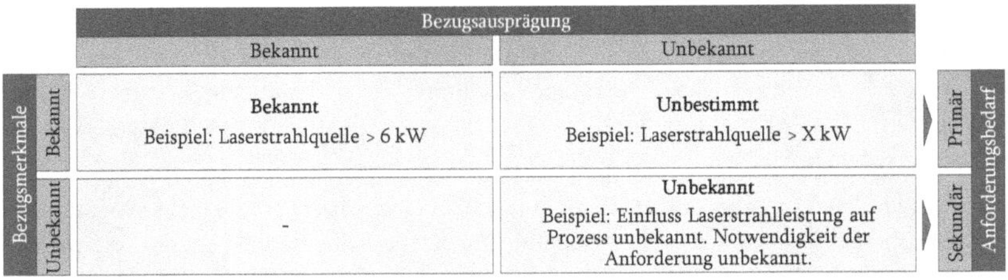

Abbildung 5-5: Typologie von Anforderungen zur Identifizierung des Anforderungsbedarfes anhand der Bekanntheit der Bezugsmerkmale und -ausprägungen

Zur Identifikation des gesamten Anforderungsbedarfes ist folglich sowohl auf die unbestimmten (‚known unknowns'), als auch vor dem Hintergrund der unbekannten, disruptiven Produktionstechnik, auf die unbekannten Anforderungen (‚unknown unknowns') zu fokussieren.

Der Anforderungsbedarf soll sich folglich in den primären und den sekundären Anforderungsbedarf gliedern, wobei der primäre Anforderungsbedarf zur Bestimmung der unbestimmten Anforderungen beinhaltet (siehe dazu die vorherige Abbildung 5-5). Der **sekundäre Anforderungsbedarf** soll die unbekannten Anforderungen umfassen. Es wird deutlich, dass der primäre Anforderungsbedarf eindeutig zu bestimmen ist, aber der sekundäre Anforderungsbedarf nicht direkt ermittelbar ist. Denn dass eine Anforderung von Seiten des Auftraggebers zusätzlich benannt und bestimmt werden muss, um später die Effizienz im Produktionsanlauf zu verbessern, ist im Vorhinein aufgrund der Unbekanntheit und der mangelnden Erfahrungsgrundlage nicht direkt bestimmbar. Zur Bestimmung müssen daher Indikatoren verwendet werden, auf deren Grundlage eine qualitative Aussage über den primären Anforderungsbedarf zu tätigen ist. Zur Bestimmung des sekundären Anforderungsbedarfes soll ein experimenteller Ansatz gewählt werden, da sich dieser auf explorative Art und Weise der Herausforderung der Bestimmung der „Unknown unknowns" widmet. Nach JENSEN ET AL. sind dafür prototypenbasierte Verfahren am geeignetsten. Nutzung eines **experimentell fehlerbasierten Ansatzes:** Durch Experimente im prototypischen Maßstab sollen mögliche Fehler, Fehlerverkettungen und ihre Ursachen bestimmt werden. Die Anzahl der Fehler und die Bewertung der Auftretenswahrscheinlichkeit durch Experten soll in die Bestimmung des sekundären Anforderungsbedarfes eingehen (siehe Lösungsmodul 2, Abschnitt 5.2).

5.2 Initialer Produkt-Prototypenbau

Nachdem im vorherigen Abschnitt auf die Komplexität der Erfassung des Anforderungsbedarfs durch unbekannte Anforderungen (Bezugsmerkmale und Bezugsausprägungen) eingegangen wurde, soll im Folgenden der Ansatz zur präziseren Identifikation des sekundären, auf die unbekannten Anforderungen fokussierenden, Anforderungsbedarfes durch einen experimentellen, fehlerbasierten Ansatz entwickelt werden.

Eine Schlüsselstellung nimmt hierin der Begriff ‚Fehler' ein, der nach DIN ISO 9000 als „*Nichterfüllung einer Anforderung*"[767] definiert ist. Folglich resultiert aus einem experimentell identifizierten Fehler in der Produktion eine dazugehörige Anforderung (zu Vermeidung dieser). Hierbei kann ein auftretender Fehler mehrere mögliche Ursachen haben. Die zu identifizierenden Möglichkeiten zur Vermeidung dieser Fehler werden als unbekannte Anforderungen verstanden. Zur Exploration möglicher Fehler sowie Fehlerursachen wird ein produktionsfokussierter Produkt-Prototypenbau im Sinne des Ansatzes von KLEINE BÜNING eingesetzt, bei dem Prozessfehler identifiziert werden sollen, die produktseitig zu Abweichungen vom Soll-Zustand in den Qualitätsmerkmalen führen. Methodisch soll sich die Erfassung dieser Fehler auf das anerkannte Werkzeug der Fehlermöglichkeiten- und -einflussanalyse (FMEA)[768] stützen, wobei der Einsatz der FMEA „ex ante"[769], also vor der eigentlichen Produktion ohne Kenntnis und Möglichkeit zur Analyse historischer Daten, erfolgen muss. Die nachfolgende Abbildung 5-6 visualisiert die drei Teilschritte der angewandten Teilmethodik, auf die in den folgenden Abschnitten eingegangen wird.[770]

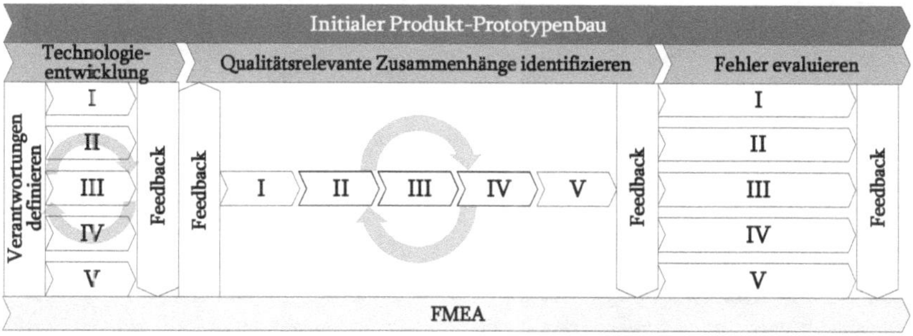

Abbildung 5-6: Übersicht Teilmethodik ‚Initialer Produkt-Prototypenbau'[771]

Die nachfolgende Vorgehensmatrix beinhaltet eine standardisierte Beschreibung der Inhalte dieses Moduls (siehe Abbildung 5-7).

[767] Vgl. Deutsches Institut für Normung e.V. (DIN EN ISO 9000) 2005, S. 46.

[768] Bei der Fehlermöglichkeiten- und Einflussanalyse handelt es sich um eine weit verbreitete Methode zur standardisierten Erfassung, Bewertung und Verarbeitung von Fehlen in Produkten und Prozessen.

[769] Lateinisch für „im Voraus". Dieser Begriff wird aufgrund der in einer wissenschaftlichen Veröffentlichung des Autors verwendeten Bezeichnung für diese Teilmethodik analog in der vorliegenden Dissertation verwendet. Ebd.

[770] Die Vorgangspfeile mit römischen Zahlen beschreiben in der Abbildung hierbei Aktivitäten von Entwicklungsteams, die einzelne Prozesse der Produktionsprozesskette fokussieren.

[771] Eigene Darstellung in Anlehnung an eine Veröffentlichung des Autors. Ebd., S. 3f.

<table>
<tr><th colspan="4">Initialer Produkt-Prototypenbau</th></tr>
<tr><td>Phasenbezeichnung:</td><td>Exploration</td><td>Modulnummer.</td><td>2</td></tr>
<tr><td>Zielsetzung:</td><td colspan="3">Identifikation und Bewertung von Fehlermöglichkeiten in der Produktionsprozesskette zur Ableitung des sekundären Anforderungsbedarfes aus Fehlervermeidungsanforderungen</td></tr>
<tr><th>Eingangsgrößen</th><th>Vorgehen</th><th colspan="2">Ausgangsgrößen</th></tr>
<tr><td>- Technologiekette für die Serienproduktion
- Initiale Anforderungen an Produktionsanlagen in Anforderungsliste mit Möglichkeit zur Beschreibung unbekannter Anforderungen
- Produktprototypen mit prototypischer Produktionsprozesskette
- Expertenwissen zur Fehlerbewertung</td><td>- 2.1 Technologieentwicklung und Identifikation von Fehlermöglichkeiten
- 2.2 Bestimmung qualitätsrelevanter Zusammenhänge
- 2.3 Fehlerevaluation und Bewertung des Anforderungsbedarfes
- 2.4 Bestimmung des sekundären Anforderungsbedarfs durch Transformation von Möglichkeiten zur Fehlervermeidung zu Anforderungen</td><td colspan="2">- Bewertete Fehlermöglichkeiten in Produktionsprozesskette
- Bewertete qualitätsrelevante Zusammenhänge
- Erweiterte Anforderungsliste um unvalidierte Fehlervermeidungs-anforderungen (unbekannte Anforderungen)
- Sekundärer Anforderungsbedarf aus Fehlervermeidungsanforderungen zur Validierung durch Anlagenprototypen in Anforderungsliste</td></tr>
<tr><td>Hilfsmittel:</td><td colspan="3">- HM2.1 Produktprototypen mit prototypischer Produktionsprozesskette
- HM2.2 FMEA Methodik
- HM2.3 Fehlerbaumanalyse</td></tr>
<tr><td>Kernergebnis:</td><td colspan="3">Erweiterte Anforderungsliste mit bewerteten Fehlervermeidungsanforderungen</td></tr>
</table>

Abbildung 5-7: Vorgehensmatrix 2 - Initialer Produkt-Prototypenbau

5.2.1 Technologieentwicklung und Identifikation von Fehlermöglichkeiten mithilfe der FMEA-Methodik

Nachdem zunächst die Verantwortungen und die Teams definiert worden sind, soll in einem iterativen Prozess unter Berücksichtigung der bisher erfassten Anforderungen an Produktionsanlagen, ein Produktionskonzept für die Produktprototypen entwickelt werden. Zur Erstellung von Produktprototypen werden verfügbare Maschinen und Anlagen mit rudimentären Produktionsvorrichtungen kombiniert. Diese sollen als Produktionskonzepte bezeichnet werden, um eine Verwechslung mit prototypischen Produktionsanlagen im weiteren Verlauf der Methodik auszuschließen. Neben der Eigenentwicklung der prototypischen Produktionskonzepte für den Produktprototypenbau können auch existierende Versuchslabore (Technikum) des Anlagenbaus genutzt werden, sofern die jeweiligen Experten des Auftraggebers (OEM oder Tier-1) aktiv partizipieren können. Da die grundlegende Produktionsprozesskette für die Serienproduktion bekannt ist, gilt es, diese auf den Produkt-Prototypenbau zu übertragen. Hierzu sind jedoch gegenüber der Serienproduktion differierende Produktionstechnologien zu verwenden, da viele Produktionsanlagen insbesondere in der Elektromotorenproduktion Sonderanlagen sind und für den spezifischen Produktionseinsatz entwickelt oder angepasst werden. Aufgrund dieser Einschränkungen sollen prototypische Produktionskonzepte verwendet werden, welche Lösungen für die Kleinserie enthalten und vor allem einen niedrigeren Automatisierungsgrad aufweisen. Die in Abbildung 5-8 dargestellten Schritte sollen alle parallel und iterativ durchgeführt werden. Im Kontext des Betrachtungsobjekts könnten beispielsweise Teams die Teilprozesskette ‚Hairpin Biegen' und andere die Vormontage- und Schränkvorgänge sowie wieder andere das Kontaktieren bearbeiten.

Nachdem die Lösungskonzepte für die prototypischen Produktionskonzepte ausgewählt sind, soll eine initiale Parametrierung erfolgen, bei der für die prototypischen Produktionskonzepte innerhalb von Prozessfenstern der Parameter für die beste Parameterkombination gefunden wird. Während dieser Parametrierung sollen alle möglichen Fehlertypen in jedem Team standardisiert erfasst werden.

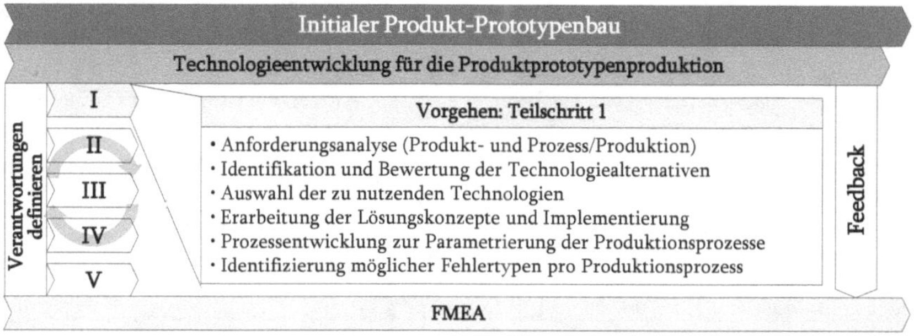

Abbildung 5-8: Initialer Produkt-Prototypenbau Teilschritt 1– Technologieentwicklung für die Produktprototypenproduktion

Zur Identifikation und Evaluation potenzieller Fehler, Fehlerfolgen und Ursachen für nachfolgende Prozesse und das Endprodukt wird auf die von WESTERMEIER entwickelte, vereinfachte Darstellungsform auf Basis einer Prozess-FMEA zurückgegriffen. Dazu soll die in Abbildung 5-11 dargestellte, standardisierte Tabelle genutzt werden. Diese Tabelle sollte pro Prozessschritt sowie für das fertige Endprodukt angelegt werden. In Abbildung 5-11 ist das verwendete Formblatt in Anlehnung an WESTERMEIER für einen Prozessschritt exemplarisch dargestellt. In die Tabelle werden zunächst alle Fehler eingetragen, die in diesem entstehen und die im Zuge der Parametrierung und Technologieentwicklung identifiziert worden sind.

Dabei kann jeweils die Ursache und die Folge in den entsprechenden Spalten dokumentiert werden, sofern diese bekannt sind. Der ursächliche Prozess gibt an, ob die Ursache des Fehlers in dem betrachteten Prozessschritt verortet ist oder ob die Ursache die Folge eines Fehlers in einem vorherigen Prozessschritt ist. Die Befüllung dieser Spalten erfolgt im zweiten Teilschritt (siehe Abschnitt 5.2.2).

Für jeden Fehler findet eine qualitative Evaluation der Auftretenswahrscheinlichkeit A sowie der Bedeutung/Schwere B statt. Dabei bezeichnet A die originäre Auftretenswahrscheinlichkeit, falls der ursächliche Prozess gleich dem betrachteten Prozessschritt ist. Dagegen bezeichnet B die Stärke des Zusammenhangs, falls der ursächliche Prozess ein vorheriger Prozessschritt ist. Dies entspricht der Wahrscheinlichkeit, dass der unter ‚Folge' beschriebene Fehler nach Durchlaufen des Prozessschritts vorliegt, wenn zuvor der unter Ursache beschriebene Fehler im vorherigen Prozessschritt aufgetreten ist (Siehe Abschnitt 2.4.3). Zusätzlich wird jeweils der Grad der Sicherheit der Bewertung von A und B, genannt S(A) bzw. S(B), analog zu WESTERMEIER bewertet. Dieser Ansatz wird jedoch um die Referenz für die Entscheidung für die jeweiligen Bewertungen von A und B ergänzt, an deren Zuverlässigkeit sich die Bewertung für S(A) und S(B) orientieren sollte. Diese kann auf die Parametrierung bzw. Technologieentwicklung oder auch auf Experteninterviews oder Literatur verweisen.[772]

[772] Vgl. Westermeier et al. (2013): Method for quality parameter identification and classification in battery cell production, S. 5ff.

Das Formblatt kann als Vorlage für eine standardisierte Expertenbefragung innerhalb der Teams der Technologieentwicklung dieses Teilschritts verwendet werden. Zuvor anhand externer Quellen identifizierte potenzielle Fehler (Fehlermöglichkeiten) können dabei ebenso berücksichtigt werden, indem diese vorab eingetragen (ohne Befüllung der Bewertungsspalten) und durch die Experten bewertet werden, wie unbekannte Fehler, um die die Tabelle bei der Befragung erweitert werden kann. Die Skala orientiert sich aufgrund der Unbekanntheit an der Skala von WESTERMEIER und differiert von der üblichen Skala der FMEA.[773]

		Beschreibung		Bewertung				Referenz	
Prozess-schritt	Fehlertyp	Ursache	Verursacht durch	Auftretenswahr-scheinlichkeit A	S(A)	Stärke der Fehlerfolge B	S(B)	Quelle A	Quelle B
1	**Beschädigung Bauteilmerkmal 1**	Werkzeug-verschleiß	Im Prozess	2	3	0	3	Quelle 5	Quelle 6
2	**Bauteil außer Toleranz**	Eingangsmaterial: Beschädigung Bauteilmerkmal 1	Prozessschritt 1	0	3	2	3	Quelle 1	Quelle 2
2	**Schweißung fehlerhaft**	Eingangsmaterial: Bauteilmerkmal 2	Rohmaterial	1	1	2	3	Quelle 3	Quelle 4

Bewertungskriterien:
A Auftretenswahrscheinlichkeit
S(A) Sicherheit der Bewertung von A
B Bedeutung der Folge
S(B) Sicherheit der Bewertung von B

Skalen:

Zahl	A	B	S(A)/S(B)
0	Nie	Keine Auswirkung auf Folgeprozess/Produkt	Unsicher (keine Daten)
1	Selten	Kaum Auswirkung auf Folgeprozess/Produkt	Eher unsicher (bspw. Experteneinschätzung)
2	Häufig	Merkliche Auswirk. auf Folgeprozess/Produkt	Eher sicher (bspw. Literaturquelle)
3	Sehr häufig	Starke Auswirkung auf Folgeprozess/Produkt	Sicher (bspw. validiert durch Versuche)

Abbildung 5-9: Vereinfachtes FMEA-Formblatt in Anlehnung an WESTERMEIER[774]

5.2.2 Bestimmung qualitätsrelevanter Zusammenhänge

Der zweite Schritt dient der Identifikation der qualitätsrelevanten Zusammenhänge und zur Befüllung der ersten beiden Spalten im eingeführten Formblatt (siehe Abbildung 5-11). Im zweiten Schritt werden die verwendeten prototypischen Produktionskonzepte zu einem Gesamtkonzept der Prozesskette zusammengefasst. Diese Produktionskette wird, soweit möglich, in einer initialen prototypischen Produktion durchlaufen. Dabei sollen die optimalen Parameter verwendet werden. Es soll nach jedem Schritt dokumentiert werden, welche Fehler bei der optimalen Parameterkonfiguration aufgetreten sind. Danach sollen intentionell durch die Variation von Prozessparametern mögliche Fehler „stromaufwärts" – also in den vorgelagerten Prozessen – induziert werden. Die Prüfung der Auswirkungen im nachgelagerten Teil der Prozesskette – stromabwärts – in Form der Prüfung des Auftretens der voridentifizierten Fehlermöglichkeiten aus dem ersten Teilschritt dient der Bestimmung von qualitätsrelevanten Zusammenhängen. Beispielsweise wird auf einer Biegemaschine die

[773] Ebd., S. 7.

[774] Eigene Darstellung in Anlehnung an WESTERMEIER. Ebd., S. 6.

Kraft zum Biegen eines prototypischen Hairpins zu gering eingestellt. Der unzulänglich gebogene Hairpin wird in einen Schweißprozess eingeführt und die Auswirkung der zu geringen Verformung beobachtet. Sollte eine geringe Abweichung der Biegekraft zu einem Versagen des Schweißprozesses führen, besteht ein großer qualitätsrelevanter Zusammenhang zwischen den beiden Schritten. Auf diese Weise können die qualitätsrelevanten Zusammenhänge zwischen den Prozessen systematisch bestimmt und im FMEA-Datenblatt erfasst werden. Die ermittelten qualitätsrelevanten Zusammenhänge werden im weiteren Teil der Methodik zur Clusterung der Prozesskette eingesetzt.

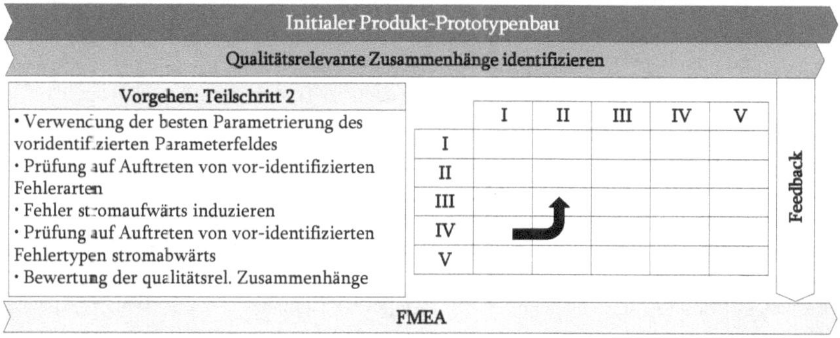

Abbildung 5-10: Initialer Produkt-Prototypenbau Teilschritt 2 – Bestimmung qualitätsrelevanter Zusammenhänge

5.2.3 Fehlerevaluation und Bewertung des Anforderungsbedarfes

Als Ergebnis aus dem vorangegangenen Teilschritt liegen nun die notwendigen Informationen vor, um die kritischen Pfade der Fehlerfortpflanzung, die gravierende Auswirkungen auf die Beschaffenheit und Funktionalität des Endproduktes haben, zu ermitteln. Jedoch liegen diese Informationen bisher nur in unübersichtlicher Tabellenform vor.

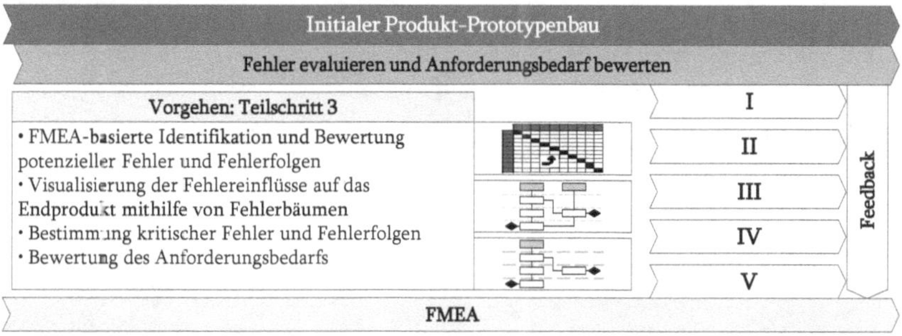

Abbildung 5-11: Initialer Produkt-Prototypenbau Teilschritt 3 – Fehler evaluieren und Anforderungsbedarf bewerten

Zur Veranschaulichung der Zusammenhänge bietet sich eine Visualisierung mittels Fehlerbäumen an, wie in Abbildung 5-12 dargestellt. Auf diese Weise kann die Verknüpfung der einzelnen Fehler ausgehend vom ursächlichen Prozessschritt über die ausgelösten Veränderungen in nachgelagerten Prozessen bis hin zum fertigen Produkt visualisiert werden. Im

Fehlerbaum sind die Prozessschritte sowie das Endprodukt als Ebenen abgebildet. Die mit Fehler 1_A bezeichneten Rechtecke entsprechen auf der Ebene eines Prozessschrittes den Folgen aus dem Formblatt für diesen Prozessschritt (siehe Abbildung 5.3). Da Folgen im betrachteten Prozessschritt Ursachen in den nachfolgenden Prozessschritten entsprechen, können die Informationen aus dem Formblatt so lückenlos abgebildet werden. Dabei werden die Fehlerfolgen auf der Ebene des Endproduktes zusätzlich hervorgehoben, da nur Fehlerfolgen, die Beeinträchtigungen der Beschaffenheit oder der Funktion des Endproduktes bewirken, besonders relevant sind und durch Anforderungen abgesichert werden müssen. Die Rauten entsprechen originären Fehlern in einem Prozessschritt – also Fehlerquellen. Dieses zusätzliche Element ermöglicht die Abbildung von Fehlermöglichkeiten wie für den Fehler 2A in Abbildung 5-12, bei dem das Fehlerbild sowohl originär im Prozessschritt auftreten kann sowie auch als Folge eines vorherigen Fehlers (hier Fehler 1A) in Prozessschritt 1.

Anhand des erstellten Fehlerbaumes können weiterhin die kritischen Fehlerfolgen und damit auch die kritischen originären Fehler auf einfache und transparente Weise ermittelt werden. Dazu wird anhand einer Auswahlregel jeder originäre Fehler sowie jeder Pfad bewertet und zur Visualisierung eingefärbt. Dabei gilt, dass ein Fehlerelement immer so kritisch zu bewerten ist wie der kritischste Pfad, der das Fehlerelement erreicht. Es werden folgende drei Kategorien unterschieden, für die die drei Mengen K, U und S eingeführt werden, die paarweise disjunkte Teilmengen von F, der Menge aller Elemente $x_i=\{A_i;B_i;S_i(A_i);S_i(B_i)\}T$ des Fehlerbaumes, sind:

- **Kritisch:** $K := \{x_i \in F \mid A_i > K_A \wedge B_i > K_B \wedge S_i(A_i), S_i(B_i) > K_S\}$
- **Unkritisch:** $U := \{x_i \in F \mid (A_i \leq K_A \wedge S_i(A_i) > K_S) \vee (B_i \leq K_B \wedge S_i(B_i) > K_S)\}$
- **Unsicher:** $S := F \cap (K \cup U)$

Hierbei sind $K_A, K_B, K_S \in \{0,1,2,3\}$ Schwellwerte, anhand derer, entsprechend der Skala für die qualitativen Bewertungen (siehe Abbildung 5-11), festgelegt wird, ab welchen Ausprägungen die Werte A und B als kritisch bzw. S(A) und S(B) als sicher angesehen werden.

Das Ergebnis der Analyse ist ein Fehlerbaum mit eingefärbten Elementen, anhand dessen sich die Auswirkungen der originären Fehler nachvollziehen lassen bzw. die originären Ursachen von Fehlern am Endprodukt auf einen Blick ermittelt werden können. Im Beispiel sind kritische Elemente ‚schwarz', unsichere ‚dunkelgrau' und unkritische ‚grau' eingefärbt.

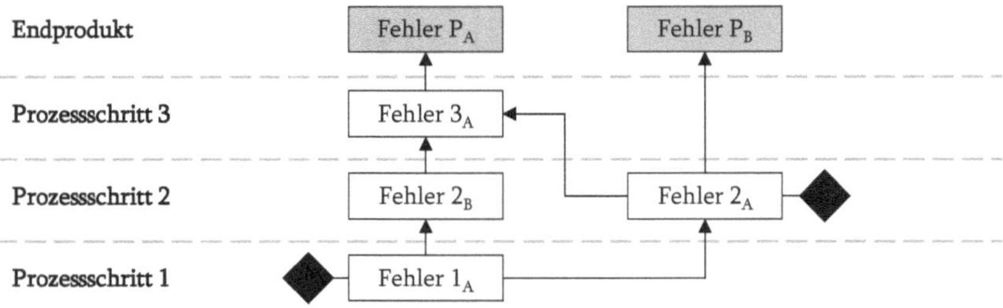

Abbildung 5-12: Visualisierung von Fehlerfolgen mittels Fehlerbäumen

Die im Formblatt sowie in den Fehlerbäumen identifizierten Fehlerfolgen sollen im Weiteren für das Modul 3 (Abschnitt 5.3) sowie für Modul 4 (Abschnitt 5.4) verwendet werden. Auch die Bewertung der Auftretenswahrscheinlichkeiten der identifizierten Fehler sollen für die Bestimmung der Anforderungsnutzwerte verwendet werden. Dabei sollen diese Parameter sich auf die Anforderungen zur Fehlervermeidung beziehen.

5.2.4 Bestimmung des sekundären Anforderungsbedarfs durch Transformation von Möglichkeiten zur Fehlervermeidung zu Anforderungen

Nun müssen abschließend die mit der Teilmethodik ‚Initialer Produkt-Prototypenbau' identifizierten Fehler, welche den jeweiligen Prozessen zugeordnet sind, transformiert werden, um diese in den Anforderungsbedarf im Sinne des ersten Iterationszyklus zu integrieren. Hierzu gilt die Grundannahme, dass die identifizierten Fehler durch Anforderungen vermieden werden sollen. Aufgrund der Heterogenität der identifizierten Fehler und des frühen Stadiums des initialen Produkt-Prototypenbaus können zunächst nur Leitlinien zur Transformation gegeben werden. Die zwei Iterationszyklen sollen in der Praxis helfen eine Präzisierung der Lösungen zu ermöglichen. Dabei betten sich die Anforderungen zur Fehlermeidung in die FMEA-Methodik ein und orientieren sich an Prinzipien zur Maßnahmengenerierung nach LÜHRIG, wobei ein Fokus auf die Vermeidung der Fehlerursache gelegt werden soll:[775]

- Vermeidung der Fehlerursache
- Reduzierung der Auftretenswahrscheinlichkeit
- Reduktion der Schadensgröße
- Erhöhung der Entdeckungswahrscheinlichkeit

Darüber hinaus sollen die qualitätsrelevanten Zusammenhänge, welche durch die Fehlerfolgen ermittelt wurden, in der Transformation von Fehlern zu Anforderungen berücksichtigt werden. Dabei sind die zuvor entwickelten Fehlerbäume zur Visualisierung und Analyse der Fehlerfortpflanzungen zu verwenden, indem identifizierte Fehler entweder direkt im betroffenen Prozess durch Anforderungen adressiert werden oder indem diese indirekt durch Anforderungen an vorgelagerte Prozesse vermieden werden (siehe dazu die Aufteilung in ‚Direkt' und ‚Indirekt' in Abbildung 5-13). Weiterhin soll die Möglichkeit bestehen, dass Anforderungen an die Prüftechnik gestellt werden, womit zwar nicht die Fehlerursache behoben, sondern nur die Entdeckenswahrscheinlichkeit vergrößert wird. Durch gezieltes Ausschleusen nach einer fehlerbehafteten Prüfung kann so zumindest das Auftreten eines Fehlers im nachgelagerten Prozess verhindert werden. Es empfiehlt sich daher, die Anforderung an die Prüftechnik mit einer Anforderung an die indirekte Fehlervermeidung (bspw. durch Puffer im Materialfluss) zu kombinieren. Das Zusammenführen von Qualitäts- und Prüfmerkmalen mit Prüftechnologien vor dem Hintergrund des Anstiegs der Fehlerkosten und der resultierenden Prüfkosten sind dabei zu berücksichtigen.[776]

---

[775] Lührig (2005): Risikomanagement in der Produktentwicklung der deutschen Automobilindustrie, S. 226.

[776] Ein Vorgehen zur Prüfplanung im Umfeld des Betrachtungsobjektes der Hairpinstatorproduktion ist in einer Veröffentlichung des Autor vertiefend dargestellt. Vgl. Kampker et al. (2020): A Systematic Approach to Inspection Planning in Agile Process Development of Hairpin Stator Production.

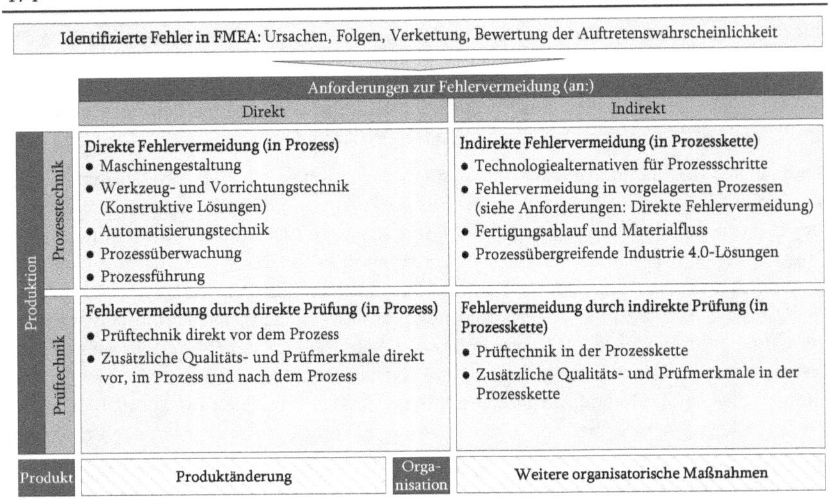

Abbildung 5-13: Reaktionsmöglichleiten durch Anforderungen zur Fehlervermeidung in Produktionsketten[777]

Da der Prozess der Transformation von identifizierten Fehlern zu Anforderungen zur Fehlervermeidung viel Fachwissen der einzelnen beteiligten Disziplinen benötigt (bspw. Qualitätsmanagement, Prozesstechnik, Automatisierungs- und Fertigungsleittechnik), soll diese in der Praxis durch Workshops unterstützt werden, in denen diese Disziplinen zusammengebracht werden. Die Entwicklung der Lösungsansätze erfolgt in clusterspezifischen Teams, damit Interdependenzen berücksichtigt werden und die Lösung eines Fehlers nicht zu zahlreichen anderen führt. Zur Lösungssuche existieren in der Praxis zahlreiche strukturierte Methoden zur Lösungssuche, wie zum Beispiel die Methode 635, Moderationskarten oder die Checkliste nach OSBORNE.[778]

Eine weitere praxisrelevante externe Ressource ist die Expertise der in Frage kommenden Anlagenbauer, da durch deren Einbeziehung in die Workshopdurchführung ein genaueres Bild der Umsetzbarkeit möglicher Lösungsansätze zur Fehlervermeidung entstehen kann. Außerdem sind sie in der Lage einzuschätzen, ob die ermittelten Fehler realistisch sind und die Annahmen zu deren Ursachen und Folgen zutreffend sind. So können die FMEA-Formblätter noch einmal angepasst und präzisiert werden. Vorteilhaft für beide Parteien ist es, dass der Anlagenbauer dem potenziellen Auftraggeber seine technischen Lösungen und Innovationen präsentieren kann und so auch eine Quelle zur Auswahl möglicher Anforderungen für den potenziellen Auftraggeber besteht. Es besteht auch die Möglichkeit, dass im Rahmen einer kooperativen Validierung in der Umsetzung der Anlagenprototypen auf Ressourcen eines Anlagenbauers zurückgegriffen wird. Daher sollte, mit Rücksicht auf vertragliche Restriktionen im Interesse der Geheimhaltung, immer auch der Austausch mit verschiedenen Anlagenbauern stattfinden. Unabhängig von der Quelle werden für alle entwickelten

[777] Eigene Darstellung

[778] Für eine detaillierte Beschreibung der Methoden siehe Vgl. Lindemann (2009): Methodische Entwicklung technischer Produkte, S. 139ff.

Anforderungen zur Fehlervermeidung detaillierte Beschreibungen erstellt und betroffene Komponenten aus der Prozesskette erfasst.

Die identifizierten Anforderungen zur Fehlervermeidung werden der in Abschnitt 5.1 eingeführten Anforderungsliste hinzugefügt. Sofern die Bezugsausprägungen noch unbekannt sind, soll diese als ‚Offen' definiert werden. Es besteht somit ein Anforderungsbedarf, der bestimmt werden muss. Daher wird dies unter ‚Priorisierung' mit ‚zu bestimmen' vermerkt. Sollte eine Fehlervermeidung mit Bezugsausprägung ausgewählt werden, die aufgrund der Unbekanntheit zu validieren ist, so wird dies unter ‚Priorisierung' mit ‚zu validieren' vermerkt.

FMEA-Formblatt

		Beschreibung		Anforderung		
Prozess-schritt	Fehler	Ursache	Verursacht durch	Maßnahmen zur Fehlervermeidung	Prozesstechnik / Prüftechnik	Direkt / Indirekt
1	**Beschädigung Bauteilmerkmal 1**	Werkzeug-verschleiß	Im Prozess	**Änderung: Werkzeugmaterial**	Prozesstechnik	Direkt
2	**Bauteil außer Toleranz**	Eingangsmaterial: Beschädigung Bauteilmerkmal 1	Prozessschritt 1	**Änderung Werkzeugmaterial**	Prozesstechnik	Indirekt
2	**Schweißung fehlerhaft**	Eingangsmaterial: Bauteilmerkmal 2	Rohmaterial	**Prüfstation inkl. Qual.- und Prüfmerkmale**	Prüftechnik	Indirekt

Anforderungsliste

	Anforderungs-beschreibung	Bezugsobjekt	Bezugs-merkmal	Bezugs-ausprägung	Art	Priorisierung	Skala	Kategorie
Anforderung A_4	Werkzeugmaterial im Richtprozess HSS	Prozessschritt 1, Hairpin Richten	Werkzeug-material	HSS	Funktional	Zu validieren	Nominal	Werkzeug- und Vorrichtung
Anforderung A_5	Prüfstation vor Produktionslinie zur Rohmaterialprüfung. Toleranzgrenzen [XY]	Prozess: „Hairpin Kontaktieren"	Laserleistung Strahlquelle	Offen	Funktional	Zu bestimmen	Absolut	Maschine und Prozess
Anforderung A_i								

Abbildung 5-14: Übertrag von Anforderungen zur Fehlermeidung aus FMEA Formblatt in Anforderungsliste

Es wird deutlich, dass die generierten Anforderungen zur Fehlervermeidung nicht ohne eine Validierung in der Serienanlage eingesetzt werden können, da die Daten- und Erfahrungsgrundlage aufgrund des Kontextes des Betrachtungsobjektes sowie aus dem initialen Produkt-Prototypenbau noch zu gering ist und auch die technischen Fehlervermeidungen zunächst auf den individuellen Erfahrungen, Abschätzungen und Transferleistungen der Entwickler beruht. Zwar bieten die Workshops mit Zulieferern aus dem Anlagenbau eine Möglichkeit, unbekannte Anforderungen und Fehler aufzunehmen und zu bewerten, technische Lösungen vorzudenken, für den industriellen Serienbetrieb ist der Reifegrad dieser allerdings zu gering.[779]

[779] Das Technology Readiness Level, zu Deutsch als Technologiereifegrad zu übersetzen, ist eine etablierte qualitative Bewertungsskala für den Entwicklungsstand neuer Technologien, welche von der NASA eingeführt wurde. Wie weit die Entwicklung einer Technologie fortgeschritten ist, wird auf einer Skala von 1 bis 9 angegeben und im Rahmen einer systematischen Analyse bestimmt. Vgl. Reinhart et al. (2010): A Strategic Evaluation Approach For Defining The Maturity Of Manufacturing Technologies, S. 1293; Vgl. Schmitt (2015): Anlaufmanagement - Begriffe und Definitionen, S. 15.

Daher soll der primäre Anforderungsbedarf im Folgenden bestimmt (bzw. quantifiziert) sowie der sekundäre Anforderungsbedarf aufgrund der mangelnden Reife und Absicherung validiert werden (siehe Abbildung 5-15). Es ist außerdem möglich, dass im Zuge der Validierung des sekundären Anforderungsbedarfes gleichzeitig eine tiefergehende Bestimmung der Bezugsausprägungen erfolgt.

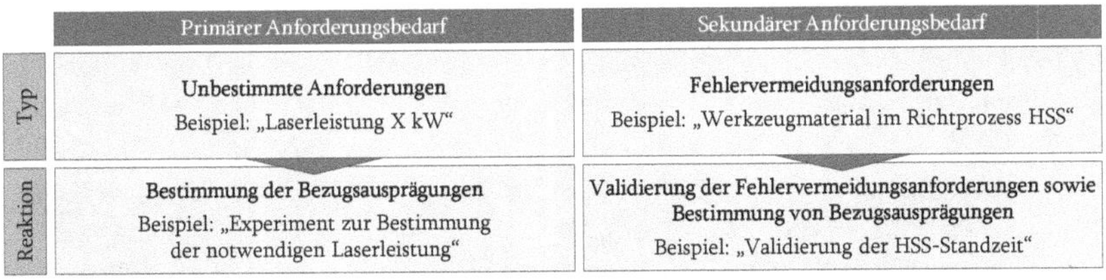

Abbildung 5-15: Möglichkeiten zur Bestimmung und Validierung des primären und sekundären Anforderungsbedarfes

5.3 Planung der Anforderungsbestimmung und -validierung

Ausgehend von dem Anforderungsbedarf, welcher durch die initiale Anforderungsbestimmung, für bekannte Anforderungen und durch den risikobasierten Ansatz sowie durch den fehlerbasieren das explorative Produkt-Prototyping für unbekannte Anforderungen näher identifiziert wurde, ist das Ziel des dritten Moduls die Planung der Anforderungsvalidierung für den identifizierten Anforderungsbedarf. Denn durch eine „*effiziente Validierung der Anforderungen ist die Chance größer, Systeme zu implementieren, die das eigentliche Problem lösen*“[780]. Das Hauptziel der möglichen Anforderungsvalidierungsoptionen ist es, sicherzustellen, dass die Anforderungen richtig identifiziert und quantifiziert werden. Aufgrund der Kosten der Anforderungsvalidierung (Anzahl von Anlagenprototypen ist limitiert, siehe Abschnitt 3.1) muss jedoch eine effiziente Auswahl der zu validierenden Anforderungen des identifizierten primären und sekundären Anforderungsbedarfes erfolgen. Dabei ist auf der einen Seite zu entscheiden, welche Anforderungen bestimmt bzw. validiert werden sollen und auf der anderen Seite mit welchen Methoden dies zu tun ist. Hierzu stehen verschiedenen Optionen zur Verfügung. Die verschiedenen Methoden zu diesem Zweck sind die Inspektion, das Anforderungsprototyping, das Anforderungsreviewing und die Use-Case-basierte Modellierung.[781] Da die Inspektion im Falle der unbekannten und disruptiven Produktionstechnik nicht möglich ist, da keine Serienanlagen existieren und auch das Anforderungsreviewing aufgrund der Unbekanntheit nicht möglich ist, soll sich auf das Anforderungsprototyping und die Use-Case-basierte Modellierung (oder auch Simulationen) fokussiert werden. Eine effiziente Anforderungsbestimmung und -validierung setzt voraus, dass die verfügbaren Optionen untersucht werden und basierend darauf eine geeignete Auswahl der Optionen erfolgt. Nachfolgend ist das Vorgehen im dritten Modul der Methodik dargestellt (siehe Abbildung 5-16):

[780] Aus dem Englischen übersetzt: Nosek et al. (1986): An experiment to test user validation of requirements: data-flow diagrams vs task-oriented menus, S. 675.

[781] Vgl. Anas et al. (2016): Requirements Validation Techniques: An Empirical Study, S. 6; Vgl. Humpert (1995): Methodische Anforderungsverarbeitung auf Basis eines objektorientierten Anforderungsmodells, S. 114.

Planung der Anforderungsbestimmung				
Phasenbezeichnung:	Prototypenplanung		Modulnummer.	3
Zielsetzung:	Planung der Bestimmung der identifizierten Anforderungsbedarfe durch Experimente mit hybriden Anlagenprototypen			
Eingangsgrößen	Vorgehen		Ausgangsgrößen	
- Bewertete Fehlermöglichkeiten in Produktionsprozesskette - Bewertete qualitätsrelevante Zusammenhänge - Informationen über Simulationsmöglichkeiten für Produktionsprozesse	- 3.1 Clustering der Produktionsprozesse nach qualitätsrelevanten Zusammenhängen - 3.2 Anlagenprototypenkonstitution zu hybriden Prototypen der Produktionsprozesskette - 3.3 Experimentplanung für Anlagenprototypen und -simulationen		- Prozesscluster aus qualitätsrelevanten Zusammenhängen - Abgegrenzte hybride Anlagenprototypen in Abhängigkeit von Prozesscluster und Virtualisierung - Experimentliste mit Experimenten zur Bestimmung und Validierung des primären und sekundären Anforderungsbedarfes	
Hilfsmittel:	- HM3.1 DSM-Matrizen - HM3.2 Cluster-Algorithmus nach IDICULA sowie GUTIERREZ und THEBEAU			
Kernergebnis:	Geplante Experimente zur Bestimmung und Validierung von Anforderungen innerhalb von hybriden Anlagenprototypen der Produktionsprozesskette			

Abbildung 5-16: Vorgehensmatrix 3 - Planung der Anforderungsbestimmung

5.3.1 Clustering der Produktionsprozesse nach qualitätsrelevanten Zusammenhängen

Wie bereits eingeführt, liegen die unbestimmten Anforderungen (primärer Anforderungsbedarf) sowie die Fehlervermeidungsanforderungen (Sekundärer Anforderungsbedarf – Reaktion auf unbekannte Anforderungen bzw. ‚unknown unknowns‘) nun in der Anforderungsliste vor. Zwar wäre eine Einzelentscheidung zum Kosten-/Nutzen-Verhältnis und zur Entscheidung über den Anlagenprototypenbau pro Anforderung des Anforderungsbedarfes möglich (Anlagenprototypen zur Anforderungsbestimmung für unbestimmte Anforderungen bzw. Anforderungsvalidierung für Fehlervermeidungsanforderungen), allerdings ist es absehbar, dass sich manche Anforderungen des Anforderungsbedarfes auf die gleichen Prozesse und folglich Anlagen beziehen. Daher wäre eine Entscheidung zum Kosten-/Nutzen-Verhältnis und zur Entscheidung über den Anlagenprototypenbau pro Prozess sinnvoll. Vor dem Hintergrund der inhaltlichen Anforderung der ‚Beherrschung von qualitätsrelevanten Zusammenhängen in Produktionslinien' (siehe Abschnitt 4.2.1 – resultierend aus dem Praxisdefizit in Abschnitt 3.1) soll jedoch zusätzlich auf die im vorherigen Abschnitt 5.2 aufgedeckten qualitätsrelevanten Zusammenhänge eingegangen werden. Auch vor dem Hintergrund der effizienten Nutzung von Anlagenprototypen ist die Gruppierung nach qualitätsrelevanten Zusammenhängen sinnvoll, da so viele prozessübergreifende Anforderungen effizient mit einem Cluster bestimmt bzw. validiert werden können.

Das Ergebnis der im vorherigen Abschnitt 5.2 dargestellten Teilmethodik sind neben den in den FMEA-Formblättern dokumentierten Fehlermöglichkeiten auch Informationen über qualitätsrelevante Zusammenhänge innerhalb der Produktionsprozesskette. Das Ziel dieses Teilabschnittes ist es, diese Informationen zu nutzen und eine Gruppierung („Cluster") für Prozesse zu definieren, die eine hohe Anzahl und hohe Stärke qualitätsrelevanter Zusammenhänge innerhalb des Clusters und eine möglichst geringe Zahl und Stärke qualitätsrelevanter Zusammenhänge zu anderen Clustern aufweisen. [782] Ziel dieser Aufteilung ist es,

[782] Vgl. Gutierrez (1998): Integration Analysis of Product Architecture to Support Effective Team Co-Location, S. 27.

durch die Nutzung von Kommunalitäten wirtschaftliche Vorteile bei der Anforderungsvalidierung und -bestimmung zu realisieren. Betreffen mehrere Anforderungen dieselbe Verkettung von Prozessschritten, kann der Aufbau eines Anlagenprototyps für den betreffenden Abschnitt zur Validierung bzw. Bestimmung aller Anforderungen genutzt werden. Auf diese Weise lassen sich Dopplungen bei den Anlagenprototypen stark reduzieren. Bedeutend ist auch, dass die gleichzeitige Betrachtung mehrerer Prozesse eine bessere Analyse der qualitätsrelevanten Zusammenhänge erlaubt. Die Beherrschung der qualitätsrelevanten Zusammenhänge im vorliegenden Betrachtungsfall ist eine zentrale Herausforderung, die große Potenziale zur Stabilisierung des Produktionsprozesses beinhaltet (Herausforderung: siehe Abschnitt 3.1; Anforderung an die Methodik: siehe Abschnitt 4.2.1).

Wie bereits in Abschnitt 2.4 eingeführt, ist eine Möglichkeit zur Darstellung der qualitätsrelevanten Zusammenhänge die Design-Structure-Matrix (DSM). Als Eingangsgröße zur Bestimmung der Cluster dienen die in Abschnitt 5.2 identifizierten Fehler sowie die Stärke ihrer Fehlerfolgen. Um eine entsprechende Gruppierung der Prozesse innerhalb der Prozesskette auf Basis der qualitätsrelevanten Zusammenhänge vorzunehmen, müssen für die Prozesse zunächst die Fehlermöglichkeiten pro Prozess ausgewertet werden:

- Anzahl i
- Stärke Fehlerfolge

Clustering: Die Intensität der Beziehung unter den Elementen der Prozesskette wird anhand von Werten auf einer Skala von 0 (kein relevanter Zusammenhang) bis 3 (starker Zusammenhang) eingeordnet. Diese Darstellungsform eignet sich zur Anwendung eines Clusteralgorithmus, mit dessen Hilfe die Prozesskette in Abschnitte starker Vernetzung unterteilt wird. Für die Zwecke dieser Methodik eignet sich ein von Idicula entworfener und von Gutierrez und Thebeau weiterentwickelter Clustering-Algorithmus, der auch in zahlreichen anderen Arbeiten in Verbindung mit der DSM Anwendung findet.[783] Grund für die Verbreitung und wesentlicher Vorteil des Algorithmus ist, dass dieser in Matlab geschrieben werden, der verwendete Code frei verfügbar und leicht anpassbar ist sowie dass der Algorithmus für DSM geringer Größe ohne Softwarewerkzeuge anwendbar ist.[784] Das genaue Vorgehen der Clusterung ist der Arbeit von Thebeau zu entnehmen.[785] Die zentralen Schritte des Algorithmus sind im Anhang A.2 aufgeführt.

Im Ergebnis liegt eine Ordnung der Prozesse der Prozesskette in Cluster größter qualitätsrelevanter Zusammenhänge vor, beispielhaft in Abbildung 5-17 dargestellt. Zu den Prozessen sind die jeweils relevanten Anforderungen bereits zugeordnet.[786]

---

[783] Vgl. Idicula (1995): Planning for Concurrent Engineering; Vgl. Thebeau (2001): Knowledge Management of System Interfaces and Interactions for Product Development Processes; Vgl. Gutierrez (1998): Integration Analysis of Product Architecture to Support Effective Team Co-Location; Vgl. Borjesson et al. (2012): Improved Clustering Algorithm for Design Structure Matrix, S. 923;

[784] Ebd., S. 923.

[785] Vgl. Thebeau (2001): Knowledge Management of System Interfaces and Interactions for Product Development Processes, S. 43ff.

[786] Die Notation A_1-A_4 bezieht sich auf die Beispiele in den vorherigen Abbildungen. A_i bzw. A_{i+n} stehen hier für weitere Anforderungen, die in den Beispielen nicht aufgeführt sind.

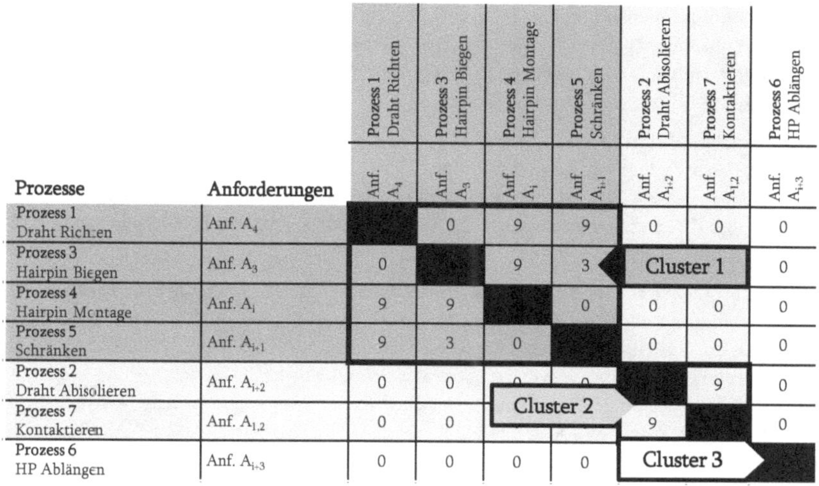

Abbildung 5-17: Clustering der Prozesse der Prozesskette nach qualitätsrelevanten Zusammenhängen

5.3.2 Anlagenprototypenkonstitution zu hybriden Prototypen der Produktionsprozesskette

Nachdem zuvor durch Anwendung eines Clustering-Algorithmus auf die Prozesskette mehrere Prozesscluster entstanden sind und zuvor in der Anforderungsliste bei den identifizierten Anforderungen vermerkt wurde, dass Anforderungen entweder bestimmt oder validiert werden müssen, soll im Folgenden eine Transformation dieser Prozesscluster mit den zugehörigen Anforderungen zu Anlagenprototypen und im nachfolgenden Abschnitt auch zu den möglichen Experimenten mit diesen Anlagenprototypen erfolgen.

Zur Bestimmung oder Validierung der identifizierten potenziellen Anforderungen aus der Anforderungsliste (Anforderungsbedarf) bietet sich insbesondere vor dem Hintergrund des unbekannten und disruptiven Umfeldes des Betrachtungsobjektes an, Prototypen zu nutzen. Wie bereits im identifizierten Praxisdefizit in 3.1 herausgestellt wurde, ist die Entwicklung, der Aufbau und die Nutzung von realen Anlagenprototypen im Verhältnis zur Projektgröße kostenintensiv, sodass die Anzahl dieser limitiert ist. In der industriellen Praxis kam in den vergangenen Jahrzeiten durch die gesteigerten Rechenleistung und verbesserte Funktionalitäten die Nutzung von Simulationen bzw. virtuellen Prototypen immer stärker in den Fokus der Produkt- und Produktionsentwicklung.[787] So können bereits in den frühen Phasen des Entwicklungsprozesses Systeme auf vielfältige Weise analysiert und auch Wechselwirkungen identifiziert werden.[788] Virtuelle Prototypen bieten auf der einen Seite das Potenzial weniger kostenintensiv und schneller in der Ausführung und Iteration zu sein, allerdings ist ihr Nutzen auch immer Abhängig von der Bekanntheit und Genauigkeit der Simulationspa-

[787] Siehe dazu Abschnitt 2.5.3; Vgl. Bertsche et al. (2009): Zuverlässigkeit mechatronischer Systeme, S. 346.

[788] Vgl. Wack et al. Virtuelle Produktionsabsicherung am Beispiel Montage Powertrain, S. 113.

rameter und -rahmenbedingungen. Daher soll in diesem Modul der Methodik eine Möglichkeit zur Entscheidung über die Nutzung von realen Anlagenprototypen sowie von virtuellen Anlagenprototypen (Simulationen) gegeben werden, die auf der Granularitätsebene der identifizierten Prozesscluster erfolgen soll.

Wie bereits in Abschnitt 2.5.3 eingeführt wurde, existiert neben den rein realen, physischen Prototypen sowie den virtuellen Prototypen (Simulationen) auch die Möglichkeit des hybriden Prototyps, der Teilumfänge des realen sowie des virtuellen Prototypen enthält. Wie Abbildung 5-18 zu entnehmen ist, soll die Möglichkeit des hybriden Prototypen auch für ein Prozesscluster zugelassen werden.

Vielmehr soll das Konzept des ‚hybriden Prototypen' auch auf die gesamte Prozesskette übertragen werden. So wird die Gesamtheit aller Produktionsprozesse als eine Produktionsanlage und auch die Gesamtheit der einzelnen (Anlagen-)Prototypen der Produktionsprozesse als ein Prototyp der Produktionsanlage aufgefasst. Wenn für die Prozesscluster aus einzelnen Produktionsprozessen (siehe vorheriger Abschnitt 5.3.1) reale oder virtuelle (Anlagen-)Prototypen eingesetzt werden, so soll folglich für die Gesamtheit aller (Anlagen-)Prototypen – also den Prototypen der Produktionslinie – gelten, dass diese auch als ein hybrider Prototyp aufgefasst wird.

Im Vorgehen der Methodik soll dieser Schritt beinhalten, dass die Cluster zu einzelne Anlagenprotypen transformiert werden und diese in unterschiedlichen Ausprägungen hinsichtlich ihres Virtualitätsgrades (real, hybrid oder virtuell) ausgestaltet sein können.

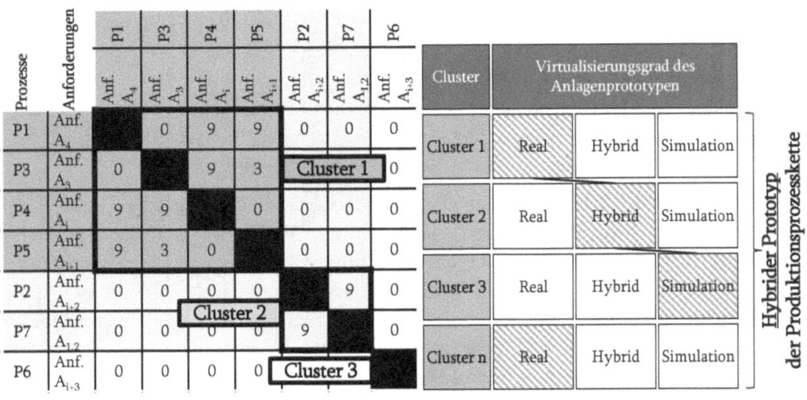

Abbildung 5-18: Anlagenprototypenkonstitution zu hybriden Prototypen der Produktionsprozesskette in Abhängigkeit von Prozesscluster und Virtualisierungsgrad

Die Unterscheidung der realen oder virtuellen Prototypen (bzw. Simulationen) wurde bereits in Abschnitt 2.5.3 näher thematisiert. Für reale Prototypen bzw. Anlagenprototypen der späteren Produktionsanlage sollen die folgenden Annahmen gelten:

- **Hauptfunktionen:** Der Hauptfunktionsumfang der Anlagenprototypen soll dem Funktionsumfang der geplanten Anlage in Bezug auf Leistungsfähigkeit und Qualität entsprechen. Lediglich die Leistungsanforderungen in Bezug auf Prozesszeit dürfen von der späteren Anlage abweichen.

- **Nebenfunktionen:** Nebenfunktionen wie logistische Prozesse sollen nur, wenn es für die Bestimmung oder Validierung der identifizierten Anforderung notwendig ist, enthalten sein.
- **Werkzeug- und Vorrichtungstechnik:** Die Werkzeug- und Vorrichtungstechnik soll dem Serienstand der geplanten Anlage entsprechen.
- **Automatisierungs- und Fördertechnik:** Die Automatisierungs- und Fördertechnik muss nicht dem Serienstand entsprechen. Es können manuelle Rüstprozesse verwendet werden. Sollten spezielle Anforderungen an die Automatisierungs- und Fördertechnik gestellt werden oder neue Konzepte erprobt werden, so sind diese zu verwenden.

Durch diese Eingrenzung soll sichergestellt werden, dass die Anlagen zur Anforderungsbestimmung bzw. zur Anforderungsvalidierung genutzt werden können, aber das trotzdem dem Effizienzziel entsprochen wird. Während die Konstitution von realen Anlagenprototypen präzisiert wurde, soll im Folgenden auf die betrachteten Simulationsmöglichkeiten genauer eingegangen werden, um so durch eine Systematik den Anwender der Methodik eine Auswahl zu ermöglichen. Hierzu sind mögliche Simulationen im Kontext von virtuellen Prototypen zu systematisieren.

Eine Einordnung der Simulationsmethoden kann auf verschiedenen Wegen vorgenommen werden. Häufig werden Methoden zunächst allgemein anhand der Simulationseigenschaften differenziert.[789] Beispielsweise wird bei der Abbildung des Zeitverhaltens zwischen kontinuierlicher und ereignisdiskreter Simulation unterschieden.[790] Grundlegende Annahme einer kontinuierlichen Simulation ist, „*dass sich der Modellzustand stetig mit der Zeit ändert*“[791]. Eine kontinuierliche Anpassung des Modellzustands wird durch stetige Funktionen beschrieben.[792] Demgegenüber ändert sich dieser bei diskreter Simulation „*durch Ereignisse sprunghaft zu diskreten Zeitpunkten*“[793]. Er wird also nur nach Eintreten eines gewissen Ereignisses, in diesem Zusammenhang der Übergang von einem bestimmten Zustand auf den nächsten, abgebildet.[794] BRACHT ET AL. nennen zusätzlich noch die Kategorie der zeitgesteuerten Simulation. Dabei wird unabhängig vom Modellzustand nach Ablauf einer festgelegten Zeiteinheit der nächste Simulationsschritt durchgeführt.[795] Neben der Zeitkomponente zeichnen sich Simulationen dadurch aus, ob Zufallseinflüsse für die Ergebnisse der Simulation relevant sind. Die Kategorien stochastisch und deterministisch geben an, ob das Modell und dessen Zustände durch Zufallsvariablen beeinflusst und die Auswirkungen erfasst werden oder nicht.[796] Da die Zustandsgrößen einer stochastischen Simulation zufällig variieren, lassen sich auf deren Basis lediglich Aussagen zu Wahrscheinlichkeitsverteilungen treffen.

---

789 Vgl. Aßmann et al. (1991): Simulation in CIM, S. 68; Vgl. Bracht et al. (2018): Digitale Fabrik, S. 117; Vgl. Patzak (1982): Systemtechnik, S. 335.

790 Vgl. Rose et al. (2011): Simulation, S. 13f.; Vgl. Lappus et al. (1990): Simulation als vielseitig nutzbares Werkzeug, S. 6; Vgl. Arnold et al. (2008): Handbuch Logistik, S. 78.

791 Vgl. Verein Deutscher Ingenieure (VDI 3633) 2018, S. 18.

792 Vgl. Bracht et al. (2018): Digitale Fabrik, S. 117.

793 Vgl. Verein Deutscher Ingenieure (VDI 3633) 2018, S. 10.

794 Vgl. Patzak (1982): Systemtechnik, S. 336f.

795 Vgl. Bracht et al. (2018): Digitale Fabrik, S. 117.

796 Vgl. Rose et al. (2011): Simulation, S. 13f.; Vgl. Bracht et al. (2018): Digitale Fabrik, S. 117f.

Um auf Grundlage stochastischer Simulationen verwertbare Ergebnisse zu erhalten, sind daher immer mehrere Simulationsläufe durchzuführen.[797] Weiterhin kann eine Einteilung anhand des Betrachtungsraumes erfolgen, anhand dessen auch für die vorliegende Methodik unterschieden werden soll. Denn auch die Eignung einer Simulationsmethode ist stark von der betrachteten Aufgabe und dem Betrachtungsraum abhängig. Anwendungsorientierte Ansätze stellen daher den Betrachtungsraum der Simulationsaufgabe in den Fokus. Unterteilt wird dieser anhand der Granularität, also dem Detailgrad, in dem das jeweilige System analysiert wird.[798]

Auf übergeordneter Abstraktionsebene werden Simulationen von Geschäftsprozessen und Aufträgen als Fabriksimulationen zusammengefasst. Materialfluss- und Ablaufsimulationen können auf Produktionslinienebene eingeordnet werden. Bei der Betrachtung auf Zellenebene werden Zellenlayout und Steuerungsprogramme analysiert. Den größten Detailgrad weist die Untersuchung von Prozessparametern und Werkzeugeigenschaften in dem Fertigungsprozess auf.[799] Zur Veranschaulichung der Reihung nach Granularität werden die Abstraktionsebenen und Simulationsmethoden in Abbildung 5-19 in der Form der Automatisierungspyramide dargestellt. Die betrachteten Simulationsmethoden beschränken sich daher auf die Beschreibung der gängigsten virtuellen Simulationsmethoden in den Ebenen Fertigungsprozess, Maschine bzw. Zelle und Produktionslinie.

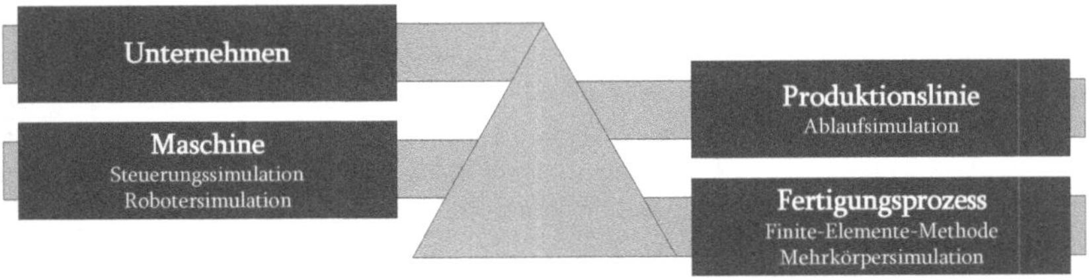

Abbildung 5-19: Betrachtete Simulationen eingeordnet anhand der Automatisierungspyramide

5.3.3 Experimentplanung für Anlagenprototypen und -simulationen

Nachdem die Anlagenprototypen konstituiert worden sind und dargelegt wurde, dass reale, hybride oder virtuelle Anlagenprototypen zur Bestimmung bzw. Validierung der Anforderungen der identifizierten Anforderungsbedarfe genutzt werden können, soll im Folgenden dargestellt werden, wie die möglichen Experimente zur Anforderungsbestimmung bzw. -validierung gestaltet sein sollen.

Dies ist notwendig, da vor dem Hintergrund der inhaltlichen Anforderung (siehe Zielbereich, Abschnitt 4.2.1) nach einer „effizienten Nutzung von Anlagenprototypen" nicht nur

797 Vgl. Patzak (1982): Systemtechnik, S. 335f.

798 Vgl. Dierssen (2002): Systemkopplung zur komponentenorientierten Simulation digitaler Produkte, S. 61; Vgl. Bracht et al. (2018): Digitale Fabrik, S. 130; Vgl. Aßmann et al. (1991): Simulation in CIM, S. 13.

799 Vgl. Stich (2017): Interaktiver simulationsgestützter Entwurf mechatronischer Verarbeitungssysteme, S. 49; Vgl. Kiefer (2007): Mechatronikorientierte Planung automatisierter Fertigungszellen im Bereich Karosserierohbau, S. 37; Vgl. Lanza (2005): Simulationsbasierte Anlaufunterstützung auf Basis der Qualitätsfähigkeiten von Produktionsprozessen, S. 61; Vgl. Ammermann et al. (2007): Virtueller Fertigungsanlauf, S. 10.

die Anlagen- oder auch Simulationskosten, sondern auch die der Experimentdurchführung mit den Prototypen berücksichtigt werden sollen. Daher sollen diese in diesem Teilschritt des Moduls näher benannt werden. Dabei sind für Experimente zur Anforderungsbestimmung bzw. -validierung pro Cluster sowohl die realen Anlagenprototypen pro Cluster, als auch die Simulationen zu berücksichtigen. Zuvor wurde die Granularitätsebene der Prozesscluster zur Entscheidungsfindung über Anlagenprototypen definiert. Daher sollen auch die Experimente diese Ebene fokussieren.

Die geplanten Experimente dienen zur Anforderungsbestimmung und -validierung und können je nach Bezugsobjekt und -merkmal der Anforderung in ihrer Komplexität variieren. So kann es aufwandsarme Experimente geben, wie beispielsweise, dass durch die Anforderung an das Vorhandensein einer Maschinenkomponente (wie einer Vorrichtung) ein identifizierter Fehler nicht mehr auftritt (Fokus: Anforderungsvalidierung). Alternativ können die Experimente auch die Bestimmung des Prozessverhaltens fokussieren, mit denen unbestimmte Parameter bestimmt werden (Fokus: Anforderungsbestimmung).

Als Hilfsmittel soll die Anforderungsliste um weitere Spalten ergänzt werden, welche der näheren Beschreibung der Experimente und der späteren effizienzorientierten Auswahl dienen (siehe dazu Abbildung 5-20).

Anforderungsliste						Erweiterung zu Experimentenliste		
Cluster	Anforderung A_i	Anforderungsbeschreibung	Bezugsobjekt	Weitere Merkmale	Priorisierung	Zielsetzung des Experiments	Detaillierung Bezugsobjekt	Mögliche Simulationsmethode
Cluster C_1	A_4	Werkzeugmaterial im Richtprozess HSS	P1: Richten		Zu validieren	Nachweis der Standfestigkeit des HSS Werkstoffes	Hauptfunktion	FEM Simulation
Cluster C_1	A_5	Prüfstation vor Produktionslinie zur Rohmaterialprüfung. Toleranzgrenzen [XY]	P0: Aufstapeln, P7: Kontaktieren		Zu bestimmen	Bestimmung Toleranzgrenzen für Eignungsnachweis Prüfstation	Hauptfunktion, Nebenfunktion, Automatisierungstechnik, Fördertechnik, Werkzeug- und Vorrichtungstechnik	FEM Simulation
Cluster A_i	A_j						Automatisierungstechnik	Mehrkörpersimulation

Abbildung 5-20: Erweiterung der Anforderungsliste um die Experimentenliste zur Anforderungsbestimmung und -validierung

Die Festlegung der Zielsetzung des Experimentes ist Kern aller Vorgehen für Experiment- und Simulationsstudien. So bezeichnen RABE ET AL. diesen Schritt als ‚Aufgabenanalyse'.[800] AẞMANN UND PAULS nutzen den Ausdruck ‚Problemdefinition', ähnlich des im englischsprachigen Raum hauptsächlich verwendeten ‚formulate problem'.[801] Das Vorgehensmodell nach BALCI schließt in ähnlicher Weise die Definition der Ziele an die Problemstellung an. Allerdings beinhaltet dieser Schritt im Gegensatz zu dem Vorgehen aus VDI 3633 bereits die Abgrenzung des untersuchten Systems.[802] Diesem Verständnis soll gefolgt werden, sodass aus der Anforderungsbeschreibung zusammen mit dem Merkmal der Priorisierung (‚Zu bestimmen'/‚Zu validieren') eine prägnante textuelle Beschreibung des notwendigen Experimentes

[800] Vgl. Rabe et al. (2008): Verifikation und Validierung für die Simulation in Produktion und Logistik, S. 29.

[801] Vgl. Aßmann et al. (1991): Simulation in CIM, S. 26; Vgl. Banks (1998): Principles of Simulation, S. 15ff.; Vgl. Law et al. (2000): Simulation modeling and analysis, S. 67.

[802] Vgl. Balci (1998): Verification, Validation and Testing, 337.

extrahiert wird. Um für die spätere Spezifikation des Umfangs der zu realisierenden Anlagenprototypen bereits den Funktionsumfang festzulegen, sollen bei der Beschreibung der Experimente festgelegt werden, ob neben den Hauptfunktionen beispielsweise auch Automatisierungslösungen oder Fördertechnik genutzt werden soll.

Während die Möglichkeit zur vollständigen Anforderungsbestimmung und -validierung durch reale Prototypen durch den Verweis auf den Funktionsumfang (‚Detaillierung Bezugsobjekt') gegeben ist, muss bei der Nutzung von virtuellen Prototypen (Simulationen) die grundsätzliche Machbarkeit mit Hinblick auf die Aussagefähigkeit der Ergebnisse bestimmt werden. Denn je nach betrachteter Fragestellung kommen unterschiedliche Simulationsmethoden in Frage. Auch Aufwand und Nutzen einer Simulation variieren in Abhängigkeit zur Komplexität des Problems und der erwarteten Aussagekraft der Ergebnisse. Daher ist einzelfallbezogen zu entscheiden, ob die Durchführung einer bestimmten Simulation technisch möglich und gemäß ihres Aufwand-Nutzen-Verhältnisses lohnend ist.[803] Sollte eine Simulation nicht möglich sein oder sollte nicht deutlich erkennbar sein, dass die Anforderung mit einer Simulation sicher bestimmt oder validiert werden kann, so ist der reale Prototyp vorzuziehen.

Die Anforderungsliste dient auch als Grundlage der Ermittlung in Frage kommender Simulationsmethoden. Zunächst ist zu untersuchen, ob mit bereits marktverfügbaren Simulationsmethoden die Anforderungen bestimmt oder validiert werden können. Zur Identifikation und zum Abgleich kann neben dem Erfahrungswissen des Anwenders der Methodik auf Beratungsangebote der Softwarehersteller sowie Dienstleister zurückgegriffen werden. Zwar finden sich in wissenschaftlichen Publikationen Hinweise auf die grundsätzlichen Fähigkeiten und Anwendungsfelder der skizzierten Simulationsmethoden (FEM, Mehrkörpersimulationen etc.). Jedoch lässt sich im Einzelfall nur durch eine detaillierte Experteneinschätzung ermitteln, ob Umfänge tatsächlich umsetzbar sind und die Ergebnisse aussagefähig werden. Obwohl bei disruptiven Produkten neue Technologien eine zentrale Rolle einnehmen, können dennoch meist Teile bestehender Simulationsmodelle genutzt werden. Um neue Elemente ergänzt, können sie auf den Anwendungsfall angepasst werden.

5.4 Anforderungsnutzenanalyse

Nachdem im vorherigen Modul die Anforderungscluster auf Basis der qualitätsrelevanten Zusammenhänge bestimmt worden sind, ist das Ziel des vierten Moduls, den Nutzen der zu bestimmenden und zu validierenden Anforderungen zu quantifizieren und dementsprechend die Priorisierung der Cluster zur Anforderungsbestimmung durch reale, wie virtuelle Anlagenprototypen vorzubereiten. Die Bestimmung des Anforderungsnutzens soll auf der Granularitätsebene der ermittelten Cluster aus Prozessen mit starken qualitätsrelevanten Zusammenhängen erfolgen.

Im Kontext des Anforderungsnutzens ist zunächst eine begriffliche Einordnung notwendig. So soll unter dem Anforderungsnutzen der „Nutzen der Gesamtheit der zusätzlich gestellten, korrekt bestimmten und validierten Anforderungen mit Hinblick auf die Optimierung der

[803] Vgl. Verein Deutscher Ingenieure (VDI 3633) 2018, S. 19; Vgl. Balci (1998): Verification, Validation and Testing, 337.

Zielgrößen des Produktionsanlaufs" verstanden werden. In der wissenschaftlichen Forschungsliteratur existieren viele Modelle, die ein Controlling des Produktionsanlaufs mit Hinblick auf die Zielgrößen Qualität, Kosten und Zeit ermöglichen sollen.[804] Allerdings stehen diese Zielgrößen im Anlauf alle in Wechselwirkung. So führt ein Zeitverzug bis zum Erreichen der Soll-Stückzahl der Produktionslinie gleichzeitig zu einem Kostennachteil, durch die Opportunitäten nicht verkaufter Produkte. Weiterhin ist zu berücksichtigen, dass insbesondere eine exakte Kostenerfassung der Anlaufkosten in der Praxis aufgrund von mangelnder Transparenz nur bedingt möglich ist, wodurch eine Bewertung hinsichtlich Kostenreduktionspotenzialen und beispielsweise auch dem Nutzen von Optimierungsmaßnahmen vorab nur schwer möglich ist.[805] Dabei ist die Methodik durch ihren verstärkten Aufwand in der Planungsphase als Frontloading-Maßnahme[806] zu verstehen. Allerdings soll ihr Nutzen durch die inkrementellen Iterationszyklen ständig evaluiert werden, sodass sie auch die Erkenntnisse aus den agilen Scrum-Methoden aufgreift und so keiner klassischen Frontloading-Maßnahme zuzuordnen ist. Zur Nutzenbewertung des Einsatzes der Methodik vor dem Hintergrund der Zielgrößen des Anlaufes stellt sich die Frage, wie der absolute Nutzen der Umsetzung aller Cluster vor dem Hintergrund der Optimierung des Produktionsanlaufes zu bewerten ist. Dieser Nutzen soll als absoluter Anforderungsnutzen definiert werden. Weiterhin soll dieser absolute Anforderungsnutzen auf die Cluster aufgeteilt werden, sodass jeder einzelne, clusterspezifische Anforderungsnutzen als relativer Anforderungsnutzen verstanden werden soll.

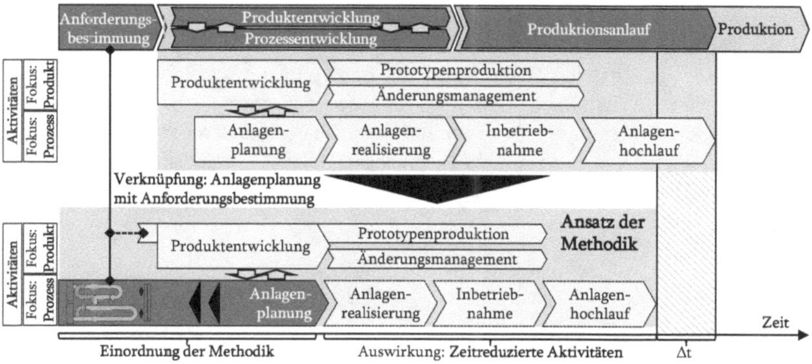

Abbildung 5-21: Implikationen des Anforderungsnutzens aus der Anwendung der Methodik auf die nachgeordneten Phasen im Produktentstehungsprozess

[804] Vgl. Lühring (2005): Risikomanagement in der Produktentwicklung der deutschen Automobilindustrie, S. 95; Vgl. Lanza (2005): Simulationsbasierte Anlaufunterstützung auf Basis der Qualitätsfähigkeiten von Produktionsprozessen, S. 61.

[805] Vgl. Tücks (2010): Ramp-Up Management in der Automobilindustrie, S. 35; Vgl. Wiendahl et al. (2002): Fast Ramp Up, S. 4; Vgl. Wiendahl et al. (2002): Anlaufrobuste Produktionssysteme, S. 652.

[806] Unter ‚Frontloading' wird die vorrausschauende, den ganzen Lebenszyklus fokussierende Planung in einer sehr frühen Phase des Produktentwicklungsprozesses verstanden, die auf dem Kerngedanken beruht, dass die Änderungskosten zu Anfang des Produktentwicklungsprozesses deutlich geringer sind als in späteren Lebenszyklusphasen. Das Resultat ist dementsprechend, dass Aktivitäten vorgezogen werden sollen und so ein stärkerer Fokus auf die Planungsphase gelegt wird. Vgl. Hass et al. (2015): Frontloading, S. 116ff.

In der wissenschaftlichen Forschungsliteratur bestehen verschiedene Ansätze, um die Verluste im Produktionsanlauf auf Basis eines Planungsstandes zu beschreiben und in Teilen vorherzusagen (siehe dazu exemplarisch LANZA, Abschnitt 3.3.3 und die enthaltenen Ansätze von TERWIESCH[807], FRITSCHE[808] sowie LÜHRIG[809]). Allerdings stoßen diese Ansätze insbesondere vor dem Hintergrund des Anwendungsfeldes der disruptiven, unbekannten Produktionstechnologien an ihre Grenzen. Der absolute Anforderungsnutzen aus dieser Methodik soll demnach zunächst als positiv angenommen, auf die spezialisierten Methoden zu Anlaufprognosen verwiesen werden und der Fokus auf dem relativen Anforderungsnutzen liegen.

Der relative Anforderungsnutzen wird durch zwei Ansätze bestimmt. Zum einen wird der fehlerfokussierte, experimentelle Ansatz aus Abschnitt 5.2 genutzt, um den relativen Anforderungsnutzen zu bestimmen. Für den ersten Ansatz wird davon ausgegangen, dass Fehler zu Störungen im Produktionsanlauf führen. Jede Störung geht mit Verlusten aus nicht oder fehlerbehaftet produzierten Produkten einher. Diese Fehler durch bestimmte und validierte Anforderungen zu verhindern, resultiert folglich in ihrem Anforderungsnutzen. Es soll durch den relativen Anforderungsnutzen daher eine Priorisierung festgelegt werden, welche Anforderungen und Cluster eher zu diesem Effekt führen als andere. Da bei disruptiven und unbekannten Produktionstechnologieketten eine direkte, durch historische Daten belegte Quantifizierung aufgrund der unvollständigen Erfahrungsgrundlage nur schwer möglich ist, werden der Bestimmung des relativen Anforderungsnutzen die in Modul zwei experimentell bestimmten Fehler- und Fehlerursachen zugrunde gelegt. Es soll demnach bestimmt werden, welche (Fehlervermeidungs-)Anforderungen mehr Fehler- und Fehlerursachen vermeiden. Zum anderen wird mit dem zweiten Ansatz der Bewertung des Störungsrisikos auf das Defizit der Abstraktion des initialen Produkt-Prototypenbaus eingegangen. Dadurch soll eine Übertragung der Erkenntnisse aus bekannten Technologien auf den vorliegenden Anwendungsfall der disruptiven, unbekannten Technologie erfolgen. Nachfolgend ist das Vorgehen im Modul dargestellt (siehe Abbildung 2-22):

807 Vgl. Terwiesch et al. (2001): Learning and process improvement during production ramp-up.

808 Vgl. Fritsche (1998): Bewertung und Verkürzung von Anlaufprozessen für Betriebsmittel.

809 Vgl. Lührig (2005): Risikomanagement in der Produktentwicklung der deutschen Automobilindustrie.

Anforderungsnutzenanalyse		
Phasenbezeichnung: Prototypenplanung		Modulnummer: 4
Zielsetzung: Identifikation des Anforderungsnutzens pro Prozesscluster		
Eingangsgrößen	Vorgehen	Ausgangsgrößen
- Bewertete Fehlermöglichkeiten in Produktionsprozesskette - Bewertete qualitätsrelevante Zusammenhänge - Prozesscluster aus qualitätsrelevanten Zusammenhängen - Abgegrenzte hybride Anlagenprototypen	- 4.1 Bestimmung des Anforderungsnutzens mit experimentell ermittelten Fehlervermeidungsanforderungen - 4.2 Bestimmung des Anforderungsnutzen durch die Bewertung des Prozessstörungsrisikos - 4.3 Aggregation des Anforderungsnutzens	- Aggregierter Anforderungsnutzen aus experimentell ermittelten Fehlervermeidungsanforderungen sowie aus der Bewertung des Prozessstörungsrisikos
Hilfsmittel: HM2.2 FMEA-Methodik HM4.1 Ishikawa-Diagramm HM4.2 Morphologische Methode		
Kernergebnis: Aggregierter Anforderungsnutzen aus experimentell ermittelten Fehlervermeidungsanforderungen sowie aus der Bewertung des Prozessstörungsrisikos pro Prozesscluster		

Abbildung 5-22: Vorgehensmatrix 4 - Anforderungsnutzenanalyse

5.4.1 Bestimmung des Anforderungsnutzens mit experimentell ermittelten Fehlervermeidungsanforderungen

Zur Bestimmung des Anforderungsnutzens wird auf die Erkenntnisse aus Modul 2 mit Hinblick auf die Fehleridentifikation und -evaluation zurückgegriffen (siehe Abschnitt 5.2). Gleichzeitig soll die Teilmethodik die Clusterebene fokussieren, wobei zur Bestimmung der Nutzwerte auf die einzelnen Fehler und Fehlervermeidungsanforderungen zurückgegriffen wird.

Grundlage für die Bestimmung des Anforderungsnutzen mit experimentell ermittelten Fehlervermeidungsanforderungen ist, dass die Fehler in ihrer Häufigkeit und ihren Eigenschaften bewertet werden. Dazu sollen die folgenden vier Bewertungsmerkmale eingeführt werden, deren Verwendung sich an der weit verbreiteten FMEA-Methode orientiert.

- Fehlerhäufigkeit pro Cluster
- Bewertung der Auftretenswahrscheinlichkeit
- Bewertung der Schwere der Auswirkung
- Ursächlichkeit

Während die Merkmale ‚Auftretenswahrscheinlichkeit' und ‚Schwere der Auswirkung' bereits quantifiziert sind und pro Fehler miteinander multipliziert werden, soll über die Summe dieser Werte auch die Fehlerhäufigkeit mit eingehen. Das Bewertungsmerkmal der Ursächlichkeit soll bewerten, wenn aus der Fehlerbaumanalyse (siehe Abschnitt 5.2.3) erkannt wurde, dass ein Fehler Ursache für weitere Fehlerfolgen ist und keinen weiteren (Fehler-)Vorgänger hat. Da die Bewertung von der Auftretenswahrscheinlichkeit und Schwere der Auswirkung von 0 bis 3 reicht, soll für einen ursächlichen Fehler noch einmal die Zahl 3 addiert werden, um eine besondere Priorisierung auf diesen Fehler zu legen. Abschließend sollen Werte pro Cluster aufsummiert werden, sodass diese mit den jeweils anderen Clustern verglichen werden können. Zur Vergleichbarkeit mit den anderen Faktoren sind die entstandene Fehlervermeidungsfaktoren des experimentellen bestimmten Anforderungsnutzes zu normieren.

5.4.2 Bestimmung des Anforderungsnutzen durch die Bewertung des Prozessstörungsrisikos

Mithilfe einer Bewertung der Einzelprozesse durch Merkmale, die Indikatoren für störanfällige Prozesse im Produktionsanlauf sind, kann das Störungsrisiko bestimmt werden.[810]

Das Konzept dieses Ansatzes zur Bestimmung des Anforderungsnutzens liegt in der qualitativen Bewertung des Störungsrisikos, das Einzelprozesse innerhalb der Prozesskette aufweisen. Hierzu wurden Haupteinflussgrößen mit dem Ishikawa-Diagramm als struktureller Rahmen identifiziert, mit deren Ausprägungen eine Aussage über das Risiko der Störung getroffen werden kann. Die jeweiligen Nebeneinflüsse innerhalb der Haupteinflüsse spannen den Merkmalsraum auf. Zu den Nebeneinflüssen sind jeweils Ausprägungen aufgeführt, welche in Anhang A.1 detailliert erläutert werden.[811] Die Ausprägungen sind in aufsteigender Reihenfolge sortiert, sodass die Wahl einer höheren Ausprägung zu einem höheren Störungsrisiko führt. Die Haupteinflussgrößen, Nebeneinflussgrößen bzw. Merkmale mit ihren Ausprägungen sind auf Basis einer Literaturrecherche und Erkenntnissen aus der industriellen Praxis entstanden (siehe Anhang A.1). Im Folgenden werden die Haupteinflussgrößen auf das Störungsrisiko eingeführt (Siehe Abbildung 5-23).

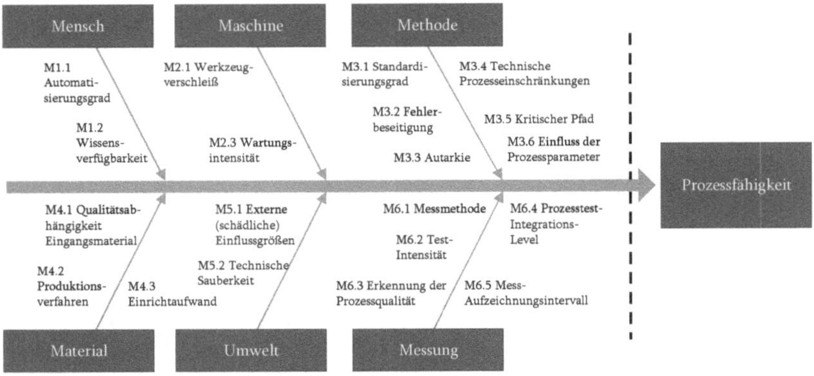

Abbildung 5-23: Identifikation von Einflussgrößen auf das Störungsrisiko mit dem Ishikawa-Diagramm

In der Haupteinflussgrößenkategorie ‚Mensch' sind die Merkmale ‚Automatisierungsgrad' und ‚Wissensverfügbarkeit' vermerkt. Hier sind Einflüsse beschrieben, welche potenziell vom Menschen ausgehen oder abhängig sind. Eine weitere Haupteinflussgrößenkategorie ist ‚Maschine'. Hier geht es um hardwarebezogene Einflüsse. Die hierbei betrachteten Merkmale sind ‚Wartungsintensität' und ‚Werkzeugverschleiß', welche das Störungsrisiko beeinflussen. Darauf folgt der Haupteinflussgrößenkategorie ‚Methode'. Dabei handelt es sich um strukturelle Gegebenheiten und Eigenschaften des angewandten Technologieverfahrens, welche im Gegensatz zur Haupteinflussgrößenkategorie ‚Maschine' unabhängig von der Ma-

[810] Teilaspekte dieses Ansatzes wurden 2017 vom Autor entwickelt und veröffentlicht. Vgl. Kampker et al. (2017): Automotive quality requirements and process capability in the production of electric motors.

[811] Ebd.

schine sind. Die Art vorhandener Standards im Merkmal ‚Standardisierungsgrad', die Möglichkeiten zur ‚Fehlerbeseitigung', die ‚Autarkie des Prozesses', ‚Technische Prozesseinschränkungen', die Lage des Prozesses auf dem ‚Kritischen Pfad' sowie der ‚Einfluss der Prozessparameter' sind in dieser Dimension von Bedeutung. Als nächste Haupteinflussgrößenkategorie gilt das ‚Material'. Hierunter sind eingangsgrößenbezogene Merkmale und die Verarbeitungsart dieser zusammengefasst. Anschließend wird ‚Umwelt' als weitere Haupteinflussgrößenkategorie betrachtet. Hierbei sind Auswirkungen der Umwelt auf den Prozess in den Merkmalen ‚Externe Einflussgrößen', ‚Technische Sauberkeit' festgehalten. Abschließend ist ‚Messung' als eine Haupteinflussgrößenkategorie in die Betrachtung mit einzubeziehen. Der Einfluss der Messung umfasst Merkmale wie ‚Art', ‚Intensität', ‚Methode', ‚Integration' und ‚Intervall' der Messung. Für die Bewertung werden die Ausprägungen vom Zustand mit dem niedrigsten Störungsrisiko auf der linken Seite bis zum unfähigsten Zustand auf der rechten Seite der Matrix sortiert.

Zur Auswertung der Einzelbewertungen werden allen Ausprägungen der Merkmale Zahlenwerte zugeordnet, welche ihrer letzten Ordnungsnummer in Abbildung 5-23 entsprechen. Beispielsweise wird, wenn für einen Prozess ein spezifischer Qualitätsstandard vorhanden ist, die Ausprägung A2.1.1 zugeordnet, wodurch der Wert ‚1' vergeben wird. Dadurch kann der Durchschnitt der Punkte, welche ein Produktionsprozess im Rahmen der Bewertung erhalten hat, errechnet werden und ein Vergleich der Produktionsprozesse so ermöglicht werden. Dabei dient der Punktewert ausschließlich dem Vergleich und ist deswegen dimensionslos. Um eine Vergleichbarkeit der Merkmale mit drei, vier oder fünf Ausprägungsmöglichkeiten herzustellen, ist der Durchschnitt auf vier Ausprägungen normiert. Ein kleinerer Punktewert schreibt einem Produktionsprozess demnach ein tendenziell niedrigeres Störungsrisiko als einem Produktionsprozess mit einem höheren Punktewert zu. Wie im weiteren Verlauf des Abschnitts dargestellt, besteht auch die Möglichkeit, dass die einzelnen Kriterien unterschiedlich stark gewichtet werden können.

Als Ausgangspunkt und zur Orientierung sind in Abbildung 5-24 jeweils die Durchschnitte der Bewertungen von ausgewählten Prozessen der Elektromotorenproduktion (mit Runddrahtwicklung, siehe Abschnitt 2.2.3) sowie in der Produktion konventioneller Verbrennungsmotoren aufgeführt. Der in Abbildung 5-24 am Ende dargestellte Durchschnitt dient als Leitkennzahl einer Prozessbewertung.

Von den ermittelten Durchschnitten des Störungsrisikos pro Produktionsprozess des jeweiligen Prozessclusters soll am Ende wieder ein Durchschnitt pro Prozesscluster gebildet werden. Mithilfe einer Normierung der erhaltenen Werte der Prozesscluster soll eine bessere Vergleichbarkeit mit den anderen Faktoren des Anforderungsnutzens erreicht werden. Die ermittelten Werte sollen in der Aggregation des Anforderungsnutzens aufgegriffen und verrechnet werden.

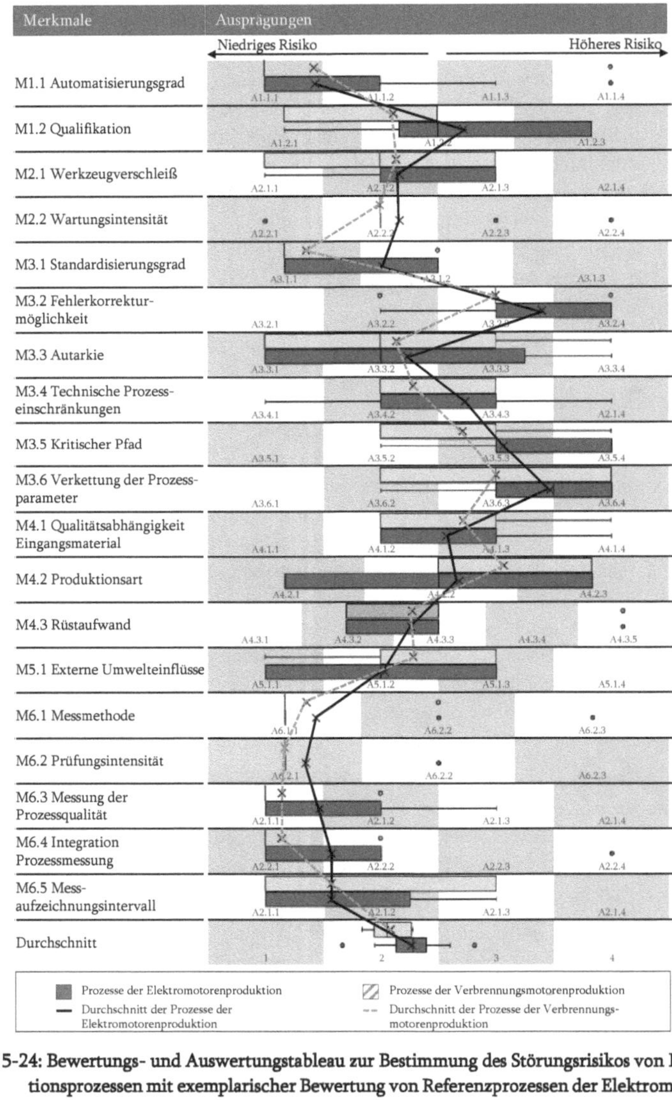

Abbildung 5-24: Bewertungs- und Auswertungstableau zur Bestimmung des Störungsrisikos von Produktionsprozessen mit exemplarischer Bewertung von Referenzprozessen der Elektromotorenproduktion und Verbrennungsmotorenproduktion[812]

[812] Eigene Darstellung in Anlehnung an eine vom Autor 2017 veröffentlichte Darstellung. Ebd.

5.4.3 Aggregation des Anforderungsnutzens

Nachdem die beiden Teile des sekundären Anforderungsnutzens (experimentell und störungsbasiert) in den Abschnitten zuvor bestimmt wurden, müssen diese nun aggregiert werden, um eine Vergleichbarkeit zwischen den Prozessclustern zu ermöglichen. Hierzu soll das in Abbildung 5-25dargestellte Schema verwendet werden. Zusätzlich soll auch der primäre Anforderungsnutzen mit in die Bewertung einfließen in dem der Anteil der unbestimmten Anforderungen pro Prozesscluster berechnet und normiert wird. Die aggregierte Bewertung enthält die Summe aus den drei berechneten Faktoren und soll wiederum normiert werden. Im Schritt der Aggregation soll außerdem noch die Bestimmbarkeit bzw. Validierbarkeit der identifizierten Anforderungsbedarfe pro Prozess geprüft werden. Hierzu sollen die Erkenntnisse aus dem dritten Modul der Methodik aufgegriffen werden. Sollten pro Prozesscluster virtuelle oder hybride Ausführung nicht mit ausreichender Sicherheit die Bestimmung bzw. Validierung ermöglichen, so soll dies an dieser Stelle für das jeweilige Prozesscluster und den Typ vermerket werden.

Cluster	Primär	Sekundär			Anforderungsnutzwert	
Cluster ID Typ	Unbestimmtheit	Fehlervermeidung	Störungsrisiko	Vollständig bestimmbar/validierbar	Summe	Normiert
$C_{1,Real}$				Ja		
$C_{1,Hybrid}$	0,4	+ 0,7	+ 0,2	Ja	→ 1,3	0,44
$C_{1,Simulation}$				Ja		
$C_{i,Real}$				Ja		
$C_{i,Hybrid}$	0,6	+ 0,3	+ 0,8	Ja	→ 1,7	0,56
$C_{i,Simulation}$				Nein		

Abbildung 5-25: Berechnungsschema des aggregierten Anforderungsnutzens pro Cluster und Typ

5.5 Anforderungskostenanalyse

Wie bereits in Kapitel 4 eingeführt, soll die Auswahl der Anlagenprototypen zur Anforderungsbestimmung und -validierung auf Basis einer Abwägung der beiden Dimensionen ‚Nutzen' und ‚Kosten' erfolgen. Nachdem im vorherigen Abschnitt der Anforderungsnutzen bestimmt worden ist, sollen nun im Modul Anforderungskostenanalyse die Kosten der Anlagenprototypen bestimmt werden. Dabei sollen die in Abschnitt 5.3 eingeführte Granularitätsebene der Cluster aus Prozessen mit ihren zugeordneten Anforderungen als Entscheidungsobjekt gelten.

Dem Nutzen der Anforderungsbestimmung und -validierung stehen die für die Realisierung der benötigten Anlagenprototypen (real und virtuell) die anfallenden Anlagenkosten oder die Simulationskosten sowie die Experimentkosten gegenüber. Für die vorliegende Methodik soll davon ausgegangen werden, dass die Entwicklungskosten der Anlagen in den Anlagenanschaffungskosten enthalten sind, da die Anlagen fremdbezogen werden. Bei den Simulationskosten hingegen fallen (Modell-)Entwicklungskosten bzw. Kosten für die Einrichtung und Parametrierung der Simulationen an (z.B. Personalkosten). Alle Kosten, die mit der Durchführung der Experimente verbunden sind, fallen in die Kategorie der ‚Experimentkosten'. Hierzu sollen auch die Kosten für Rohmaterialien, Personalkosten im Kontext der Experimente und Kosten für die Infrastruktur zählen. Einige der mit dem Anlagenprototypenbau verbundenen Kosten, wie zum Beispiel die Lizenzkosten einer benötigten Software, sind zum Einsatzzeitpunkt der Methodik einfach zugänglich und bekannt und daher eindeutig zu bestimmen. Andere, üblicherweise Personal- und Infrastrukturkosten, sind Einflüssen ausgesetzt, die eine Abschätzung erforderlich machen. Auf Projekte der Entwicklung und Umsetzung von Anlagenprototypen sind die Verfahren der Projektkostenschätzung anwendbar. Allerdings bestehen aufgrund des disruptiven Charakters des Betrachtungsobjektes Einschränkungen in der Anwendbarkeit der Verfahren. Daher beschränkt sich der vorgegebene Rahmen für die Kostenprognose in dieser Methodik auf die Einführung in die Verfahren zur Kostenprognose und der zu prognostizierenden Kostenarten. In der industriellen Praxis würden zudem Angebotsanfragen und -vergleiche im Bereich der Anlagen- und Simulationskosten gegenüber aufwändigen Prognoseverfahren überwiegen.

Anforderungskostenanalyse			
Phasenbezeichnung:	Prototypenplanung	Modulnummer.	5
Zielsetzung:	Prognose der Anforderungskosten pro Cluster zur Bestimmung und Validierung der Anforderungsbedarfe		
Eingangsgrößen	Vorgehen	Ausgangsgrößen	
- Prozesscluster - Abgegrenzte hybride Anlagenprototypen - Experimentliste - Expertenwissen /Datenbank zur Abschätzung von Anlagen-, Simulations-, und Experimentkosten	- 5.1 Anlagenkostenprognose - 5.2 Simulationskostenprognose - 5.3 Experimentkostenprognose - 5.4 Umsetzungszeitprognose - 5.5 Aggregation der Anforderungskosten	- Aggregierte Anforderungskosten aus Anlagenkosten, Simulationskosten, Experimentkosten pro Prozesscluster - Prognose der Umsetzungszeit der Experimente pro Cluster	
Hilfsmittel:	- HM5.1 Bottom-Up Kostenkalkulationsschema - HM5.2 Lieferantenanfrage (Richtpreisangebote)		
Kernergebnis:	Aggregierte Anforderungskosten aus Anlagenkosten, Simulationskosten, Experimentkosten pro Prozesscluster		

Abbildung 5-26: Vorgehensmatrix 5 - Anforderungskostenanalyse

5.5.1 Anlagenkostenprognose

In der Literatur sowie in der industriellen Praxis existiert eine Vielzahl an Methoden zur Kostenschätzung bzw. Kostenprognose in frühen Projektphasen.[813] Vor allem bei innovativen Projekten ohne zahlreiche Referenzen wird häufig auf Experteninterviews zur Kostenschätzung zurückgegriffen. Im Gegensatz zu subjektiven Experteninterviews, basieren Kennzahlen-, Verhältnis-, Adaptions- und Gleichungsverfahren auf objektivierbaren Informationen und sind den Kalkulationsverfahren zuzurechnen. Allerdings erfordern diese eine ausreichende Informationsbasis.[814]

Aufgrund der Unbekanntheit und Disruptivität des Betrachtungsobjektes sind derartige Kalkulationsverfahren aufgrund der mangelnden Informationsbasis nicht ohne Anpassungen einsetzbar. Auch reine Expertenschätzungen der Gesamtanlagenkosten sind nicht einsetzbar, weil die Erfahrungsgrundlage hierfür auch zu gering ist. Für die vorliegende Methodik

813 Die Begriffe ‚Schätzung' und ‚Prognose' werden zur Vorhersage von Kosten oft synonym oder parallel nebeneinander verwendet. Vgl. Schultz (1995): Projektkostenschätzung, S. 26.

814 Ebd., S. 86.

werden (Vor-)Kalkulationsverfahren, mit denen von Expertenschätzungen kombiniert und praxisgerecht auf den vorliegenden Anwendungsfall angepasst werden.[815]

Vorteilhaft für die Kostenschätzung von Produktionsanlagen ist der Aspekt, dass selbst Produktionsanlagen im Anwendungskontext (unbekannte und disruptive Technologie) neben spezifischen Werkzeugen und Vorrichtungen viele marktübliche Standardkomponenten beinhalten (Aluminiumprofil-Grundgestelle, Automatisierungs-technik, Steuerungstechnik, Sensorik, Aktorik, Sicherheitstechnik, Normteile, Verkabelung etc.). Für derartige Komponenten sind Expertenschätzungen sowie Marktpreise verfügbar. Daher eignet sich die Methode der Bottom-Up-Kalkulation, wenn die Produktionstechnik ausreichend bekannt ist. Diese wird „*als etablierte und [...] verbreitete Methode angesehen*"[816], basiert auf der Kenntnis einer detaillierten Produktstruktur und berücksichtigt neben Materialeinsätzen vor allem die Prozesskosten. In der industriellen Praxis wird die Bottom-Up-Kalkulation häufig um die Zuschlagskalkulation erweitert.[817] Um der Anforderung der Praxistauglichkeit und des niedrigen Aufwandes gerecht zu werden, soll neben der Bottom-Up Kalkulation auch eine Lieferantenanfrage zur Anlagenkostenschätzung dienen. Daneben können auch beide Verfahren gleichzeitig eingesetzt werden, um insbesondere den Angebotspreis des Lieferanten bzw. Anlagenbaus zu validieren (siehe dazu Abbildung 5-27).

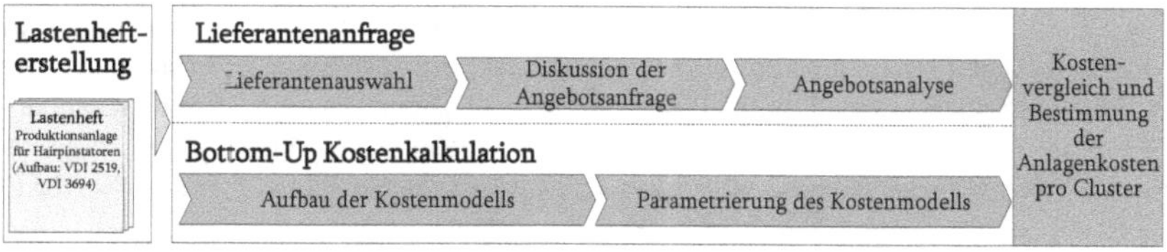

Abbildung 5-27: Übersicht Teilmethodik ‚Anlagenkostenprognose'[818]

Lastenhefterstellung: Ausgangspunkt für die Anlagenkostenschätzung ist die Überführung der relevanten Anforderungen aus der Anforderungs- bzw. Experimentenliste in das Lastenheft für diesen Iterationszyklus.[819] Hierzu werden beide Listen entsprechend der Cluster gefiltert und lediglich die Anforderungen pro Cluster für die Anlagenprototypen entnommen. Diese sollen in ein Lastenheft entsprechend der unternehmensinternen Struktur oder einer Standardstruktur (siehe Abschnitt 5.1.2) überführt werden. Die Funktionalität der Anlage soll daher die zu bestimmenden und validierenden Anforderungen abbilden. Es kann auf

[815] Im Rahmen der Tätigkeiten des Autors wurde derartige Schätzverfahren für industrielle Beratungsprojekte weiterentwickelt und auf den spezifischen Anwendungskontext angepasst, um Kalkulationen im Kontext des Produktionsmanagements wie Make-or-Buy-Analysen, Business-Cases und Supplier Benchmarkings durchzuführen. Die eingesetzten Methoden fokussieren die anwendungsbezogene, ingenieurwissenschaftliche Perspektive auf Kostenschätz- und Kalkulationsverfahren. Eine Überprüfung und Weiterentwicklung dieser Teilschritte aus einer Controlling-Perspektive wird in den weiteren Forschungsbedarf aufgenommen.

[816] Schöffer (2010): Durchgängige Methodik zur Kostenbewertung – Die Grundlage zur Erzielung von optimalen Verhandlungsergebnissen beim Lieferanten, S. 132.

[817] Ebd., S. 132.

[818] Eigene Darstellung

[819] Das Ergebnis der Anwendung der Methodik sind bestimmte und validierte Anforderungen an Produktionsanlagen die intern in Form einer Anforderungsliste verwaltet werden. Im weiteren Verlauf des Produktentstehungsprozesses werden diese Anforderungen in das Lastenheft für die Serienanlage überführt.

Anlagenteile verzichtet werden, sofern sie nicht von den zu bestimmenden und validierenden Anforderungen betroffen sind.

Lieferantenanfrage: Während der Prozess der Lieferantenanfrage den unternehmensinternen Richtlinien entspricht und sich grundlegend in die Schritte ‚Lieferantenauswahl', ‚Diskussion der Angebotsanfrage' und ‚Angebotsanalyse' gliedern soll, sind bei diesem Prozess Abweichungen in der Güte und Höhe der Angebote vor dem Hintergrund der unbekannten und disruptiven Technologie zu erwarten. Diese können höhere Zeitaufwände in der Angebotsdiskussion und aufgrund des Risikozuschlages zu kostenintensiveren Angeboten führen. Aus diesem Grund bietet es sich an, die Bottom-Up-Kostenkalkulation den Angeboten entgegenzustellen, um so starke Abweichungen zu ermitteln.

Bottom-Up-Kalkulation: Der Aufbau des Kostenmodells gliedert sich analog des Bottom-Up-Gedanken in die Kostenblöcke ‚Cluster/Linie', ‚Anlagen / Maschinen', ‚Komponenten' und ‚Material' (Siehe Abbildung 5-28). Das Kostenmodell hat zum Ziel, die Anlagenkosten für das betrachtete Anlagencluster zu prognostizieren. Anfangspunkt des Aufbaus des Kostenmodells zur Bottom-Up Kostenkalkulation bilden Annahmen zu Stücklisten für die betrachteten Anlagen zur Anforderungsvalidierung sowie -bestimmung (im Cluster). Zur Definition der Stücklisten für das Kostenmodell eignet es sich, die Anforderungen aus den zusammengestellten Lastenhefen mit Hinblick auf die zu leistenden Funktionen zu untersuchen. Aus den ermittelten Funktionen lässt sich so eine Abschätzung zu den Stücklisten ableiten. Da es sich bei dem Kostenmodell um eine Prognose oder Schätzung handelt, ist eine detaillierte Stückliste nicht notwendig. Es sollte immer vor dem Hintergrund der Methode der sogenannten ABC-Analyse[820] reflektiert werden, welche wenigen Teile besonders werthaltig sind und darauf geachtet werden, dass ebendiese Komponenten berücksichtigt werden (wie zum Beispiel die einzeln ausgewiesenen Vorrichtungen und Werkzeuge). Ausgehend von prognostizierten Stücklisten sollen Annahmen zu Montagereihenfolgen von Komponenten und Anlagen sowie zur Integration der Anlagen zu einem Cluster gemacht werden. Mithilfe von Annahmen zu einer Make-Or-Buy-Strategie des Zulieferers, kann festgelegt werden, für welche Materialien bzw. Subkomponenten von Anlagenkomponenten eine Eigenfertigung vorliegt und welche ‚Standardkomponenten', wie zum Beispiel Normteile notwendig sind und zugekauft werden. Mithilfe der Annahmen zur Make-Or-Buy Strategie können auch Annahmen zu Logistikketten getroffen werden.

[820] Bei der ABC-Analyse handelt es sich um weit verbreitete Methode zur Gegenüberstellung von Wert und Menge von Teilen und Lieferanten. Besonders werthaltige Teile werden als ‚A-Teile' klassifiziert. Mit absteigender Werthaltigkeit werden ‚B-Teile' und ‚C-Teile' klassifiziert. Im Allgemeinen gilt die praxiserprobte Heuristik, dass 20% der Teile 80% der Wertes ausmachen. Vgl. Vollmuth (2008): Controlling-Instrumente von A - Z, S. 16ff.

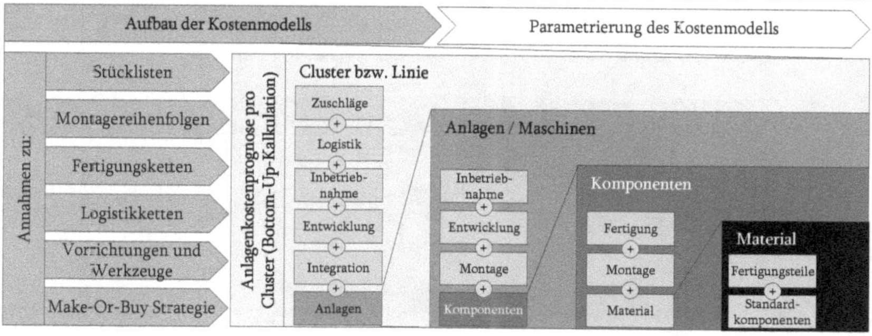

Abbildung 5-28: Aufbau Bottom-Up Kostenprognose[821]

Sofern diese Annahmen getroffen sind, soll ein Kalkulationsschema aufgestellt und genutzt werden, das dem in Abbildung 5-29 dargestellten Schema folgt. Dieses soll pro Komponente, pro Maschine bzw. Anlage sowie pro Cluster bzw. Linie aufgestellt werden. Entsprechend des Grundgedankens der Bottom-Up-Kostenkalkulation sollen die verschiedenen Kostenblöcke in Abhängigkeit der Stücklistenstruktur miteinander kombiniert werden, sodass die Daten bzw. Kostenblöcke der „kleineren" Einheit wie der Komponente in die Maschine übertragen werden.

Dies soll im in Abbildung 5-29 dargestellten Schema unter der Rubrik ‚Vorstufen' erfolgen. Dahingegen werden unter ‚Neue Materialien' Standardkomponenten und Fertigungsteile mit weiteren Kostenblöcken eingefügt. Während für Standardkomponenten die Kosten bekannt sind oder recherchiert und abgeschätzt werden können, sind bei Fertigungsteilen wiederum eigene Kalkulationsschema aufzustellen. Die Aufteilung soll anhand der abgeschätzten Make-Or-Buy-Strategie für die Anlage erfolgen. Nachdem die Kosten entsprechend der Stücklisten verknüpft worden sind, gilt es, die Fertigungs- und Montagereihenfolgen mit ihren einzelnen Arbeitsvorgängen im unteren Drittel des in Abbildung 5-29 Kalkulationsschemas einzutragen. Hierbei werden entweder Fertigungstechnologien wie Drehen, Fräsen, Schleifen etc. oder Montagearbeitsvorgänge eingetragen und verknüpft.

Für die vorliegende Methodik wird die Annahme getroffen, dass die Anlagenprototypen im Betrieb verbleiben und aufgrund ihres hohen Innovationsgrades nicht weiterverkauft werden. Da es sich um Prototypen handelt, soll eine Nutzung im Serienbetrieb zunächst nicht vorgesehen sein.

[821] Eigene Darstellung in Anlehnung an ein vom Autor aufgestelltes und in mehreren Industrieprojekten angewandtes Kalkulationstool.

Neue Materialien	Zuordnung Arbeitsvorgang	Material		Anzahl	Einheit	Lieferant	Material		Fracht		Sonstiges		Sonder-einzelkosten		Herstellkosten Grenz	Fertigungs-gemeinkosten		Herstellkosten Voll
		Buy					Pro Einheit	Total	Pro Einheit	Total	Pro Einheit	Total	Pro Einheit	Total		Pro Einheit	Total	
	Summe																	
Vorstufen	Zuordnung Arbeitsvorgang	Komponenten		Anzahl			Material		Fracht		Sonstiges		Sonder-einzelkosten		Herstellkosten Grenz	Fertigungs-gemeinkosten		Herstellkosten Voll
		Make					Pro Einheit	Total	Pro Einheit	Total	Pro Einheit	Total	Pro Einheit	Total		Pro Einheit	Total	
	Summe																	
Fertigungskette / Montagereihenfolge	Arbeitsvorgang	Arbeitsvorgänge (Fertigung / Montage)	$T_{Maschine}$ / $T_{Personal}$	Zeit (s)	Stundensatz variabel (pro 60 min)	Stundensatz fix (pro 60 min)							Einzelkosten-anteil: Maschine/ Personal		Herstellkosten Grenz	Fixkostenanteil: Maschine/ Personal		Herstellkosten Voll
	10		T_M															
	10		T_P															
	20		T_M															
	20		T_P															
	30		T_M															
	30		T_P															
							Material		Fracht		Sonstiges		Sonder-einzelkosten		Herstellkosten Grenz	Fertigungs-gemeinkosten		Herstellkosten Voll
Σ	Summe																	

Abbildung 5-29: Kalkulationsschema pro Komponente, Anlage und Cluster[822]

Parametrierung: Im Rahmen des Teilschrittes der ‚Parametrierung' der Bottom-Up Kalkulation gilt es, für alle Kalkulationsschema Zahlenwerte abzuschätzen. Neben der Anzahl der Materialeinheit, Fracht und umgelegten Fertigungsgemeinkosten sind vor allem die Dauer der einzelnen Arbeitsvorgänge (Fertigung und Montage) besonders relevant. Daneben müssen die (Maschinen-)Stundensätze bestimmt werden, um diese mit den abgeschätzten Dauern der Arbeitsvorgänge zu verrechnen. Das in der Industrie weit verbreitete Schema zur Maschinenstundensatzkalkulation ist in Anhang 7 dargestellt. Wenn diese Daten entsprechend abgeschätzt und eingetragen sind, sollen die Entwicklungskosten abgeschätzt werden. Da es sich beim Betrachtungsobjekt um unbekannte, disruptive Technologien handelt, müssen Abschätzungen getroffen werden. Als praktikable Methode soll die Aufteilung der Entwicklungskosten in die folgenden Kategorien verwendet werden:

- Mechanische Auslegung
- Thermische Auslegung
- Elektrische Auslegung
- Hydraulische Auslegung
- Auslegung der Werkzeug- und Vorrichtungstechnik
- Implementierung der Software- und Steuerungstechnik
- Auslegung der Automatisierungs- und Fördertechnik
- Einrichtung und Inbetriebnahme

Die Aufwände sollen auf der Granularitätsebene der Personenmonate mit abgeschätzten Entwicklersätzen multipliziert und entsprechend der Stückliste verrechnet werden. Hierbei ist besonders auf den Neuheitsgrad der Anlage bzw. Komponente und die Anzahl dieser im Cluster zu achten. Dementsprechend muss abgeschätzt werden, wie die Entwicklungskosten umgelegt werden. Nachdem die Kosten für das Anlagencluster entweder durch Lieferantenanfragen oder durch eine Bottom-Up-Kalkulation prognostiziert worden sind, sollen diese in Abschnitt 5.5.3 aggregiert werden.

[822] Eigene Darstellung in Anlehnung an ein vom Autor aufgestelltes und in mehreren Industrieprojekten angewandtes Kalkulationsschema innerhalb eines Kalkulationstools.

5.5.2 Simulationskostenprognose

Zur Anforderungsbestimmung und -validierung der in Abschnitt 5.3 identifizierten Experimente eignen sich virtuelle Prototypen, zu denen die Software-Simulationen gezählt werden. Wie bereits eingeführt, existieren in der Praxis eine Vielzahl unterschiedlicher Softwarelösungen und -anbieter. Hieraus resultieren Anwendungs-, folglich auch Aufwandsarten auf der Anwenderseite und stark heterogene Geschäftsmodelle und Preisbildungsmechanismen auf der Anbieterseite. Für die vorliegende Methodik verursachen auch Simulationen Kosten, welche sich in Lizenzkosten, Kosten für die Rechenleistung und Personalkosten für die Bedienung gliedern lassen. Im Folgenden soll auf die Kostenblöcke eingegangen werden:

Lizenzkosten: Der Bezug von kommerziellen Softwareprodukte erfolgt in der industriellen Praxis durch den Erwerb von Lizenzen, die in einem definierten Umfang zur Nutzung berechtigen. In Abhängigkeit vom Anwendungsfeld, aber maßgeblich auch vom Geschäftsmodell des Anbieters, stehen verschiedene Lizenzmodelle zur Verfügung. Eine Möglichkeit zur Nutzung von Softwarelizenzen stellen Einzelplatzlizenz mit monatlich oder auch jährlich zu zahlendem Entgelten dar.[823] Ein in der Vergangenheit häufiger verbreitete Lizensierungsform ist der dauerhafte Erwerb einer Lizenz durch eine einmalige Zahlung.[824] Zu berücksichtigen ist, dass für eine spezielle Anwendungsbereiche nicht sämtliche Fähigkeiten eines Softwareproduktes benötigt werden. So lässt sich auch auf der Anbieterseite ein Trend hin zu modularen Softwaresysteme erkennen, deren Module auf einzelne Aufgaben spezialisiert sind und einzeln erworben werden können.[825] Aufgrund der Komplexität in der Auswahl der Software unterstützen Dienstleister die bedarfsgerechte Softwareauswahl und -bereitstellung, indem Lizenzen als Service zur Verfügung gestellt werden. Durch Zahlung eines definierten Betrages wird ein Budget festgelegt, das für den flexiblen Bezug der benötigten Softwaretools genutzt werden kann. Das Budget verringert sich nur bei tatsächlicher Nutzung des Tools gemäß eines anwendungsspezifischen Verrechnungsschlüssels.[826] Aufgrund der dargestellten Heterogenität der Lizensierungs- und Bepreisungssystemen, sind auch im Kalkulationsschema zwei Optionen mit jeweils unterschiedlichen Bepreisungsgrundlagen vorgesehen (siehe oberer Abschnitt, Abbildung 5-30).

Kosten für Rechenleistung: Ein weiteres Einsatzgut in der Arbeit mit virtuellen Prototypen und Simulationen ist die Rechenleistung, die zur Berechnung der Simulationsläufe benötigt wird. Neben dem Einsatz von lokalen Computern für einfach Simulationsabläufe, hat sich für die Bereitstellung hoher Rechenleistungen das sogenannte Cloud Computing gegenüber

---

[823] Eine solche Form der Lizenzvergabe wird bei folgenden, marktführenden Unternehmen verwendet: Vgl. Siemens Industry Software Inc. (2020): Solid Edge; Vgl. Autodesk Inc. (2020): Inventor Lizenzoptionen; Vgl. PTC Inc. (2020): Creo Pakete; Vgl. Machineering GmbH & Co. KG. (2020): iPhysiscs.

[824] Die Software ‚iPhysiscs' der Machineering GmbH & Co. KG. zur virtuellen Inbetriebnahme von Steuerungstechnik bietet die Möglichkeit der Einmalzahlung Ebd.. Bei der Firma PTC Inc. wurde diese Lizenzoption 2019 eingestellt. Vgl. PTC Inc. (2020): Creo Pakete.

[825] Beispielsweise können bei Software der Firma Siemens Module gewählt werden, deren Fähigkeiten für einzelne Anwendungen optimiert sind. Die in den Modulen verfügbaren Umfänge sind auf die jeweilige Anwendung ausgerichtet. Vgl. Siemens Industry Software Inc. (2020): NX Cloud Connected Products.

[826] Der Vertrieb, die Konfiguration und Auswahl der Simulationssoftware (hier exemplarisch Ansys) kann über Drittfirmen als „Software-as-a-Service" erfolgen. Vgl. WDS Software & Service GmbH (2020): Ansys Lizenzen - Preise; Vgl. CADFEM GmbH (2021): Simulation as a service.

dem lokalen Serveraufbau und dem sogenannten Hosting aufgrund zahlreicher Vorteile, unter anderem den geringeren Kosten, eine höhere Ausfallsicherheit und größere Flexibilität, durchgesetzt.[827] Es bestehen Möglichkeiten in Reaktion auf die zunehmende Flexibilisierung der Entwicklungsprozesse die notwendige Rechenleistung flexibel zu mieten.[828] Im unteren Abschnitt sollten unter $T_{Simulation}$ die Simulationsdauern abgeschätzt werden. Hierzu stehen anwendungsspezifisch Prognosemodelle seitens der Softwareanbieter zur Verfügung (siehe unterer Abschnitt, Abbildung 5-30).

Personalkosten: Sämtliche Tätigkeiten im Zusammenhang mit der Simulation von virtuellen Prototypen sind mit einem Personalaufwand und damit mit Personalkosten für Entwickler verbunden. Zur besseren Erfassung und Abschätzung dieser Personalkosten sollen die verschiedenen Phasen des Simulationsprozesses separat betrachtet werden, wobei die Modellierung zu den wesentlichen Aufwandstreibern der betrachteten Systeme gehört. Die entsprechenden Schritte sollen daher analog zur Anlagenkostenprognose als Arbeitsvorgänge in den unteren Abschnitt des Kalkulationsschemas eingetragen werden (siehe Abbildung 5-30).

Vorgehen: Die zuvor beschriebenen Kostenblöcke sollen von Experten aus dem Bereich der Simulation- und Automatisierungstechnik entsprechend des in Abbildung 5-30 dargestellten Schemas abgeschätzt und eingetragen werden. Ergebnis dieser Teilmethodik sind dann die Simulationskosten pro definiertem Cluster.

Zur Modellierung und Durchführung der Systeme bedarf es sowohl freier Personalkapazitäten, als auch Mitarbeiter mit entsprechenden Qualifikationen. Aufgrund der vielfältigen Anwendungen virtueller Methoden und Simulation ist es aber wahrscheinlich, dass die verfügbaren Mitarbeiter nicht über sämtliche Qualifikationen verfügen, die für den effizienten Aufbau und die Nutzung virtueller Prototypen erforderlich sind. Aus diesem Grund soll einerseits zur Abschätzung der Simulationskosten eine Lieferantenanfrage erfolgen (siehe Abbildung 5-28 in Abschnitt 5.5.1). Gleichzeitig soll jedoch auch in Betracht gezogen werden, dass die gesamte Durchführung der Simulationsexperimente extern beauftragt wird.

	Zuordnung Arbeitsvorgang	Lizenz / Auftrag / Schulung	Lizenzmodell	Einheit 1	Einheit 2	Kommentar	Kosten Einheit 1			Kosten Einheit 2			Summe Einmalkosten
Einmalkosten							Menge	Pro Einheit	Total	Menge	Pro Einheit	Total	
	Summe												
Arbeivsvorgänge Simulation	Arbeitsvorgang	Arbeitsvorgänge	$T_{Simulation}$ / $T_{Personal}$	Zeit (h)	Stundensatz variabel (pro 60 min)	Stundensatz fix (pro 60 min)	Kosten Einheit 1			Kosten Einheit 2			Summe Simulationskosten
							Menge	Pro Einheit	Total	Menge	Pro Einheit	Total	
	10		T_S										
	10		T_P										
	20		T_S										
	20		T_P										
	30		T_S										
	30		T_P										
Σ	Summe												

Abbildung 5-30: Kalkulationsschema zur Prognose von Simulationskosten

[827] Vgl. Siepmann (2016): Industrie 4.0 – Technologische Komponenten, S. 55.

[828] Vgl. Simuleon B.V. (2020): Abaqus Token Calculator.

5.5.3 Experimentkostenprognose

Im Fall, dass die identifizierten Cluster mit ihren zugehörigen Experimenten durch reale Anlagenprototypen bestimmt bzw. validiert werden, sind nicht nur die Anlageninvestitionen zu betrachten. Vielmehr verursachen auch die Experimente mit den realen Anlagenprototypen Kosten, die zusammen mit den Anlageninvestitionen den virtuellen Prototypen bzw. Simulationen gegenübergestellt werden müssen. Die Experimentkosten sollen sich für die vorliegende Methodik in Personalkosten, Infrastrukturkosten, Materialkosten und Betriebskosten untergliedern und sich an die zuvor eingeführten Kalkulationsschemata anlehnen.

Personalkosten: Die Personalkosten im Kontext der Durchführung von Experimenten sollen in das in Abbildung 5-31 dargestellte Kalkulationsschema eingetragen werden. Analog zum Vorgehen in den Kalkulationsschemata zur Anlagenkostenprognose wie auch bei der Simulationskostenprognose sollen die Personalkosten entlang der Arbeitsvorgänge abgeschätzt werden. Hierzu sollen folgenden Teilphasen berücksichtigt werden:

- Inbetriebnahme der Anlagenprototypen
- Durchführung der Experimente
- Modifikation der Anlagenprototypen
- Datenverarbeitung und Interpretation

Die Dauer der einzelnen Arbeitsvorgänge, bzw. schlussendlich die Dauer der Einzelexperimente, sollen anhand der Experimentenliste aus Abschnitt 5.3.3 abgeschätzt werden. Weiterhin können durch das mehrfache Anlegen von Arbeitsvorgängen mit unterschiedlichen Zeiten und Kostensätzen verschiedene Aufgaben und Personalkostengruppen (Ingenieur, Techniker etc.) abgebildet werden.

Infrastrukturkosten: Im Gegensatz zu virtuellen Prototypen müssen reale Prototypen an einem physischen Ort realisiert und betrieben werden. Dementsprechend müssen je nach Größe und Konzept bestehende Gebäude bereitgestellt, neue Bereiche geschaffen oder externe Hallen angemietet werden. Spezifische fabrikplanerische Anforderungen an die Bereiche, die aus den Eigenschaften der geplanten Anlagenprototypen resultieren. Hierzu gehören funktionale Anforderungen, wie angemessene Fundamente für Pressen oder auch sicherheitsrelevante Bestimmungen wie Brandschutzsysteme. Zur Verrechnung der Infrastruktur, wie auch der Anlagenkosten soll trotz des Sonderfalls der projektbasierten Kalkulation die Maschinenstundensatzkalkulation verwendet werden. Diese wird in der industriellen Praxis zwar für die Kalkulation von Serienproduktionen verwendet, sie eignet sich aber dennoch für den Anwendungsfall. Aus diesem Grund sollen die laufenden Infrastrukturkosten (Flächenkosten, Energiekosten, Betriebsstoffkosten, anteilige Instandhaltungskosten) im Kalkulationsschema für den Maschinenstundensatz (siehe Anhang 7) berücksichtigt werden.

Materialkosten: Zielsetzung der Experimente ist die Anforderungsvalidierung bzw. -bestimmung an Anlagenprototypen. Ein häufiger Anwendungsfall mit realen Anlagenprototypen in diesem Kontext wird die Untersuchung des Produktverhaltens unter veränderten Prozessbedingungen sein. Hierzu sind folglich auch das (Roh-)Material, beziehungsweise entsprechende Werkstücke notwendig. Bei den Materialkosten ist insbesondere die Position der inhärenten Prozesse des betrachteten Prozessclusters, in der Prozesskette zu betrachten. So ist das Rohmaterial für den ersten Prozessschritt, aufwands- und folglich auch (relativ betrachtet) kostenarm zu beschaffen. Sollten Prozesscluster betrachtet werden, die nicht die ersten, konsekutiven Prozesse enthalten, so sind die Kosten für die Herstellung entsprechender Halbzeuge zu berücksichtigen. Damit das Prozessverhalten unter realitätsnahen Bedingungen untersucht werden kann, müssen Werkstücke in dem Zustand, den sie im Rahmen eines laufenden Prozesses an der betrachteten Stelle innehätten, in den Anlagenprototyp eingebracht werden. Soll beispielsweise das Einsetzen des Hairpin-Korbs in das Statorblechpaket nachgestellt werden, müssen zunächst sowohl Hairpin-Korb als auch Statorblechpaket hergestellt werden. Da noch keine vollständige Anlage zur Verfügung steht, aus der Versuchsobjekte entnommen werden könnten, müssen sie gesondert angefertigt werden. Hierzu können über manuelle Vorrichtungen oder über den Fremdbezug die Materialkosten für Halbzeuge berücksichtigt werden. Dazu sind für die Halbzeuge eigenen Kalkulationsschemen zu erzeugen (siehe Abschnitt 5.5.1). Sowohl für Rohmaterialien, als auch für Halbzeuge, sind die Kosten in oberen Abschnitt von Abbildung 5-31 des Kalkulationsschemas einzutragen und den einzelnen Arbeitsvorgängen zuzuordnen.

Vorgehen: Zur Bestimmung der Experimentkosten sollen zunächst die notwendigen Arbeitsvorgänge, resultierend aus den Experimenten, mit ihren jeweilig notwendigen Maschinen- und Personalzeiten geschätzt werden. Dabei sollte berücksichtigt werden, dass ggf. die Anlagen parallel oder sequenziell verwendet werden. Die Maschinen- und Personalzeiten können auch –quasi rückwärts– ausgehend von der notwendigen Anzahl an Proben und einer Verrechnung mit der realisierenden Taktzeit abgeschätzt werden. Ist eine Reihenfolge der Arbeitsvorgänge festgelegt, so sollen die Personalstundensätze abhängig von der jeweiligen Lohngruppe eingetragen werden. Für die Berechnung der Anlagenkosten pro Cluster (Ergebnis aus Abschnitt 5.5.1) soll die Maschinenstundensatzkalkulation verwendet werden, obwohl diese im Anwendungsfall einen Sonderfall darstellt. So beträgt üblicherweise für Produktionsanlagen die Abschreibungsdauern 6-8 Jahre, da eine Serienproduktion und hohe Ausbringungsmengen eingeplant werden.[829] Für die betrachteten Anlagenlagenprototypen soll dagegen davon ausgegangen werden, dass sich die Nutzung auf die Experimente beschränkt und eine geringere Abschreibungsdauer (bspw. ein Jahr) resultiert. Für die verfügbaren Maschinenstunden soll die Summe der zuvor abgeschätzten Maschinenzeiten verwendet werden. Die Infrastrukturkosten sollen abgeschätzt und in der Maschinenstundensatzkalkulation verrechnet werden (Flächenkosten, Energiekosten, indirektes Personal etc.).[830]

Material- und Einmalkosten	Zuordnung Arbeitsvorgang	Material		Anzahl	Einheit	Lieferant	Material		Fracht		Sonstiges		Sonder-einzelkosten		Herstellkosten Grenz	Fertigungs-gemeinkosten		Herstellkosten Voll
		Buy					Pro Einheit	Total	Pro Einheit	Total	Pro Einheit	Total	Pro Einheit	Total		Pro Einheit	Total	
	Summe																	
Experimentenreihenfolge	Arbeitsvorgang	Arbeitsvorgänge	$T_{Maschine}$ / $T_{Personal}$	Zeit (s)	Stundensatz variabel (pro 60 min)	Stundensatz fix (pro 60 min)							Einzelkosten-anteil: Maschine/ Personal		Herstellkosten Grenz	Fixkostenanteil: Maschine/ Personal		Herstellkosten Voll
	10		T_M															
	10		T_P															
	20		T_M															
	20		T_P															
	30		T_M															
	30		T_P															
							Material		Fracht		Sonstiges		Sonder-einzelkosten		Herstellkosten Grenz	Fertigungs-gemeinkosten		Herstellkosten Voll
Σ	Summe																	

Abbildung 5-31: Kalkulationsschema zur Prognose der Experimentkosten

[829] Vgl. Bundesministerium der Finanzen (2001): AfA Tabelle für den Wirtschaftszweig Maschinenbau.

[830] Die Referenzwerte können aus der Anwendungsstudie in Abschnitt 6.1 extrahiert werden.

5.5.4 Umsetzungszeitprognose

Nachdem zuvor die Kalkulationsschemata der monetären Anforderungskosten vorgestellt wurden, soll im Folgenden auf die Umsetzungszeit eingegangen werden. Hierzu wurde ein vereinfachter Referenzprozess für ein Prototypenprojekt definiert, der sich bei den realen Prototypen in die Angebots- und Bestellphase, die Lieferungsphase, die Aufbau- sowie die Experimenten- und Analysephase gliedert (siehe Abbildung 5-32). Im Gegensatz dazu gliedert sich der Referenzprozess für die virtuellen Prototypen in die Angebots- und Bestellphase, eine integrierte Programmierungs- und Simulationsphase sowie in eine Analysephase. Zusätzlich wird für die hybriden Prototypen innerhalb eines Prozessclusters die Umsetzungszeit das Maximum aus den Umsetzungszeiten der realen sowie virtuellen Prototypen definiert.

Die Prognose der jeweiligen Umsetzungszeiten ist stark abhängig vom jeweiligen Zulieferer und seiner spezifischen Ausgangssituation. Daher wird empfohlen die für die Prognose der Umsetzungszeiten entweder auf Vergleichskalkulationen auf Basis bereits beschaffter Anlagen oder auf Lieferantenanfragen zurückzugreifen. Auch die Prognose Umsetzungszeit der Experimente kann im Rahmen der vorliegenden Dissertation nicht in der Tiefe fokussiert werden. Zur genaueren Prognose der Umsetzungszeiten der Experimente sollten die Experimentenliste pro Prozesscluster nach Anlagen gefiltert werden und mithilfe der GANTT-Methode analysiert werden (auf Clusterebene beschrieben in Abschnitt 5.6.2).

Cluster	Prozesse	Umsetzungszeit realer Prototyp						Umsetzungszeit virtuell Prototyp				U.-zeit Hybrid
Cluster ID	Bezeichnung	Angebot Bestellung [W.]	Lieferung [W.]	Aufbau [W.]	Experiment [W.]	Analyse [W.]	Summe Real [W.]	Angebot Bestellung [W.]	Programmierung / Simulation	Analyse [W.]	Summe Virtuell [W.]	Summe Hybrid [Max. aus real und virtuelle] [W.]
C_1	P1	4	16	2	12	2	36	4	20	2	26	36
	P2	4	16	2			36					
	P3	4	10	2	12	2	30	4	24	2	30	

Abbildung 5-32: Berechnungsschema der Umsetzungszeitprognose pro Cluster und Typ

5.5.5 Aggregation der Anforderungskosten

Nachdem mit der Teilmethodik der Anlagenkostenprognose, die in die Experimentkostenprognose mit eingeht, die Anforderungskosten für reale Prototypen ermittelt werden können und die Simulationskostenprognose die Möglichkeit zur strukturierten Erfassung der Simulationskosten für virtuelle Prototypen bietet, sollen die Kosten zur Analyse gegenübergestellt werden. Hierzu soll das in Abbildung 5-33 dargestellte Schema verwendet werden, das für die Entscheidung zur Umsetzung der jeweiligen Cluster in Abschnitt 5.5.6 verwendet wird. Bei der Berechnung gilt es zu berücksichtigen, wenn Anlagen aus zwei Prozessen bestehen oder wenn Simulationen über mehrere Prozesse hinweg erfolgen. In diesem Fall können die Anforderungskosten kombiniert werden.

Cluster	Prozesse	Anlagenkosten	Experimentkosten		Kosten realer Prototyp	Kosten virtueller Prototyp	Kosten hybrider Prototyp
Cluster ID	Bezeichnung	Kosten pro Anlage	Material- und Einmalkosten	Personalkosten	Summe Anlagen- und Experimentkosten	Simulationskosten	Hybrid [Selektion der Teilanlagen]
C_1	P1	1 Mio. €	0,1 Mio. €	0,2 Mio. €	1,3 Mio. €	0,5 Mio. €	1,2 Mio. €
	P2						
	P3	0,5 Mio. €	0,1 Mio. €		1,3 Mio. €	0,5 Mio. €	1,1 Mio. €
	P5	0,5 Mio. €					
		2 Mio. €	0,2 Mio. €	0,2 Mio. €	2 ,6 Mio. €	1 Mio. €	2,3 Mio. €

Abbildung 5-33: Aggregation der Anforderungskosten

5.5.6 Integration der Erkenntnisse in das Anforderungsmanagement für Produktionsanlagen

Im letzten Abschnitt des letzten Moduls der Methodik sollen die Erkenntnisse aus den Experimenten in das Anforderungsmanagement für Produktionsanlagen integriert werden. Kernergebnis der vorangegangenen Experimente sind bestimmte und validierte Anforderungen an Produktionsanlagen.

Einerseits sind die unbestimmten Anforderungen des primären Anforderungsbedarfes bestimmt worden, andererseits können diejenigen Lösungen und folglich auch Anforderungen, die tatsächlich zur Fehlervermeidung beigetragen haben (sekundärer Anforderungsbedarf), in das zentrale Lastenheft für die Serienproduktionsanlagen an den Anlagenbau überführt werden (siehe Abbildung 5-34). Sollte die Wirksamkeit von Anforderungen nicht bestätigt worden sein, so sind diese zu überarbeiten oder zu verwerfen. Weiterhin besteht auch die Möglichkeit, dass neuer Anforderungsbedarf aufgekommen ist, der nicht innerhalb der durchgeführten Experimente bestimmt oder validiert werden konnte, weil er beispielsweise ein anderes Cluster betrifft. In diesem Fall wird dieser weitere Anforderungsbedarf in die zentrale Anforderungsliste aufgenommen und eine weitere Iteration des zweiten Iterationszyklus gestartet.

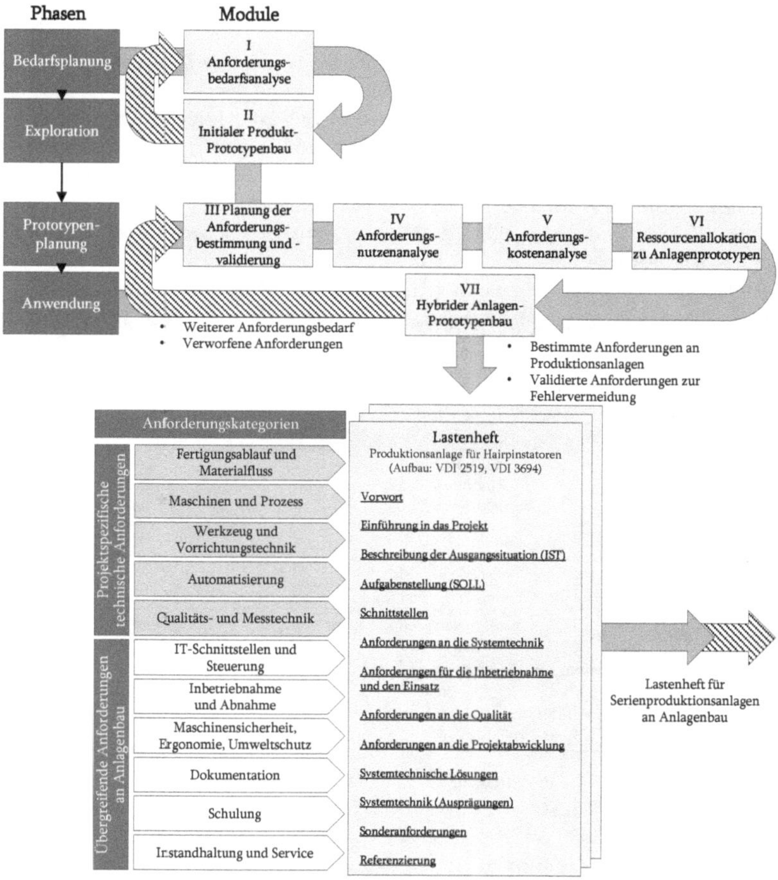

Abbildung 5-34: Bestimmtes und validiertes Lastenheft für Serienproduktionsanlagen als Ergebnis der Anwendung der Methodik

5.6 Ressourcenallokation zu Anlagenprototypen

Abschließend ist in der Phase der Prototypenplanung zu entscheiden, welche Cluster und folglich auch Anlagenprototypen bzw. Simulationen umgesetzt werden sollen, um den Anforderungsbedarf zu bestimmen bzw. zu validieren. Dazu wird zunächst die relative Wirtschaftlichkeit eines jeden Clusters anhand eines Abgleichs von Kosten und Nutzwert beurteilt. Limitierte Ressourcen (Kosten und Zeit) bedingen, dass nicht jedes Cluster umgesetzt werden kann. Daher folgt nach der relativen Wirtschaftlichkeitsbewertung eine zeitliche Reihung der Experimentdauern der Cluster. Zusammen mit den erwarteten Kosten pro Cluster und einem vorher definierten Budget kann dann die Anzahl der umzusetzenden Projekte bestimmt werden. Nachfolgend ist das Vorgehen im Modul dargestellt (Abbildung 5-35):

Ressourcenallokation zu Anlagenprototypen		
Phasenbezeichnung:	Prototypenplanung	Modulnummer. 6
Zielsetzung:	Festlegung der Umsetzungspriorisierung der Anforderungscluster zur Bestimmung und Validierung der Anforderungsbedarfe	
Eingangsgrößen	**Vorgehen**	**Ausgangsgrößen**
- Anforderungskosten pro Prozesscluster - Anforderungsnutzen pro Prozesscluster - Prognose der Umsetzungszeiten	- 6.1 Kosten-Nutzen-basierte Entscheidungsfindung - 6.2 Zeitbasierte Entscheidungsfindung	- Umsetzungspriorität der Anforderungscluster - Zeitliche Reihung der Experimente der Anforderungscluster
Hilfsmittel:	- HM6.1 Kosten-Nutzen Diagramm - HM6.2 GANTT-Diagramm	
Kernergebnis:	Reihenfolge der umzusetzenden Anforderungscluster aus hybriden Anlagenprototypen	

Abbildung 5-35: Vorgehensmatrix 6 - Ressourcenallokation zu Anlagenprototypen

5.6.1 Kosten-Nutzen-basierte Entscheidungsfindung

Wie bereits in Abschnitt 5.3 beschrieben, liegen verschiedene Prozesscluster mit zugehörigen Experimenten und Anforderungen vor. Aufgrund limitierter Ressourcen (Kosten und Zeit) kann jedoch nicht jedes Cluster in Form von Experimenten bzw. Simulationen umgesetzt werden. Die Allokation der begrenzen Ressourcen muss daher so erfolgen, dass unter dem geringsten Einsatz der größtmögliche Nutzen generiert wird (Effizienzziel). Zur Auswahl der umzusetzenden Cluster werden jeweils die aggregierten und normierten Nutzenwerte und die jeweiligen Clusterkosten in ein Kosten-Nutzendiagramm aufgetragen (siehe nachfolgende Abbildung 5-36).

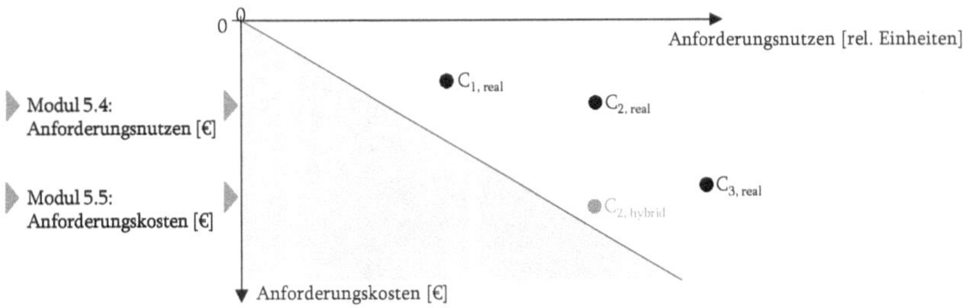

Abbildung 5-36: Anforderungscluster im Anforderungskosten-Nutzen Diagramm

Innerhalb des Diagramms wird das Konzept des Effizienzkriteriums angewendet. Dabei wird berücksichtigt, dass eine Handlungsoption effizient ist, wenn keine Alternative bei gleichen oder geringeren Kosten den gleichen oder einen höheren Nutzwert aufweist. Existiert jedoch eine Alternative, die bei gleichen Kosten einen höheren Nutzwert aufweist, wird die erste Alternative gegenüber der zweiten alternative als ‚dominant' bezeichnet. Eine dominierte Handlung ist folglich weniger effizient, da mit der Alternative bei gleichem Einsatz ein höherer Ertrag zu erzielen ist.[831] Basierend auf diesem Konzept werden nun aus dem Kosten-Nutzendiagramm die effizienten Cluster ausgewählt, um zu entscheiden, welche Cluster umgesetzt werden sollen.

Zunächst werden sämtliche Cluster ermittelt, die von keinem weiteren Cluster dominiert werden. Ein Cluster wird nicht dominiert, wenn sich kein weiteres Cluster in dem Bereich keinen höheren Nutzwert oder niedrigere Kosten (oder sich im Diagramm ‚rechts' oder ‚oberhalb' des Clusters befindet) aufweist.

Falls jedoch zwei Alternativen einander nicht dominieren, ist ein weiteres Entscheidungskriterium erforderlich. Ein geeignetes Kriterium hierfür ist die Anzahl an ursächlichen Fehlern pro Cluster (siehe Abschnitt 5.3).

Wenn auf Basis des Nutzen-Kosten-Vergleiches keine eindeutige Entscheidung zwischen zwei Clustern getroffen werden kann, wird die zuvor ermittelte die Anzahl an ursächlichen Fehlern verglichen. Das Cluster mit der höchsten Anzahl an ursächlichen Fehlern wird vorgezogen, da hier das größte Potenzial zur Reduzierung der Gesamtfehlerzahl pro Produktionslinie besteht. Wenn mithilfe dieses weiteren Kriteriums die beiden Cluster gereiht wurden, werden sie aus der Betrachtung entfernt. Erneut müssten die Cluster auf nicht dominierte Alternativen untersucht werden. Wiederum wird anhand der Anzahl an ursächlichen Fehlern pro Cluster entschieden, welches der Cluster zuerst validiert werden sollte. Dieses Vorgehen wird so lange fortgesetzt, bis keine Cluster mehr übrig sind.

Resultat dieses Vorgehens ist eine Prioritätenreihenfolge, in der die Cluster aus Gründen der Wirtschaftlichkeit und des erwarteten Nutzes umgesetzt werden können. Die Reihenfolge wird in der nachfolgenden Liste dokumentiert (siehe Tabelle 5-1).

Tabelle 5-1: Umsetzungspriorität der Anforderungscluster

Anforderungscluster	Umsetzungspriorität
Cluster	#
C_1	1
C_2	2
C_i	i

5.6.2 Zeitliche Reihung der Experimente in Prioritätenreihenfolge

Wie zuvor ausgeführt, werden mithilfe der in den vorherigen Abschnitten durchgeführten Kosten-Nutzen-Analyse die Cluster in eine Prioritätenreihenfolge gesetzt, um zu bestimmen welche in der gegebenen Iteration umgesetzt werden sollen, um den Anforderungsbedarf zu bestimmen bzw. zu validieren. Vor der Ausführung ist zu bestimmen, bis zu welchem Rang Prioritätenreihenfolge die Cluster umgesetzt werden sollte. Hierzu gibt es zwei Restriktionen: die verfügbare Zeit und das zur Verfügung stehende Budget. Beide können die Anzahl

[831] Vgl. Fandel (2005): Produktion I, S. 49.

der umzusetzenden Cluster limitieren. Daher sollen für die Auswahl der umzusetzenden Cluster beide Restriktionen eingegangen werden.

Verfügbare Zeit: Mit Hilfe eines Gantt-Diagramms soll für die Prioritätenreihenfolge ermittelt werden, wie lange Umsetzung aller Experimente dauert. Für die Erstellung eines Gantt-Diagramms werden die Rangfolgen jeweiligen Cluster notiert und basierend auf der Methode der Vorwärtseinplanung zeitlich gereiht.

Für die einzelnen Prozesse werden auf der Ordinate und die Zeitdauer für die Ausführung der Experimente auf der Abszisse aufgetragen. Hierzu werden die Daten aus der Umsetzungszeitprognose verwendet (siehe Abschnitt 5.5.4). Der Vorteil des Gantt-Diagramms ist die Darstellung des kritischen Pfades, so dass die am stärksten zu überwachenden Prozesse innerhalb des Entwicklungsprozesses leicht identifiziert werden können. Die Verschiebung eines der Prozesse oder Aktivitäten auf dem kritischen Pfad kann zu einer Verzögerung des nächsten Entwicklungsmeilensteins und möglicherweise auch zu einer Verzögerung des Produktionsbeginns führen.

Wenn z.B. die beiden Cluster im Beispiel für die aktuelle Iteration, berücksichtigt werden sollen, wird für die Cluster das Prozess-Gantt-Diagramm entwickelt. Auf diese Weise ist es möglich, die Reihenfolge der Prozesse innerhalb der Cluster für die Validierung auf der Grundlage der sequenziellen Abhängigkeiten festzulegen. Während die Entscheidungsphase die Reihenfolge der Cluster liefert, liefert das Gantt-Diagramm die Sequenzen der Prozesse in den Clustern und eine bessere Visualisierung der Aktivitäten. Die erforderlichen Eingaben für die Entwicklung eines Gantt-Diagramms sind in der nachfolgenden Abbildung 5-37 dargestellt.

Cluster	Vorgänger	Prozess	Vorgänger	Dauer	Start in KW	Ende in KW
C1	C2	P1	P2	2	2.5	4.5
		P2	-	1	1.5	2.5
C2	-	P3	-	1.5	0	1.5

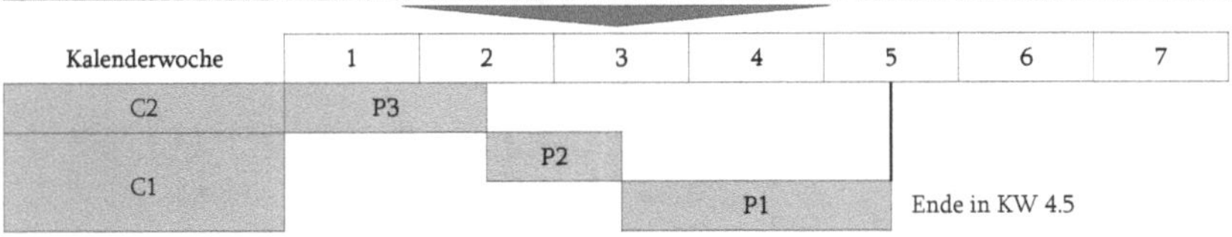

Abbildung 5-37: GANTT-Diagramm zur Vorwärtsplanung der umzusetzenden Cluster

Verfügbares Budget: Für die vorliegende Methodik wurde die Annahme getroffen, dass das verfügbare Budget bereits vor der Durchführung der Methodik festgelegt wurde. Dieses Budget muss nun gemäß der erstellten Prioritätenreihung auf die Cluster aufgeteilt werden. Jedes Cluster beansprucht das Budget in Höhe der prognostizierten Kosten. Entsprechend der erstellten Reihung werden so lange die Kosten für die Umsetzung der Cluster abgezogen, bis das Budget erschöpft oder alle Cluster umgesetzt sind. Das Budget wird so lange weiterverteilt, bis das Restbudget die Kosten des nächsten Clusters nicht mehr abdeckt. Sollte ein Cluster niedrigeren Ranges mit dem verfügbaren Budget noch zu realisieren sein, wird dies ebenfalls umgesetzt, sofern noch Zeit besteht. Wenn kein weiteres Cluster innerhalb des verbliebenen Budgets liegt, wird die Verteilung an dieser Stelle beendet. Nachdem die Cluster im vorliegenden Modul ausgewählt worden sind, sollen diese mit ihren zugehörigen Experimenten mit Anlagenprototypen und Simulationen im letzten Modul 7 umgesetzt werden.

5.7 Hybrider Anlagenprototypenbau zur Anforderungsbestimmung

Die abschließende Phase beinhaltet die Realisation der hybriden Anlagenprototypen bzw. die Durchführung der Simulationen. Gemäß der zuvor getroffenen Entscheidung werden die Experimente umgesetzt und die Erkenntnisse gewonnen.

Hierzu wird die Reihenfolge der Experimente aus dem Gantt-Diagramm aus Abschnitt 5.6.1 entnommen und entsprechend der Zielsetzung der Experimente (siehe Experimentenliste aus Abschnitt 5.3.3) umgesetzt. Sobald ein Anlagenprototyp oder eine Simulation realisiert ist, werden durch die definierten Experimente die erforderlichen unbekannten Informationen aus ihnen gewonnen, sodass die Anforderungen an Produktionsanlagen bestimmt und validiert werden und folglich die Anforderungsbedarfe reduziert werden. Die Schleife der Module drei bis sieben kann iterativ fortgesetzt werden, um alle weiteren Anforderungen zu bestimmen und zu validieren, die in der vorliegenden Iteration aufgrund einer geringeren Priorisierung nicht betrachtet worden sind. Das Vorgehen dieses Moduls ist in der nachfolgenden Abbildung 5-38 dargestellt.

Hybrider Prototypenbau zur Anforderungsbestimmung			
Phasenbezeichnung:	Anwendung	Modulnummer.	7
Zielsetzung:	Durchführung der geplanten Experimente zur Bestimmung und Validierung des Anforderungsbedarfes		
Eingangsgrößen	Vorgehen	Ausgangsgrößen	
- Umsetzungspriorität der Anforderungscluster - Zeitliche Reihung der Experimente der Anforderungscluster - Strukturierte Produktbeschreibung als Grundlage für ein Lastenheft an Produktionsanlagen - Anforderungsliste	- 6.1 Kosten-Nutzen-basierte Entscheidungsfindung - 6.2 Zeitbasierte Entscheidungsfindung	- Bestimmte und validierte Anforderungen an Produktionsanlagen - Weiterer bzw. neuer Anforderungsbedarf - Verworfene Anforderungen - Lastenheft mit Grundanforderungen, Produktbeschreibungen und bestimmten und validierten Anforderungen an Produktionsanlagen	
Hilfsmittel:	- HM1.3 Vorlage für Lastenheft für Produktionsanlagen - HM7.1 Anlagenprototypen und -simulationen		
Kernergebnis:	Bestimmtes und validiertes Lastenheft für Serienproduktionsanlagen als Ergebnis der Anwendung der Methodik		

Abbildung 5-38: Vorgehensmatrix 7 - Hybrider Prototypenbau zur Anforderungsbestimmung

5.7.1 Realisierung der Anlagenprototypen zur Durchführung der Experimente

Ausgehend von der zuvor aufgestellten Anforderungs- und Experimentenliste sowie der Ressourcenallokation müssen zunächst die Anlagenprototypen beschafft werden. Je nach strategischer Ausrichtung und Kompetenzen des Anwenders, kann die Entwicklung und die Realisierung der Anlagenprototypen intern oder extern erfolgen.

Wie bereits in Kapitel 2 eingeführt, ist die Grundlage für die Beschaffung von Produktionsanlagen sowohl für Prototypen, als auch für den Serienbetrieb das Lastenheft. Während in den vorherigen Abschnitten die Anforderungen in einer Anforderungsliste gesammelt wurden, müssen diese nun wie in Abschnitt 5.1.2 dargestellt für die einzelnen Anlagen extrahiert und zu einem Lastenheft zusammengefügt werden. Dieses Lastenheft bildet dann die Grundlage für die Entwicklung und Realisierung der Anlagenprototypen. Gleiches gilt auch im Falle, dass die Ressourcenallokation für die Anforderungsbestimmung und -validierung eine Simulation vorsieht. Da die Zahl der betrachteten Systeme, Anlagen, Funktionen, und Fehlermöglichkeiten nun deutlich geringer als im Rahmen der Planung der Anforderungsbestimmung ist, können die Aufgaben zur Validierung der einzelnen Anforderungen detaillierter beschrieben werden.

Nachdem die Anlagenprototypen angefragt und beschafft worden sind, müssen diese physisch aufgebaut werden. Um eine möglichst große Interaktion mit den Anlagenprototypen zu ermöglichen, um weitere Experimente über die zuvor spezifizierten hinaus zu planen sowie um eine direkte Kommunikation aller Projektbeteiligten zu fördern, ist der Aufbau nah am Ort der Projektbeteiligten, beispielsweise in einem sogenannten Technikum oder auch einer Pilotlinie, empfehlenswert. Analog sollten auch alle Projektbeteiligten Zugang zu den Simulationen erhalten sowie die Möglichkeit haben, eigene Anpassungen der Simulation vorzunehmen.

Der Kern des Erkenntnisgewinns bildet die Durchführung der Experimente mit den Anlagenprototypen sowie mit den Simulationen. Auf das Vorgehen wird im folgenden Abschnitt genauer eingegangen.

5.7.2 Bestimmung und Validierung der Anforderungen des Anforderungsbedarfes

In Abschnitt 5.3.3 wurde die Anforderungsliste um die Experimentliste erweitert. Ziel der Durchführung der Experimente im Kontext des hybriden Anlagenprototypenbaus ist es, den Anforderungsbedarf zu bestimmen bzw. zu validieren. Hierzu sollen die beschafften und physisch installierten Anlagenprototypen innerhalb eines Technikums zur Verfügung stehen (siehe vorheriger Abschnitt).

Da zu den gleichen Anlagenprototypen bzw. Simulationen mehrere zu bestimmende und zu validierende Anforderungen in der Experimentenliste vorliegen, gilt es eine Reihenfolge für die Durchführung festzulegen. Diese ist abhängig auch von den Beschaffungszeitpunkten der Anlagen, den technischen Möglichkeiten sowie von der individuellen Priorisierung auf Anforderungsebene, welche über die Priorisierung auf Clusterebene hinausgeht.

Vor dem Hintergrund der Aussagefähigkeit der Ergebnisse, sollten jedoch zunächst möglichst stabile Einzelprozesse erzielt werden, bevor auf die die qualitätsrelevanten Zusammenhänge in der Prozesskette eingegangen wird. Auf Basis dieser Annahme wird die in Abbildung 5-39 dargestellte Priorisierung vorgeschlagen. In dieser werden aus der Anforderungs- und Experimentenliste zunächst die Experimente priorisiert, welche die vorgelagerten Einzelanlagen innerhalb eines Clusters betreffen (1). Diese Entscheidung kann dadurch begründet werden, dass bei einem Experiment zur Vermeidung von Fehlern aufgrund von qualitätsrelevanten Zusammenhängen zunächst die vorgelagerten Prozesse optimiert werden sollten, um aussagefähige Ergebnisse über den Zusammenhang zum nachfolgenden Prozess zu erhalten. Danach sollten Experimente zur Bestimmung der Anforderungen des primären Anforderungsbedarfes (2), also zur Bestimmung unbestimmter Anforderungen, fokussiert werden. Da diese in jedem Fall bestimmt werden müssen, um eine funktionsfähige Anlage und stabile Prozesse zu erhalten, haben diese Experimente innerhalb eines Clusters Priorität. Die weitere Priorisierung sollte auf der Validierung der Anforderungen des sekundären Anforderungsbedarfes zur Fehlervermeidung liegen (3). Hierbei sind zunächst die Experimente zu priorisieren, die die direkte Fehlervermeidung innerhalb eines Prozesses fokussieren (3.1). Innerhalb dieser sollten zunächst die Anforderungen zur direkten Fehlervermeidung durch Anforderungen zur Prozesstechnik im Prozess (3.1.1) in den Vordergrund gestellt werden, um die Komplexität gegenüber zusätzlicher Prüftechnik (3.1.2) zu reduzieren. Am Schluss sollten mit einer bereits optimierten Produktionsprozesskette innerhalb des selektierten Clusters die Anforderungen zur indirekten Fehlervermeidung – also zur Beherrschung von qualitätsrelevanten Zusammenhängen – adressiert werden.

Parallel dazu sollten auch die Simulationen priorisiert werden, wobei hier die Priorisierungen aufgrund der schnellen Veränderung der Eingangsdaten weniger relevant sind.

Anforderungsliste					Erweiterung zu Experimentenliste			
Cluster	Anforderung A_i	Anforderungs-beschreibung	Bezugsobjekt		Priorisierung	Zielsetzung des Experiments	Detaillierung Bezugsobjekt	Mögliche Simulations-methode
Cluster C_1	A_4	Werkzeugmaterial im Richtprozess HSS	P1: Richten	Weitere Merkmale	Zu validieren	Nachweis der Standfestigkeit des HSS Werkstoffes	Hauptfunktion	FEM Simulation
Cluster C_1	A_5	Prüfstation vor Produktionslinie zur Rohmaterialprüfung. Toleranzgrenzen [XY]	P0: Aufstapeln, P7: Kontaktieren		Zu bestimmen	Bestimmung Toleranzgrenzen für Eignungsnachweis Prüfstation	Hauptfunktion, Nebenfunktion, Automatisierungstechnik, Fördertechnik, Werkzeug- und Vorrichtungstechnik	FEM Simulation
Cluster A_1	A_1						Automatisierungstechnik	Mehrkörpersimulation

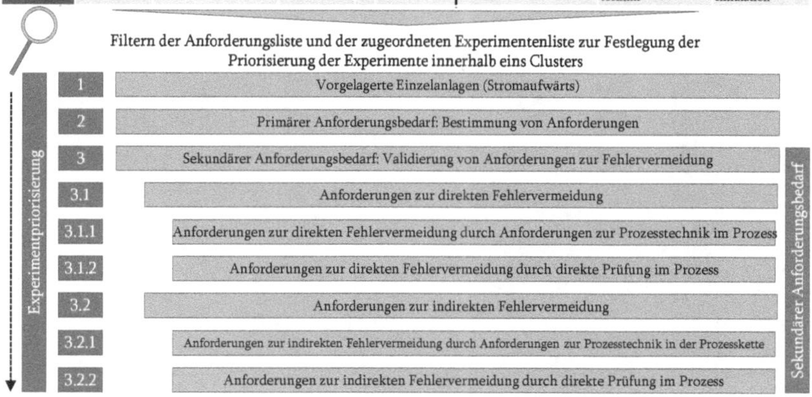

Abbildung 5-39: Priorisierung der Experimente innerhalb eines Prozessclusters

Nachdem die individuelle Priorisierung innerhalb der Cluster erfolgt ist, kann auf die Methode des Gantt-Diagramms (siehe Abschnitt 5.6.2) zurückgegriffen werden.

6 Evaluierung im Anwendungszusammenhang

Ziel des sechsten Kapitels ist es, die in der vorliegenden Arbeit entwickelte Methodik zum Einsatz hybrider Prototypen im Anforderungsmanagement disruptiver Produktionstechnik am Beispiel der Elektromotorenproduktion vor dem Hintergrund der aufgestellten Ziele zu evaluieren und ihre Praxistauglichkeit nachzuweisen. Hierzu soll eine Validierung im Praxiskontext genutzt werden. Zur Validierung der entwickelten Methodik sollen Erkenntnisse aus den folgenden Projekten des Autors in der Zeit am Lehrstuhl für Production Engineering of E-Mobility Components der RWTH Aachen verwendet werden (siehe dazu Tabelle 6-1).

Tabelle 6-1: Übersicht genutzter Projekte zur Validierung der Methodik

Nr.	Zielsetzung des Projektes	Projektart	Projekterkenntnisse	Validierte Module
1	Einsatz von cyber-physischen Systemen zur Qualitätsoptimierung im Wickelprozess der Elektromotorenproduktion	Öffentliches Forschungsprojekt	Die Qualität stochastischer Wickelprozesse für elektrische Traktionsantriebe muss vor dem Serieneinsatz abgesichert werden	2
2	Prototypenbau und Design-for-Manufacturing Optimierung von Hairpinstatoren	Industrielle Auftragsforschung	Die Hairpinstatorproduktionskette beinhaltet eine hohe Anzahl von Fehlermöglichkeiten, -einflüssen und -interdependenzen, die durch die Technologiewahl und -spezifizierung beeinflusst werden	1-2
3	Workshopbasierte Technologieanalyse von zukünftigen Trends der Statorproduktion	Industrielle Auftragsforschung	Auf dem Markt existieren viele Einzellösungen zur Fehlervermeidung und Qualitätssicherung, welche aktuell noch kostenintensiv sind	2-3
4	Qualitätsoptimierung im Serienanlauf einer Hairpin-Statorproduktion	Industrielle Auftragsforschung	Um einen effizienten Serienanlauf zu realisieren, müssen die richtigen Produktions- und –qualitätssicherungstechnologien sowie Prozessparameter bei der Anlagenspezifikation definiert werden	2-3
5	Produkt- und Produktionskonzepte für die varianten-flexible Hairpin-Statorproduktion	Öffentliches Forschungsprojekt	Der frühe Anlagenprototypenbau kann zusammen mit Simulationen zur Bestimmung von Fehlern, Fehlervermeidungsstrategien und Technologieoptionen genutzt werden	1-7
6	Modell zur Planung von hybriden Prototypen im Produktentstehungsprozess unter besonderer Berücksichtigung der integrierte Planung von Produktentwicklung, Prozessentwicklung und Anlagenbau am Beispiel einer elektrischen Antriebseinheit	Öffentliches Forschungsprojekt	Integration der Erkenntnisse in eine Anwendungsmethodik im Produktentstehungsprozess elektrischer Antriebseinheiten für Nutzfahrzeuge	1-7

6.1 Praxisstudie: Disruptive Produktionstechnik am Beispiel der Hairpin-Statortechnologie

Wie in den vorangegangenen Kapiteln bereits dargestellt, soll die Hairpin-Statortechnologie als Betrachtungsobjekt sowie als Beispiel für die Industrialisierung einer disruptiven Produktionstechnik dienen. Die in den Abschnitten 2.2.3, 2.3.2 sowie 2.4.4 eingeführte und analysierte sowie mit dem VDMA in einer Broschüre veröffentlichte Prozesskette der Hairpin-Statorproduktion [832] ist das Ergebnis einer iterativen Forschungsarbeit, welche auf den Erkenntnissen aus der in Tabelle 6-1 aufgeführten Projekten des Autors beruhen. Besonders hervorzuheben sind hierbei die Projekte ‚1' und ‚2' (Teil 1 und 2 der Praxisstudie), welche in Zusammenarbeit mit einem international führenden Automobilhersteller erfolgt sind. In diesen wurden Prototypen von Hairpin-Statoren mit einer prototypischen Produktionsprozesskette gefertigt und die Erkenntnisse auf den Serienbetrieb bezogen. Hierzu wurden Vor-

[832] Vgl. Kampker et al. (2019): Produktionsprozess eines Hairpin-Stators.

richtungen, Anlagenteile für den Bau von Produktprototypen entwickelt und es wurden Parameterstudien mit Biegevorrichtungen und Laserschweißanlagen durchgeführt. Die Erkenntnisse in Form von Fehlermöglichkeiten, -einflüssen, Vermeidungsstrategien sowie Technologiealternativen sind im Projekt ‚3' in Expertenworkshops mit Maschinen und Anlagenbauen validiert worden. Die gesammelten Erkenntnisse, die vorranging zur Validierung des Vorgehens in Modul 1 und 2 genutzt werden, mündeten im dritten, öffentlich geförderten Projekt der Praxisstudie ‚5' in dem die Erkenntnisse aufgegriffen werden und um den Aspekt der Variantenflexibilität erweitert werden. Gleichzeitig wird im Projekt ‚5' eine Pilotlinie für Hairpin-Statoren installiert, um die zuvor identifizierten Fehlermöglichkeiten, -einflüssen, Vermeidungsstrategien sowie Technologiealternativen zu validieren (entspricht den Modulen 3-7). Dabei besteht zu Beginn des Projektes nur ein begrenztes Budget zur Verfügung, sodass die Auswahl der Anlagenprototypen und Experimente auf Basis einer Priorisierung erfolgen muss. An diesem Punkt setzt die Methodik mit der Anforderungsbedarfsanalyse ein und reflektiert zunächst die Erkenntnisse aus den ersten beiden Teilen der Praxisstudie, um mithilfe der Anwendung der Methodik, eine optimale Anlagenprototypenkonfiguration mit Hinblick auf eine effiziente Industrialisierung der Hairpin-Statorproduktion zu erhalten.

Aus Gründen der Handhabbarkeit soll das Vorgehen im Folgenden lediglich anhand der übergeordneten Module strukturiert werden. Das Vorgehen wird von der in 4.3 sowie 4.4 dargestellten Auf- und Ablaufstruktur geleitet.

Modul 1 – Anforderungsbedarfsanalyse:

Wie bereits in Kapitel 5 beschrieben, ist das Ziel des ersten Lösungsmoduls, die vorgesehenen Produktionsanlagen durch Anforderungen an den Anlagenbau zu erfassen und die offenen Anforderungsbedarfe an die Produktionsanlagen zu identifizieren. Hierzu muss zunächst das Produkt, welches mit der Produktionsanlage produziert werden soll, standardisiert beschrieben werden.

Das Produkt, welches im Zentrum der vorliegenden Validierung der Methodik stand, war ein Hairpin-Stator, der für den Einsatz im elektrischen Antriebsstrangs eines Elektrofahrzeugs vorgesehen war (siehe dazu Abschnitte 2.1.5, 2.2.3). Das zugrundeliegende Projekt begann in Jahre 2017, sodass Elektrofahrzeuge im Markt noch nicht verbreitet waren. Gleichzeitig wurden auch die Elektromotoren noch nicht in großen Stückzahlen gefertigt. Zusätzlich ging mit der eingesetzten Hairpin-Statortechnologie als neue Produkttechnologie eine hohe Unbekanntheit einher.

	Merkmal	Ausprägungen
	Variante	A
Allgemeine Merkmale	Außendurchmesser	~300 mm
	Innendurchmesser	~220 mm
	Aktive Länge	~200 mm
	Wickelkopflänge	~45 mm
	Gesamte Statorlänge	~290 mm
	Anzahl Nuten	72
	Anzahl Leiter pro Nut	6
	Gewicht	~20 kg
	Paketierung	Verschweißung am Außendurchmesser
Blechpaket	Blechdicke	Angabe nicht möglich
	Elektroblechmaterial	Angabe nicht möglich
	Toleranz Bechpaket	Angabe nicht möglich
Draht	Drahtbreite	~2,00 mm
	Drahthöhe	~3,00 mm
	Drahtisolationsdicke	Angabe nicht möglich
	Toleranzen Draht	Angabe nicht möglich

	Merkmal	Ausprägungen
	Variante	A
Nuten-papier	Material N.P.	Nomex Dupont
	Dicke	0,25 mm
Busbar	Toleranz N.P.	Angabe nicht möglich
	Länge Busbar	Angabe nicht möglich
	Material Busbar	Angabe nicht möglich
Elektrische Parameter	Toleranz Busbar	Angabe nicht möglich
	Spannungslage	400 V
	Pole	Angabe nicht möglich
	Parallele Leiter	Angabe nicht möglich
	Anzahl Windungen	Angabe nicht möglich
	Kontaktierung Wicklung	Stern
	Wickelschema	Angabe nicht möglich
	Parallele Leiter	Angabe nicht möglich
	Anzahl Windungen	Angabe nicht möglich
	Kontaktierung Wicklung	Stern
	Wickelschema	Angabe nicht möglich

Abbildung 6-1: Produktmerkmale des Hairpin-Stators

Im nächsten Schritt erfolgte eine Anforderungsermittlung, in der die bereits bekannten Anforderungen ermittelt und standardisiert erfasst werden (siehe Abschnitt 5.1.2). Hierzu wurde zunächst die zukünftige Produktionsaufgabe definiert. Im nächsten Teilschritt wurden die Erkenntnisse, die bereits aus der Runddrahtwickeltechnik bekannt waren, genutzt, um die bekannten Anforderungen strukturiert entsprechend des in der Methodik vorgegebenen Schemas aufzulisten (siehe dazu Abbildung 6-2). So wurde identifiziert, dass die Anforderungen an die Prozessschritte ‚Statornuten Isolieren' oder auch die Anforderungen an die Beschädigungsfreiheit ähnlich waren. Zwar war die Prozesskette und die Vielzahl der Technologiealternativen grundsätzlich bekannt, aber es wurden auch unbestimmte Anforderungen wie die maximal notwendige Laserleistung identifiziert. Bei Anwendung der Methodik wurde deutlich, dass in der frühen Phase nur wenige Informationen im Projektteam sowie der Literatur verfügbar waren. Hierdurch wurde validiert, dass bei disruptiven, unbekannten Technologien die Nutzung des initialen Produkt Protypenbaus sinnvoll ist, um auftretende Probleme, Wirkmechanismen und Lösungsmöglichkeiten zu identifizieren.

	Anforderungsbeschreibung an die Produktionsaufgabe	Bezugsobjekt (Art/Ausprägung)		Bezugsmerkmal	Bezugsausprägung	Art	Priorisierung	Skala	Kategorie
Anforderung A_1	Die Produktionsline muss eine Statorvariante in der Sollausbringung von 400.000 Stück pro Jahr entsprechend der Zeichnung inklusive angegebenen Toleranzen produzieren.	Linienabschnitt	Ganze Linie	Produktionsaufgabe	400.000 Stück/Jahr	Funktional	Fest	Nominal	Fertigungs-ablauf
Anforderung A_2	Unter Nutzung der Hairpinstatortechnologie sollen möglichst geringe Abweichungen gegenüber den angegebenen Toleranzen erreicht werden.	Linienabschnitt	Ganze Linie	Geometrische Toleranzen	Referenz Zeichnung	Qualität	Mindestens	Absolut	Qualität und Messtechnik
Anforderung A_3	Für den Prozessschritt "Draht Abisolieren" soll mithilfe eines Laser abisoliert werden.	Prozess	Draht Abisolieren	Technologiealternative Abisolieren	Laserabisolieren	Qualität	Fest	Nominal	Maschine und Prozess
Anforderung A_4	Für den Prozessschritt "Hairpinenden Verschweißen" soll mithilfe eines Lasers geschweißt werden.	Prozess	Hairpinenden Verschweißen	Technologiealternative Schweißen	Laserschweißen	Funktional	Fest	Nominal	Maschine und Prozess
Anforderung A_5	Im Prozessschritt "Statornuten Isolieren" soll eine Höhenkontrolle des eingeschobenen Nutisolationspapiers vorgesehen sein.	Prüftechnik	Statornuten Isolieren	Zusätzliche Prüftechnik	Prüfung Höhe Nutisolationspapier	Qualität	Fest	Nominal	Qualität und Messtechnik
Anforderung A_6	In der ganzen Produktionsline sollen die Statorblechpakete durch Greifer immer von außen gegriffen werden.	Prozess	Hairpin Kontaktieren	Greiferposition	Greiferposition am Außendurchmesser	Funktional	Fest	Nominal	Automatisierung
Anforderung A_7	Im Prozessschritt "Statornuten Isolieren" soll eine Höhenkontrolle des Blechpakets bei Einbringung in die Station erfolgen.	Prüftechnik	Statornuten Isolieren	Zusätzliche Prüftechnik	Prüfung Höhe Blechpaket	Qualität	Fest	Nominal	Qualität und Messtechnik
Anforderung A_8	Die im beiligenden Dokument angefügten elektrischen Toleranzen sollen mindestens erfüllt werden.	Prozess	Ganze Linie	Elektrische Toleranzen	Referenz Spezifikations-dokument	Qualität	Mindestens	Absolut	Qualität und Messtechnik
Anforderung A_9	Innerhalb des Produktionsprozesses soll sichergestellt werden, dass die Drahtisolation nicht beschädigt oder geschwächt wird.	Linienabschnitt	Ganze Linie	Beschädigungsfreiheit Draht	Keine Beschädigung	Qualität	Fest	Nominal	Qualität und Messtechnik
Anforderung A_{10}	Innerhalb des Produktionsprozesses soll sichergestellt werden, dass das Nutisolationspapier nicht beschädigt oder geschwächt wird.	Linienabschnitt	Ganze Linie	Beschädigungsfreiheit Nutisolationspaper	Keine Beschädigung	Qualität	Fest	Nominal	Qualität und Messtechnik
Anforderung A_{11}	Für das Laserschweißen ist eine maximale Laserleistung von X zu nutzen.	Prozess	Hairpinenden Verschweißen	Maximale Laserleistung Verschweißen	Unbestimmt	Funktional	Mindestens	Absolut	Maschine und Prozess
Anforderung A_{12}	Für das Laserabisolieren ist eine maximale Laserleistung von Y zu nutzen.	Prozess	Draht Abisolieren	Maximale Laserleistung Abisolieren		Funktional	Mindestens	Absolut	Maschine und Prozess
Anforderung A_{13}	Für den Prozess "Hairpin Biegen" ist die Technologiealternative Z zu nutzen.	Prozess	Hairpinenden Biegen	Technologiealternative Hairpin Biegen		Funktional	Fest	Nominal	Maschine und Prozess
Anforderung A_{14}	Im Prozess "Draht Abisolieren" soll eine Sauberkeit von A RFU erreicht werden.	Prozess	Draht Abisolieren	Restsauberkeit		Qualität	Mindestens	Absolut	Qualität und Messtechnik
Anforderung A_{15}	Nach dem Prozess "Hairpin Biegen" soll jeder einzelne Pin eine Toleranz von B aufweisen.	Prozess	Hairpinenden Biegen	Toleranz Hairpin		Qualität	Mindestes	Absolut	Qualität und Messtechnik
Anforderung A_i	Unbekannt								

Abbildung 6-2: Initiale Anforderungsliste mit bekannten und unbestimmten Anforderungen

Modul 2 – Initialer Produkt Prototypenbau:

Nachdem im ersten Modul das zu produzierende Produkt eingeführt und der primäre Anforderungsbedarf aufgeführt wurde, soll in der Anwendung des zweiten Moduls der sekundäre Anforderungsbedarf aufgespannt werden. Dieser beinhaltet die experimentelle Ermittlung von unbekannten Anforderungen. Da im frühen Projektstadium nur wenig über die Produktionsprozesskette bekannt ist, soll in dieser Phase das Produkt mit manuellen Vorrichtungen gefertigt werden, um hieraus auf mögliche Fehler mit den Serienproduktionsanlagen und Anforderungen zur Fehlervermeidung zu schließen.

In der Validierung der Methodik wurde zunächst auf eine grobe Prozesskette zurückgegriffen, mit der der Hairpin-Stator zu fertigen sein sollte. Hierzu wurden anschließend unter Zuhilfenahme von einfachen Standardteilen und 3D-Druck Verfahren Vorrichtungen und kleine Anlagenteile konzipiert und gefertigt (siehe Abbildung 6-3). Hervorzuheben sind in diesem Zusammenhang noch die vorhandenen und zugekauften Geräte wie der Laser (Trumpf TruDisk 4001 mit 4.000 W Laserleistung sowie mit Trumpf 3D-PFO) sowie der Draht-Richtapparat (Witels&Albert) und das Schleich MCT2 Statorprüfgerät.

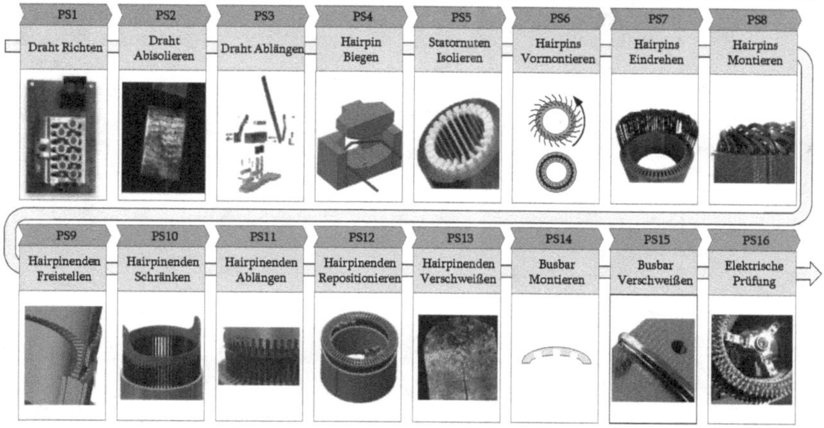

Abbildung 6-3: Prototypische Produktionsprozesskette am Beispiel der Hairpin-Statorproduktion

Analog der in 5.2.1 dargestellten Methodik wurden im Rahmen des Produkt-Prototyping die Einzelprozesse entwickelt und realisiert. Mithilfe der FMEA-Methodik wurden die Einzelprozesse auf Fehlermöglichkeiten hin untersucht und weiterentwickelt. Abbildung 6-4 zeigt exemplarisch die im Projekt identifizierten Fehlermöglichkeiten im Schweißprozess auf. In dem Auszug aus der FMEA wird auf die Fehlermöglichkeiten fokussiert, die aus dem vorgelagerten Prozess der Repositionierung resultieren. Wie auch schon GLAESSEL experimentell festgestellt hat, ist der Hairpin-Schweißprozess stark abhängig von Einflussgrößen aus den vorgelagerten Prozessen.[833] In den Versuchen wurde identifiziert, dass unter konstanten Rahmenbedingungen sehr gute Schweißergebnisse zu erzielen waren. Jedoch wurde auch deutlich, dass vor allem geometrische Abweichungen der Hairpins (Spalte, Höhendifferenzen, Grate etc.) sowie Verunreinigungen der Hairpins zu Fehlern wie Porositäten führen. Es wurde auch identifiziert, dass der 4 kW Laser, der für die Versuche zur Verfügung stand nicht ausreichend geeignet ist um optimale Schweißergebnisse zu erzielen. Die gesammelten Erkenntnisse wurden in der FMEA-Methodik detailliert dokumentiert und bewertet. Mithilfe der vorhandenen Versuchsanordnung konnten nicht ausreichend Ergebnisse gesammelt werden, aber es konnte konkludiert werden, dass für eine Serienanlage genaue Anforderungen an die Laserschweißprozesse sowie die vorgelagerten Prozesse zu stellen sind, um ein bestmögliches Ergebnis zu erzielen. Es folgte, dass die Anforderungen an den Laserschweißprozess zu spezifizieren aber unbekannt waren, sodass sie als sekundärer Anforderungsbedarf bezeichnet werden konnten. Dadurch, dass in der Projektphase die Hairpin-Statorproduktionstechnologie in Europa noch nicht verbreitet war und auch die Maschinenzulieferer keine prozesssicheren Lösungen direkt anbieten konnten, mussten die Anforderungen durch Experimente entwickelt und validiert werden.

[833] Vgl. Gläßel (2020): Prozessketten zum Laserstrahlschweißen von flachleiterbasierten Formspulenwicklungen für automobile Traktionsantriebe.

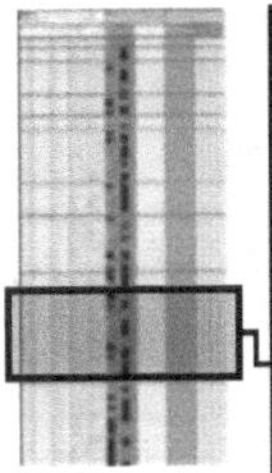

Beschreibung			Bewertung			
Ursächlicher Prozess	Ursache	Folge	A	S(A)	B	S(B)
Repositionierung	Vermehrt Schneidgrat vorhanden	Asymmetrische Schweißnaht	3	3	2	3
Repositionierung	Deformierter Drahtquerschnitt	Asymmetrische Schweißnaht	3	3	2	3
Repositionierung	Höhendifferenz zwischen Hairpin-Enden	Keine Kontaktierung der Leiterenden	1	3	3	3
Repositionierung	Spalt zwischen Hairpin-Enden	Keine Kontaktierung der Leiterenden	2	3	3	3
Repositionierung	Offset zwischen Hairpin-Enden	Keine Kontaktierung der Leiterenden	1	3	3	3
Repositionierung	Vermehrt Schneidgrat vorhanden	Keine Kontaktierung der Leiterenden	2	3	3	3
Repositionierung	Kontamination der Draht-oberfläche	Porosität/ Einschlüsse in der Schweißnaht	3	3	3	3
Repositionierung	Mangelhafte Oberflächen-güte/Raue Oberfläche	Porosität/ Einschlüsse in der Schweißnaht	2	1	2	1
Repositionierung	Deformierter Drahtquerschnitt	Unzureichender Schweißnahtquerschnitt	2	2	2	2
Repositionierung	Höhendifferenz zwischen Hairpin-Enden	Unzureichender Schweißnaht-querschnitt	2	3	2	3
Repositionierung	Offset zwischen Hairpin-Enden	Unzureichender Schweißnaht-querschnitt	2	3	2	3
Repositionierung	Spalt zwischen Hairpin-Enden	Unzureichender Schweißnaht-querschnitt	3	3	2	3

Ursache: Höhendifferenz

Ursache: Spalt/Offset

Ursache: Mangelnde Oberflächengüte

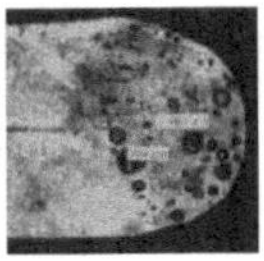

Folge: Porosität

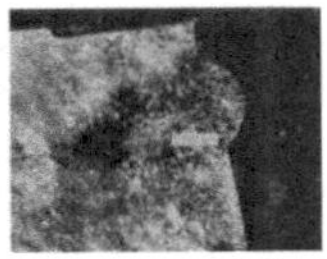

Folge: Asymmetrische Schweißnaht/Porosität

Abbildung 6-4: Exemplarische FMEA-Bewertung für den Schweißprozess mit Fokus auf die Abhängigkeit nach dem Prozessschritt der Repositionierung

Im nächsten Teilschritt wurden analog dem zweiten Modul der Methodik der Fehlerbaum der identifizierten Fehler erstellt (siehe Anhang A.6[834]). Dies erfolgt dadurch, dass nach der Einzelprozessentwicklung nun die Prozesse verkettet und explizit Fehler induziert wurden. Bei dieser Vorgehensweise wurde deutlich, dass die Hairpin-Statorproduktion hochinterdependent ist und hieraus bei der Spezifizierung der Anforderungen an eine neue Generation von Produktionsanlagen im disruptiven Umfeld eine besondere Herausforderung entsteht. Entgegen der singulären Fehlerbetrachtung resultiert aus der hohen Interdependenz ein hoher Anforderungsbedarf an neue Produktionsanlagen, den es zu ermitteln und zu validierten gilt.

Die Fehlerbaumanalyse im Kontext des ersten Produktprototypings im ersten Iterationszyklus hat ergeben, dass die in Abbildung 6-5 dargestellten Fehler in den einzelnen Prozessschritten als originär zu bewerten sind. Folglich resultiert aus der Vermeidung dieser ein hoher Anforderungsbedarf, weil diese Fehler nicht nur in den einzelnen Prozessschritten zu Abweichungen von der Soll-Qualität führen können, sondern auch inmehreren Folgeprozessen weitere Fehler und folglich Ausschuss und Stillstände produzieren können. Besonders hervorzuheben sind an dieser Stelle die folgenden Fehler:

- **Verzug/Formabweichung der Hairpins:** Die im Hairpin-Biegen entstandene orinäre Formabweichung wird in der Prozesskette durch weitere Umform- und Montageprozesse weiter verändert bzw. kann bereits in diesen zu weiteren Fehlern führen. Folglich gilt es diesen Fehler durch Anforderungen zu minimieren.

---

[834] Vgl. Kampker et al. (2020): A Systematic Approach to Inspection Planning in Agile Process Development of Hairpin Stator Production.

- **Isolation unvollständig entfernt:** Es wurde bereits in der exemplarischen Betrachtung der Einflüsse auf Laserschweißen dargelegt, dass die Isolationsqualität entscheidend für die spätere Spritzerneigung sowie die Porosität und mechanische Festigkeit der Schweißnaht ist. Es wird deutlich, dass der Fehler bereits im Prozess des Abisolierens zu vermeiden ist.
- **Mangelnde Oberflächengüte:** Die mangelnde Oberflächengüte resultiert aus dem Prozess des Ablängens der Hairpins und kann innerhalb der Prozesskette zu mechanischen Positionierungsfehlern sowie im schlimmsten Fall zur Isolation der Leiterisolation führen.
- **Falsche Länge/Höhendifferenz:** Die spätere Höhendifferenz der Hairpins resultiert bereits aus dem Ablängprozess und muss mit validierten Anforderungen adressiert werden.
- **Falsche Abisolierposition:** Die Kontamination der Drahtoberfläche vor dem Hairpin-Schweißen ist im weiteren Sinne auch auf die falsche Abisolierposition zurückzuführen. Auch hier müssen die richtigen Anforderungen gestellt werden.

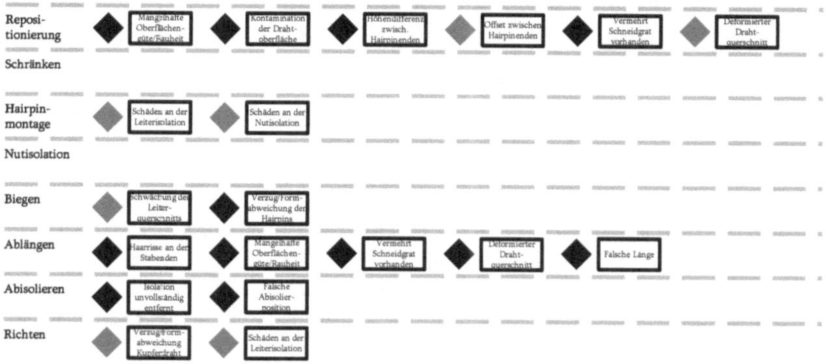

Abbildung 6-5: Auszug ermittelter originärer Fehler in der vereinfachten Produktionsprozesskette der Hairpinstatorproduktion vor dem Schweißprozess

Nachdem neben den zuvor vorgestellten originären Fehlern alle Fehler und Fehlerfolgen ausgewertet und mithilfe der vereinfachten Skale zwischen 1-3 bewertet wurden, ergibt sich die in Abbildung 6-6 dargestellte Matrix zu qualitätsrelevanten Zusammenhängen in der Hairpin-Statorproduktion.[835] Es wird deutlich, dass ein Cluster vor allem im Bereich des Prozesses des Hairpin Vormontierens (PS8) zu erkennen ist sowie dass die Prozessschritte 2 (Draht Ablängen) und 3 (Draht Ablängen) Einfluss auf eine Vielzahl nachfolgender Prozesse haben und folglich auch als Cluster aufzufassen sind. Auch ist erkennbar, dass wie bereits mehrfach aufgeführt, viele Prozesse Einflüsse auf das Laserschweißen haben (PS13).

[835] Diese Grafik wurde in ähnlicher Form bereits in einer Veröffentlichung des Autors vorgestellt sowie in Kapitel 2.4.4 durch Erkenntnisse der wissenschaftlichen Forschungsliteratur weiter belegt Vgl. Kampker et al. (2018): Ex-Ante Process-FMEA for Hairpin Stator Production by Early Prototypical Production Concepts.

	PS1	PS2	PS3	PS4	PS5	PS6	PS7	PS8	PS9	PS10	PS11	PS12	PS13	PS14	PS15	PS16
PS1		1	0	2	0	1	1	2	1	2	2	1	1	0	0	0
PS2			0	0	0	0	0	0	0	0	0	0	3	0	1	0
PS3				1	0	1	1	2	1	2	2	1	3	0	0	0
PS4					0	1	1	2	1	3	2	1	3	1	0	0
PS5						0	0	2	0	0	0	0	0	0	0	2
PS6							1	2	0	0	0	0	0	0	0	0
PS7								1	0	0	0	0	0	0	0	0
PS8									2	2	2	0	0	0	0	0
PS9										2	2	1	0	0	0	0
PS10											2	2	3	1	1	0
PS11												1	2	1	1	0
PS12													1	0	0	0
PS13														0	0	2
PS14															2	0
PS15																1
PS16																

Legende
0 Kein qualitätsrelevanter Zusammenhang
1 Schwacher qualitätsrelevanter Zusammenhang
2 Mäßiger qualitätsrelevanter Zusammenhang
3 Starker qualitätsrelevanter Zusammenhang

Abbildung 6-6: Ermittelte qualitätsrelevante Zusammenhänge in der Hairpin-Statorproduktion

Im nächsten Teilschritt müssen die identifizierten Fehler und Fehlerfolgen zu Anforderungen zur Fehlervermeidung transformiert werden. Hierzu wurde die in Abschnitt 5.2.4 aufgestellte Auswahlmatrix genutzt. Exemplarisch soll im Folgenden auf das Cluster des Hairpin-Schweißens eingegangen werden. Zunächst wurden Möglichkeiten identifiziert, wie innerhalb des Laserschweißprozesses die identifizierten Fehler durch Anforderungen vermieden werden können. Hierbei gibt es im Bereich der direkten Fehlervermeidung eine Überschneidung mit dem primären Anforderungsbedarf, da die optimierten Parameter, die dem primären Anforderungsbedarf zuzuordnen sind (Maximale Laserleistung, Strahlquelle und Spotdurchmesser), schon vor Durchführung des Prototyping-Prozesses bekannt und zu bestimmen waren. Allerdings waren Technologien wie die Strahl-in-Strahl Technologie im Validierungsprojekt vor der Identifizierung der Fehler- und Fehlerfolgen unbekannt, sodass diese Fehlervermeidungsanforderung zur Validierung der Notwendigkeit dieser dem sekundären Anforderungsbedarf zuzuordnen ist. Als eine weitere direkte Fehlervermeidungsmöglichkeit wurde die OCT-Messung (für optische Kohärenztechnologie) identifiziert, mit der Höhendifferenzen gemessen werden können. Die Validierung der Notwendigkeit dieser Fehlervermeidungsanforderungen floss auch in den sekundären Anforderungsbedarf ein.

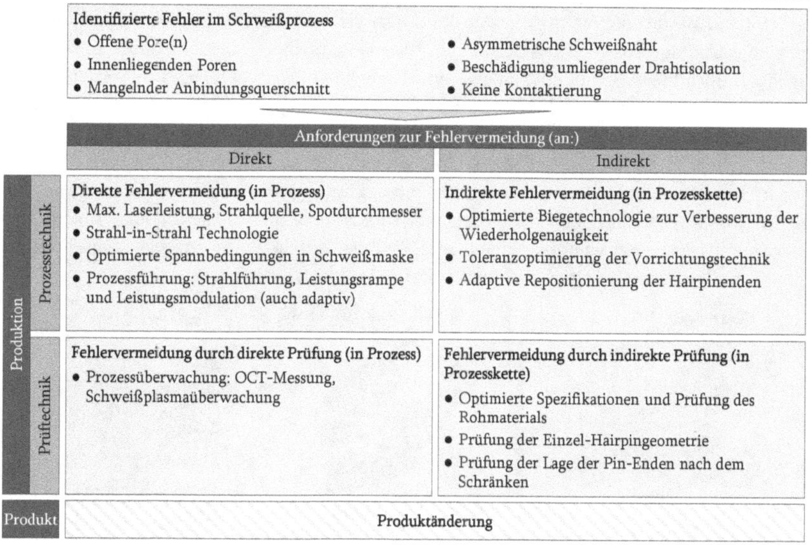

Abbildung 6-7: Übersicht zu Reaktionsmöglichkeiten durch Anforderungen zur Fehlervermeidung im Schweißprozess

Eine weitere direkte Anforderung zur Fehlervermeidung, die identifiziert wurde, war die Schweißmaske. Hier wurde festgestellt, dass tangentiale, radiale Anforderungen an das Spannkonzept gestellt werden müssen. Es wurde folglich eine vereinfachte Form realisiert, die jedoch lediglich die Anforderungen an das tangentiale Spannen erfüllen konnte. Für einen Serienbetrieb musste daher ein neues Spannkonzept entwickelt werden. Die unbekannten Anforderungen an dieses konnten durch diese prototypischen Versuche jedoch aufgestellt und in den sekundären Anforderungsbedarf übernommen werden. Diesen gilt es in den kommenden Modulen zu validieren.

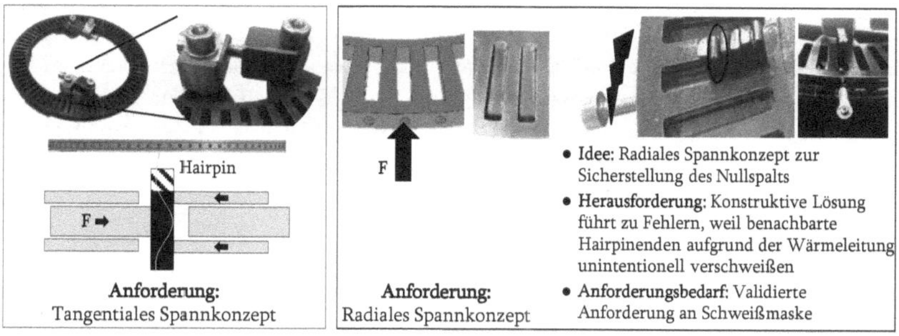

Abbildung 6-8: Anforderungsbedarf durch direkte Reaktion: Validierte Anforderungen an Schweißmaske

Wie in der obigen Abbildung 6-7 dargestellt, existieren es auch Reaktionsmöglichkeiten auf identifizierte Fehler, die die Fehlerfolge fokussieren und an der Fehlerursache bzw. dem originären Fehler ansetzen (Indirekte Anforderungen an die Fehlervermeidung durch die Prozesstechnik). Im Kontext des Einflusses der Form- und Lagetoleranzen bzw. des Offsets und der Höhendifferenz der Hairpin-Enden auf das Laserschweißens wurde im Rahmen des Prototypings und der Entwicklung der Einzelprozesse identifiziert, dass mithilfe des einschrittigen Freiformbiegens nur eine mangelnde Formgenauigkeit eingehalten werden konnte (siehe dazu exemplarisch Abbildung 6-9). Das neue Konzept beinhaltete dementsprechend ein Verfahren mit zwei Schritten, bei dem zunächst die zweidimensionale Form und im nächsten Schritt die dritte Dimension durch Gesenke hergestellt wurde. Der Anforderungsbedarf resultierte bei dieser Einzelprozessentwicklung einerseits aus der Validierung der Technologiealternative, der Validierung von zu bestimmenden Formtoleranzen nach dem Biegen sowie aus einer weiteren Analyse der Einflüsse auf die Folgeprozesse, deren Erkenntnisse dann wiederum in einen weiteren Iterationszyklus einfließen würden.

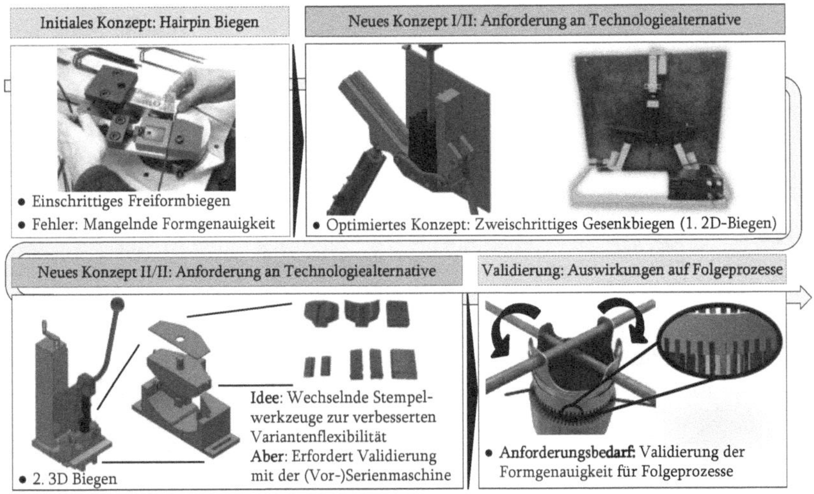

Abbildung 6-9: Anforderungsbedarf durch indirekte Reaktion: Validierte Technologiealternativen im Hairpin-Biegeprozess

Nachdem exemplarisch auf Fehlerbilder und Fehlervermeidungsanforderungen und die zu bestimmenden (primärer Anforderungsbedarf) und zu validierenden Anforderungen (sekundärer Anforderungsbedarf) eingegangen wurde, sind die restlichen Anforderungen in die erweiterte Anforderungsliste überführt worden. Wie bereits den Beispielen zu entnehmen ist, wurde der erste Iterationszyklus bereits mehrfach durchlaufen, um die Technologien, Fehler- und Fehlerfolgen besser zu präzisieren.

	Anforderungsbeschreibung an die Produktionsaufgabe	Bezugsobjekt (Art/Ausprägung)		Bezugsmerkmal	Bezugsausprägung	Art	Priorisierung	Skala	Kategorie
Anforderung A_{11}	Für das Laserschweißen ist eine maximale Laserleistung von X zu nutzen.	Prozess	Hairpinenden Verschweißen	Maximale Laserleistung Verschweißen	Unbestimmt	Funktional	Mindestens	Absolut	Maschine und Prozess
Anforderung A_{12}	Für das Laserabisolieren ist eine maximale Laserleistung von Y zu nutzen.	Prozess	Draht Abisolieren	Maximale Laserleistung Abisolieren		Funktional	Mindestens	Absolut	Maschine und Prozess
Anforderung A_{13}	Für den Prozess "Hairpin Biegen" ist die Technologiealternative Z zu nutzen.	Prozess	Hairpinenden Biegen	Technologiealternative Hairpin Biegen		Funktional	Fest	Nominal	Maschine und Prozess
Anforderung A_{14}	Im Prozess "Draht Abisolieren" soll eine Sauberkeit von A RFU erreicht werden.	Prozess	Draht Abisolieren	Restsauberkeit		Qualität	Mindestens	Absolut	Qualität und Messtechnik
Anforderung A_{15}	Nach dem Prozess "Hairpin Biegen" soll jeder einzelne Pin eine Toleranz von B aufweisen.	Prozess	Hairpin Biegen	Toleranz Hairpin		Qualität	Mindestens	Absolut	Qualität und Messtechnik
Anforderung A_{16}	Nach dem Prozess "Hairpinenden Repositionieren" ist die Oberflächengüte U1 Rz einzuhalten.	Prozess	Hairpinenden Repositionieren	Hairpin Oberflächengüte	U1 Rz, Unbestimmt	Qualität	Mindestens	Absolut	Qualität und Messtechnik
Anforderung A_{17}	Nach dem Prozess "Hairpinenden Repositionieren" ist eine Kontamination der Drahtoberfläche zu vermeiden.	Prozess	Hairpinenden Repositionieren	Restsauberkeit	Keine Kontamination	Qualität	Fest	Nominal	Qualität und Messtechnik
Anforderung A_{18}	Nach dem Prozess "Hairpinenden Repositionieren" ist ist eine Höhendifferenz von U2 einzuhalten.	Prozess	Hairpinenden Repositionieren	Höhendifferenz	U2 µm, Unbestimmt	Qualität	Mindestens	Absolut	Qualität und Messtechnik
Anforderung A_{19}	Nach dem Prozess "Hairpinenden Repositionieren" ist ein Grat an den Hairpinenden zu vermeiden.	Prozess	Hairpinenden Repositionieren	Hairpin Grat	Kein Grat	Qualität	Fest	Nominal	Qualität und Messtechnik
Anforderung A_{20}	Nach dem Prozess "Hairpinenden Repositionieren" muss der Drahtquerschnitt den Rohmaterialdimensionen entsprechen.	Prozess	Hairpinenden Repositionieren	Hairpin Drahtquerschnitt	2 x 3 mm	Qualität	Fest	Nominal	Qualität und Messtechnik
Anforderung A_{21}	Nach dem Prozess "Hairpinenden Ablängen" sind Haarrisse zu vermeiden.	Prozess	Hairpinenden Ablängen	Haarrisse	Keine Haarrisse	Qualität	Fest	Nominal	Qualität und Messtechnik
Anforderung A_{22}	Nach dem Prozess "Hairpinenden Ablängen" ist die Oberflächengüte U2 Rz einzuhalten.	Prozess	Hairpinenden Ablängen	Hairpin Oberflächengüte	U2 µm, Unbestimmt	Qualität	Mindestens	Absolut	Qualität und Messtechnik
Anforderung A_{23}	Nach dem Prozess "Hairpinenden Ablängen" ist ein Grat an den Hairpinenden zu vermeiden.	Prozess	Hairpinenden Ablängen	Hairpin Grat	Kein Grat	Qualität	Fest	Nominal	Qualität und Messtechnik
Anforderung A_{24}	Für den Prozess "Hairpinenden Verschweißen" ist ein tangentiales und radiales Spannkonzept vorzusehen.	Maschine	Hairpinenden Verschweißen	Spannkonzept	Tangentiales und Radiales Spannkonzept	Funktional	Fest	Nominal	Maschine und Prozess
Anforderung A_{25}	Im Prozess "Hairpinenden Verschweißen" soll der Spotdurchmesser des Laserstrahls U3 µm auf der Pinoberfläche betragen.	Maschine	Hairpinenden Verschweißen	Spotdurchmesser in Fokuslage	U3 µm, unbestimmt	Funktional	Fest	Nominal	Maschine und Prozess
Anforderung A_{26}	Im Prozess "Hairpinenden Verschweißen" soll die Strahl-in-Strahl Technologie genutzt werden.	Maschine	Hairpinenden Verschweißen	Strahl-in-Strahl Technologie	Strahl-in-Strahl	Funktional	Fest	Nominal	Maschine und Prozess
Anforderung A_{27}	Nach dem Prozes "Hairpin Biegen" ist eine Hairpingeometrieprüfung vorzusehen.	Linien-abschnitt	Hairpin Biegen	Hairpingeometrieprüfung	Hairpingeometrieprüfung vorhanden	Funktional	Fest	Nominal	Qualität und Messtechnik
Anforderung A_{28}	Nach dem Prozess "Hairpinenden Repositionieren" ist eine Lageprüfung der Hairpinenden vorzusehen.	Prozess	Hairpinenden Repositionieren	Lageprüfung Hairpinenden	Hairpinendenlageprüfung vorhanden	Funktional	Fest	Nominal	Qualität und Messtechnik
Anforderung A[illegible]	Nach dem Prozess "Draht Abisolieren" ist eine Prüfung der Absolierqualität vorzusehen.	Linien-abschnitt	Draht Abisolieren	Hairpinabisolier-prüfung	Prüfung Oberflächenreinheit vorhanden	Funktional	Fest	Nominal	Qualität und Messtechnik
Anforderung A_{29}	Im Drahtrichtprozess ist eine absolute Einstellung der Richtrollen vorzusehen.	Maschine	Draht Richten	Einstellung Richtgerät	Absolute Einstellung vorhanden	Funktional	Fest	Nominal	Maschine und Prozess

Abbildung 6-10: Erweiterte Anforderungsliste mit Fehlervermeidungsanforderungen

Modul 3 – Planung der Anforderungsbestimmung:

Das nächste Modul stellt gleichzeitig den Anfang des zweiten Iterationszyklus dar. Zunächst wurden die identifizierten Prozesse mit ihren zugehörigen Anforderungen genutzt, um aus der bereits im vorherigen Modul aufgestellten Interdependenz-Matrix (bzw. DSM-Matrix) Prozesscluster abzuleiten. Hierzu wurde das vorgestellte Verfahren von IDICULA bzw. von GUTIERREZ und THEBAU genutzt (siehe Abbildung 6-11). Die Analyse der ermittelten Prozesscluster zeigt, dass fünf Prozesscluster bestehen, von denen drei mehr als zwei Einzelprozesse enthalten. Während das erste Prozesscluster vorrangig die mechanischen Prozesse um das ‚Hairpin Biegen' und ‚Hairpin Montieren' beinhaltet, fokussiert das zweite Prozesscluster die besonders relevanten Prozesse mit Hinblick auf das spätere Laserschweißen.

	PS1	PS4	PS9	PS10	PS12	PS2	PS3	PS11	PS13	PS6	PS7	PS8	PS14	PS15	PS5	PS16
PS1 Draht Richten		2	1	2	1	1	0	2	1	1	1	2	0	0	0	0
PS4 Hairpin Biegen	2		1	3	1	0	1	2	3	1	1	2	1	0	0	0
PS9 Hairpinenden freistellen	1	1		2	1	0	1	2	0	0	0	2	0	0	0	0
PS10 Hairpinenden schränken	2	3	2		2	0	2	2	3	0	0	2	1	1	0	0
PS12 Hairpinenden Repositionieren	1	1	1	2		0	1	1	1	0	0	0	0	0	0	0
PS2 Draht Abisolieren	1	0	0	0	0		0	0	3	0	0	0	0	1	0	0
PS3 Draht Ablängen	0	1	1	2	1	0		2	3	1	1	2	0	0	0	0
PS11 Hairpinenden Ablängen	2	2	2	2	1	0	2		2	0	0	2	1	1	0	0
PS13 Hairpinenden Verschweißen	1	3	0	3	1	3	3	2		0	0	0	0	0	0	2
PS6 Hairpins Vormontieren	1	1	0	0	0	0	1	0	0		1	2	0	0	0	0
PS7 Hairpins Eindrehen	1	1	0	0	0	0	1	0	0	1		1	0	0	0	0
PS8 Hairpins Montieren	2	2	2	2	0	0	2	2	0	2	1		0	0	2	0
PS14 Busbar montieren	0	1	0	1	0	0	0	1	0	0	0	0		2	0	0
PS15 Busbar Verschweißen	0	0	0	1	0	1	0	1	0	0	0	0	2		0	1
PS5 Statornuten Isolieren	0	0	0	0	0	0	0	0	0	0	0	2	0	0		2
PS16 Imprägnieren	0	0	0	0	0	0	0	0	2	0	0	0	0	1	2	

Abbildung 6-11: Ermittelte Prozesscluster in der Hairpin-Statorproduktion

Für die drei als besonders relevant identifizierten Prozesscluster wurden nun verschiedene Möglichkeiten zur Anforderungsbestimmung bzw. -validierung mit Hinblick auf den Virtualisierungsgrad aufgestellt. Dabei besteht jeweils die Möglichkeit, dass Prozesscluster als realer Prototyp, als hybrider Prototyp oder als Simulation ausgeführt werden. In Abbildung 6-12 sind die die verschiedenen Optionen näher detailliert, wobei exemplarisch auf das erste Prozesscluster eingegangen werden soll. Bei diesem Cluster wird deutlich, dass eine Hairpin-Biegeanlage als realer Prototyp sinnvoll genutzt werden kann. Der Vorteil dieser Anlage liegt darin, dass sie ohne komplexe Vorprodukte und einfach für andere Produktformen verwendet werden kann. Bei den Vorgängen des Freistellens und Schränkens wird deutlich, dass nur relativ unflexible und aufwendige Schränkwerkzeuge als reale Prototypen nutzbar wären. Grundsätzlich wurde im Rahmen der Validierung identifiziert, dass es nicht einfach möglich ist, eine Simulation der gesamten Anlage zu definieren. Die Fragestellung nach Simulationen sollte vielmehr auf der einzelnen Anforderung bzw. dem einzelnen Experiment basieren. In diesem Sinne kann festgestellt werden, dass die Konstitution der hybriden Prototypen für die Prozesskette integriert mit der Erstellung der Experimentenliste angewandt werden sollte.

Cluster	Virtualisierungsgrad des Anlagenprototypen		
Typ	Real	Hybrid	Simulation
Cluster 1 Richten, Biegen, Freistellen, Schränken, Repo-sitionieren	• Automatisierte Hairpinbiegeanlage mit integrierten Richtapparat • Manuelle Vorrichtungen für Freistellen • Manuell zu bestückendes Schränkwerkzeug • Schweißmaske	• Automatisierte Hairpinbiegeanlage mit integriertem Richtapparat • Hairpin Geometriemessung • Virtuelle Toleranzbetrachtung der Freistell-, Schränk- und Repositionierwerkzeuge (Schweißmaske)	• Simulation der Hairpinbiegeprozesse mit Variation der Biegeparameter • Virtuelle Toleranzbetrachtung der Freistell-, Schränk- und Repositionierwerkzeuge (Schweißmaske)
Cluster 2 Abisolieren D.Ablängen H.Ablängen Schweißen	• Abisolierlaseranlage • Laserschweißanlage mit Schweißmaske • Automatisierte Hairpinbiegeanlage mit Ablängefunktion	• Abisolierlaseranlage • Laserschweißanlage ohne Schweißmaske • Virtuelle Toleranzsimulation der Schweißmaske	• Abisoliersimulation • Laserschweißsimulation • Virtuelle Toleranzbetrachtung der Schweißmaske
Cluster 3 Vormontieren Eindrehen Montieren	• Vormontage-, Eindreh- und Montageanlage		• Virtuelle Toleranzsimulation der Vormontage-, Eindreh- und Montagewerkzeuge

Abbildung 6-12: Identifikation der Virtualisierungsoptionen pro Cluster

Aus den verschiedenen Virtualisierungsoptionen wurde daraufhin die Experimentenliste erstellt. Wie bereits in der Entwicklung der Methodik beschrieben, sollen die Experimente zur Anforderungsbestimmung bzw. -validierung dienen. Dabei wurden lediglich die Anforderungen aus der erweiterten Anforderungsliste in die Experimentenliste überführt, die entweder zu bestimmen oder zu validieren waren. Bei der Anwendung der Methodik wurde deutlich, dass Experimente, die die Notwendigkeit einer Fehlervermeidungsanforderung validieren sollen, zu Experimenten führen, die den Einfluss eines inhärenten Parameters auf den betreffenden Prozess bestimmen. Weiterhin wurde deutlich, dass die Identifikation möglicher Simulationsmethoden nur erschwert durchzuführen ist. Denn es lässt sich vorab nur schwer eine Einschätzung über die zukünftige Güte der Simulation treffen.

	Anforderungsbeschreibung an die Produktionsaufgabe	Bezugsobjekt (Art/Ausprägung)	Bezugsmerkmal	Bezugs-ausprägung	Priorisierung	Zielsetzung des Experiments	Mögliche Simulationsmethode
Anforderung A_{11}	Für das Laserschweißen ist eine maximale Laserleistung von X zu nutzen.	Hairpinenden Verschweißen	Maximale Laserleistung Verschweißen	Unbestimmt	Zu bestimmen	Bestimmung der maximal notwendigen Laserleistung	Laserschweißsimulation
Anforderung A_{12}	Für das Laserabisolieren ist eine maximale Laserleistung von Y zu nutzen.	Draht Abisolieren	Maximale Laserleistung Abisolieren		Zu bestimmen	Bestimmung der maximal notwendigen Laserleistung	Abisoliersimulation
Anforderung A_{13}	Für den Prozess "Hairpin Biegen" ist die Technologiealternative Z zu nutzen.	Hairpinenden Biegen	Technologiealternative Hairpin Biegen		Zu bestimmen	Bestimmung der optimalen Hairpin Biegetechnologie	Simulation der Hairpinbiegeprozesse mit Variation der Biegeparameter
Anforderung A_{14}	Im Prozess "Draht Abisolieren" soll eine Sauberkeit von A RFU erreicht werden.	Draht Abisolieren	Restsauberkeit		Zu bestimmen	Bestimmung der RFU Toleranz nach dem Draht Abisolieren	-
Anforderung A_{15}	Nach dem Prozess "Hairpin Biegen" soll jeder einzelne Pin eine Toleranz von B aufweisen.	Hairpin Biegen	Toleranz Hairpin		Zu bestimmen	Bestimmung der notwendigen Hairpin-Geometrietoleranzen	Virtuelle Toleranzsimulation der Vormontage-, Eindreh- und Montagewerkzeuge
Anforderung A_{16}	Nach dem Prozess "Hairpinenden Repositionieren" ist die Oberflächengüte U1 Rz einzuhalten.	Hairpinenden Repositionieren	Hairpin Oberflächengüte	U1 Rz, Unbestimmt	Zu bestimmen	Bestimmung der notwendigen Hairpin-Oberflächentoleranz für das Laserschweißen	-
Anforderung A_{17}	Nach dem Prozess "Hairpinenden Repositionieren" ist eine Kontamination der Drahtoberfläche zu vermeiden.	Hairpinenden Repositionieren	Restsauberkeit	Keine Kontamination	Zu validieren	Validierung der Restsauberkeit im Prozess und des Einflusses auf das Laserschweißen	-
Anforderung A_{18}	Nach dem Prozess "Hairpinenden Repositionieren" ist ist eine Höhendifferenz von U2 einzuhalten.	Hairpinenden Repositionieren	Höhendifferenz	U2 µm, Unbestimmt	Zu bestimmen	Bestimmung der notwendigen Toleranz für die Höhe der Hairpinenden	Laserschweißsimulation
Anforderung A_{19}	Nach dem Prozess "Hairpinenden Repositionieren" ist ein Grat an den Hairpinenden zu vermeiden.	Hairpinenden Repositionieren	Hairpin Grat	Kein Grat	Zu validieren	Validierung des Gratfreiheit und des Einflusses auf das Laserschweißen	-
Anforderung A_{20}	Nach dem Prozess "Hairpinenden Repositionieren" muss der Drahtquerschnitt den Rohmaterialdimensionen entsprechen.	Hairpinenden Repositionieren	Hairpin Drahtquerschnitt	2 x 3 mm	Zu validieren	Validierung der Einhaltung der Drahtdimensionen in der Prozesskette	Virtuelle Toleranzsimulation der Vormontage-, Eindreh- und Montagewerkzeuge
Anforderung A_{21}	Nach dem Prozess "Hairpinenden Ablängen" sind Haarrisse zu vermeiden.	Hairpinenden Ablängen	Haarrisse	Keine Haarrisse	Zu validieren	Validierung der Freiheit von Haarrissen im Ablängen	-
Anforderung A_{22}	Nach dem Prozess "Hairpinenden Ablängen" ist die Oberflächengüte U2 Rz einzuhalten.	Hairpinenden Ablängen	Hairpin Oberflächengüte	U2 µm, Unbestimmt	Zu validieren	Bestimmung der notwendigen Hairpin-Oberflächentoleranz für das Laserschweißen und der resultierenden Oberflächengpte	-
Anforderung A_{23}	Nach dem Prozess "Hairpinenden Ablängen" ist ein Grat an den Hairpinenden zu vermeiden.	Hairpinenden Ablängen	Hairpin Grat	Kein Grat	Zu validieren	Validierung der Gratfreiheit und des Einflusses auf das Laserschweißen	-
Anforderung A_{24}	Für den Prozess "Hairpinenden Verschweißen" ist ein tangentiales und radiales Spannkonzept vorzusehen.	Hairpinenden Verschweißen	Spannkonzept	Tangentiales und Radiales Spannkonzept	Zu validieren	Validierung des Spannkonzeptes	Virtuelle Toleranzbetrachtung der Schweißmaske
Anforderung A_{25}	Im Prozess "Hairpinenden Verschweißen" soll der Spotdurchmesser des Laserstrahls U3 µm auf der Pinoberfläche betragen.	Hairpinenden Verschweißen	Spotdurchmesser in Fokuslage	U3 µm, unbestimmt	Zu bestimmen	Bestimmung des notwendigen Spotdurchmessers	Laserschweißsimulation
Anforderung A_{26}	Im Prozess "Hairpinenden Verschweißen" soll die Strahl-in-Strahl Technologie genutzt werden.	Hairpinenden Verschweißen	Strahl-in-Strahl Technologie	Strahl-in-Strahl	Zu validieren	Validierung der Notwendigkeit und des Einflusses der Strahl-in-Strahl Technologie	-
Anforderung A_{27}	Nach dem Prozes "Hairpin Biegen" ist eine Hairpingeometrieprüfung vorzusehen.	Hairpin Biegen	Hairpingeometrieprüfung	Hairpingeometrie-prüfung vorhanden	Zu validieren	Validierung der Notwendigkeit der Hairpingeometrieprüfung und der Schwankungen in den Biege-Prozessen	Simulation der Hairpinbiegeprozesse mit Variation der Biegeparameter
Anforderung A_{28}	Nach dem Prozess "Hairpinenden Repositionieren" ist eine Lageprüfung der Hairpinenden vorzusehen.	Hairpinenden Repositionieren	Lageprüfung Hairpinenden	Hairpinendenlageprüfung vorhanden	Zu validieren	Validierung der Notwendigkeit der Hairpinendenlageprüfung und des Einflusses auf den Laserschweißprozess	Virtuelle Toleranzsimulation der Vormontage-, Eindreh- und Montagewerkzeuge
Anforderung A_{29}	Nach dem Prozess "Draht Abisolieren" ist eine Prüfung der Abisolierqualität vorzusehen.	Draht Abisolieren	Hairpinabisolier-prüfung	Prüfung Oberflächenreinheitvorhanden	Zu validieren	Validierung der Notwendigkeit der Hairpinabisolierprüfung und des Einflusses auf den Laserschweißprozess	-
Anforderung A_{30}	Im Drahtrichtprozess ist eine absolute Einstellung der Richtrollen vorzusehen.	Draht Richten	Einstellung Richtgerät	Absolute Einstellung vorhanden	Zu validieren	Validierung der Notwendigkeit der absoluten Einstellung des Richtgerätes und des Einflusses auf die Biegeprozesse	-

Abbildung 6-13: Experimentenliste zur Anforderungsbestimmung und -validierung

Modul 4 – Anforderungsnutzenanalyse:

Das vierte Modul hatte zum Ziel, den Anforderungsnutzen zwischen den einzelnen Prozessclustern relativ zu bewerten. Die Bewertung gliedert sich dabei in den primären und den sekundären Anforderungsbedarf. Beim primären Anforderungsbedarf wurden auf Basis der initial identifizierten Anforderungen die Unbestimmtheit der einzelnen Prozesse bestimmt und dann zwischen den Prozessclustern verglichen. Der sekundäre Anforderungsbedarf stützte sich, wie in Abschnitt 5.4 entwickelt, auf die experimentell identifizierten Fehler- und Fehlervermeidungsanforderungen, wie auch auf eine Bewertung des Störungsrisikos. In Abbildung 6-14 werden zur Bewertung des Anforderungsnutzens auf Basis des durchgeführten Produkt-Prototypings die identifizierten Fehler pro Prozess im Cluster mit ihrer Auftretenswahrscheinlichkeit und bewerteten Schwere der Auswirkung multipliziert. Weiterhin wird die Bewertung bzgl. der originären Fehler addiert. Aus der Summierung und Normierung dieser Werte pro Cluster resultiert, dass das zweite Cluster den höchsten Nutzwert bzgl. der Fehlervermeidung bzw. des experimentell bestimmten Anforderungsnutzens aufweist. Dies ist vor allem auf die hohe Anzahl identifizierter Fehler zurückzuführen, welche vor allem im Schweißen zu identifizieren sind. Dieses Ergebnis deckt sich auch mit den Erkenntnissen aus der wissenschaftlichen Forschungsliteratur (siehe Abschnitt 2.3.2.10).

Cluster	Prozesse	Sekundärer Anforderungsbedarf (I/II)				
Cluster ID	Bezeichnung	Anzahl identifizierter Fehler pro Prozess	Anzahl originärer Fehler	$A_{\text{Auftretenswahrsch.}} \cdot B_{\text{Schwere der Auswirkung}} + C_{\text{Originäre Fehler}}$	Anteil Prozess an Fehlervermeidungs-faktor	Normierter Fehlervermeidungs-faktor pro Cluster
C_1	Draht Richten	2	6	10	0,06	0,37
	Hairpin Biegen	5	12	36	0,21	
	Hairpinenden freistellen	8	6	38	0,22	
	Hairpinenden schränken				0,52	
	Hairpinenden Repositionieren	20	24	90		
		35	48	174		
C_2	Draht Abisolieren	3	9	15	0,06	0,5
	Draht Ablängen	8	24	41	0,17	
	Hairpinenden Ablängen					
	Hairpinenden Verschweißen	34	21	183	0,77	
		45	54	239		
C_3	Hairpins Vormontieren Hairpins Eindrehen Hairpins Montieren	13	12	63	1	0,13
		13	12	63		

Abbildung 6-14: Bewertung des Anforderungsnutzen (Experimentell)

Die zweite Säule der Bewertung des Anforderungsnutzwertes ist die Bewertung des Störungsrisikos. Wie bereits zuvor erläutert, wird hierzu auf Indikatoren für störanfällige Prozesse im Produktionsanlauf zur Bewertung der Einzelprozesse zurückgegriffen. Es wurden folglich alle enthaltenen Prozesse mit Hinblick auf die zukünftig eingesetzten Serienprozesstechnologien mithilfe der Indikatoren aus den sechs identifizierten Dimensionen beschrieben. Wie der nachfolgenden Abbildung 6-16 zu entnehmen ist, wird das erste Prozesscluster als das Prozesscluster bewertet, das potenziell das höchste Störungsrisiko aufweist. Diese Bewertung ist auf die höhere Abhängigkeit vom Eingangsmaterial sowie auf die höhere Wartungsintensität aufgrund mechanisch komplexer Maschinen mit einer hohen Anzahl an beweglichen Achsen zurückzuführen. Diese erhöhte Wartungsintensität wird jedoch durch geringere Auswirkungen der Wartungen auf die Gesamtlinie ausgeglichen, da meist sechs bis zehn Maschinen parallel in Betrieb sind. Diese Effekte zeigen sich dann auch durch die ähnliche Bewertung der drei Prozesscluster. Bei der Bewertung des Störungsrisikos wird deutlich, dass sich diese Methode vor allem für längere Prozessketten eignet, da sonst ähnliche Prozesstypen mit einem ähnlichen Störungsrisiko genutzt werden. Bei der Bewertung des Störungsrisikos wird auch deutlich, dass sich zur Validierung gesetzter Anforderungen sich lediglich reale Prototypen eignen. Denn die reale Störanfälligkeit lässt sich nur schwer ohne historische Daten simulieren. Folglich sollte die Korrektur dieses Effektes noch in den weiteren Forschungsbedarf mit aufgenommen werden.

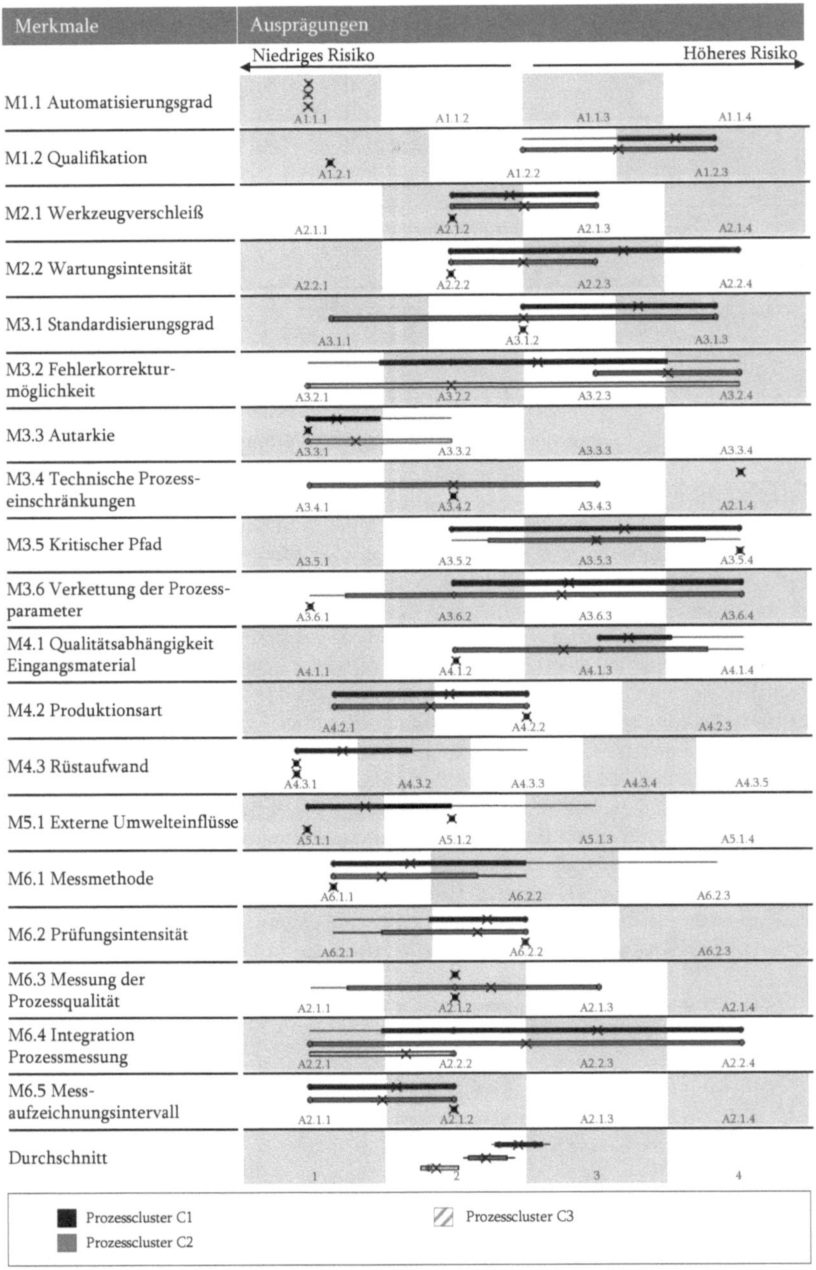

Abbildung 6-15: Bewertung des Störungsrisikos der identifizierten Prozesscluster

In Abbildung 6-16 ist das durchschnittliche Störungsrisiko noch einmal normiert berechnet, um einen Vergleich zu den weiteren Faktoren der Anforderungsbedarfe zu gewährleisten.

Cluster	Sekundärer Anforderungsbedarf (II/II)	
Cluster ID	Durchschnittliches Störungsrisiko	Normiert
C_1	2,43	0,37
C_2	2,21	0,34
C_3	1,86	0,29
	6,5	1

Abbildung 6-16: Bewertung des Anforderungsnutzen (Störungsrisiko)

Nachdem beide Faktoren auf Basis des sekundären Anforderungsbedarfes bestimmt worden sind, werden diese zusammen mit dem Faktor auf Basis des primären Anforderungsbedarfes zu den Anforderungsnutzwerten der jeweiligen Prozesscluster verrechnet (siehe Abbildung 6-17). Die Analyse der resultierenden normierten Anforderungsnutzwerte zeigt, dass das erste Prozesscluster den höchsten Nutzwert aufweist, was vor allem durch den hohen Faktor des primären Anforderungsnutzwertes begründbar ist. Weiterhin soll im Rahmen dieses Schrittes die Umsetzbarkeit der Simulationen bzw. hybriden Prototypen geprüft werden. So wurde auf Basis der Experimentenliste ermittelt, dass die Laserschweiß- und Abisoliersimulationen als nicht ausreichend für die vollständige Bestimmung und Validierung der Anforderungen eingeschätzt werden. Jedoch ist die Einschätzung über die vollständige Bestimmung und Validierung der Anforderungen durch Simulationen vor erstmaliger Durchführung der Simulationen von einer hohen Unschärfe geprägt. Hieraus resultiert weiterer Forschungsbedarf, den es in Zukunft zu adressieren gilt.

Cluster	Primär	Sekundär			Anforderungsnutzwert	
Cluster ID, Typ	Unbestimmtheit	Fehlervermeidung	Störungsrisiko	Vollständig bestimmbar/validierbar	Summe	Normiert
$C_{1,Real}$				Ja		
$C_{1,Hybrid}$	0,67	0,37	0,37	Ja	1,41	0,47
$C_{1,Simulation}$				Ja		
$C_{2,Real}$				Ja	1,17	0,39
$C_{2,Hybrid}$	0,33	0,5	0,34	Ja		
$C_{2,Simulation}$				Nein		
$C_{3,Real}$	0,00	0,13	0,29	Ja	0,42	0,14
$C_{3,Simulation}$				Ja		
Summierter Wert	1	1	1		3	1

Abbildung 6-17: Aggregierte Anforderungsnutzenwerte pro Cluster und Typ

Modul 5 – Anforderungskostenanalyse:

Nachfolgend wurden im Modul der Anforderungskostenanalyse die Erkenntnisse aus den einzelnen Kostenanalysen in die Anforderungskostenwerte überführt, um sie im folgenden Modul dem Anforderungsnutzwert gegenüberzustellen. Die Analyse der einzelnen Kosten ergibt, dass die Anlagenkosten grundsätzlich höher als Simulationskosten sind, wodurch in der singulären Betrachtung der Kosten zunächst die Simulationen auszuwählen wären. Es muss jedoch im Rahmen der Validierung festgestellt werden, dass die Kalkulation von Simulationen sehr viel Unschärfe beinhalten kann. Denn während reale Prototypen bzw. ihre Komponenten bereits am Markt existieren und auch dem Anwender der Methodik mit hoher Wahrscheinlichkeit bekannt sind, ist der Arbeitsaufwand zur Erstellung und Durchführung von Simulationen durch die Heterogenität dieser nur schwer zu kalkulieren. Daher ist eine Erkenntnis aus der Validierung der Methodik, dass in der industriellen Praxis auf die Methode der Richtpreisanfrage zurückgegriffen werden sollte. Die in Abbildung 6-18 dargestellten Anlagenkosten sind auf Basis einer Bottom-Up-Kalkulation bestimmt worden. Aufgrund der umfangreichen Kalkulationen sind diese in der vorliegenden Dissertation nicht aufgeführt.[836] Bei den Experimentkosten wurden vorliegende Richtpreisangebote sowie eine Kalkulation der notwendigen Personalbedarfe für die Experimente verwendet. Aufgrund der technischen Rahmenbedingungen der Produktionsanlagen wurden, wie bei den Prozessen ‚Draht Richten' sowie ‚Hairpin Biegen', die Anlagenkosten zusammengefasst, weil auch in der industriellen Praxis diese Anlagen häufig integriert zu erwerben sind.

<table>
<tr><th>Cluster</th><th>Prozesse</th><th>Anlagenkosten</th><th colspan="2">Experimentkosten</th><th>Kosten realer Prototyp</th><th>Kosten virtueller Prototyp</th><th>Kosten hybrider Prototyp</th></tr>
<tr><th>Cluster ID</th><th>Bezeichnung</th><th>Kosten pro Anlage</th><th>Material- und Einmalkosten</th><th>Personalkosten</th><th>Summe Anlagen- und Experimentkosten</th><th>Simulationskosten</th><th>Hybrid</th></tr>
<tr><td rowspan="5">C_1</td><td>Draht Richten</td><td rowspan="2">0,69 Mio. €</td><td rowspan="2">0,02 Mio. €</td><td rowspan="5">0,15 Mio. €</td><td rowspan="2">0,785 Mio. €</td><td rowspan="2">0,25 Mio. €</td><td rowspan="2">0,785 Mio. €</td></tr>
<tr><td>Hairpin Biegen</td></tr>
<tr><td>Hairpinenden freistellen</td><td>0,34 Mio. €</td><td rowspan="3">0,1 Mio. €</td><td rowspan="3">1,215 Mio. €</td><td rowspan="3">0,5 Mio. €</td><td rowspan="3">0,5 Mio. €</td></tr>
<tr><td>Hairpinenden schränken</td><td>0,47 Mio. €</td></tr>
<tr><td>Hairpinenden Repositionieren</td><td>0,23 Mio. €</td></tr>
<tr><td colspan="2"></td><td>1,73 Mio. €</td><td>0,12 Mio. €</td><td>0,15 Mio. €</td><td>2 Mio. €</td><td>0,75 Mio. €</td><td>1,285 Mio. €</td></tr>
<tr><td rowspan="4">C_2</td><td>Draht Abisolieren</td><td>0,4 Mio. €</td><td rowspan="2">0,02 Mio. €</td><td rowspan="2">0,05 Mio. €</td><td>0,435 Mio. €</td><td rowspan="4">-</td><td rowspan="4">-</td></tr>
<tr><td>Draht Ablängen</td><td>0,15 Mio. €</td><td>0,185 Mio. €</td></tr>
<tr><td>Hairpinenden Ablängen</td><td>0,23 Mio. €</td><td rowspan="2">0,02 Mio. €</td><td rowspan="2">0,15 Mio. €</td><td>0,315 Mio. €</td></tr>
<tr><td>Hairpinenden Verschweißen</td><td>0,75 Mio. €</td><td>1,605 Mio. €</td></tr>
<tr><td colspan="2"></td><td>1,53 Mio. €</td><td>0,04 Mio. €</td><td>0,2 Mio. €</td><td>2,54 Mio. €</td><td>-</td><td>-</td></tr>
<tr><td rowspan="3">C_3</td><td>Hairpins Vormontieren</td><td rowspan="2">0,11 Mio. €</td><td rowspan="3">0,1 Mio. €</td><td rowspan="3">0,05 Mio. €</td><td rowspan="2">0,185 Mio. €</td><td rowspan="3">0,25 Mio. €</td><td rowspan="2">0,3 Mio. €</td></tr>
<tr><td>Hairpins Eindrehen</td></tr>
<tr><td>Hairpins Montieren</td><td>0,3 Mio. €</td><td>0,375 Mio. €</td><td>0,5 Mio. €</td></tr>
<tr><td colspan="2"></td><td>0,41 Mio. €</td><td>0,14 Mio. €</td><td>0,25 Mio. €</td><td>0,56 Mio. €</td><td>0,25 Mio. €</td><td>0,8 Mio. €</td></tr>
</table>

Abbildung 6-18: Aggregierte Anforderungskosten pro Cluster und Typ

Nachdem die monetären Anforderungskosten kalkuliert worden sind, soll durch die Umsetzungszeitprognose die quasi zeitlichen Anforderungskosten kalkuliert werden. Hierzu wurden die realen Anlagen sowie die Experimente zunächst entsprechend der technischen Rahmenbedingungen zusammengefasst. Nachfolgend wurde eine Kalkulation der Umsetzungszeiten der einzelnen Prototypen durchgeführt (Abbildung 6-19). Da die Anforderungen an reale wie auch virtuelle Prototypen durch die Methodik bereits bekannt sind, startet die Kalkulation mit der Angebots- und Bestellphase. Während der Validierung der Methodik wurde deutlich, dass die Abschätzung der Lieferzeiten der realen Prototypen nur schwer möglich ist, da diese stark von der Auslastung der jeweiligen Zulieferer abhängt. Daher wird hierzu die Anfrage bei den Zulieferern empfohlen. Zusätzlich ist auch bei der Kalkulation der virtuellen Prototypen die Umsetzungszeit nur schwer ohne Angebotsanfrage zu bestimmen. Es wurde auch identifiziert, dass die Umsetzungszeiten der einzelnen Softwareteile stark vom notwendigen Individualisierungsgrad der Software abhängen. Es sollten daher für die einzelnen Experimente die Machbarkeiten, Umsetzungszeiten und -kosten mit den Softwareanbietern detailliert betrachtet werden. Hieraus resultierende Veränderungen der Umsetzbarkeit der Experimente sollten zum Start eines neuen zweiten Iterationszyklus führen.

---

[836] Die Bottom-Up-Kalkulation wurde in einem umfangreichen Tool in Microsoft Excel programmiert, das die Kalkulation von Stator-, Rotor- und Endmontagelinien erlaubt und vom Autor in mehreren Projekten in der industriellen Praxis validiert wurde.

Cluster	Prozesse	Umsetzungszeit realer Prototyp						Umsetzungszeit virtuell Prototyp				U.-zeit Hybrid
Cluster ID	Bezeichnung	Angebot Bestellung [W.]	Lieferung [W.]	Aufbau [W.]	Experiment [W.]	Analyse [W.]	Summe Real [W.]	Angebot Bestellung [W.]	Programmierung / Simulation	Analyse [W.]	Summe Virtuell [W.]	Summe Hybrid [Max. aus real und virtuelle] [W.]
C_1	Draht Richten	3	8	1	8	2	22	4	12	2	18	32
	Hairpin Biegen	4	10	2			26					
	Hairpinenden freistellen	4	14	2	8	2	30	4	12	2	18	
	Hairpinenden schränken	4	20	2			32					
	Hairpinenden Repositionieren	4	14	2			30					
C_2	Draht Abisolieren	4	16	2	10	2	34	-				-
	Draht Ablängen	2	6	1			21					
	Hairpinenden Ablängen	4	10	2	10	2	28					
	Hairpinenden Verschweißen	4	16	2			34					
C_3	Hairpins Vormontieren	4	14	2	4	2	26	4	12	2	18	26
	Hairpins Eindrehen	4	14	2			26					
	Hairpins Montieren	4	14	2			26					

Abbildung 6-19: Umsetzungszeitprognose pro Cluster und Typ

Modul 6 – Ressourcenallokation zu Anlagenprototypen:

Nachdem in den vorherigen Modulen die einzelnen Kosten- und Nutzwerte der Prozesscluster jeweils in realer, hybrider und virtueller Form ermittelt wurden, sollten diese in einer Matrix zur Auswahl der bestmöglichen Optionen gegenübergestellt werden. Abbildung 6-20 visualisiert alle gezeigten Optionen. Wird die Vorgehensweise entsprechend der Methodik durchgeführt, so resultiert daraus, dass die Option $C_{1,virtuell}$ und $C_{3,virtuell}$ einander nicht dominieren. In diesem Fall wird das zweite Kriterium der ‚Anzahl originärer Fehler' verwendet. Da $C_{1,virtuell}$ eine höhere Anzahl originärer Fehler aufweist, wird dieses Cluster priorisiert.

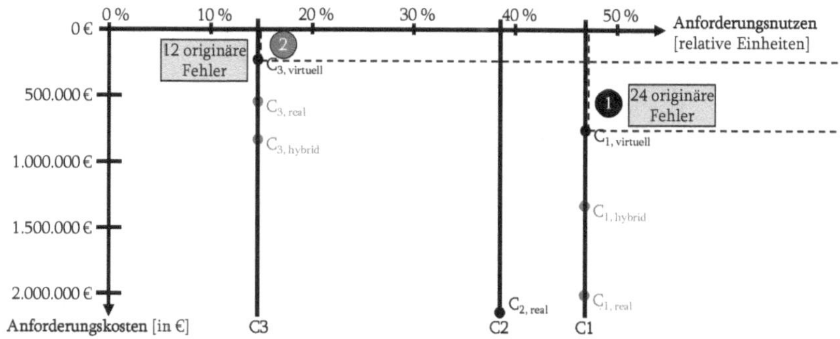

Abbildung 6-20: Reihung der Prozesscluster mit der Kosten-Nutzen-Matrix, 1. Iteration

Aus der weiteren Iteration resultiert, dass $C_{2,real}$ an zweiter Stelle priorisiert wird (siehe Abbildung 6-21) und $C_{3,virtuell}$ somit das die niedrigste Priorisierung aufweist. Werden alle drei Prototypen entsprechend ihrer Priorisierung ausgeführt, so entsteht ein hybrider Prototyp der gesamten Produktionslinie aus der virtuellen Ausführung des Prozesscluster C_1 mit der realen Ausführung des Prozesscluster C_2 sowie der virtuellen Ausführung von Prozesscluster C_1. Aus der Analyse dieses hybriden Prototypen der gesamten Produktionslinie resultiert, dass die Sicherstellung der realen Zwischenprodukte für die nachgelagerten Prozesse in den

Cluster noch weitere Kosten und Zeitimplikationen verursacht. So müssen Zwischenprodukte und Prozessfehler, die die in virtuellen, simulierten Prozessschritten analysiert werden und in nachgelagerten Prozessen verwendet werden, in der Realität dann für die nachgelagerten Prozesse so vorbereitet werden, dass sie die Anforderungsbestimmung und -validierung in den nachgelagerten Prozessen ermöglichen. Es resultiert ein weiterer Forschungsbedarf.

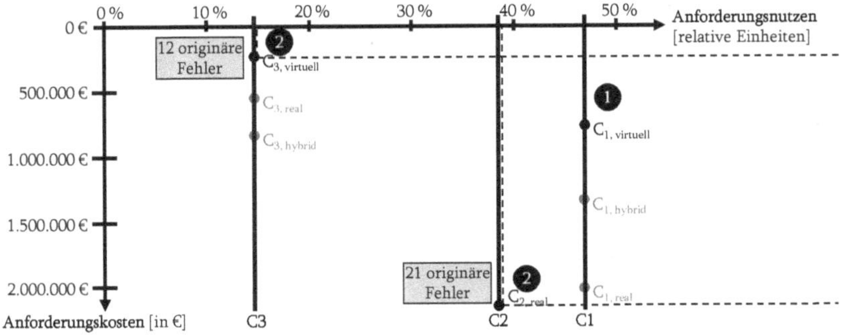

Abbildung 6-21: Reihung der Prozesscluster mit der Kosten-Nutzen-Matrix, 2. Iteration

Im letzten Teilschritt dieses Moduls gilt es, die einzelnen Experimente innerhalb der Prozesscluster effizient zu reihen. Hierzu soll entsprechend der vorgestellten Methodik ein GANTT-Diagramm verwendet. Da aber lediglich ein Cluster real ausgeführt wird und dieses Cluster dementsprechend nicht von den Ausgangsdaten und Zwischenprodukten anderer Clustern abhängt, können die Arbeiten an den Clustern parallel gestartet werden.

Modul 7 – Hybrider Anlagenprototypenbau zur Anforderungsbestimmung:

Im letzten Modul werden auf Basis der Experimentenliste die hybriden Anlagenprototypen physisch installiert bzw. virtuell programmiert. Hierzu wurde in den vorherigen Modulen die Basis gelegt. Die Durchführung des hybriden Anlagenprototypenbaus zur Anforderungsbestimmung konnte zur Validierung der Methodik nicht mehr durchgeführt werden, da die notwendigen Anlagenbeschaffungen für die realen Experimente nicht mehr in der Zeit des Autors am Forschungsinstitut getätigt werden konnten.[837] Für die Validierung der Methodik ist dieser Schritt allerdings nicht zwingend notwendig, da sich diese vielmehr auf die Planung der Phase des hybriden Anlagenprototypenbaus fokussiert.

6.2 Evaluierung der Methodik vor dem Hintergrund der Anforderungserfüllung

Die Validierung der Methodik anhand einer Praxisstudie hat gezeigt, dass die entwickelte Methodik zum Einsatz von hybriden Anlagenprototypen in der Praxis geeignet ist. Es soll weiterhin vor dem Hintergrund der in Abschnitt 4.2 aufgestellten Anforderungen an die

[837] Zum Zeitpunkt der Veröffentlichung der Dissertation sind ein Großteil der notwendigen Anlagen (Eine Hairpinbiegeanlage sowie eine Laserschweißzelle) bereits am Forschungsinstitut installiert und werden von den aktuellen Wissenschaftlern sowohl zur Durchführung der im Kontext der vorliegenden Dissertation geplanten Experimente, als auch für weitere Forschung genutzt.

Methodik untersucht werden, ob diese von der entwickelten Methodik erfüllt werden (siehe dazu Abbildung 6-22):

Bereich	Anforderung	Anforderungs-erfüllung	Defizit
Objekt-bereich	Anforderungen für Produktionsanlagen an den Anlagenbau	●	Die Methodik fokussiert auf eine Einsparung der Anlaufzeit und soll nur eingesetzt werden, wenn im Produktentstehungs-prozess ein entsprechendes Zeitfenster zur Verfügung steht. Allerdings besteht das Risiko, dass bei Verzögerungen der Anforderungsermittlung durch Anlagenprototypen die time-to-market in der frühen Phase verlängert wird. Demgegenüber steht ein kürzerer Anlauf. Eine genauere Analyse wird als weiterer Forschungsbedarf identifiziert.
	Disruptive und unbekannte Produktionstechnologieketten	●	
	Produktion elektrischer Traktionsantriebe	●	
Lösungs-hypothese	Prototypengestützte Anforderungsbestimmung in der frühen Phase	●	
	Beherrschung von qualitätsrelevanten Zusammenhängen in Produktionslinien	●	
	Kombination von virtuellen und realen Prototypen	●	
	Definierte Vorgehensweise zur Nutzung von (Anlagen-)Prototypen	●	
Ziel-bereich	Effiziente Nutzung von (Anlagen-)Prototypen	●	
	Reduzierung der Anlaufkosten disruptiver Produktionstechnologien	●	
	Reduzierung der Time-to-market disruptiver Produktionstechnologie	◕	

Abbildung 6-22: Evaluierung der Methodik

Wie in Abbildung 6-22 dargestellt, wurden alle an die Methodik gestellten Anforderungen als weitgehend erfüllt angesehen. Lediglich im Zielbereich bei der Anforderung zur Reduzierung der Time-to-market disruptiver Produktionstechnologien wurde aufgrund des nicht näher quantifizierbaren absoluten zeitlichen Nutzens der Methodik die Anforderungserfüllung mit 75% bewertet. Weiterhin wurde ein Defizit bei der Praxistauglichkeit aufgedeckt.

Während sich der erste Iterationszyklus der Methodik bereits eine hohe Praxistauglichkeit ausweist, unterliegt der zweite Iterationszyklus dem Defizit, dass aufgrund der Unbekanntheit der Hairpin-Statortechnologie die Bestimmung der Anforderungsnutzwerte stark vom qualitativen Expertenwissen abhängt und so eine Expertenschätzung der FMEA-Werte verwendet werden muss.

Weiterhin muss festgestellt werden, dass die Praxistauglichkeit unter den vielen Teilschritten der Methodik leidet. Der hohe Dokumentationsaufwand bedingt eine hohe Personalbindung und könnte durch spezifische Softwareprogramme noch verbessert werden. Dabei ist dieser Nachteil auf das Spannungsfeld aus inhaltlicher Anforderungserfüllung und Praxistauglichkeit zurückzuführen, bei dem der Fokus der Dissertation auf eine vollständige inhaltliche Anforderungserfüllung gelegt wurde.

7 Zusammenfassung und Ausblick

Innerhalb des letzten Kapitels wird die vorliegende Dissertation mit einem Fokus auf die entwickelte Methodik zum Einsatz hybrider Prototypen im Anforderungsmanagement disruptiver Produktionstechnik am Beispiel der Elektromotorenproduktion zusammengefasst (siehe Abschnitt 7.1). Dazu wird unter Berücksichtigung der Motivation und Zielsetzung auf die Ergebnisse und den Lösungsweg zur Erarbeitung der Methodik eingegangen. Auf der Grundlage der Forschungsarbeit wird abschließend ein Ausblick auf den weiteren Forschungsbedarf gegeben (siehe Abschnitt 7.2).

7.1 Zusammenfassung

Die Transformation der Antriebstechnologie im Automobil vom Verbrennungsmotor hin zum batterieelektrischen Antrieb ist im vollen Gange und kann als disruptiver Wandel bezeichnet werden. Bedingt durch gesellschaftliche Ansprüche an Emissionsfreiheit und Klimaneutralität, verstärkt durch gesetzgeberische Maßnahmen sowie ermöglicht durch Innovationen in der Batterie- und Elektromotorentechnologie, steigen die Absatzzahlen von batterieelektrischen Fahrzeugen und folglich auch der Bedarf an Traktionselektromotoren. Um diesen Bedarf gerecht zu werden, müssen die Produktionskapazitäten der Automobilhersteller und -zulieferer mit dieser Entwicklung Schritt halten. Vor diesem Hintergrund verschärft sich auch der Innovationsdruck mit Hinblick auf Produktqualität, Produkt,- und Produktionskosten und vor allem Industrialisierungszeit. Nur mit der rapiden Einführung innovativer Produkt- und Produktionstechnologien zur Sicherstellung einer zuverlässigen und effizienten Produktion elektrischer Traktionsantriebe können die Marktteilnehmer ihre Wettbewerbsfähigkeit auch nach dem disruptiven Wandel hin zur Elektromobilität erhalten.

Die innovative Hairpin-Statortechnologie, bei der biegesteife Kupferflachdrähte anstelle von biegeschlaffen Runddraht zur Spulenherstellung verwendet werden, kann im Bereich der elektrischen Traktionsantriebe als eine der notwendigen Produkt- aber auch Produktionsinnovation angesehen werden. Sie verbindet ein großes Potenzial zur Erhöhung der Leistungsdichte und zur Reduzierung der Produktionskosten mit der Fähigkeit, effizienter in höheren Stückzahlen produziert zu werden. Gleichwohl stellt die Hairpin-Statortechnologie die automobilen Marktteilnehmer immer noch vor große Herausforderungen:

Denn aufgrund des disruptiven Wandels hin zur Elektromobilität besteht nur eine geringe Erfahrungsgrundlage mit der Großserienproduktion von elektrischen Antrieben. Diese geringe Erfahrungsgrundlage verschärft sich insbesondere bei der Hairpin-Statorproduktion, da diese Technologie im automobilen Umfeld neu ist und zusammen mit der neuen Technologiekette als disruptiv bezeichnet werden kann (oder auch als disruptive Produktionstechnik). Die resultierende mangelnde Erfahrungsgrundlage steht in der industriellen Praxis einem schnellen Serienanlauf von elektrischen Traktionsantrieben in Hairpin-Bauweise im Wege und drückt sich in hohen Ausschussraten und dem Bedarf nach weiteren Entwicklungs- und Verbesserungsmaßnahmen aus.

Zentrale Gründe für diese aktuellen Herausforderungen sind in der Anlagenplanungs- und -spezifikationsphase der disruptiven Produktionstechnologie identifizierbar.

So sind die Anforderungen an neue und disruptive Produktionstechnologien – insbesondere bei der Hairpin-Statortechnologie – bei Beginn der Anlagenplanung noch größtenteils unbekannt. Eine Möglichkeit zur Identifikation von Anforderungen ist die Nutzung von Anlagenprototypen, mit denen die Eigenschaften der Produktionslinie und damit das Verhalten des Produktionsprozesses erprobt werden können. Hierdurch kann die mangelnde Erfahrungs- und folglich auch Anforderungsgrundlage durch eine frühzeitige Anforderungsbestimmung bzw. -validierung verbessert werden. Da die Anzahl von physischen Anlagenprototypen aufgrund von Kosten und Umsetzungszeit allerdings begrenzt ist, können auch virtuelle Prototypen genutzt werden. Wie in der Dissertation dargelegt wurde, kann in einer Prozesskette auch eine Kombination aus realen und virtuellen Prototypen eingesetzt werden, weshalb der aus beiden Prototypen bestehende Anlagenprototyp der ganzen Produktionslinie als hybrider Prototyp bezeichnet werden soll.

Vor diesem Hintergrund fokussierte die zentrale Forschungsfrage dieser Dissertation auf die Frage, wie hybride Prototypen das Anforderungsmanagement disruptiver Großserienproduktionstechnologien in der Schnittstelle zwischen Prozessentwicklung und Anlagenbau unterstützen können, um eine effizienten Produktionsanlauf zu gewährleisten.

Zur Beantwortung dieser Frage wurde die folgende Konzeption verfolgt: Im ersten Kapitel wurden die Ausgangssituation und zentrale Problemstellung sowie die Zielsetzung der Dissertation vorgestellt. Gleichzeitig wurde eine Einordnung in die Wissenschaftstheorie vorgenommen, aus der die Struktur der Dissertation abgeleitet wurde. Nach diesem einleitenden Kapitel wurde deutlich, dass eine Notwendigkeit zum Einsatz von Anlagenprototypen bei disruptiven Produktionstechnologien zwar besteht, aber dass ihre Nutzung limitiert ist. Wie eingangs beschrieben, verfügen hybride Prototypen über das Potenzial die Anforderungsbestimmung und -validierung noch effizienter zu gestalten. Wann welcher Prototyp unter welchen Rahmenbedingungen einzusetzen ist, wurde jedoch als nicht trivial bezeichnet.

Das zweite Kapitel diente der Einführung in die Grundlagen des Betrachtungsbereiches der Industrialisierung der Produktionstechnik der Hairpin-Statorproduktion sowie zur Entwicklung des Forschungsbedarfs aus der industriellen Praxis. Hierzu wurde zunächst auf die Elektromotor- und Statortechnologie im Kontext der Elektromobilität eingegangen und der Elektromotor wie auch die Hairpin-Statorproduktionstechnologie als disruptiv definiert. Weiterhin wurde in die Herausforderungen komplexer Produktionsprozessketten vor dem Hintergrund von qualitätsrelevanten Zusammenhängen eingeführt und eine theoriebasierte Analyse der Hairpin-Statorproduktion durchgeführt. Im zweiten Kapitel wurde deutlich, dass die disruptive Hairpin-Statortechnologie über eine hohe Anzahl qualitätsrelevanter Zusammenhänge innerhalb der Produktionsprozesskette verfügt und das Anforderungsmanagement und folglich auch die Entwicklungsprozesse zur Sicherstellung eines effizienten Produktionsanlaufes auf diese Situation hin angepasst werden müssen.

Im dritten Kapitel standen die Vorstellung und Bewertung bestehender themenbezogener Ansätze im Mittelpunkt. Zunächst wurde der Handlungsbedarf aus der industriellen Praxis anhand der Herleitung aus Kapitel zwei sowie aus einer Praxisstudie bestimmt. Es wurde deutlich, dass bei der komplexen und teils unbekannten Prozessketten wie der der disruptiven Hairpin-Statorproduktion Anforderungsumfänge nicht ausreichend bekannt sind und dass Effizienzdefizite hinsichtlich Kosten und Zeit resultieren.

Unter Berücksichtigung der aus dem Handlungsbedarf abgeleiteten Anforderungen an die Theorie wurden Kriterien zur Bewertung aufgestellt, woraufhin nachfolgend wissenschaftliche Ansätze aus den Bereichen der Technologieplanung, des Anforderungsmanagements, des präventiven Anlaufmanagements sowie aus den Bereichen des Prototypenbaus bzw. der Simulationstechnik identifiziert und analysiert wurden. Das Ergebnis der Bewertung bestand darin, dass kein analysierter Ansatz den aufgestellten Kriterien vollumfänglich entsprach. Hieraus resultierte der Forschungsbedarf aus der wissenschaftlichen Theorie, der die Entwicklung der Methodik erforderte.

Das vierte Kapitel beinhaltete die Konzeption der zu entwickelnden Methodik. Hierzu wurde ausgehend von einer Betrachtung relevanter Modellierungs- und Systemtechniken die Aufbau- und Ablaufstruktur der Methodik festgelegt. Die Methodik gliedert sich demnach in sieben abgeschlossene Module mit einzelnen Teilschritten, die durch definierte Eingangs- und Ausgangsinformationen miteinander verknüpft sind (siehe Abbildung 7-1). Die Module werden dabei in zwei Iterationszyklen hintereinander durchlaufen und gliedern sich in die Phasen der Bedarfsplanung, der Exploration, der Prototypenplanung sowie der Anwendung. Hintergrund für die Wahl dieser zwei Iterationszyklen ist die Unbekanntheit von potenziellen Fehlern, sodass zunächst die Anlagenprototypen nicht konzipiert werden können. Erst durch den zielgerichteten und fehlerfokussierten Einsatz von Produktprototypen in Anlehnung an das Vorgehen von KLEINE BÜNING[838], können die unbekannten Fehler aufgedeckt und die Anlagen und Experimente im zweiten Iterationszyklus erst geplant werden.

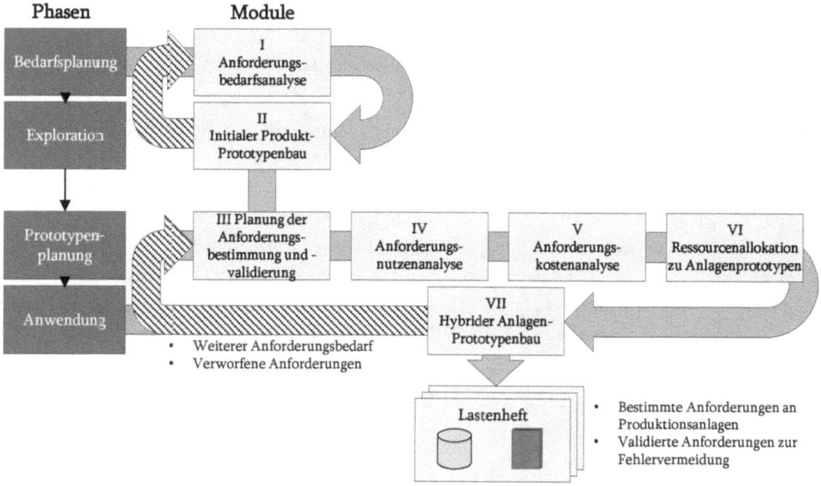

Abbildung 7-1: Übersicht zur Gesamtmethodik mit Lastenheft an Produktionsanlagen als Ergebnis

[838] Vgl. Kleine Büning (2019): Informationsorientierte Prototypenplanung zur Effizienzsteigerung im Produktionsplanungsprozess.

Das zentrale Kapitel fünf enthielt –aufbauend auf der Grobmethodik aus Kapitel vier – die Entwicklung und Detaillierung der einzelnen Module der Methodik. Die entwickelte Methodik in Kapitel fünf beantwortet folglich die in Kapitel eins vorgestellte handlungsleitende Forschungsfrage „*Wie können hybride Prototypen das Anforderungsmanagement disruptiver Großserienproduktionstechnologien in der Schnittstelle zwischen Prozessentwicklung und Anlagenbau unterstützen, um eine effizienten Produktionsanlauf zu gewährleisten*".

Die Methodik startet im ersten Modul mit einer Anforderungsbedarfsanalyse, bei der es das Ziel ist, den Ist-Zustand der Beschreibung eines definierten Produktionsprozesses durch Anforderungen an den Anlagenbau systematisch zu erfassen und die offenen Anforderungsbedarfe an die Produktionsanlagen zu identifizieren. Es wird deutlich, dass zur Identifikation des gesamten Anforderungsbedarfes sowohl auf die unbestimmten (‚known unknowns' – im primären Anforderungsbedarf), als auch vor dem Hintergrund der unbekannten, disruptiven Produktionstechnik, auf die unbekannten Anforderungen (‚unknown unknowns – im sekundären Anforderungsbedarf') zu fokussieren ist. Die unbekannten Anforderungen ‚unknown unknowns' des sekundären Anforderungsbedarfes müssen vorrangig experimentell bestimmt werden, wozu das zweite Modul dient.

Im zweiten Modul des initialen Produkt-Prototypenbaus sollen die unbekannten Anforderungen in Form von Fehlervermeidungsanforderungen identifiziert werden. Zur Exploration möglicher Fehler, Fehlerursachen sowie Vermeidungsstrategien wird ein produktionsfokussierter Produkt-Prototypenbau im Sinne des Ansatzes von KLEINE BÜNING eingesetzt. Die methodische Bewertung der identifizieren Fehler erfolgt durch die Fehlermöglichkeiten- und -einflussanalyse (FMEA), wobei der Einsatz der FMEA „ex ante"[839] also vor der eigentlichen Produktion ohne Kenntnis und Möglichkeit zur Analyse historischer Daten erfolgt. Zur Bestimmung von qualitätsrelevanten Zusammenhängen werden in der prototypischen Prozesskette identifizierte Prozessfehler induziert, so dass über das Auftreten weiterer Prozessfehler in nachgelagerten Prozessen qualitätsrelevante Zusammenhänge entlang der gesamten Prozesskette ermittelt werden können.

Im dritten Modul der Planung der Anforderungsbestimmung und -validierung werden für den identifizierten Anforderungsbedarf die verschiedenen Optionen zur Anforderungsbestimmung, einerseits durch das Aufstellen von Anforderungsclustern und andererseits durch die Art des Prototyps, identifiziert und relevante Experimente zugeordnet. Der hybride Prototyp wird dabei als die Verknüpfung virtueller und physischer Simulations- und Modellierungstechniken der Produktionsprozesskette verstanden. Es wird deutlich, dass sowohl eine Anlage selber als hybrider Prototyp, als auch die gesamte Produktionsprozesskette mit realen sowie virtuellen Prototypen als hybrider Prototyp aufgefasst werden kann.

Im vierten Modul der Anforderungsnutzenanalyse wird der Anforderungsnutzen je Prozesscluster durch die Bewertung der experimentell ermittelten Fehler sowie durch das Störungsrisiko relativ bewertet.

---

[839] Lateinisch für „im Voraus". Dieser Begriff wird aufgrund der in einer wissenschaftlichen Veröffentlichung des Autors verwendeten Bezeichnung für diese Teilmethodik analog in der vorliegenden Dissertation verwendet. Ebd.

Das fünfte Modul der Anforderungskostenanalyse bestimmt die Kosten der jeweiligen Umsetzung der Prozesscluster in realer, hybrider und virtueller Form. Dabei werden die Anlagen-, Simulations- und Experimentkosten durch eine Bottom-Up Kalkulation ermittelt.

Die Ressourcenallokation zu den identifizierten Anlagenprototypen erfolgt in Modul sechs. Dabei werden Anforderungskosten und -nutzen in Form einer Kosten-Nutzen-Analyse gegenübergestellt. Auch durch die Analyse der Umsetzungszeit und der möglichen zeitlichen Reihung wird über die Umsetzung entschieden.

Im finalen Modul des hybriden Prototypenbaus werden die selektierten Anlagenprototypen umgesetzt und der identifizierte Anforderungsbedarf bestimmt und validiert. Ergebnis der Anwendung der Methodik ist ein Lastenheft an Produktionsanlagen für disruptive Produktionstechnik, bei dem in Zukunft auftretende Fehler durch validierte Fehlervermeidungsanforderungen entgegengewirkt wird.

Aus der forschungsmethodischen Einführung sowie aus der Entwicklung der Methodik wurde deutlich, dass eine Validierung notwendig ist, um die Tauglichkeit in der industriellen Praxis sicherzustellen. Kapitel sechs nutzte daher entwickelte Methodik und validierte diese anhand relevanter Forschungsprojekte des Autors in der Praxis. Hierzu wurde der erste Iterationszyklus mit der prototypischen Produktionsprozesskette durchlaufen und der Anforderungsbedarf entsprechend der Methodik ermittelt. Der zweite Iterationszyklus wurde nach der Ressourcenallokation zu Anlagenprototypen beendet. Ergebnis der Validierung war, dass diese die Anlagenprototypen für eine weitere Anlagenprototypenphase identifizierte. In der Evaluation vor dem Hintergrund der initial an die Methodik gestellten Anforderungen wurde deutlich, dass zur Anwendung der Methodik bereits ein hohes Maß an Expertenwissen zur Bewertung der Fehler notwendig ist und dass diese Forderung bei disruptiver Produktionstechnik nur erschwert zu erfüllen ist. Weiterhin wurde die Praxistauglichkeit durch die hohe Zahl an Einzelschritten und den hohen Dokumentationsaufwand angemerkt. Diese und weitere Erkenntnisse gilt es in der weiteren Forschungsarbeit aufzugreifen. Trotz der Forderung nach weiterer Forschungsarbeit wird die Methodik als validiert bezeichnet und soll in der industriellen Praxis eingesetzt werden. Damit wird auch die Zielsetzung der Dissertation zur Entwicklung einer Methodik zum Einsatz hybrider Prototypen im Anforderungsmanagement disruptiver Produktionstechnik der Elektromotorenproduktion zur Steigerung der Effizienz im Produktionsanlauf als erfüllt betrachtet.

7.2 Weiterer Forschungsbedarf und Ausblick

Während der Bearbeitung der definierten Forschungsfrage der vorliegenden Arbeit haben sich verschiedene aus der komplexen Thematik weiter abzuleitende Fragestellungen aufgetan, welcher im Rahmen dieser Arbeit nicht behandelt werden konnten und eine weiterführende wissenschaftliche Betrachtung an anderer Stelle erfordern. Eine Auswahl weiterführender Forschungsansätze und -fragestellungen gliedern sich in die Bereiche des methodischen Forschungsbedarfes, des Forschungsbedarfes nach weiterer Validierung sowie des technologischen Forschungsbedarfes und werden im Folgenden kurz skizziert. Die Dissertation endet mit einem Ausblick auf die zukünftigen Entwicklungen im Themenfeld.

Methodischer Forschungsbedarf

Im methodischen Forschungsbedarf sollen die Erkenntnisse aus der Evaluierung im Anwendungszusammenhang aufgegriffen werden, um die Methodik weiter dahingehend zu verbessern, dass sie weitere, noch ausgeschlossene Aspekte mitberücksichtigt und eine höhere Praxistauglichkeit erreicht.

- **Quantifizierung des Anforderungsnutzen:** Während aktuell nur ein relativer Vergleich der Anforderungsnutzen der unterschiedlichen Prozesscluster erfolgt, besteht weiterer Forschungsbedarf nach dem ersten Iterationszyklus eine Anlaufprognose mit Hinblick auf quantifizierbare Verluste durchzuführen. Die erzielbaren Einsparungen könnten als Anforderungsnutzen angesehen werden.
- **Quantifiziertes Gesamtbudget:** Im bisherigen Stand der Methodik wird über einen relativen Vergleich der Anforderungskosten eine Priorisierung der Umsetzung der Prozesscluster vorgenommen. Auf Basis der Quantifizierung von Anlaufverlusten könnte ein Gesamtbudget aufgestellt werden, mit dem eine absolute Aussage über die Umsetzung der Prozesscluster getätigt werden kann.
- **Einbindung von Produktänderungen:** In der Methodik werden Produktänderungen ausgeschlossen. Es besteht Forschungsbedarf zur Integration dieser.
- **Einsatz von Maschinellem Lernen:** Die Potenziale vom Maschinellen Lernen sowohl bei virtuellen, als auch bei hybriden Prototypen in der Anlagenprototypenphase bleiben aktuell unberücksichtigt. Diese gilt es im weiteren Forschungsbedarf in die Gesamtmethodik miteinfließen zu lassen.
- **Nachnutzung von Anlagenprototypen:** Die Methodik geht nicht auf eine Nachnutzung bzw. auf eine mögliche Integration der Anlagenprototypen in zukünftige Produktionslinien und die damit einhergehenden Implikationen auf Anforderungsnutzen und -kosten ein. Hier besteht ein weiterer Forschungsbedarf zu den besonderen Herausforderungen bei der Integration sowie bei der Einarbeitung der Erkenntnisse in die vorliegende Methodik.
- **Einbindung von Kooperationsmodellen:** Aktuell wird trennscharf zwischen Anlagenherstellern und -nutzern unterschieden. Es besteht Forschungsbedarf wie Kooperationsmodelle die Anlagenprototypenphase effizienter gestalten können. Diese Erkenntnisse sollten auch in der Methodik berücksichtigt werden.
- **Quantifizierung der zeitlichen Einsparung:** Die Methodik kann als Frontloadingmaßnahme verstanden werden, bei der in der frühen Phase Zeit investiert wird, um in der späteren Anlaufphase Zeit einzusparen. Diese absolute Abwägung muss in den weiteren Forschungsbedarf mit aufgenommen werden.

Forschungsbedarf nach weiterer Validierung

- **Weitere Experimente und Durchläufe von Iterationszyklen:** Die entwickelte Methodik wurde bislang nur in einem erweiterten Projekt validiert. Die Anlagenprototypenphase ist noch ausstehend. Durch weitere Anwendungen in der Praxis kann die Methodik verbessert und praxistauglicher gestaltet werden.
- **Validierung bei weiteren disruptiven Produktionstechnologien:** Die vorliegende Dissertation fokussiert auf disruptive Produktionstechnologien und nutzt die Hairpin-Statortechnologie als Beispiel. Es besteht Forschungsbedarf darin, die Methodik noch bei anderen disruptiven Produktionstechnologien zu validieren.

Technologschischer Forschungsbedarf im Themenfeld des Betrachtungsobjektes

Im Rahmen der Erarbeitung der vorliegenden Dissertation, der durchgeführten Projekte in der industriellen Praxis sowie bei der Validierung der Methodik wurden Erkenntnisse über die Hairpin-Statorproduktion gesammelt, aus denen ein Forschungsbedarf resultiert:

- **Toleranzmanagement & Kompensationsstrategien**: Die Hairpin-Statorproduktion ist eine Prozesskette mit einer Vielzahl von qualitätsrelevanten Zusammenhängen. Diese gilt es in weiterer Forschungsarbeit präzise zu quantifizieren, die Prozesse bezogen auf die resultierenden Toleranzen robuster zu gestalten und geeignete Kompensationsstrategien zu finden.
- **Robustere und schnellere Umformtechnologien:** Vor dem Hintergrund steigender Absatzzahlen von elektrischen Traktionsantrieben müssen die eingesetzten Umformtechnologien noch kürzere Taktzeiten erreichen. Daher existiert ein Forschungsbedarf nach Innovationen in den Umformtechnologien mit Hinblick auf kürzere Taktzeiten, jedoch unter Berücksichtigung der erzielbaren Toleranzen und Prozessstabilität.
- **Variantenflexibilität:** Aktuelle Hairpin-Statorproduktionslinien weisen aufgrund der spezifischen Werkzeuge eine geringe Variantenflexibilität auf. Diese gilt es, in weiterer Forschungsarbeit zu verbessern.
- **Hohlleitertechnologien:** Produktseitig bietet die Hohlleitertechnologie vielversprechende Effizienzgewinne, aber stellt die Produktionstechnik sowohl in Umform-, als auch in Schweißprozessen vor Herausforderungen. Hieraus resultiert ein Forschungsbedarf zur Weiterentwicklung der Produktionstechnik.

Ausblick

Aufgrund der stetig wachsenden Nachfrage nach Elektrofahrzeugen wird auch die Nachfrage nach elektrischen Traktionsantrieben weiter steigen. Der zunehmende Fokus der Automobilhersteller und -zulieferer auf die Produkt- und Produktionstechnologien im batterieelektrischen Antriebsstrang wird auch in Zukunft zu weiteren Innovationen führen. Die vorliegende Dissertation soll einen wissenschaftlichen Beitrag zur effizienten Industrialisierung dieser Innovationen leisten. Einerseits soll die Methodik dem zukünftigen Nutzer ein strukturiertes Vorgehen ermöglichen, aber anderseits soll auch die Forderung nach einer effizienteren Nutzung von realen, hybriden, wie virtuellen Prototypen in komplexen und disruptiven Produktionsprozessketten Denkanstöße zur Nutzung dieser in der industriellen Praxis bieten.

8 Literaturverzeichnis

Abele, E; Hohenstein, J; Pfeiffer, P; Wihl, E. (2009): Wandel im Pkw-Antriebsstrang. Auswirkungen auf Produktionskonzepte. In: Maschinen und Metallbearbeitung, S. 12–14.

Albert, E; Paech, M; Schilling, M. (2000): „We do it straight" - Drahtrichten. Berlin: Witels-Albert.

Almefelt, L; Berglund, F; Nilsson, P; Malmqvist, J. (2006): Requirements management in practice: findings from an empirical study in the automotive industry. In: Res Eng Design, Jg. 17, Nr. 3, S. 113–134.

Ammermann, C; Lohse, W. (2007): Virtueller Fertigungsanlauf. In: Denkena, B; Brecher, C. (Hrsg.): Ramp-Up/2 - Anlaufoptimierung durch Einsatz virtueller Fertigungssysteme (Reihe: Schneller Produktionsanlauf in der Wertschöpfungskette, Bd. 5). 1. Aufl. Frankfurt am Main: VDMA, S. 1–19.

AMS Anlagenbau (2020): Hairpin-Isolierung.

Anas, H; Ilyas, M; Tariq, Q; Hummayun, M. (2016): Requirements Validation Techniques: An Empirical Study. In: IJCA, Jg. 148, Nr. 14, S. 5–10.

Arnold, D; Isermann, H; Kuhn, A; Tempelmeier, H; Furmans, K. (2008): Handbuch Logistik. Berlin, Heidelberg: Springer Berlin Heidelberg.

Arshad, W. M; Ryckebush, T; Magnussen, F; Lendenmann, H; Soulard, J; Eriksson, B; Malmros, B. (2007): Incorporating Lamination Processing and Component Manufacturing in Electrical Machine Design Tools: 2007 IEEE Industry Applications Annual Meeting, 23.09.2007 - 27.09.2007: IEEE 2007 - 2007, S. 94–102.

Aßmann, S; Pauls, A. (1991): Simulation in CIM (CIM-Fachmann). Berlin, Heidelberg: Springer.

Autodesk Inc. (2020): Inventor Lizenzoptionen. https://www.autodesk.de/products/inventor/overview?plc=IN-VPROSA&term=1-MONTH&support=ADVANCED&quantity=1

Azizov, A. S; Andreev, A. M; Kostel'ov, A. M; Polikarpov, Y. I. (2009): Thermal conductivity of the insulation system of the stator winding of a high-power turbogenerator with air cooling. In: Russ. Electr. Engin., Jg. 80, Nr. 3, S. 128–131.

Babiel, G. (2014): Elektrische Antriebe in der Fahrzeugtechnik. Lehr- und Arbeitsbuch. 3. Aufl. Wiesbaden: Springer Vieweg.

Backhaus, K; Erichson, B; Plinke, W; Weiber, R. (2018): Multivariate Analysemethoden. Eine anwendungsorientierte Einführung. 15., vollständig überarbeitete Auflage Aufl. Berlin: Springer Gabler.

Balci, O. (1998): Verification, Validation and Testing. In: Banks, J. (Hrsg.): Handbook of simulation: Principles, methodology, advances, applications, and practice New York, Chichester, Weinheim: Wiley, 335-393.

Balic, J; Nastran, M. (2002): An on-line predictive system for steel wire straightening using genetic programming. In: Engineering Applications of Artificial Intelligence, Jg. 15, Nr. 6, S. 559–565.

Balzert, H. (2009): Anforderungen und Anforderungsarten. In: Balzert, H. (Hrsg.): Lehrbuch der Softwaretechnik: Basiskonzepte und Requirements Engineering Heidelberg: Spektrum Akademischer Verlag, S. 455–474.

Banks, J. (1998): Principles of Simulation. In: Banks, J. (Hrsg.): Handbook of Simulation Hoboken, NJ, USA: John Wiley & Sons, Inc, S. 3–30.

Barrera Calderon, J. (2005): Oberflächenmodifizierung und -analytik von Polyimid: Dissertation,

Bauernhansl, T. (2020): Fabrikbetriebslehre 1. Management in der Produktion. 1 Aufl.

bdtronic GmbH (2020): Imprägnierverfahren. https://www.bdtronic.de/impraegnieren/impraegnierverfahren/. Abruf 02.11.2020.

Becker, T. (2008): Prozesse in Produktion und Supply Chain optimieren. 2., neu bearb. und erw. Aufl. Berlin, Heidelberg: Springer-Verlag.

Beranek, M. (2019): Schweißen alternativer Leitermaterialien in der Produktion elektrischer Antriebe am Beispiel von Hairpin-Statoren: Transkribiertes Telefoninterview, Aachen.

Beranek, M. (2020): Lasertechnologien in der Elektromotorenproduktion (EPT Aachen). Aachen

Bernards, M. (2005): Modulare Prüfplanung. Dissertation

Bernstein, H. (2018): Elektrotechnik/Elektronik für Maschinenbauer. Einfach und praxisgerecht. 3., überarbeitete Auflage Aufl. Wiesbaden: Springer Vieweg.

Bertsche, B; Göhner, P; Jensen, U; Schinköthe, W; Wunderlich, H.-J. (2009): Zuverlässigkeit mechatronischer Systeme: Springer Berlin Heidelberg.

Berwanger, J; Dautzenberg, n. (2020): Generalunternehmer. https://wirtschaftslexikon.gabler.de/definition/generalunternehmer-32175/version-255722. Abruf 20.11.2020.

Biela, J. (2012): Wirbelstromverluste in Wicklungen induktiver Bauelemente. Zürich

Bigham, K. (2017): Powering Motor Performance: An Introduction to PEEK Extrusions: Zeus Newsletter,

Binder, A. (2012): Elektrische Maschinen und Antriebe. Berlin, Heidelberg: Springer.

Binder, A; Schneider, T; Klohr, M. (2006): Fixation of buried and surface-mounted magnets in high-speed permanent-magnet synchronous machines. In: IEEE Trans. on Ind. Applicat., Jg. 42, Nr. 4, S. 1031–1037.

Binder, V. A; Kantowsky, J. (1996): Technologiepotentiale. Neuausrichtung der Gestaltungsfelder des Strategischen Technologiemanagements. Wiesbaden, s.l.: Deutscher Universitätsverlag.

Blank, M. (2010): Automatisierte Berücksichtigung von Qualitätsrisiken in der Prüfplanung (Berichte aus dem Institut für Automatisierungstechnik der TU Darmstadt, 1173). Als Ms. gedr Aufl. Düsseldorf: VDI-Verl.: Zugl.: Darmstadt, Techn. Univ., Diss., 2010,

Bleymüller, J; Weißbach, R. (2015): Statistik für Wirtschaftswissenschaftler. 17., überarbeitete Auflage Aufl. München: Franz Vahlen.

Bochtler, W; Laufenberg, L. (1995): Simultaneous Engineering. Erfahrungen aus der Industrie für die Industrie. Berlin, Heidelberg: Springer.

Böge, A. (Hrsg.) (1997): Vieweg Lexikon Technik. Maschinenbau · Elektrotechnik · Datentechnik Nachschlagewerk für berufliche Aus-, Fort- und Weiterbildung, Wiesbaden: Vieweg+Teubner Verlag.

Bolte, E. (2018): Elektrische Maschinen. Grundlagen, Magnetfelder, Erwärmung, Funktionsprinzipien, Betriebsarten, Einsatz, Entwurf, Wirtschaftlichkeit. 2. Aufl. Berlin: Springer Vieweg.

Bordegoni, M; Cugini, U; Caruso, G; Polistina, S. (2009): Mixed prototyping for product assessment: a reference framework. In: International Journal on Interactive Design and Manufacturing (IJIDeM), Jg. 3, Nr. 3, S. 177–187.

Borjesson, F; Hölttä-Otto, K. (2012): Improved Clustering Algorithm for Design Structure Matrix: Volume 3: 38th Design Automation Conference, Parts A and B. ASME 2012 International Design Engineering Technical Conferences and Computers and Information in Engineering Conference, 12.08.2012 - 15.08.2012: American Society of Mechanical Engineers 2012, S. 921–930.

Bracht, U; Geckler, D; Wenzel, S. (2018): Digitale Fabrik. Methoden und Praxisbeispiele (VDI-Buch). 2 Aufl. Berlin: Springer Vieweg.

Braymer, D. H. (1920): Armature Winding and Motor Repair: Read Books Ltd.

Brockhaus (2001): MAE - MOB. Mannheim: Brockhaus-Verlag.

Brockhaus (Hrsg.) (2004): Der Brockhaus. 20 Aufl., Mannheim: Brockhaus-Verlag.

Browning, T. (1998): Modeling and Analyzing Cost, Schedule, and Performance in Complex System Product Development

Browning, T. R. (2001): Applying the design structure matrix to system decomposition and integration problems: a review and new directions. In: IEEE Trans. Eng. Manage., Jg. 48, Nr. 3, S. 292–306.

Brünglinghaus, C. (2013): Antriebe für Elektrofahrzeuge: welcher Elektromotor ist der optimale?: Onlineartikel. In: Automobil + Motoren.

Bruns, M. (1991): Systemtechnik. Ingenieurwissenschaftliche Methodik zur interdisziplinären Systementwicklung. Berlin, Heidelberg: Springer Berlin Heidelberg.

Buchholz, C; Kind, S; Blume, C; Enin, A; Stark, R. (2018): Hybrid Prototype-in-the-Loop. In: ZWF, Jg. 113, Nr. 4, S. 240–245.

Bullinger, H.-J; Warschat, J. (1997): Forschungs- und Entwicklungsmanagement. Simultaneous Engineering, Projektmanagement, Produktplanung, Rapid Product Development (Technologiemanagement - Wettbewerbsfähige Technologieentwicklung und Arbeitsgestaltung). Wiesbaden, s.l.: Vieweg+Teubner Verlag.

Bundesministerium der Finanzen (2001): AfA Tabelle für den Wirtschaftszweig Maschinenbau. https://www.bundesfinanzministerium.de/Content/DE/Standardartikel/Themen/Steuern/Weitere_Steuerthemen/Betriebspruefung/AfA-Tabellen/AfA-Tabelle_Maschinenbau.html. Abruf 22.01.2020.

CADFEM GmbH (2021): Simulation as a service. https://www.cadfem.net/de/de/shop/simulation-as-a-service.html. Abruf 21.01.2021.

Camere, S; Bordegoni, M. (2016): A lens on future products: an expanded notion of prototyping practice. In: Marjanović, D; Štorga, M; Pavković, N; Bojčetić, N; Škec, S. (Hrsg.): Proceedings of the DESIGN 2016 14th International Design Conference. International Design Conference, 16.05.2016-19.05.2016 2016, S. 155–164.

Chatti, S; Maevus, F; Hermes, M; Tekkaya, A. E; Kleiner, M. (2012): Biegeumformen. In: Hoffmann, H; Spur, G; Neugebauer, R. (Hrsg.): Handbuch Umformen (Reihe: Edition Handbuch der Fertigungstechnik). [2., vollst. neu bearb. Aufl.] Aufl. s.l.: Carl Hanser Fachbuchverlag, S. 573–606.

Chau, K. T. (2015): Electric vehicle machines and drives. Design, analysis and application. Singapore, Piscataway, New Jersey: Wiley IEEE Press; IEEE Xplore.

Chen, L; Hopkinson, D; Wang, J; Cockburn, A; Sparkes, M; O'Neill, W. (2015): Reduced Dysprosium Permanent Magnets and Their Applications in Electric Vehicle Traction Motors. In: IEEE Trans. Magn., Jg. 51, Nr. 11, S. 1–4.

Chin, Y.-K. R; Nordlund, E; Staton, A. (2003): Thermal analysis-lumped-circuit model and finite element analysis: IPEC 2003: 6th International Power Engineering Conference 2003, S. 952–957.

Christensen, C. M. (2008): The innovator's dilemma. When new technologies cause great firms to fail (The management of innovation and change series). [Rev. updated ed.], [Nachdr.] Aufl. Boston, Mass.: Harvard Business School Press.

Cornet; A; Heuss, R; Tschiesner, A; Hertzke, P; Möller, T; Schaufuss, P; Conzade, J; Schenk, S; Laufenberg, K. von (2021): Why the automotive future is electric. Mainstream EVs will transform the automotive industry and help decarbonize the planet

Dangelmaier, W. (2009): Theorie der Produktionsplanung und -steuerung. Im Sommer keine Kirschpralinen? (VDI-Buch). Berlin, Heidelberg: Springer.

Davies, J; Dickinson, P; Hawkins, R. (2015): Developments in High Speed, High Quality, Precision Laser Stripping of Enamel Wire for Coil Winding Manufacturing Applications: 2015 5th International Electric Drives Production Conference (EDPC), 15.09.2015 - 16.09.2015: IEEE 2015, S. 31–35.

Denkena, B; Rudzio, H; Liedtke, C; Brandes, A. (2012): Planung fertigungstechnischer Prozessketten. In: wt Werkstattstechnik online, S. 866–871

Deutsches Institut für Normung e.V. (DIN 55350-17): Begriffe der Qualitätssicherung und Statistik, Berlin: Beuth, 01.08.1985.

Deutsches Institut für Normung e.V. (DIN 8590): Fertigungsverfahren Abtragen, Berlin: Beuth, 01.09.2003.

Deutsches Institut für Normung e.V. (DIN 8586): Fertigungsverfahren Biegeumformen, Berlin: Beuth, 01.09.2003.

Deutsches Institut für Normung e.V. (DIN 8583-4): Fertigungsverfahren Druckumformen, Berlin: Beuth, 01.09.2003.

Deutsches Institut für Normung e.V. (DIN 8593-1): Fertigungsverfahren Fügen, Berlin: Beuth, 01.09.2003.

Deutsches Institut für Normung e.V. (DIN 8593-6): Fertigungsverfahren Fügen, Berlin: Beuth, 01.09.2003.

Deutsches Institut für Normung e.V. (DIN 8593-5): Fertigungsverfahren Fügen, Berlin: Beuth, 01.09.2003.

Deutsches Institut für Normung e.V. (DIN 8589-11): Fertigungsverfahren Spanen, Berlin: Beuth, 01.09.2003.

Deutsches Institut für Normung e.V. (DIN 8589-9): Fertigungsverfahren Spanen, Berlin: Beuth, 01.09.2003.

Deutsches Institut für Normung e.V. (DIN 8589-3): Fertigungsverfahren Spanen, Berlin: Beuth, 01.09.2003.

Deutsches Institut für Normung e.V. (DIN 8589-8): Fertigungsverfahren Spanen, Berlin: Beuth, 01.09.2003.

Deutsches Institut für Normung e.V. (DIN 8588): Fertigungsverfahren Zerteilen, Berlin: Beuth, 01.09.2003.

Deutsches Institut für Normung e.V. (DIN EN ISO 9000): Qualitätsmanagementsysteme - Grundlagen und Begriffe (ISO 9000:2005): Beuth, 2005.

Deutsches Institut für Normung e.V. (DIN EN 13602): Kupfer und Kupferlegierungen, Berlin: Beuth, 01.09.2013.

Deutsches Institut für Normung e.V. (DIN EN 60317-0-8): Technische Lieferbedingungen für bestimmte Typen von Wickeldrähten, Berlin: Beuth, 01.09.2014.

Deutsches Institut für Normung e.V. (DIN EN ISO 9000): Qualitätsmanagementsysteme, Berlin: Beuth, 2015.

Deutsches Institut für Normung e.V. (DIN EN ISO 1101): Geometrische Produktspezifikation (GPS) – Geometrische Tolerierung, Berlin: Beuth, 01.09.2017.

Deutsches Institut für Normung e.V. (DIN 8580): Fertigungsverfahren, Berlin: Beuth, 29.11.2019.

Deutsches Kupfer-Institut e.V. (2000): Kupfer in der Elektrotechnik. Kabel und Leitungen. Düsseldorf

Dierssen, S. (2002): Systemkopplung zur komponentenorientierten Simulation digitaler Produkte. ETH Zürich: Dissertation, Zürich.

Diess, H. (2021): VW Power Day. In: Wirtschaftswoche (Hrsg.): Die Batterie hat gewonnen: VW Power Day Düsseldorf: Handelsblatt GmbH

DIN Deutsches Institut für Normung e.V. (DIN EN 60851): Wickeldrähte, Berlin: Beuth, 01.10.1996.

Dobroschke, A. (2014): Wickeltechnik. In: Feldmann, K; Schöppner, V; Spur, G. (Hrsg.): Handbuch Fügen, Handhaben, Montieren (Reihe: Edition Handbuch der Fertigungstechnik, Bd. / hrsg. von Günter Spur ; 5Bd.). 2., vollständig neu bearbeitete Auflage Aufl. München: Hanser, S. 197–221.

Doege, E; Behrens, B.-A. (2010): Handbuch Umformtechnik. Grundlagen, Technologien, Maschinen (VDI-Buch). 2. Aufl. s.l.: Springer-Verlag.

Doerr, J; Ardey, N; Mendl, G; Fröhlich, G; Straßer, R; Laudenbach, T. (2019): The new full electric drivetrain of the Audi e-tron. In: Liebl, J. (Hrsg.): Der Antrieb von morgen 2019: Diversifizierung konsequent vorantreiben 13. Internationale MTZ-Fachtagung Zukunftsantriebe (Reihe: Proceedings), S. 25–50.

Doppelbauer, M. (2020): Elektrische Fahrzeugantriebe. In: Doppelbauer, M. (Hrsg.): Grundlagen der Elektromobilität: Technik, Praxis, Energie und Umwelt (Reihe: Lehrbuch). Wiesbaden: Springer Fachmedien Wiesbaden, S. 41–62.

Doppelbauer, M. (Hrsg.) (2020): Grundlagen der Elektromobilität. Technik, Praxis, Energie und Umwelt. Lehrbuch, Wiesbaden: Springer Fachmedien Wiesbaden.

Dorf, R. C. (2000): Technology management handbook. Boca Raton: CRC Press.

Dörnemann, H; Meyer, R. (2003): Anforderungsmanagement kompakt. Mit Checklisten. Heidelberg, Berlin: Spektrum Akad. Verl.

Drèze, J; Stern, N. (1987): The Theory of Cost-Benefit Analysis. In: Auerbach, A. J; Feldstein, M. (Hrsg.): Handbook of public economics: Volume 2 (Reihe: Handbooks in economics, Bd. 2). Amsterdam: Elsevier, S. 909–989.

Du-Bar, C; Mann, A; Wallmark, O; Werke, M. (2018): Comparison of Performance and Manufacturing Aspects of an Insert Winding and a Hairpin Winding for an Automotive Machine Application: 2018 8th International Electric Drives Production Conference (EDPC), 12/4/2018 - 12/5/2018: IEEE 2018.

Duden Online (2020): Hybride. https://www.duden.de/node/69155/revision/69191. Abruf 02.12.2020.

Duden Online (2020): Qualität. https://www.duden.de/node/116878/revision/243450. Abruf 16.11.2020.

Duden Online (2020): Technologie. Herkunft. https://www.duden.de/rechtschreibung/Technologie. Abruf 07.02.2020.

Duden Online (2020): Zusammenhang. https://www.duden.de/node/211824/revision/211860. Abruf 18.11.2020.

Dudenhöffer, F. (2021). In: Spiegel (Hrsg.): GM stoppt Verbrennungsmotor: Frau Barra steigt aus Hamburg: SPIEGEL-Verlag Rudolf Augstein GmbH & Co. KG

Dyckhoff, H. (2003): Eine moderne Konzeption der Produktionstheorie. In: Wildemann, H. (Hrsg.): Moderne Produktionskonzepte für Güter- und Dienstleistungsproduktionen: Vorträge anläßlich der Sitzung der wissenschaftlichen Kommission Produktionswirtschaft im Verband der Hochschullehrer für Betriebswirtschaft e. V. in München München: TCW Transfer-Centrum, S. 13–32.

Ehrlenspiel, K. (2009): Integrierte Produktentwicklung. Denkabläufe, Methodeneinsatz, Zusammenarbeit. 4. Aufl. München: Hanser.

Ehrlenspiel, K; Kiewert, A; Lindemann, U; Mörtl, M. (2014): Kostengünstig Entwickeln und Konstruieren. Kostenmanagement bei der integrierten Produktentwicklung (VDI-Buch). 7. Aufl. Berlin: Springer Vieweg.

Eichgrün, K. (2003): Prozesssicherheit in fertigungstechnischen Prozessketten. Systemanalyse, ganzheitliche Gestaltung und Führung. Universität Kaiserslautern: Dissertation, Kaiserlautern.

Eigner, M; Ralph, S. (2009): Product-lifecycle-Management. Ein Leitfaden für Product Development und Life-cycle-Management (VDI). 2. Aufl.

EMAG GmbH (2020): Fertigungslinie zur Fertigung von Rotorwellen für die Elektromobilität. https://www.emag.com/de/werkstuecke/rotorwelle-elektromotor.html. Abruf 30.10.2020.

Engler, S; Ramsayer, R; Poprawe, R. (2011): Process Studies on Laser Welding of Copper with Brilliant Green and Infrared Lasers. In: Physics Procedia, Jg. 12, S. 339–346.

Essex Furukawa Magnet Wire LLC (2020): Datenblatt: HVWW- High-Voltage Winding Wire. https://essexfurukawa.com/products/high-voltage-winding-wire-hvww/. Abruf 18.10.2020.

Eversheim, W. (1996): Organisation in der Produktionstechnik. Band 1: Grundlagen (Studium und Praxis). Dritte, neu bearbeitete und erweiterte Auflage Aufl. Berlin, Heidelberg: Springer.

Eversheim, W; Schuh, G. (Hrsg.) (2005): Integrierte Produkt- und Prozessgestaltung. VDI, Berlin: Springer.

Fahrmeir, L; Heumann, C; Künstler, R; Pigeot, I; Tutz, G. (2016): Statistik. Der Weg zur Datenanalyse (Springer-Lehrbuch). 8., überarbeitete und ergänzte Auflage Aufl. Berlin, Heidelberg: Springer Spektrum.

Fallböhmer, M. (2000): Generieren alternativer Technologieketten in frühen Phasen der Produktentwicklung (Berichte aus der Produktionstechnik, 23). Aachen: Shaker: Dissertation,

Fan, J; Zhang, C; Wang, Z; Dong, Y; Nino, C. E; Tariq, A. R; Strangas, E. G. (2010): Thermal Analysis of Permanent Magnet Motor for the Electric Vehicle Application Considering Driving Duty Cycle. In: IEEE Trans. Magn., Jg. 46, Nr. 6, S. 2493–2496.

Fandel, G. (2005): Produktion I. Produktions- und Kostentheorie ; mit 23 Tabellen. 6. Aufl. Berlin, Heidelberg: Springer.

Feinwerktechnik Otto Harrandt GmbH (2020): Unternehmensbroschüre: Höchste Präzision für Ihre Qualitätssicherung

Feldhusen, J; Grote, K.-H. (Hrsg.) (2013): Pahl/Beitz Konstruktionslehre. Methoden und Anwendung erfolgreicher Produktentwicklung. 8. Aufl., Berlin, Heidelberg: Springer Vieweg.

Feldmann, K; Schöppner, V; Spur, G. (Hrsg.) (2014): Handbuch Fügen, Handhaben, Montieren. Edition Handbuch der Fertigungstechnik, / hrsg. von Günter Spur ; 5. 2. Aufl., München: Hanser.

Filippi, S; Barattin, D. (2012): Classification and Selection of Prototyping Activities for Interaction Design. In: IIM, Jg. 4, Nr. 4, S. 147–156.

Finken, T; Felden, M; Hameyer, K. (2008): Comparison and design of different electrical machine types regarding their applicability in hybrid electrical vehicles: 2008 International Conference on Electrical Machines (ICEM), 06.09.2008 - 09.09.2008: IEEE 2008, S. 1–5.

Fischer, R. (2017): Elektrische Maschinen (Hanser-Fachbuch). 17., aktualisierte Auflage Aufl. München: Hanser.

Fleischer, J; Haag, S; Hofmann, J. (2017): Quo Vadis Wickeltechnik? Eine Studie zum aktuellen Stand der Technik und zur Recherche zukünftiger Trends im Automobilbau. Karlsruhe

Fleischer, J; Hausmann, L; Wirth, F. (2021): Production-oriented design of electric traction drives with hairpin winding. In: Procedia CIRP, Jg. 100, S. 169–174.

Fleischer, J; Hofmann, J. (2017): Flexible Fertigung von Elektromotoren für Fahrzeuge Karlsruhe

Frank, J. (2007): Added value through injection molded insulation: Electrical Insulation Conference and Electrical Manufacturing Expo (EIC/EME), 22.10.2007 - 24.10.2007: IEEE 2007, S. 366–369.

Franke, J; Tremel, J; Kuhl, A. (2011): Innovative developments for automated magnet handling and bonding of rare earth magnets: 2011 IEEE International Symposium on Assembly and Manufacturing (ISAM), 25.05.2011 - 27.05.2011: IEEE 2011, S. 1–5.

Fritsche, R. (1998): Bewertung und Verkürzung von Anlaufprozessen für Betriebsmittel (Berichte aus dem Produktionstechnischen Zentrum Berlin). Berlin: IPK: Zugl.: Berlin, Techn. Univ., Diss., 1997,

Gäbler, F. (2019): Optimizing Automotive Welding Applications with CleanWeld. In: PhotonicsViews, Jg. 16, Nr. 4, S. 52–55.

Gai, Y; Kimiabeigi, M; Chong, Y. C; Widmer, J. D; Goss, J; SanAndres, U; Steven, A; Staton, D. A. (2018): On the Measurement and Modeling of the Heat Transfer Coefficient of a Hollow-Shaft Rotary Cooling System for a Traction Motor. In: IEEE Trans. on Ind. Applicat., Jg. 54, Nr. 6, S. 5978–5987.

Gai, Y; Kimiabeigi, M; Widmer, J. D; Chong, Y. C; Goss, J; SanAndres, U; Staton, D. A. (2017): Shaft cooling and the influence on the electromagnetic performance of traction motors: 2017 IEEE International Electric Machines and Drives Conference (IEMDC), 21.05.2017 - 24.05.2017: IEEE 2017, S. 1–6.

Gausemeier, J; Behmann, B. (Hrsg.) (2012): Produkte und Produktionssysteme integrativ konzipieren. Modellbildung und Analyse in der frühen Phase der Produktentstehung. 1. Aufl., s.l.: Hanser.

Geisberger, E; Schmidt, R. (2004): Abschlussbericht des Projekts „ProMiS“ - Projektmanagement für interdisziplinäre Systementwicklungen. Aus dem Themenfeld „Software in technischen Produkten - Anwendung von Methoden und Vorgehensweisen für eine ingenieurmäßige Software-Entwicklung in der Produktion“ im Rahmen des Forschungsvorhabens des BMBF „Forschung für die Produktion von Morgen“; [Leitfaden für die Anwendung von Projektmanagement und Systemspezifikation mit einem Praxishandbuch auf CD-ROM] ; [Software VDMA] ; gefördert vom Bundesministerium für Bildung und Forschung (Software). Frankfurt am Main: VDMA-Verl.

Geuer, A. (1996): Einsatzpotential des Rapid Prototyping in der Produktentwicklung (iwb Forschungsberichte, Berichte aus dem Institut für Werkzeugmaschinen und Betriebswissenschaften der Technischen Universität München, 100). Berlin, Heidelberg, s.l.: Springer Berlin Heidelberg.

Gieras, J. F; Kamper, M. J; Wang, R.-J. (2008): Axial Flux Permanent Magnet Brushless Machines. Dordrecht: Springer Science + Business Media B.V.

Gillen, S. C. (2019): Produktionsseitige Gestaltung von Produktanforderungen für den elektrischen Antriebsstrang. (Ergebnisse aus der Elektromobilproduktion, 5). 1. Aufl. Aachen: Apprimus, 2019. Dissertation.

Gläßel, T. (2020): Prozessketten zum Laserstrahlschweißen von flachleiterbasierten Formspulenwicklungen für automobile Traktionsantriebe. FAU University Press, Erlangen.

Gläßel, T; Masuch, M; Weigelt, M; Kühl, A; Franke, J. (2020): Schlussbericht zu dem Teilvorhaben „Automatisierte Fertigungstechnologien zum Biegen, Montieren und Schalten von innovativen Formspulenwicklungen" im Verbundprojekt „PRO-E-Traktion": Zenodo.

Gläßel, T; Seefried, J; Franke, J. (2017): Challenges in the manufacturing of hairpin windings and application opportunities of infrared lasers for the contacting process: Proceedings. 2017 7th International Electric Drives Production Conference (EDPC), 12/5/2017 - 12/6/2017. [Piscataway, New Jersey]: IEEE 2017, S. 1–7.

Gläßel, T; Seefried, J; Masuch, M; Riedel, A; Mayr, A; Kuehl, A; Franke, J. (2019): Process Reliable Laser Welding of Hairpin Windings for Automotive Traction Drives: 2019 International Conference on Engineering, Science, and Industrial Applications (ICESI), 22.08.2019 - 24.08.2019: IEEE 2019 - 2019, S. 1–6.

Grabner, T. (2012): Prozessentwicklung. In: Grabner, T. (Hrsg.): Operations Management Wiesbaden: Springer Fachmedien Wiesbaden, S. 91–154.

Gronau, N. (Hrsg.) (2008): Wettbewerbsfähigkeit durch Arbeits- und Betriebsorganisation. 20. Forschungsseminar der Hochschulgruppe Arbeits- und Betriebsorganisation (HAB) ; Oktober 2007 an der Universität Potsdam ; Tagungsband. Schriftenreihe der Hochschulgruppe für Arbeits- und Betriebsorganisation e.V. (HAB), Berlin: Gito-Verl.

Grunditz, E. A; Lundmark, S. T; Alatalo, M; Thiringer, T; Nordelof, A. (2018): Three traction motors with different magnet materials — Influence on cost, losses, vehicle performance, energy use and environmental impact: 2018 Thirteenth International Conference on Ecological Vehicles and Renewable Energies (EVER), 10.04.2018 - 12.04.2018: IEEE 2018 - 2018, S. 1–13.

Gui, H.-L; Li, Q; Huang, Q.-X. (2015): The Influence of Bauschinger Effect in Straightening Process. In: Mathematical Problems in Engineering, Jg. 2015, Nr. 4, S. 1–5.

Günther, H.-O; Tempelmeier, H. (2012): Produktion und Logistik. Berlin/Heidelberg: Springer.

Guo, Y; Soulard, J; Greenwood, D. (2019): Challenges in Electric Machine Stator Manufacturing and Their Influences on Thermal Performance: 2019 9th International Electric Drives Production Conference (EDPC), 03.12.2019 - 04.12.2019: IEEE 2019 - 2019, S. 1–9.

Gutenberg, E. (1971): Grundlagen der Betriebswirtschaftslehre. Die Produktion (Enzyklopädie der Rechts- und Staatswissenschaft). 24., unveränderte Auflage Aufl. Berlin, Heidelberg: Springer Berlin Heidelberg.

Gutierrez, C. (1998): Integration Analysis of Product Architecture to Support Effective Team Co-Location. Massachusetts Institute of Technology, Cambridge, MA.

Haberfellner, R. (1964): Systematische Planung mit Systems Engineering. In: Der Wirtschaftsingenieur, S. 16–30.

Haberfellner, R; Weck, O. de; Fricke, E. (2019): Systems Engineering. Fundamentals and Applications. 1st ed. 2019 Aufl.

Hagedorn, J; Sell-Le Blanc, F; Fleischer, J. (2016): Handbuch der Wickeltechnik für hocheffiziente Spulen und Motoren. Ein Beitrag zur Energieeffizienz. Berlin, Heidelberg: Springer Vieweg.

Hallmann, M. (1990): Prototyping komplexer Softwaresysteme. Ansätze zum Prototyping und Vorschlag einer Vorgehensweise. Wiesbaden, s.l.: Vieweg+Teubner Verlag.

Halwas, M; Hausmann, L; Wirth, F; Fleischer, J; Jux, B; Doppelbauer, M. (2020): Influences of Design and Manufacturing on the Performance of Electric Traction Drives: 2020 International Conference on Electrical Machines (ICEM), 23.08.2020 - 26.08.2020: IEEE 2020, S. 488–494.

Halwas, M; Sell-Le Blanc, F; Jux, B; Doppelbauer, M; Wirth, F; Hausmann, L; Hofmann, J; Fleischer, J. (2019): Coherences Between Production Technology and Performance of Electric Traction Drives: 2019 9th International Electric Drives Production Conference (EDPC), 03.12.2019 - 04.12.2019: IEEE 2019 - 2019, S. 1–9.

Hass, C; Herden, R; Schmidtchen, K; Schumacher, S. (2015): Frontloading. In: Dombrowski, U. (Hrsg.): Lean Development: Aktueller Stand und zukünftige Entwicklungen (Reihe: VDI-Buch). Berlin, Heidelberg: Springer Vieweg, S. 116–133.

Haug, E. J. (1993): Concurrent Engineering: Tools and Technologies for Mechanical System Design (NATO ASI Series, Series F, 108). Berlin, Heidelberg: Springer.

Hedderich, J; Sachs, L. (2016): Angewandte Statistik. Methodensammlung mit R. 15., überarbeitete und erweiterte Auflage Aufl. Berlin, Heidelberg: Springer Spektrum.

Heimes, H. H. (2014): Methodik zur Auswahl von Fertigungsressourcen in der Batterieproduktion (Edition Wissenschaft Apprimus, 2014,41). 1. Aufl. Aachen: Apprimus-Verl.: Zugl.: Aachen, Techn. Hochsch., Diss., 2014,

Herm, M; Nordsiek, D. (2012): Virtualisierung. In: Gausemeier, J; Behmann, B. (Hrsg.): Produkte und Produktionssysteme integrativ konzipieren: Modellbildung und Analyse in der frühen Phase der Produktentstehung 1. Aufl. s.l.: Hanser, S. 54–63.

Hirschvogel Automotive (2020): Rotorwelle Elektrofahrzeug. https://www.hirschvogel.com/produkte/e-antrieb/rotorwelle-elektrofahrzeug. Abruf 30.10.2020.

Hofmann, B; Bickel, B; Brauer, P; Leder, M; Franke, J. (2016): Theoretical benefits of powder-coating based insulation layers regarding copper fill factor in electric drives: 2016 6th International Electric Drives Production Conference (EDPC), 30.11.2016 - 01.12.2016: IEEE 2016 - 2016, S. 172–176.

Hofmann, B; Kreitlein, S; Hocht, M; Franke, J. (2016): Economic application of powder resin based groundwall insulation for low voltage electric drives: 2016 IEEE Conference on Electrical Insulation and Dielectric Phenomena (CEIDP), 16.10.2016 - 19.10.2016: IEEE 2016 - 2016, S. 303–306.

Hofmann, B; Masuch, M; Kummeth, P; Franke, J; Frey, P; Merklein, M.Hofmann et al. 2016: In-line strategies and methods to reduce balancing efforts within rotor production for electric drives: 2016 6th International Electric Drives Production Conference (EDPC), 30.11.2016 - 01.12.2016: IEEE 2016 - 2016

Hofmann, B; Spreng, S; Franke, J; Maryniak, B.Hofmann et al. 2014: Innovative and energy-efficient insulation technology for the production of electric drives: 2014 4th International Electric Drives Production Conference (EDPC), 30.09.2014 - 01.10.2014: IEEE 2014 - 2014, S. 1–5.

Hofmann, H; Spindler, J. (2018): Werkstoffe in der Elektrotechnik. Grundlagen - Struktur - Eigenschaften - Prüfung - Anwendung - Technologie. 8., aktualisierte Auflage Aufl. München: Carl Hanser Verlag GmbH & Co. KG.

Hofmann, P. (2014): Hybridfahrzeuge. Ein Alternatives Antriebssystem Für Die Zukunft. 2nd ed. Aufl. Wien: Springer Wien.

Hollstein, W. (2012): Thermosetting resin systems for stator encapsulation in electro-mobility and industrial motors. Basel: Huntsman Advanced Materials.

Hopp, C; Antons, D; Kaminski, J; Oliver Salge, T. (2018): Disruptive Innovation: Conceptual Foundations, Empirical Evidence, and Research Opportunities in the Digital Age. In: Product Innovation Management (Journal of Product Innovation Management), Jg. 35, Nr. 3, S. 446–457.

Humpert, A. (1995): Methodische Anforderungsverarbeitung auf Basis eines objektorientierten Anforderungsmodells (HNI-Verlagsschriftenreihe Rechnerintegrierte Produktion, 9). Paderborn: Heinz Nixdorf Institut d. Univ.-GH: Zugl.: Paderborn, Univ.-Gesamthochsch., Diss., 1995,

Idicula, J. (1995): Planning for Concurrent Engineering. Nanyang technological university: Dissertation, Jurong, Singapur.

IEEE Computer Society (2014): IEEE standard for software quality assurance processes. New York: Institute of Electrical and Electronics Engineers.

Inoue, M; Takamatsu, H; Ogami, M; Ninomiya, K; Ito, K; Shibata, T. (2016): New-Structure Motor for Full Hybrid Electric Vehicle. SAE 2016 World Congress and Exhibition, APR. 12, 2016: SAE International400 Commonwealth Drive, Warrendale, PA, United States 2016

International Organization for Standardization (ISO/IEC/IEEE 24765): Systems and software engineering, Genf, 09/2017.

International Organization for Standardization (ISO/IEC/IEEE 24748-1): System und Software-Engineering - Lebenszyklusmanagement: IEEE, 01.11.2018.

International Organization for Standardization (ISO/IEC/IEEE 29148): System-und Software-Engineering - Lebenszyklus-Prozesse: IEEE, 01.11.2018.

Isermann, R. (2008): Mechatronische Systeme. Berlin, Heidelberg: Springer Berlin Heidelberg.

Ishigami, T; Tanaka, Y; Homma, H. (2014): Development of Motor Stator with Rectangular-Wire Lap Winding and an Automatic Process for Its Production. In: Electrical Engineering in Japan, Jg. 187, Nr. 4, S. 51–59.

Ishigami, T; Tanaka, Y; Homma, H. (2014): Motor stator with thick rectangular wire lap winding for HEVs: 2014 International Power Electronics Conference (IPEC-Hiroshima 2014 - ECCE ASIA), 18.05.2014 - 21.05.2014: IEEE 2014, S. 1880–1885.

Ishigami, T; Tanaka, Y; Homma, H. (2015): Motor Stator With Thick Rectangular Wire Lap Winding for HEVs. In: IEEE Trans. on Ind. Applicat., Jg. 51, Nr. 4, S. 2917–2923.

Janke, A; Burkhardt, N. (2018): Disruptive Technologien im Mittelstand. Prozessreifegradmanagement der Produktentwicklung (Management und Controlling im Mittelstand). Wiesbaden: Springer Fachmedien Wiesbaden.

Jensen, M. B; Elverum, C. W; Steinert, M. (2017): Eliciting unknown unknowns with prototypes: Introducing prototrials and prototrial-driven cultures. In: Design Studies, Jg. 49, S. 1–31.

Johannaber, F; Michaeli, W. (2014): Handbuch Spritzgießen. 2. Aufl. München: Hanser.

Jordan, W. (2013): Technologie kleiner Elektromaschinen. Wissensspeicher für Produktentwickler, Techniker und Kaufleute. 5. Aufl. Dresden: Eigenverl. technoexpert dresden.

Jung, C. (2006): Anforderungsklärung in interdisziplinärer Entwicklungsumgebung (Produktentwicklung). München: Verl. Dr. Hut.

Jung, D.-S; Kim, Y.-H; Lee, U.-H; Lee, H.-D. (2012): Optimum Design of the Electric Vehicle Traction Motor Using the Hairpin Winding: 2012 IEEE 75th Vehicular Technology Conference (VTC Spring), 06.05.2012 - 09.05.2012: IEEE 2012 - 2012, S. 1–4.

Kampker, A. (2014): Elektromobilproduktion. Berlin: Springer Vieweg.

Kampker, A. (Hrsg.) (2014): Herausforderungen disruptiver Innovationen am Beispiel der Elektromobilität. 1. Aufl., Aachen: Apprimus.

Kampker, A. (2019): Die Zukunft der Mobilität in Deutschland - Elektrisch, klimaneutral, wertschöpfend!

Kampker, A; Heimes, H; Kawollek, S; Treichel, P; Kraus, A. (2019): Produktionsprozess eines Hairpin-Stators. 1. Auflage Aufl. Aachen: PEM der RWTH Aachen University.

Kampker, A; Heimes, H; Kreisköther, K; Kleine Büning, M; Haunreiter, A. (2018): Effizientere Wege für neue Produkte. Nutzung von Prototypen im elektrischen Antriebsstrang. In: emobility tec, Nr. 1, S. 28–31.

Kampker, A; Kawollek, S; Treichel, P; Wendler, M. (2020): A Systematic Approach to Inspection Planning in Agile Process Development of Hairpin Stator Production: 2020 10th International Electric Drives Production Conference (EDPC), 08.12.20-09.12.20: IEEE 2020, S. 1–8.

Kampker, A; Kawollek, S; Treichel, P; Shah, S. (2020): Efficiency Deficits and Solution Principles of Requirements Management for Hairpin Stator Production Ramp-up by Early Prototypes: 2020 10th International Electric Drives Production Conference (EDPC), 08.12.20-09.12.20: IEEE 2020, S. 1–9.

Kampker, A; Kreisköther, K; Büning, M. K; Treichel, P; Krebs, M. (2018): Ex-Ante Process-FMEA for Hairpin Stator Production by Early Prototypical Production Concepts: Proceedings. 2018 8th International Electric Drives Production Conference (EDPC), 12/4/2018 - 12/5/2018: IEEE 2018

Kampker, A; Kreisköther, K; Kleine Büning, M; Treichel, P; Theelen, J. (2017): Automotive quality requirements and process capability in the production of electric motors: Proceedings. 2017 7th International Electric Drives Production Conference (EDPC), 12/5/2017 - 12/6/2017. [Piscataway, New Jersey]: IEEE 2017, S. 1–8.

Kampker, A; Kreisköther, K; Wagner, J; Maurer, R; Schier, A. L. (2017): Anlauf disruptiver Produkte. In: ZWF, Jg. 112, Nr. 1-2Nr. , S. 58–61.

Kampker, A; Kreisköther, K. D; Büning, M. K; Treichel, P. (2018): Herausforderung Hairpintechnologie Technologieschub für OEMs und Anlagenbauer. In: ATZ Elektron, Jg. 13, Nr. 5, S. 62–67.

Kampker, A; Vallée, D; Schnettler, A. (Hrsg.) (2018): Elektromobilität. Grundlagen einer Zukunftstechnologie. 2. Aufl., Berlin: Springer Vieweg.

Kassicieh, S. K; Walsh, S. T; Cummings, J. C; McWhorter, P. J; Romig, A. D; Williams, W. D. (2002): Factors differentiating the commercialization of disruptive and sustaining technologies. In: IEEE Trans. Eng. Manage., Jg. 49, Nr. 4, S. 375–387.

Katou, M; Kitakado, Y; Murahashi, M. (2003): Method of manufacturing stator coil of rotary electric machine. Europäisches Patent

Kaufhold, M; Schafer, K; Bauer, K; Bethge, A; Risse, J. (2002): Interface phenomena in stator winding insulation - challenges in design, diagnosis, and service experience. In: IEEE Electr. Insul. Mag., Jg. 18, Nr. 2, S. 27–36.

Kaul, A; Hagedorn, M; Harter, C; Olschewski, I; Eckstein, L; Baum, M; Henzelmann, T; Schlick, T. (2019): Automobile Wertschöpfung 2030/2050. Studie im Auftrag des Bundesministeriums für Wirtschaft und Energie: Endbericht,

Kiefer, J. (2007): Mechatronikorientierte Planung automatisierter Fertigungszellen im Bereich Karosserierohbau. Universität des Saarlandes: Dissertation, Saarbrücken.

Kilkki, K; Mäntylä, M; Karhu, K; Hämmäinen, H; Ailisto, H. (2018): A disruption framework. In: Technological Forecasting and Social Change, Jg. 129, S. 275–284.

Kilper, M; Naumoski, H. (2020): Insulation of electrical motors – Potential to increase performance of future electrical powertrains. In: Bargende, M; Reuss, H.-C; Wagner, A. (Hrsg.): 20. Internationales Stuttgarter Symposium (Reihe: Proceedings). Wiesbaden: Springer Fachmedien Wiesbaden, S. 171–183.

Kinnaird; C; Kirchbeck, B. (2020): Wie viele Elektromotoren befinden sich in Ihrem Auto? https://www.next-mobility.de/wie-viele-elektromotoren-befinden-sich-in-ihrem-auto-a-726466/. Abruf 10.10.2020.

Klein, T. (2016): Agiles Engineering im Maschinen- und Anlagenbau (Forschungsberichte IWB, 323). München: Utz: Dissertation,

Kleine Büning, M. (2019): Informationsorientierte Prototypenplanung zur Effizienzsteigerung im Produktionsplanungsprozess (Ergebnisse aus der Elektromobilproduktion). Aachen: Apprimus: Dissertation,

Klocke, F. (2015): Fertigungsverfahren 5. Gießen, Pulvermetallurgie, Additive Manufacturing. Berlin, Heidelberg: Springer Berlin Heidelberg.

Klocke, F. (2017): Umformen (VDI-Buch, / Fritz Klocke ; 4). 6. Auflage Aufl. Berlin: Springer Vieweg.

Klocke, F; Michaeli, W; Ader, C; Schönfeld, M. (2005): Funktionsbewertung und Prototypenfertigung. In: Eversheim, W; Schuh, G. (Hrsg.): Integrierte Produkt- und Prozessgestaltung (Reihe: VDI). Berlin: Springer, S. 226–244.

Knoche, K. (2005): Generisches Modell zur Beschreibung von Fertigungstechnologien (Berichte aus der Produktionstechnik, 2005,5). Aachen: Shaker: Zugl.: Aachen, Techn. Hochsch., Diss., 2004,

Komodromos, A; Lobbe, C; Tekkaya, A. E. (2017): Development of forming and product properties of copper wire in a linear coil winding process: 2017 7th International Electric Drives Production Conference (EDPC), 05.12.2017 - 06.12.2017: IEEE 2017, S. 1–7.

Kraus, G. (2017): Die Zukunft der Antriebe ist elektrisch - und mit Guss. Gießtechnik im Motorenbau. In: Giesserei, 01.04.2017, S. 108–115

Kriesi, C; Blindheim, J; Bjelland, Ø; Steinert, M. (2016): Creating Dynamic Requirements through Iteratively Prototyping Critical Functionalities. In: Procedia CIRP, Jg. 50, S. 790–795.

Kromrey, H. (2002): Empirische Sozialforschung. Modelle und Methoden der standardisierten Datenerhebung und Datenauswertung (Uni-Taschenbücher, 1040). 10 Aufl. Wiesbaden: VS Verlag für Sozialwissenschaften.

Kroy, W. (1995): Technologiemanagement für grundlegende Innovationen. In: Zahn, E. (Hrsg.): Handbuch Technologiemanagement Stuttgart: Schäffer-Poeschel, S. 57–79.

Kruchten, P. (2003): The rational unified process. An introduction (The Addison-Wesley object technology series). 2. ed, 6. printing Aufl. Boston: Addison-Wesley.

Kubicek, H. (1976): Heuristische Bezugsrahmen und heuristisch angelegte Forschungsdesign als Elemente einer Konstruktionsstrategie empirischer Forschung (Arbeitspapier, Nr. 16). Berlin: Inst. für Unternehmungsführung im Fachbereich Wirtschaftswiss. d. Freien Univ.

Kuehl, A; Zitzelsberger, M; Seefried, J; Masuch, M; Miller, T; Franke, J. (2019): Hot Crimping Through Innovative Inductive Heating in the Production of Electric Motors: 2019 IEEE International Electric Machines & Drives Conference (IEMDC), 12.05.2019 - 15.05.2019: IEEE 2019 - 2019, S. 1404–1409.

Kukulies, J; Schmitt, R. (2013): Agile Prüfplanung. Von der Softwareentwicklung lernen. In: MQ Management und Qualität, Nr. 6, S. 33–34.

Langbein, R. (2013): Getriebe haben auch im E-Fahrzeug eine Zukunft. https://automobil-konstruktion.industrie.de/alternative-antriebe/getriebe-haben-auch-im-e-fahrzeug-eine-zukunft/. Abruf 30.10.2020.

Lanza, G. (2005): Simulationsbasierte Anlaufunterstützung auf Basis der Qualitätsfähigkeiten von Produktionsprozessen. In: 0724-4967, Jg. 127

Lappus, G; Schmidt; G. (1990): Simulation als vielseitig nutzbares Werkzeug. Eine Übersicht. In: Fasol, K. H; Diekmann, K. (Hrsg.): Simulation in der Regelungstechnik (Reihe: Fachberichte Simulation, Bd. 12). Berlin, Heidelberg: Springer, S. 1–29.

Lautz, G. (1985): Elektromagnetische Felder (Teubner Studienbücher Technik, Elektrotechnik / Maschinenbau). 3. Aufl. Wiesbaden: Vieweg+Teubner.

Law, A. M; Kelton, W. D. (2000): Simulation modeling and analysis (McGraw-Hill series in industrial engineering and management science). 3. ed., international ed. Aufl. Boston: McGraw-Hill.

Lei, G; Zhu, J; Guo, Y. (2016): Multidisciplinary Design Optimization Methods for Electrical Machines and Drive Systems (Power Systems). 1st ed. 2016 Aufl. Berlin, Heidelberg: Springer Berlin Heidelberg.

Leitz, A. (2016): Laserstrahlschweißen von Kupfer- und Aluminiumwerkstoffen in Mischverbindung. Universität Stuttgart: Dissertation, Stuttgart.

Leuning, N; Steentjes, S; Hameyer, K; Gerhards, B; Reisgen, U. (2017): Analysis of a novel laser welding strategy for electrical steel laminations: 2017 7th International Electric Drives Production Conference (EDPC), 05.12.2017 - 06.12.2017: IEEE 2017 - 2017, S. 1–8.

Liang, F; Leonardi, F; Morris, B; Degner, M. (2020): Balanced hairpin winding electric machine. United States Patent

Liker, J. K; Pereira, R. M. (2018): Virtual and Physical Prototyping Practices: Finding the Right Fidelity Starts With Understanding the Product. In: IEEE Eng. Manag. Rev., Jg. 46, Nr. 4, S. 71–85.

Lim, Y.-K; Stolterman, E; Tenenberg, J. (2008): The anatomy of prototypes. In: ACM Trans. Comput.-Hum. Interact., Jg. 15, Nr. 2, S. 1–27.

Lindemann, U. (2009): Methodische Entwicklung technischer Produkte. Methoden flexibel und situationsgerecht anwenden (VDI-Buch). 3., korrigierte Aufl. Berlin, Heidelberg: Springer-Verlag Berlin Heidelberg.

Lindemann, U; Reichwald, R. (2012): Integriertes Änderungsmanagement. Softcover reprint of the hardcover 1st ed. 1998 Aufl. Berlin: Springer.

Lotter, B; Wiendahl, H.-P. (2006): Montage in der industriellen Produktion. Ein Handbuch für die Praxis (VDI-Buch). Berlin, Heidelberg: Springer-Verlag Berlin Heidelberg.

Löwer, T. (2019): Elektronenstrahlschweißen in der Elektromotorenproduktion (EPT Aachen). Aachen

Lührig, T. (2005): Risikomanagement in der Produktentwicklung der deutschen Automobilindustrie. Von der Konzeptentwicklung bis zum Produktionsanlauf. Technische Universität Darmstadt: Dissertation, Darmstadt.

Machineering GmbH & Co. KG. (2020): iPhysiscs. https://www.machineering.com/iphysics-simulation/editionen-features/. Abruf 20.10.2020.

Manning, T. A. (1990): A Comparison Between Flywinding and Rotating Spindle Methods of Winding Coils. In: International Coil Winding Association (Hrsg.): Electrical manufacturing & coil winding: O'Hare Exposition Center, Rosemont, Illinois, October 15 - 18, 1990 Minneapolis, Minn., S. 242–247.

Mayr, A; Lutz, B; Weigelt, M; Gläßel, T; Kißkalt, D; Masuch, M; Riedel, A; Franke, J. (2018): Evaluation of Machine Learning for Quality Monitoring of Laser Welding Using the Example of the Contacting of Hairpin Windings: 2018 8th International Electric Drives Production Conference (EDPC), 12/4/2018 - 12/5/2018: IEEE 2018

Mechler, G. C. (2010): Manufacturing and Cost Analysis for Aluminum and Copper Die Cast Induction Motors for GM's Powertrain and R&D Divisions. Massachusetts Institute of Technology, Boston, MA.

Meiners, M; Mayr, A; Lechler, T; Franke, J. (2019): Accelerated Production Ramp-Up Utilising Clustering and Visualisation of Process Chain Interrelationships: 2019 9th International Electric Drives Production Conference (EDPC), 03.12.2019 - 04.12.2019: IEEE 2019 - 2019, S. 1–5.

Meis, J.-F. (2017): Produktionsseitiges Anforderungsmanagement. München: Universitätsbibliothek der TU München: Dissertation,

Meyer, H. (1962): Die Isolierung großer elektrischer Maschinen. Berlin, Heidelberg: Springer Berlin Heidelberg.

Mohr, A., Utsch, B. (1984): Technische und wirtschaftliche Bewertung neuer Dauermagnetmaterialien beim Einsatz in Gleichstrommotoren. In: Elektrotechnische Zeitschrift / ETZ-Archiv, Jg. 6, S. 365–373.

Moryson, R; Kunz, A. (2004): Minimierung der Prozesskette in der Grobplanungsphase der Produktionsplanung (Symposium Design for X). Neukirchen

Moryson, R.-D. (2004): Die systematische, rechnerunterstützte Prozessauswahl und -kettenerstellung in der Grobplanungsphase der Produktionsplanung. ETH Zürich, Zürich.

Mosquet, X; Dinger, A; Xu, G; Andersen, M; Kazutoshi, T; Zablit, H. (2018): The Electric Car Tipping Point. The Future of Powertrains for Owned and Shared Mobility

Müller, C. (2020): Elektromobilität - Chancen und Risiken für den deutschen Maschinen (EPT Aachen). Aachen

Müller, C. H; Denecke, L. (2013): Stochastik in den Ingenieurwissenschaften. Eine Einführung mit R (Statistik und ihre Anwendungen). Berlin: Springer Vieweg.

Müller, G; Ponick, B. (2012): Grundlagen elektrischer Maschinen (Elektrische Maschine). Hoboken: John Wiley & Sons.

Nastran, M; Kuzman, K. (2002): Stabilisation of mechanical properties of the wire by roller straightening. In: Journal of Materials Processing Technology, Jg. 125-126, S. 711–719.

Nategh, S; Krings, A; Wallmark, O; Leksell, M. (2014): Evaluation of Impregnation Materials for Thermal Management of Liquid-Cooled Electric Machines. In: IEEE Trans. Ind. Electron., Jg. 61, Nr. 11, S. 5956–5965.

Nau, B. (2012): Anlauforientierte Technologieplanung zur Auswahl von Fertigungstechnologien (Edition Wissenschaft Apprimus, 2012,10). 1. Aufl. Aachen: Apprimus-Verl.: Zugl.: Aachen, Techn. Hochsch., Diss., 2012,

Nee, C. (2014): Strategien für Wertschöpfungsnetzwerke in der Elektromotorenproduktion. RWTH Aachen: Dissertation, Aachen.

Nosek, J. T; Ahrens, J. D. (1986): An experiment to test user validation of requirements: data-flow diagrams vs task-oriented menus. In: International Journal of Man-Machine Studies, Jg. 25, Nr. 6, S. 675–684.

Nyhuis, P; Winkler, H; Heins, M. (2006): Prognosis-Based Ramp-Up Management by Modeling Cause–Effect Relationships Integrated in the Product Life-Cycle: Proceedings of the 16th CIRP International Design Seminar. International Design Seminar, 16.07.2006.

Ōno, T; Bodek, N. (1988): Toyota production system. Beyond large-scale production. New York, NY: Productivity Press.

Patzak, G. (1982): Systemtechnik. Planung komplexer innovativer Systeme. Berlin, Heidelberg: Springer.

Pfeifer, T; Schmitt, R. (2014): Masing Handbuch Qualitätsmanagement. 1. Aufl. s.l.: Carl Hanser Fachbuchverlag.

Pfund, T. (2018): Die Schaeffler eDrive Plattform. Modular und hochintegriert. In: Schaeffler Technologies AG & Co. KG (Hrsg.): Schaeffler Kolloquium: Mobility for tomorrow, 12.04.2018 2018, 345-259.

Pietschmann, J. (2019): Industrielle Pulverbeschichtung. Grundlagen, Verfahren, Praxiseinsatz (JOT-Fachbuch). 5., überarbeitete Auflage Aufl.

Pohl, K. (2007): Requirements engineering. Grundlagen, Prinzipien, Techniken. 1. Aufl. Heidelberg: dpunkt.verl.

Pohl, K; Rupp, C. (2015): Basiswissen Requirements Engineering. Aus- und Weiterbildung nach IREB-Standard zum Certified Professional for Requirements Engineering foundation level nach IREB-Standard. 4., überarbeitete Auflage Aufl. Heidelberg: dpunkt.

Ponn, J; Lindemann, U. (2011): Konzeptentwicklung und Gestaltung technischer Produkte. Systematisch von Anforderungen zu Konzepten und Gestaltlösungen (VDI-Buch). 2. Aufl. Berlin, Heidelberg: Springer-Verlag Berlin Heidelberg.

Ponzio, M; Corbinelli, R. (2020): Device and method for widening and twisting. Weltweites Patent

Popper, K. R. (1978): Die Logik der Sozialwissenschaften. In: Adorno, T. W. (Hrsg.): Der Positivismusstreit in der deutschen Soziologie (Reihe: Sammlung Luchterhand, Bd. 72). Darmstadt: Luchterhand

Popper, K. R. (1996): Die Logik der Forschung. Tübingen: Mohr.

Probst, G. J. B; Raub, S. P; Romhardt, K. (2012): Wissen managen. Wie Unternehmen ihre wertvollste Ressource optimal nutzen. 7. Aufl. Wiesbaden: Springer Gabler.

Proff, H. (2014): Management des Übergangs in die Elektromobilität. Radikales Umdenken bei tiefgreifenden technologischen Veränderungen (Springer eBook Collection). Wiesbaden: Springer Gabler.

Proff, H. (Hrsg.) (2014): Radikale Innovationen in der Mobilität. Technische und betriebswirtschaftliche Aspekte [5. Wissenschaftsforum Mobilität „Radical Innovations in Mobility“. Research, Wiesbaden: Springer Gabler.

Project Management Institute (2008): A guide to the project management body of knowledge. Newtown Square, Pa.: Project Management Institute.

Propst, M. (2017): E-drive testing: 2017 IEEE Transportation Electrification Conference (ITEC-India), 13.12.2017 - 15.12.2017: IEEE 2017, S. 1–5.

Prozessfabrik Berger GmbH (2020): Abisolieren von Kupferlackdraht / Laserentlacken von Kupferdraht. https://www.prozessfabrik-berger.de/laserverfahren/lackabtrag-mit-laser/abisolieren-von-kupferlackdraht-laserentlacken-von-kupferdraht. Abruf 08.11.2020.

PTC Inc. (2020): Creo Pakete. https://www.ptc.com/de/products/creo/packages. Abruf 20.10.2020.

Pushev, G; Dulgerov, N. (2016): Advanced Conductor Shape Technology. In: Machines Technologies Materials, Jg. 10, Nr. 12, S. 3–7.

Pyrhönen, J; Jokinen, T; Hrabovcová, V; Niemelä, H. (2010): Design of rotating electrical machines. Reprinted. Aufl. Chichester: Wiley.

Rabe, M; Spiekermann, S; Wenzel, S. (2008): Verifikation und Validierung für die Simulation in Produktion und Logistik. Vorgehensmodelle und Techniken (VDI-Buch). Berlin, Heidelberg: Springer.

Reinhart, G; Schindler, S. (2010): A Strategic Evaluation Approach For Defining The Maturity Of Manufacturing Technologies

Reiß, M.: Komplexitätsmanagement. T. 1. In: Das Wirtschaftsstudium, 1993, S. 54–60

Richnow, J; Stenzel, P; Renner, A; Gerling, D; Endisch, C. (2014): Influence of different impregnation methods and resins on thermal behavior and lifetime of electrical stators: 2014 4th International Electric Drives Production Conference (EDPC). 2014 4th International Electric Drives Production Conference (EDPC), 30.09.2014 - 01.10.2014: IEEE 2014, S. 1–7.

Riedel, A; Masuch, M; Weigelt, M; Glassel, T; Kuhl, A; Reinstein, S; Franke, J. (2018): Challenges of the Hairpin Technology for Production Techniques: 2018 21st International Conference on Electrical Machines and Systems (ICEMS), 07.10.2018 - 10.10.2018: IEEE 2018, S. 2471–2476.

Riesener, M; Rebentisch, E; Dölle, C; Schloesser, S; Kuhn, M; Radermacher, J; Schuh, G. (2019): A model for dependency-oriented prototyping in the agile development of complex technical systems. In: Procedia CIRP, Jg. 84, S. 1023–1028.

Roos, E; Maile, K. (2011): Werkstoffkunde für Ingenieure. Grundlagen, Anwendung, Prüfung (Springer-Lehrbuch). 4. bearb. Aufl. Berlin, Heidelberg: Springer-Verlag Berlin Heidelberg.

Ropohl, G. (2009): Allgemeine Technologie eine Systemtheorie der Technik. s.l.: KIT Scientific Publishing.

Rösch, F; Mayer, A; Doch, S. (2008): Grundlagen des Änderungsmanagements im Anlauf. In: Schuh, G; Stölzle, W; Straube, F. (Hrsg.): Anlaufmanagement in der Automobilindustrie erfolgreich umsetzen: Ein Leitfaden für die Praxis (Reihe: VDI-Buch). Berlin, Heidelberg: Springer, S. 215–220.

Rose, O; März, L. (2011): Simulation. In: März, L; Krug, W; Rose, O; Weigert, G. (Hrsg.): Simulation und Optimierung in Produktion und Logistik: Praxisorientierter Leitfaden mit Fallbeispielen (Reihe: VDI-Buch, Bd. 130). Berlin, Heidelberg: Springer-Verlag Berlin Heidelberg, S. 13–20.

Röth, T; Kampker, A; Deutskens, C; Kreisköther, K; Heimes, H. H; Schittny, B; Ivanescu, S. (2018): Entwicklung von elektrofahrzeugspezifischen Systemen. In: Kampker, A; Vallée, D; Schnettler, A. (Hrsg.): Elektromobilität: Grundlagen einer Zukunftstechnologie 2. Auflage Aufl. Berlin: Springer Vieweg, S. 279–387.

Röver, M. (2020): Herausforderungen beim Stanzen von Rotor-/Statorpaketen für Traktionsmotoren (EPT Aachen). Aachen

Royce, W. (1970): Managing the Development of Large Software Systems. In: IEEE (Hrsg.): Proceedings of IEEE WESCON, S. 328–338.

Rudert, B. (2020): Mit Druck und Rotation zur Rotorhohlwelle. Herstellung von E-Motorkomponenten durch Drückprozesse im Hause Winkelmann (EPT Aachen). Aachen

Schanz, G. (1979): Betriebswirtschaftslehre als Sozialwissenschaft (Urban-Taschenbücher). Stuttgart, Berlin, Köln, Mainz: Kohlhammer.

Schanz, G. (1987): Wissenschaftstheoretische Grundfragen der Führungsforschung. In: Kieser, A. (Hrsg.): Handwörterbuch der Führung (Reihe: Enzyklopädie der Betriebswirtschaftslehre, Bd. 10). Stuttgart: Schäffer-Poeschel, S. 2039–2041.

Schanz, G. (1988): Methodologie für Betriebswirte (Sammlung Poeschel, P 132). 2 Aufl. Stuttgart: Poeschel.

Schanz, G. (1988): Methodologie für Betriebswirte (Sammlung Poeschel, P 132). 2., überarb. u. erw. Aufl. Stuttgart: Poeschel.

Schedl, S. (2009): Integration von Anforderungsmanagement in den mechatronischen Entwicklungsprozess. 1. Aufl. s.l.: Herbert Utz Verlag.

Schenk, M; Wirth, S; Müller, E. (2014): Fabrikplanung und Fabrikbetrieb. Methoden für die wandlungsfähige, vernetzte und ressourceneffiziente Fabrik. 2., vollständig überarbeitete und erweiterte Auflage 2014 Aufl. Berlin: Springer Vieweg.

Schienmann, B. (2002): Kontinuierliches Anforderungsmanagement. Prozesse, Techniken, Werkzeuge ; [mit Muster für Lasten- und Pflichtenheft (Programmer's choice). München: Addison-Wesley.

Schier, M; Dittus, H; Braig, T; Philipps, F. (2011): Elektrifizierte Fahrzeugkonzepte. In: Friedrich, H; Schmidt, S. (Hrsg.): Strukturanalyse von Automobilkomponenten für zukünftige elektrifizierte Fahrzeugantriebe: AELFA Endbericht Stuttgart, S. 28–84.

Schindler, S. (2014): Strategische Planung von Technologieketten für die Produktion. Technische Universität München, München.

Schleich GmbH (2020): Know How – Teilentladung bei Stoßspannung. https://www.schleich.com/knowhow/teilentladung-bei-stossspannung-referat/. Abruf 03.11.2020.

Schleich GmbH (2020): Prüfmethode Hochspannung AC. https://www.schleich.com/pruefmethode/hochspannung-ac/. Abruf 03.11.2020.

Schleich GmbH (2020): Prüfmethode Hochspannung DC. https://www.schleich.com/pruefmethode/hochspannung-dc-de/. Abruf 03.11.2020.

Schleich GmbH (2020): Prüfmethode Isolationswiderstand. https://www.schleich.com/pruefmethode/isolationswiderstandspruefung/. Abruf 03.11.2020.

Schleich GmbH (2020): Prüfmethode Stoßspannung. https://www.schleich.com/pruefmethode/stossspannungspruefung/. Abruf 03.11.2020.

Schleyer, C. (2006): Erfolgreiches Kooperationsmanagement im Werkzeugbau. RWTH Aachen: Dissertation, Aachen.

Schloske, A. (2020): Innovation und Produktentwicklung. In: Bauernhansl, T. (Hrsg.): Fabrikbetriebslehre 1 Berlin, Heidelberg: Springer Berlin Heidelberg, S. 67–102.

Schmidt, R. (2007): Qualitätsgerechte Entwicklung softwareintensiver technischer Systeme (Berichte aus der Produktionstechnik, 2007,5). Aachen: Shaker: Zugl.: Aachen, Techn. Hochsch., Diss., 2007,

Schmitt, R. (Hrsg.) (2015): Anlaufmanagement - Begriffe und Definitionen, Aachen: Apprimus Wissenschaftsverlag.

Schneider, H. (2013): Auswuchttechnik (VDI-Buch). 8., neu bearb. Aufl. 2013 Aufl. Berlin, Heidelberg, s.l.: Springer Berlin Heidelberg.

Schöffer, J. (2010): Durchgängige Methodik zur Kostenbewertung – Die Grundlage zur Erzielung von optimalen Verhandlungsergebnissen beim Lieferanten. In: Fröhlich, L; Lingohr, T. (Hrsg.): Gibt es die optimale Einkaufsorganisation? Wiesbaden: Gabler, S. 131–145.

Schomburg, E. (1980): Entwicklung eines betriebstypologischen Instrumentariums zur systematischen Ermittlung der Anforderungen an EDV-gestützte Produktionsplanungs- und -steuerungssysteme im Maschinenbau: Dissertation,

Schoppa, A; Schneider, J; Wuppermann, C.-D. (2000): Influence of the manufacturing process on the magnetic properties of non-oriented electrical steels. In: Journal of Magnetism and Magnetic Materials, Jg. 215-216, S. 74–78.

Schröder, D. (2017): Elektrische Antriebe. Grundlagen. Berlin, Heidelberg: Springer Berlin Heidelberg.

Schuh, G. (2012): Innovationsmanagement. Handbuch Produktion und Management 3 (VDI-Buch). 2. Aufl. Berlin, Heidelberg: Springer.

Schuh, G; Klappert, S. (Hrsg.) (2011): Technologiemanagement. Handbuch Produktion und Management 2. VDI-Buch. 2. Aufl., Berlin, Heidelberg: Springer.

Schuh, G; Stölzle, W; Straube, F. (2008): Grundlagen des Anlaufmanagements: Entwicklungen und Trends, Definitionen und Begriffe, Integriertes Anlaufmanagementmodell. In: Schuh, G; Stölzle, W; Straube, F. (Hrsg.): Anlaufmanagement in der Automobilindustrie erfolgreich umsetzen: Ein Leitfaden für die Praxis (Reihe: VDI-Buch). 1. Aufl. Berlin: Springer, S. 1–5.

Schulte-Zurhausen, M. (2014): Organisation (Vahlens Handbücher der Wirtschafts- und Sozialwissenschaften). 6. Aufl. München: Vahlen.

Schultz, V. (1995): Projektkostenschätzung. Kostenermittlung in frühen Phasen von technischen Auftragsprojekten (Neue Betriebswirtschaftliche Forschung (nbf), 170). Wiesbaden: Gabler Verlag.

Schulz, W; Bischof, C; Bobzin, K; Brecher, C; Gries, T; Jeschke, S; Kampker, A; Klocke, F. (2011): Virtuelle Produktionssysteme. In: Brecher, C. (Hrsg.): Integrative Produktionstechnik für Hochlohnländer (Reihe: VDI-Buch). Berlin, Heidelberg: Springer-Verlag Berlin Heidelberg, S. 258–450.

Schwarz, P; Blümle, E. B. (1979): Morphologie von Kooperationen und Verbänden (Schriften zur Kooperationsforschung Reihe A, 15). Tübingen: Mohr: Zugl.: Freiburg/Schweiz, Univ., Diss., 1978,

Schweikl, M. (2020): CO2 Emissions are Increasing. Car Makers Must Act. Europe's automotive industry can meet tough CO2 emissions targets.

Schweizer, B; Reichenecker, M. (2019): Rekuperatives Bremssystem des Porsche Taycan. In: Mayer, R. (Hrsg.): XXXVIII. Internationales μ -Symposium 2019 Bremsen-Fachtagung (Reihe: Proceedings). [1. Auflage] Aufl. Berlin: Springer Vieweg, S. 28–33.

Schwering & Hasse GmbH (2020): Datenblatt: SHTherm 220 Flat. https://www.sh-wire.de/loesungen/produkte/shthermr-220-flat/. Abruf 18.10.2020.

Sell-Le Blanc, F. (2018): Aktuelle Trends der Wickeltechnologien. Prozesse und Technologien zur Herstellung von Hairpin und I-Pin Statoren) (Expertenseminar Elektromotorenproduktion). Aachen

Sell-Le Blanc, F. (2020): Applikationsspezifischer Vergleich konkurrierender Runddraht- und Profildraht-Wickelverfahren (Expertenseminar Elektromotorenproduktion). Aachen

Shewhart, W. A. (1931): Economic control of quality of manufactured product. 6. pr Aufl. New York: van Nostrand.

Siegert, K. (Hrsg.) (2015): Blechumformung. Verfahren, Werkzeuge und Maschinen. VDI-Buch, Berlin: Springer Vieweg.

Siemens Industry Software Inc. (2020): NX Cloud Connected Products. https://www.dex.siemens.com/plm/nx-cloud-connected-products?viewState=ListView&cartID=&portalUser=&store=&cclcl=deDE&selected=plm. Abruf 20.10.2020.

Siemens Industry Software Inc. (2020): Solid Edge. https://www.plm.automation.siemens.com/store/en-us/solid-edge/. Abruf 20.10.2020.

Siepmann, D. (2016): Industrie 4.0 – Technologische Komponenten. In: Roth, A. (Hrsg.): Einführung und Umsetzung von Industrie 4.0 Berlin, Heidelberg: Springer Berlin Heidelberg, S. 47–70.

Simuleon B.V. (2020): Abaqus Token Calculator. https://www.simuleon.com/abaqus-token-calculator/. Abruf 20.10.2020.

Sprei, F. (2018): Disrupting mobility. In: Energy Research & Social Science, Jg. 37, Nr. 3, S. 238–242.

Spring, E. (2009): Elektrische Maschinen. Eine Einführung. Berlin, Heidelberg: Springer-Verlag Berlin Heidelberg.

SPS electronic GmbH (2020): Stoßspannungsprüfung. https://www.spselectronic.com/de/service/glossar/stossspannungspruefung/. Abruf 03.11.2020.

Stachowiak, H. (1973): Allgemeine Modelltheorie. Wien, New York: Springer.

Stauder, J. M. J. (2017): Anlauforientierte Gestaltung von Fertigungssystemen. 1st ed. Aufl. Aachen: Apprimus Wissenschaftsverlag.

Stechert, C. (2010): Modellierung komplexer Anforderungen. Universitätsbibliothek Braunschweig:

Stephens, M. A; Bates, P. E. (1990): Requirements engineering by prototyping: experiences in development of estimating system. In: Information and Software Technology, Jg. 32, Nr. 4, S. 253–257.

Steven, M. (2007): Handbuch Produktion. Theorie - Management - Logistik - Controlling (/W). Stuttgart: Kohlhammer.

Stevens, S. S. (1946): On the Theory of Scales of Measurement. In: Science (New York, N.Y.), Jg. 103, Nr. 2684, S. 677–680.

Stich, P. (2017): Interaktiver simulationsgestützter Entwurf mechatronischer Verarbeitungssysteme: Dissertation,

Stone, G. C. (2014): Electrical insulation for rotating machines. Design, evaluation, aging, testing, and repair (IEEE press series on power engineering, 8). Second edition Aufl. Hoboken: IEEE Wiley.

Strathmann, T. (2019): Elektromobilität Als Disruptive Innovation. Herausforderungen und Implikationen Für Etablierte Automobilhersteller (BestMasters Ser). Wiesbaden: Gabler.

Suh, N. P. (2001): Axiomatic design. Advances and applications (The MIT-Pappalardo series in mechanical engineering). New York, NY: Oxford Univ. Press.

Sutcliffe, A; Sawyer, P.: Requirements elicitation: Towards the unknown unknowns: 2013 21st IEEE International Requirements Engineering Conference (RE). 2013 IEEE 21st International Requirements Engineering Conference (RE), 15.07.2013 - 19.07.2013: IEEE 2013, S. 92–104.

Suwatthikul, J; Sornmuang, S. (2011): Fault detection and diagnosis of a motor bearing shield: Proceedings of the 6th IEEE International Conference on Intelligent Data Acquisition and Advanced Computing Systems. 2011 IEEE 6th International Conference on Intelligent Data Acquisition and Advanced Computing Systems: Technology and Applications (IDAACS), 15.09.2011 - 17.09.2011: IEEE 2011, S. 332–335.

Szilagyi, P. (2020): Zero Porosity Rotor - The new industry standard (EPT Aachen). Aachen

Tekfor (2020): Rotorwelle. https://tekfor.de/rotorwelle/. Abruf 30.10.2020.

Terwiesch, C; E. Bohn, R. (2001): Learning and process improvement during production ramp-up. In: International Journal of Production Economics, Jg. 70, Nr. 1, S. 1–19.

Thebeau, R. E. (2001): Knowledge Management of System Interfaces and Interactions for Product Development Processes. Massachusetts Institute of Technology, Cambridge, MA.

Thomas, A; Davies, J; Dickinson, P. Laser removal of layer or coating from a substrate. Europäische Patentschrift

Thomke, S. (2008): Learning by experimentation: Prototyping and testing: Handbook of New Product Development Management Elsevier, S. 401–420.

Thurman, C. E. (1989): Trickle impregnation of small motors. In: IEEE Electr. Insul. Mag., Jg. 5, Nr. 3, S. 30–35.

Tobin, M; Bennewitz, K; Schenk, J; Tober, W. (2019): Electric Drives. In: Sonderprojekte ATZ/MTZ, Jg. 24, Nr. 1, S. 39.

Tokizawa, T; Kato, M; Nakamura, Y; Kitakado, Y; Murahashi, M. (2003): Method of manufacturing winding of rotary electric machine. US Patent

Tomczak, T. (1992): Forschungsmethoden in der Marketingwissenschaft. Ein Plädoyer für den qualitativen Forschungsansatz. In: MAR, Jg. 14, Nr. 2, S. 77–87.

Tong, W. (2014): Mechanical Design of Electric Motors. Hoboken: Taylor and Francis.

Treichel, P. (2020): Effizienzsteigerung in der Realisierung der Großserienproduktion elektrischer Traktionsantriebe durch hybride Anlagenprototypen. Vorstudie des Dissertationsvorhabens

Trzesniowski, M. (2014): Rennwagentechnik. Grundlagen, Konstruktion, Komponenten, Systeme (ATZ/MTZ-Fachbuch). 4. Aufl. Wiesbaden: Springer Vieweg.

Tschöke, H. (2015): Die Elektrifizierung des Antriebsstrangs. Basiswissen (ATZ / MTZ-Fachbuch). Wiesbaden: Springer Vieweg.

Tücks, G. (2010): Ramp-Up Management in der Automobilindustrie (Ergebnisse aus der Produktionstechnik Produktionssystematik, 2009,13). 1. Aufl. Aachen: Apprimus-Verl.: Zugl.: Aachen, Techn. Hochsch., Diss., 2009,

Tzscheutschler, R; Olbrisch, H; Jordan, W. (1990): Technologie des Elektromaschinenbaus. 1. Aufl. Berlin: Verl. Technik.

Ulrich, H.Ulrich 1971: Der systemorientierte Ansatz in der Betriebswirtschaftslehre. In: Kortzfleisch, G. von (Hrsg.): Wissenschaftsprogramm und Ausbildungsziele der Betriebswirtschaftslehre, 02.-05.06.1971. Berlin: Duncker & Humblot 1971, S. 43–60.

Ulrich, H. (1984): Die Betriebswirtschaftslehre als anwendungsorientierte Sozialwissenschaft. In: Ulrich, H; Dyllick, T; Probst, G. J. B. (Hrsg.): Management (Reihe: Schriftenreihe Unternehmung und Unternehmungsführung, Bd. 13). Bern, Stuttgart: Haupt, S. 168–199.

Ulrich, H; Dyllick, T; Probst, G. J. B. (Hrsg.) (1984): Management. Schriftenreihe Unternehmung und Unternehmungsführung, 13, Bern, Stuttgart: Haupt.

Ulrich, H; Schwaninger, M. (Hrsg.) (2001): Systemorientiertes Management. Das Werk von Hans Ulrich ; [Auszug aus dem Werk von Hans Ulrich. Studienausg Aufl., Bern: Haupt.

Ulrich, K. T; Eppinger, S. D. (2016): Product design and development. 6. ed. Aufl. New York, NY: McGraw-Hill.

Ulrich, P; Hill, W. (1976): Wissenschaftstheoretische Grundlagen der Betriebswirtschaftslehre. In: Wirtschaftswissenschaftliches Studium, Jg. 5, Nr. 7, S. 304–309.

Vajna, S; Bley, H; Hehenberger, P; Weber, C; Zeman, K. (2009): CAx für Ingenieure. Eine praxisbezogene Einführung. 2. Aufl. Berlin, Heidelberg: Springer Berlin Heidelberg.

Varghese, S. T; Rajagopal, K. R. (2016): Design and development of rotor quality test system for die-cast copper rotors: 2016 IEEE 1st International Conference on Power Electronics, Intelligent Control and Energy Systems (ICPEICES), 04.07.2016 - 06.07.2016: IEEE 2016, S. 1–6.

Varghese, S. T; Singh, B; Rajagopal, K. R. (2018): Fault Investigations on Die-Cast Copper Rotors. In: IEEE Trans. on Ind. Applicat., Jg. 54, Nr. 1, S. 184–194.

Verein Deutscher Ingenieure (VDI 2519). Vorgehensweise bei der Erstellung von Lasten-/Pflichtenheften, Dezember 2001.

Verein Deutscher Ingenieure (VDI 2206). Entwicklungsmethodik für mechatronische Systeme, Düsseldorf: VDI Verlag, 01.06.2004.

Verein Deutscher Ingenieure (VDI 3633). Simulation von Logistik-, Materialfluss- und Produktionssystemen, Berlin: Beuth, 01.05.2018.

Verein Deutscher Ingenieure (VDI 2221). Entwicklung technischer Produkte und Systeme, Düsseldorf: VDI Verlag, 01.11.2019.

Verein Deutscher Ingenieure; Verband Deutscher Elektrotechniker; Deutsche Gesellschaft für Qualität (VDI/VDE/DGQ 2619). Prüfplanung, Düsseldorf: VDI Verlag, 1985.

Verein Deutscher Ingenieure e.V; Verband der Elektrotechnik Elektronik Informationstechnik e.V. (VDI/VDE 3694). Lastenheft/Pflichtenheft für den Einsatz von Automatisierungssystemen, Düsseldorf: VDI Verlag, 01.04.2004.

Verordnung des europäischen Parlaments und des europäischen Rates (2021): Zur Änderung der Verordnung (EU) 2019/631 im Hinblick auf eine Verschärfung der CO2-Emissionsnormen für neue Personenkraftwagen und für neue leichte Nutzfahrzeuge im Einklang mit den ehrgeizigeren Klimazielen der Union. 2021/0197(COD) :

Vetter, M. (2011): Praktiken des Prototyping im Innovationsprozess von Start-up-Unternehmen. 1. Aufl. Wiesbaden: Gabler Verlag / Springer Fachmedien Wiesbaden GmbH Wiesbaden: Zugl.: Weimar, Univ., Diss., 2011,

Voigt, K.-I. (2008): Industrielles Management. Industriebetriebslehre aus prozessorientierter Sicht (Springer-Lehrbuch). Berlin, Heidelberg: Springer.

Voigt, K.-I. (2020): Produktionsanlagen. https://wirtschaftslexikon.gabler.de/definition/produktionsanlagen-42013/version-265368. Abruf 27.10.2020.

Vollmuth, H. J. (2008): Controlling-Instrumente von A - Z. Die wichtigsten Werkzeuge zur Unternehmenssteuerung ; neu: mit Controlling-Tools auf CD-ROM (Haufe-Lexikon). 7., erw. Aufl. Freiburg: Haufe.

Wack, K.-J; Riegmann, T; Straßburger, S; Günther, U. (2011): Virtuelle Produktionsabsicherung am Beispiel Montage Powertrain. In: Schenk, M. (Hrsg.): Digitales Engineering und virtuelle Techniken zum Planen, Testen und Betreiben technischer Systeme. 14. IFF-Wissenschaftstage 28. – 30. Juni 2011, S. 111–119.

Wafios AG (2020): Hairpin- und Statoranschlussbaugruppenbiegemaschinen. https://www.wafios.com/3/?no_cache=1&L=0&tx_edxwm_ausgabe%5Bproduktgruppe%5D=1231. Abruf 09.11.2020.

Wagner, H; Kurth, R; Beihofer, D; Tehel, R; Peter, T. (2019): Modulare Rotorwellen für die Elektromobilität. In: Massivumformung, S. 58–64.

Wang, G. G. (2002): Definition and Review of Virtual Prototyping. In: Journal of Computing and Information Science in Engineering, Jg. 2, Nr. 3, S. 232–236.

Wangenheim, S. v. (1998): Planung und Steuerung des Serienanlaufs komplexer Produkte. Dargestellt am Beispiel der Automobilindustrie (Europäische Hochschulschriften Reihe 5, Volks- und Betriebswirtschaft, 2385). Frankfurt am Main: Lang: Zugl.: Stuttgart, Univ., Diss., 1998,

Wappelhorst, S. (2021): Update on government targets for phasing out new sales of internal combustion engine passenger cars. Berlin

Watkins, M. E. (2012): A comparison of physical properties of OF copper and ETP copper after holding at temperatures that simulate high voltage transformer use for up to one year: IEEE PES Transmission and Distribution Conference and Exposition (T&D), 2012: 7 - 10 May 2012, Orlando, FL, USA. 2012 IEEE/PES Transmission and Distribution Conference and Exposition (T&D), 5/7/2012 - 5/10/2012. Piscataway, NJ: IEEE 2012, S. 1–8.

WDS Software & Service GmbH (2020): Ansys Lizenzen - Preise. https://www.wds.de/loesungen/konstruktion/spaceclaim/preise/. Abruf 21.10.2020.

Weber, W; Kabst, R; Baum, M. (2018): Einführung in die Betriebswirtschaftslehre. 10., aktualisierte und überarbeitete Auflage Aufl. Wiesbaden: Springer Gabler.

Weck, M. (1991): Simulation in CIM (CIM-Fachmann). Berlin, Heidelberg: Springer.

Wegehaupt, P. (2004): Führung von Produktionsnetzwerken. RWTH Aachen: Dissertation, Aachen.

Weh, H. (1984): Zur Weiterentwicklung wechselrichtergesteuerter Reluktanzmaschinen für hohe Leistungsdichte und große Leistungen. In: Elektrotechnische Zeitschrift / ETZ-Archiv, Jg. 6, S. 135–143.

Weigelt, M; Riedel, A; Masuch, M; Mahr, A; Gläßel, T; Franke, J. (2017): Potentials of an explicit finite element analysis of the bending processes for coated copper wires: 2017 7th International Electric Drives Production Conference (EDPC, 05.12.2017 - 06.12.2017: IEEE 2017, S. 1–5.

Welter, M. (2006): Die Forschungsmethode der Typisierung. In: WIST, Jg. 35, Nr. 2, S. 113–116.

Werke, M; Mann, A; Luksepp, T; Dubar, C; Wallmark, O; Hellsing, J; Hagstedt, D; Gavling, E; Rabe, A. (2019): High volume production of Electric Machines. Project Report 26267

Westermeier, M. (2016): Qualitätsorientierte Analyse komplexer Prozessketten am Beispiel der Herstellung von Batteriezellen (Forschungsberichte IWB, 322): Dissertation,

Westermeier, M; Reinhart, G; Zeilinger, T. (2013): Method for quality parameter identification and classification in battery cell production. Quality planning of complex production chains for battery cells: 2013 3rd International Electric Drives Production Conference (EDPC), 29.10.2013 - 30.10.2013: IEEE 2013, S. 1–10.

Westkämper, E; Decker, M. (2006): Einführung in die Organisation der Produktion (Springer-Lehrbuch). Berlin, Heidelberg: Springer.

Wiemer, H; Schwarzenberger, M; Dietz, G; Juhrisch, M; Ihlenfeldt, S. (2017): A Holistic and DoE-based Approach to Developing and Putting into Operation Complex Manufacturing Process Chains of Composite Components. In: Procedia CIRP, Jg. 66, S. 147–152.

Wiendahl, H.-P; Eversheim, W; Schuh, G. (2002): Fast Ramp Up. Schneller Produktionsanlauf von Serienprodukten (Praxiswissen):

Wiendahl, H.-P; Hegenscheidt, M; Winkler, H. (2002): Anlaufrobuste Produktionssysteme. In: wt Werkstatttechnik, Jg. 92, Nr. 11/12Nr. , S. 650–655.

Willms, H. (2008): Methodisches System zur Auslegung von kostenoptimalen und prozessstabilen Fertigungsverkettungen. RWTH Aachen: Dissertation, Aachen.

Winkelmann Automotive (2020): Rotorträger/Statorträger. https://winkelmann-automotive.de/produkte/getriebekomponenten/rotortrager-statortrager/. Abruf 30.10.2020.

Winkler, H. (2007): Modellierung vernetzter Wirkbeziehungen im Produktionsanlauf (Berichte aus dem IFA, 2007,3). Garbsen: PZH Produktionstechn. Zentrum: Zugl.: Hannover, Univ., Diss., 2007,

Wirth, F; Fleischer, J. (2019): Influence of Wire Tolerances on Hairpin Shaping Processes: 2019 9th International Electric Drives Production Conference (EDPC), 03.12.2019 - 04.12.2019: IEEE 2019 - 2019, S. 1–8.

Wirth, F; Hofmann, J; Fleischer, J. (2019): Einfluss geometrischer Materialtoleranzen auf die werkzeuggebundene Formgebung und Eigenschaften von Hairpin-Steckspulen: Meisenbach.

Wirth, F; Kirgör, T; Fleischer, J. (2018): FE-Based Simulation of Hairpin Shaping Processes for Traction Drives: 2018 8th International Electric Drives Production Conference (EDPC), 12/4/2018 - 12/5/2018: IEEE 2018

Wissmann, M. (2012): Erfolgsfaktor Qualität. Vorwort. In: Schnauber, H; Schuster, A. (Hrsg.): Erfolgsfaktor Qualität: Einsatz und Nutzen des EFQM-Excellence-Modells Düsseldorf: Symposion

Witels-Albert GmbH (2020): Helizität. https://www.witels-albert.com/de/service/know-how/wissensdatenbank. Abruf 08.11.2020.

Wöhe, G; Döring, U; Brösel, G. (2016): Einführung in die allgemeine Betriebswirtschaftslehre (Vahlens Handbücher der Wirtschafts- und Sozialwissenschaften). 26., überarbeitete und aktualisierte Auflage Aufl. München: Verlag Franz Vahlen.

Wolf, K.-U. (1997): Verbesserte Prozessführung und Prozessplanung zur Leistungs-und Qualitätssteigerung beim Spulenwickeln. Bamberg: Meisenbach: Dissertation,

Wössner, U. (2009): Virtuelle und hybride Prototypen in kooperativen Arbeitsumgebungen: Universität Stuttgart.

Wößner, W; Stoll, J; Flammer, M. O; Wurster, P; Peter, M; Fleischer, J. (2018): Intelligent Rotor Assembly Enabling Positive Balancing Concepts for High-Performance Permanent Magnet Rotors: 2018 8th International Electric Drives Production Conference (EDPC), 04.12.2018 - 05.12.2018: IEEE 2018, S. 1–6.

Wrobel, R; Williamson, S. J; Booker, J. D; Mellor, P. H. (2016): Characterizing the in situ Thermal Behavior of Selected Electrical Machine Insulation and Impregnation Materials. In: IEEE Trans. on Ind. Applicat., Jg. 52, Nr. 6, S. 4678–4687.

Wunderer, R. (Hrsg.) (1995): Betriebswirtschaftslehre als Management- und Führungslehre. 3., überarb. und erg. Aufl., Stuttgart: Schäffer-Poeschel.

Wünsch, G. (2008): Methoden für die virtuelle Inbetriebnahme automatisierter Produktionssysteme (Forschungsberichte IWB, 215). München: Utz.

Zafirov, R. (2014): Produktionsmodelle und Simulation (DiFa). In: Eigner, M; Roubanov, D; Zafirov, R. (Hrsg.): Modellbasierte virtuelle Produktentwicklung Berlin: Springer Vieweg, S. 197–226.

Zeltwanger Holding GmbH Hairpinstatorproduktion - Status Quo. Anforderungsableitung für Spannvorrichtung. Aachen

Zentis, T. (2013): Modell zur Bewertung und Kontrolle technischer Risiken (Produktionqualität und Messtechnik, 2013,22). Aachen: Apprimus-Verl.: Zugl.: Aachen, Techn. Hochsch., Diss., 2013,

Zeugträger, K. (1998): Anlaufmanagement für Großanlagen (Fortschritt-Berichte VDI Reihe 2, Fertigungstechnik, 470). Düsseldorf: VDI-Verl.: Zugl.: Hannover, Univ., Diss., 1997,

Ziegler, M; Mayr, A; Seefried, J; Kuehl, A; Franke, J. (2019): Potentials of Process Monitoring During Laser Welding of Electrical Steel Laminations: 2019 9th International Electric Drives Production Conference (EDPC). 2019 9th International Electric Drives Production Conference (EDPC), 03.12.2019 - 04.12.2019: IEEE 2019 - 2019, S. 1–5.

Zohm, F. (2004): Management von Diskontinuitäten. Das Beispiel der Mechatronik in der Automobilzulieferindustrie. Wiesbaden: Deutscher Universitätsverlag.

Zünkler, B. (1965): Untersuchung des überelastischen Blechbiegens, von einem einfachen Ansatz ausgehend. In: Bänder Bleche Rohre, Jg. 6, Nr. 9, S. 503–509.

A Anhang

A.1 Risikobewertung

Die nachfolgende Risikobewertung wurde als Grundlage einer Vorveröffentlichung des Autors genutzt:[840]

M1.1 Automatisierungsgrad: Dieses Merkmal beschreibt den Grad der Automatisierung und begründet sich in der Tatsache, dass Menschen über den Verlauf des Tages unterschiedlich motiviert oder konzentriert sind. Diese Schwankungen übertragen sich auf den Output eines Prozesses. Eine automatisierte Lösung ist vom Menschen unabhängig, unterliegt also tendenziell weniger Schwankungen. Dabei stellt ausschließlich der höchste Automatisierungsgrad eine ausreichende Zuverlässigkeit des Prozesses dar. Die verschiedenen Ausprägungen reichen daher von einer rein manuellen Tätigkeit, über eingreifende oder überwachende Tätigkeiten bis hin zur vollständigen Automatisierung (Vgl. Tabelle 5 1). Sie orientieren sich dabei an der mit der Automatisierung einhergehenden Kompetenzverlagerung der Beschäftigten, von der Bedienung zur Einrichtung und Überwachung.

M1.2 Wissensverfügbarkeit: Dieses Merkmal veranschaulicht die Verfügbarkeit von Wissen bezüglich der jeweiligen Technologie. Dabei kann es sein, dass das spezifische Fachwissen nur durch Erfahrung und ohne Struktur oder Zertifizierung weitergegeben werden kann, was in der Ausprägung „Einweisung für Bediener" festgehalten ist und die unfähigste Variante darstellt (Vgl. Tabelle 5 1). Gibt es Schulungen oder Seminare mit einer Qualifikation, welche zusätzlich anhand von Normen oder Richtlinien abgehalten werden, ist die Wissensvermittlung wesentlich strukturierter und geht in die Tiefe. Als fähigste Ausprägung ist der Zustand der umfassenden Bildungsangebote und Spezialisierungsmöglichkeiten in diesem Merkmal gewählt. In einem solchen Fall können die Mitarbeiter zu Spezialisten ausgebildet werden. Zusätzlich gibt es weitreichende Literatur und Richtlinien, sowie Schulungen zum Themengebiet. Im Allgemeinen geht dabei die Abschlussbezeichnung über ein einfaches Teilnahmezertifikat hinaus.

Dimension	Merkmal	Ausprägungen			
Ursachen-dimension 1: Personal	**M1.1 Automatisierungs-grad**	A1.1.1 Vollständig automatisiert	A1.1.2 Überwachung	A1.1.3 Interventionell	A1.1.4 Manuelle Tätigkeit
	M1.2 Qualifikation	A1.2.1 Einweisung für Bediener	A1.2.2 Lehrgang, Schulung	A1.2.1 Expertenwissen	

Anhang 1: Bewertung des Störungsrisikos: Ursachendimension Personal

M2.1 Werkzeugverschleiß: Die Intention dieses Merkmals besteht darin, dass ein verringerter Werkzeugverschleiß tendenziell eine höhere Fähigkeit im Prozess bietet. Dabei ist bei

[840] Teilaspekte dieses Ansatzes wurden 2017 vom Autor entwickelt und veröffentlicht. Vgl. Kampker et al. (2017): Automotive quality requirements and process capability in the production of electric motors.

hohem Verschleiß eines Werkzeugs entscheidend, ob das Verschleißverhalten bekannt oder berechenbar ist, oder ob diesbezüglich keine (festgehaltenen) Erkenntnisse vorliegen.

M2.2 Wartungsintensität: Hierbei handelt es sich um ein Merkmal zur Beschreibung der Wartungsintensität. Hierunter ist das Spektrum von keiner Wartung bis zum wartungsintensivem Produktionsstopp abgebildet (Vgl. Tabelle 5 2). Tendenziell reduziert Wartung den Verschleiß der Maschine. Dafür können Wartungspläne erstellt werden oder -intervalle festgelegt werden.

Dimension	Merkmal	Ausprägungen			
Ursachen-dimension 2: Maschine	**M2.1 Werkzeug-verschleiß**	A2.1.1 Kein Verschleiß	A2.1.2 Geringer Verschleiß	A2.1.3 Bekanntes verschleiß-intensives Verhalten	A2.1.4 Unbekanntes Verschleiß-verhalten
	M2.2 Wartungsintensität	A2.2.1 Keine Wartung	A2.2.2 Geringe Wartung	A2.2.3 Wartung während des Betriebs (wartungs-intensiv)	A2.2.4 Produktionsstopp für Wartung

Anhang 2: Bewertung des Störungsrisikos: Ursachendimension Maschine

M3.1 Standardisierungsgrad: Dieses Merkmal verdeutlicht den aktuellen Stand der Normung der relevanten Technologien. Dabei sind vor allem spezielle Normen oder Standards zur Sicherstellung der Qualität des Produktionsprozesses oder der Produktionstechnologie interessant, da mittels dieser die kosteneffiziente Produktion gefördert wird. Darunter können aber zusätzliche Normen bezüglich Toleranzen und geometrischen Dimensionen produzierter Bauteile fallen. Einige Verfahren gestalten sich dagegen aber sehr speziell, weshalb keine Normen oder Standards für diese Verfahren existieren. Neben Standards und Normen können gleichermaßen Patente eine Diskussionsgrundlage zur reinen Verfahrensbeschreibung bilden, weshalb auch diese in die Betrachtung mit einbezogen werden.

M3.2 Fehlerbeseitigung: Während eines Produktionsprozesses kann es zu einer fehlerhaften Funktionalität oder einem fehlerhaften Output kommen. Die Behebung dieser Fehler und die damit einhergehende Sicherstellung der Wertschöpfung kann verschiedene Ausprägungen annehmen.

M3.3 Autarkie: Die Autarkie eines Prozesses bezieht sich auf notwendige Vor- oder Nachbearbeitungsprozesse. Die Abstufung der Ausprägungen beinhaltet außerdem einen Zeitfaktor, da zwischen einer einfachen Reinigung und Erwärm- sowie Trocknungsprozessen erhebliche Unterschiede existieren. Sofern eine Prozesstechnologie autark ist, gibt es weniger prozessinterne Abhängigkeiten, was sich eher positiv auf die Fähigkeit einer solchen auswirkt.

M3.4 Technische Prozesseinschränkungen: Dieses Merkmal geht auf die aktuellen Begrenzungen einer Prozesstechnologie ein. Dabei können die vorliegenden Begrenzungen vom zu verarbeitenden Material sowie von geometrischen Dimensionen ausgehen. Zusätzlich können weitere externe Größen, wie etwa der Energieverbrauch, Beschränkungen darstellen. Begrenzt dagegen das aktuell verfügbare Wissen oder eine wenig fortgeschrittene Forschung den Prozess, so liegt die Ursache eines potenziellen unfähigen Ablaufs in der Technologie selbst. Daneben kann auch eine Kombination der Beschränkungen vorliegen.

M3.5 Kritischer Pfad: Der kritische Pfad ist eine aus dem Projektmanagement bekannte Bezeichnung. Hierbei werden die Aktivitäten identifiziert, welche maßgeblich die Länge eines Projektes bestimmen. Auf die Produktion übertragen, soll die Rolle der einzelnen Prozesstechnologien in Bezug zur gesamten Fertigstellung eines Elektromotors bestimmt werden. Hier ist vor allem auch die Fähigkeit zu einer hohen Prozessgeschwindigkeit relevant. Als kritisch gelten dabei besonders zeitintensive Verfahren und Abläufe.

M3.6 Einfluss der Prozessparameter: Als letztes Merkmal der Dimension "Methode" bezieht sich dieses auf den Einfluss von Prozessparametern. Dies zielt darauf ab, ob eine fehlerhafte Durchführung einen direkten Einfluss auf das Gesamtprodukt hat oder nachgelagerte Prozesse nicht mehr durchführbar sind. Auf diese Weise soll die Tragweite eines Fehlers während des Produktionsprozesses hinsichtlich der Auswirkungen auf die Wertschöpfungskette veranschaulicht werden.

Dimension	Merkmal	Ausprägungen			
Ursachen-dimension 3: Methode	M3.1 Standardisierungs-grad	A3.1.1 Spezialnorm für Qualitäts-management verfügbar	A3.1.2 Standard oder Patent für Prozess-beschreibung verfügbar	A3.1.3 Kein Standard oder Patent verfügbar	
	M3.2 Fehlerkorrektur-möglichkeit	A3.2.1 Beseitigung im laufenden Prozess	A3.2.2 Beseitigung im nachgeschalteten Prozess	A3.2.3 Nacharbeit abseits der Produktions-linie	A3.2.4 Bauteildefekt, Ausschuss
	M3.3 Autarkie	A3.3.1 Keine Vor- oder Nach-bearbeitung notwendig	A3.3.2 Vorbearbeitung erforderlich	A3.3.3 Nach-bearbeitung erforderlich	A3.3.4 Vor- und/oder Nachbearbeitung erforderlich (zeitaufwendig)
	M3.4 Technische Prozess-einschränkungen	A3.5.1 Keine Einschränkung-en	A3.4.2 Extern: Material, Dimensionierung, Energieverbrauch	A3.4.3 Intern: Prozess- oder Technologie-Design	A3.4.4 Kombination von internen und externen Faktoren
	M3.5 Kritischer Pfad	A3.5.1 Nicht in Prozesskette	A3.5.2 Unkritisch	A3.5.3 Teilweise kritisch	A3.5.4 Kritisch
	M3.6 Verkettung der Prozess-parameter	A3.6.1 Geringfügige Einflüsse	A3.6.2 Großer Einfluss auf nachgelagerten Prozess	A3.6.3 Erheblicher Einfluss auf Funktionalität	A3.6.4 Erheblichen Einfluss auf die Funktionalität von Produkt und nachgelagerten Prozessen

Anhang 3: Bewertung des Störungsrisikos: Ursachendimension Methode

M4.1 Qualitätsabhängigkeit Eingangsmaterial: Das Merkmal beschreibt die Abhängigkeit der Qualität des Prozesses vom Eingangsmaterial. Dieses kann von Rohmaterial mit schwankender Homogenität bis zum qualitätsgeprüften Produkt mit wenig Variation reichen, wobei letzteres in besonderem Maße zu der Etablierung eines fähigen Prozesses beiträgt.

M4.2 Produktionsverfahren: Das Produktionsverfahren wird in diesem Merkmal veranschaulicht. Hierbei ist eine kontinuierliche Fertigung der diskontinuierlichen Chargen- sowie der Einzelfertigung gegenübergestellt.

M4.3 Rüstungsaufwand: Die Rüstung sowie die Zuführung und der damit verbundene Aufwand wird durch dieses Merkmal in die Einordnung miteinbezogen. Dabei stellt eine automatisierte und kontinuierliche Rüstung oder Zuführung einen erheblich geringeren Aufwand dar, als eine manuelle Umrüstung. Letztere fließt zudem als zeitliche Größe auch in die Durchlaufzeit mit ein.

Dimension	Merkmal	Ausprägungen			
Ursachen-dimension 4: Material	M4.1 Qualitäts-abhängigkeit Eingangsmaterial	A4.1.1 Produkt (Testqualität)	A4.1.2 Komponenten (Prozessqualität)	A4.1.3 Halbfertige Elemente (Material- und Prozess-eigenschaften)	A4.1.4 Rohmaterial (Material-eigenschaften)
	M4.2 Produktions-art	A4.2.1 Kontinuierlich	A4.2.2 Batch Produktion	A4.2.3 Einzelteile	
	M4.3 Rüst-aufwand	A4.3.1 Kein Aufwand	A4.3.2 Automatisches Rüsten, kontinuierliche Zufuhr (geringer Aufwand)	A4.3.3 Automatisches Rüsten, diskrete Zufuhr (geringer Aufwand)	A4.3.4 Manuelles Rüsten, kontinuierliche Zufuhr (hoher Aufwand)
		A4.3.5 Manuelles Rüsten, diskrete Zufuhr (hoher Aufwand)			

Anhang 4: Bewertung des Störungsrisikos: Ursachendimension Material

M5.1 Externe (schädliche) Einflussgrößen: Der Einfluss externer Größen wird durch dieses Merkmal beschrieben. Diese Größen gehören zu unterschiedlichen Gruppen, wie beispielsweise physikalische Größen oder Verschmutzung. Dabei ist eine Kombination beider Gruppen als besonders kritisch zu bewerten. Die Einflüsse müssen bei der Auslegung eines Produktionsprozesses berücksichtigt werden und beeinflussen damit dessen Fähigkeit.

Dimension	Merkmal	Ausprägungen			
Ursachen-dimension 5: Umwelt	M5.1 Externe (schädliche) Einflussgrößen	A5.1.1 Keine wesentlichen Einflüsse	A5.1.2 Physikalische Einflüsse: Magnetfeld, Temperatur, Feuchtigkeit, Umgebungsdruck, etc.	A5.1.3 Substanzen: Staub, Partikel, Öle, Schmierstoffe, etc. Technische Sauberkeit	A5.1.4 Kombination von physikalischen Einflüssen und Substanzen

Anhang 5: Bewertung des Störungsrisikos: Ursachendimension Umwelt

M6.1 Messmethode: Die Prüfmethodik wird innerhalb dieses Merkmals betrachtet. Dabei ist zwischen Prüfungen, die zur Zerstörung des Objektes führen, wie beispielsweise Zugproben, und zerstörungsfreien Prüfmethoden zu unterscheiden. Letztere können durch Ultraschall, Benetzung, Röntgenstrahlung oder Ähnlichem realisiert werden. Als Zwischengruppe sind teilweise zerstörungsfreie Methoden aufgeführt, wie etwa die Ermittlung der Härte. Auch kann diese Kategorie eine Kombination aus zerstörenden und zerstörungsfreien Prüfungen enthalten.

M6.2 Prüfungsintensität: Neben der Prüfmethodik ist auch die Intensität der Überprüfung in einem Merkmal vertreten. Hierbei liefert die Vollprüfung (hundertprozentige Prüfung) als Sicherstellung der Qualität des Outputs oder als Prüfung innerhalb eines Prozesses einen entscheidenden Beitrag zur Ermittlung der Fähigkeit eines Produktionsprozesses. Dagegen steht die Stichprobenprüfung, in welcher nur eine Teilmenge überprüft wird.

M6.3 Erkennung der Prozessqualität: Hintergrund dieses Merkmals ist die Messgrundlage der Qualitätsfeststellung des Produktionsprozesses. Die Ausprägungen repräsentieren die Fragestellung, ob ein Parameter im Prozess gemessen werden kann, wodurch eine Aussage über die Qualität eines Prozessergebnisses gegeben werden kann, oder ob diese durch ein extra vorhandenes Prüfverfahren sichergestellt werden kann. Neben maschinellen Testverfahren ist auch noch die Überprüfung durch einen Menschen denkbar, jedoch unterstützt dies vielmehr einen unfähigeren Prozess, aufgrund der Einflussgröße Mensch.

M6.4 Prozesstest-Integrations-Level: Dieses Merkmal befasst sich mit der Integration der Prüfung in den Prozess. Dabei ist der Stand der Technik oftmals die End-of-line Prüfung, welche jedoch als Funktionstest ausgeführt ist und nicht direkt mit einem bestimmten Fertigungsprozess verbunden ist. Die Ausprägungen umfassen neben dieser Prüfungsart auch noch die Prüfung innerhalb des Prozesses, welche beispielsweise direkte Korrektureinstellungen einer Maschine bewirken kann. Daneben sind noch Pre- oder Post-Prüfungen mit aufgeführt (Vgl. Tabelle 5 6). Diese befinden sich innerhalb der Linie, aber finden nicht während des Prozesses statt, daher auch die Bezeichnung In-Line-Test. Dabei kann das Ergebnis auch mit einem Prozess oder einer Maschine verbunden sein, beispielsweise die Positionsüberprüfung als Pre-Test oder die Post-Prüfung mit anschließender Positionskorrektur des Werkzeuges für das nachfolgende Werkstück. Abschließend kann noch ein Test außerhalb der Linie stattfinden, wie beispielsweise durch Proben oder tiefergehende Analysen. Diese nehmen jedoch nur mit erhöhtem zeitlichen Verzug Einfluss auf den Prozess, was eine Minderung der Prozessfähigkeit zur Folge hat.

M6.5 Messungs-Aufzeichnungsintervall: In diesem Merkmal wird das Intervall der Aufzeichnung von Messungen erfasst. Eine kontinuierliche Überwachung von Prozessgrößen ist meist mit einer aktiven Steuerung des Prozesses gekoppelt, wodurch die Fähigkeit eines Produktionsprozesses positiv beeinflusst werden kann. Da die Messunsicherheit einen maßgeblichen Einfluss auf die Prozessfähigkeit hat, kann eine Einzelmessung nur bedingt die Fähigkeit eines Produktionsprozesses sicherstellen. Die Konfiguration „Keine Messung" stellt dabei die unfähigste Ausprägung dar.

Dimension	Merkmal	Ausprägungen			
Ursachen-dimension 6: Messung	M6.1 Messmethode	A6.1.1 Zerstörungsfreie Prüfung	A6.1.2 Teilweise zerstörungsfreie Prüfung	A6.1.3 Zerstörende Prüfung	
	M6.2 Prüfungs-Intensität	A6.2.1 Vollprüfung: 100%	A6.2.2 Stichproben-prüfung	A6.2.3 Einmalige Prüfung	
	M6.3 Messung der Prozessqualität	A6.3.1 Direkt: basierend auf Prozessparameter	A6.3.2 Indirekt: Funktionstest (Leistung, Drehmoment)	A6.3.3 Indirekt: durch Menschen (optisch, akustisch)	A6.3.4 Nicht möglich
	M6.4 Integration Prozessmessung	A6.4.1 In-process-test	A6.4.2 Pre-/Post-Process-test (In-Line-test)	A6.4.3 End-of-Line-test	A6.4.4 Abseits der Produktionslinie
	M6.5 Messungs-Aufzeichnungs-intervall	A6.5.1 Kontinuierliche Messung	A6.5.2 Wiederkehrende Messung	A6.5.3 Einmalige Messung	A6.5.4 Keine Messung

Anhang 6: Bewertung des Störungsrisikos: Ursachendimension Messung

A.2 DSM-Algorithmus

Schritt 1: Die Abhängigkeiten zwischen den Prozessschritten werden erfasst und in einer DSM dokumentiert. Jeder Prozessschritt bildet bei der Initialisierung sein eigenes Cluster.

Schritt 2: Die Koordinationskosten je Cluster werden berechnet. Diese ergeben sich aus externen Kosten, dem Produkt der Summe der Abhängigkeiten zwischen den Elementen eines Clusters und den Elementen anderer Cluster und der Größe der DSM:

$$externe\ Clusterkosten = \left(\sum DSM_{j,k}\right) * DSMGröße^{powcc}$$

Und den internen Kosten, dem Produkt der Summe der Abhängigkeiten unter den Elementen innerhalb eines Clusters und der Clustergröße:

$$Interne\ Clusterkosten\ = \left(\sum DSM_{j,k}\right) * ClusterGröße^{powcc}$$

$DSM_{j,k}$ –	*Abhängigkeiten zwischen den Elementen der Cluster j und k*
DSMGröße –	*Größe der gesamten DSM*
ClusterGröße –	*Größe des jeweiligen Clusters*
powcc –	*Steuerungsparameter der durchschnittlichen Clustergröße*

Beide Kostenpunkte werden zu den Gesamtkosten der DSM addiert.

Schritt 3: Nun wird eines der Cluster, wobei es sich in der ersten Iteration gleichlautend um ein Element handelt, zufällig ausgewählt.

Schritt 4: Sogenannte Gebote der übrigen Cluster an das ausgewählte Cluster werden bestimmt. Je mehr Elemente eines Clusters in Abhängigkeit zu den Elementen des ausgewählten Clusters stehen, desto größer fällt das Angebot aus:

$$ClusterGebot_{j,k} = \frac{\left(\sum DSM_{j,k}\right)}{ClusterGröße}$$

Schritt 5: Die Gesamtkosten der DSM werden für den Fall berechnet, dass das höchstbietende Cluster mit dem ausgewählten zusammengelegt wird.

Schritt 6: Beide Cluster werden dauerhaft zusammengelegt, wenn die neuen Gesamtkosten niedriger als die vorherigen sind.

Schritt 7: Schritte 3 bis 6 werden solange wiederholt, bis über einen definierten Zeitraum keine Verringerung der Gesamtkosten mehr auftritt.

A.3 Maschinenstundensatzkalkulation

Maschinenname	Maschine 1
Maschinenstundensatz:	101,70 €
Maschinenstunden [pro Jahr]	3200
Maschinenstundensatz fix	81,82 €
Maschinenstundensatz variabel	19,88 €

Fixkosten	
Kalk. Abschreibungen	**171.428,57 €**
Maschineninvestition [€]	1.200.000 €
Abschreibungsdauer [Jahre]	7
Kalkulatorischen Zinsen	30.000,00 €
Kalkulatorischer Zinssatz [%]	5,00%
Instandhaltung fix [10% der Gesamtinstandhaltung sind Fixkosten]	6.000,00 €
Instandhaltungsrate in % pro Jahr	5%
Flächenkosten [pro Anlage/Jahr]	2.000 €
Flächenkosten [pro m²/Jahr]	200 €
Fläche [pro Anlage]	10
Energiekosten [siehe Nebenrechnung]	2.400 €
Indirekte Personalkosten [€]	50.000,00 €
Summe [€]	**261.828,57 €**

Variable Kosten	
Instandsetzung und Reparatur variabel [90% der Gesamtinstandhaltung sind Fixkosten]	54.000,00 €
Energiekosten [siehe Nebenrechnung]	9.600,00 €
Betriebsstoffe	2.000,00 €
Summe [€]	**63.600,00 €**

Nebenrechnung Taktzeiten	
Taktzeit [s]	57,6
Arbeitstage [pro Jahr]	250
Schichten [pro Tag]	2
Stunden [pro Schicht]	8
Verfügbare Stunden [pro Jahr]	4000
Erwarteter OEE [%]	80%
Produktvitarbeitstunden [pro Jahr]	3200
Geplante Ausbringung [pro Jahr]	200000
Ausbringung [pro Stunde]	62,5

Nebenrechnung Energiekosten	
Energiekosten fix pro Jahr [€]	2.400,00 €
Energiekosten variabel pro Jahr [€]	9.600,00 €
Energiekosten fix [pro kWh in €]	0,05 €
Energiekosten variabel [pro kWh in €]	0,20 €
Energiebedarf [Durchschnittlich pro Maschine in kW]	15

Anhang 7: Vorlage Maschinenstundensatzkalkulation für Anlagenkostenprognose

A.4 Identifizierter Fehlerbaum in der Hairpinstatorproduktion

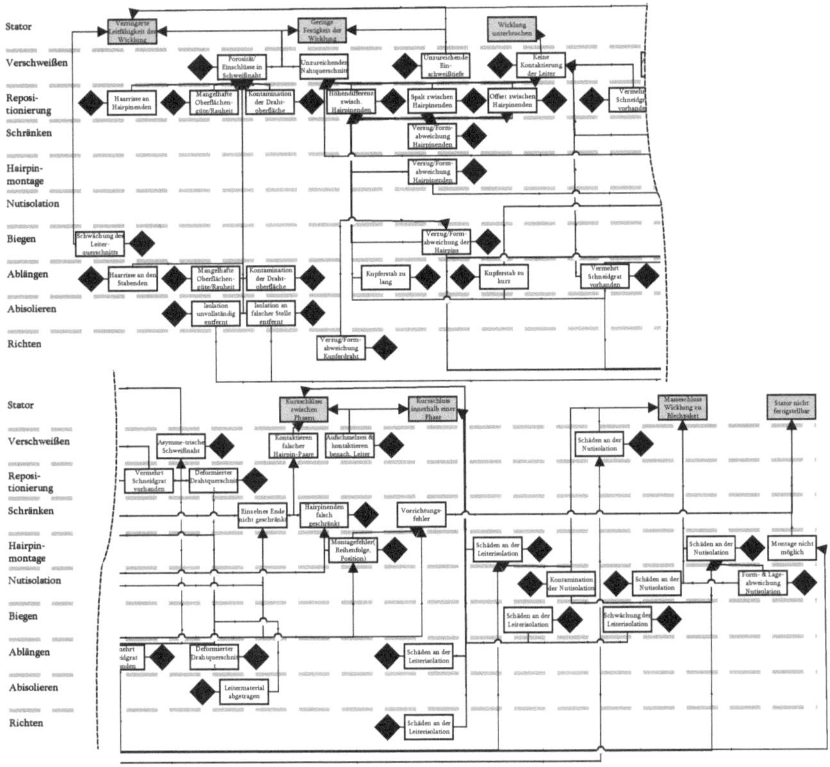

Anhang 8: Fehlerbaum der Hairpinstatorproduktion[841]

[841] Inhalte dieser Studie wurden durch den Autor bereits auf einer Konferenz vorveröffentlicht: Vgl. Kampker et al. (2020: Efficiency Deficits and Solution Principles of Requirements Management for Hairpin Stator Production Ramp-up by Early Prototypes, S.1ff.

A.5 Empirische Studie in der industriellen Praxis

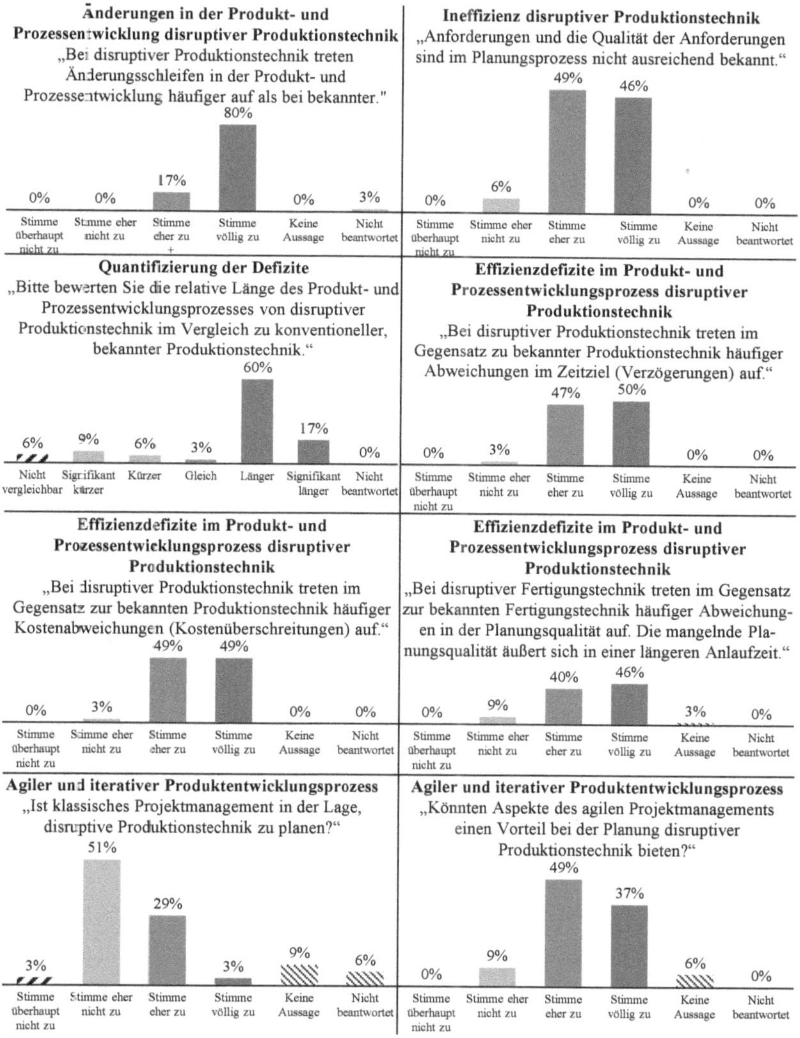

Anhang 9: Ergebnisse der empirischen Studie „Effizienzsteigerung in der Realisierung der Großserienproduktion elektrischer Traktionsantriebe durch hybride Anlagenprototypen (I/II)

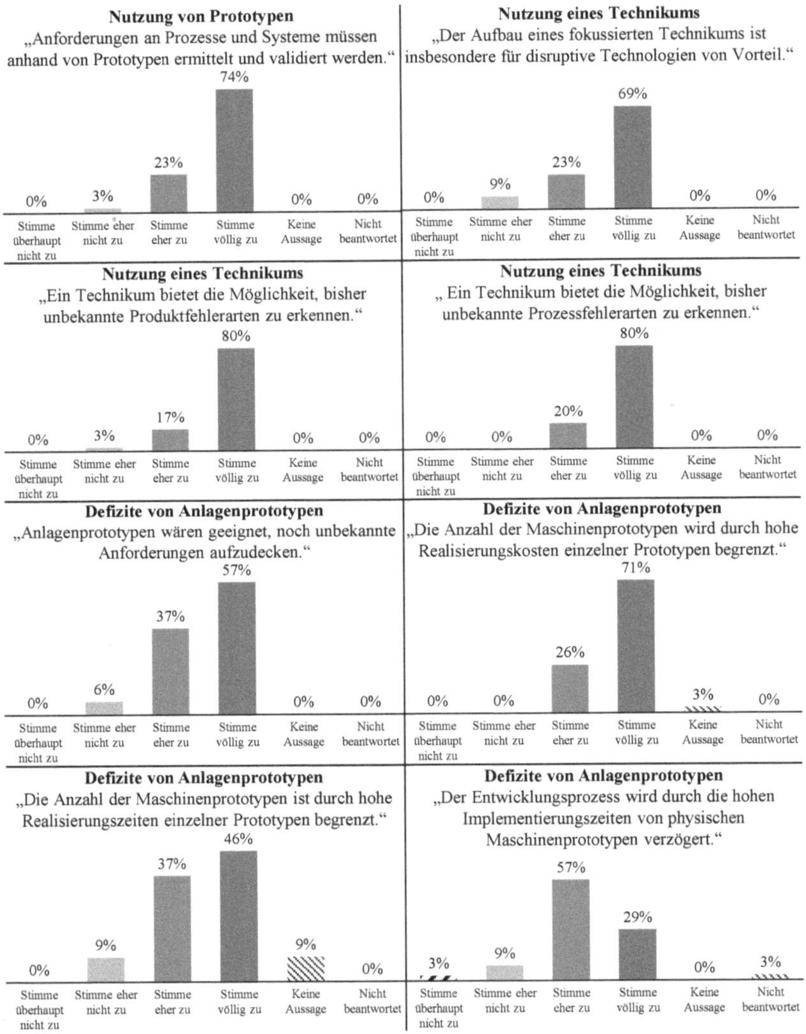

Anhang 10: Ergebnisse der empirischen Studie „Effizienzsteigerung in der Realisierung der Großserienproduktion elektrischer Traktionsantriebe durch hybride Anlagenprototypen (II/II)[842]

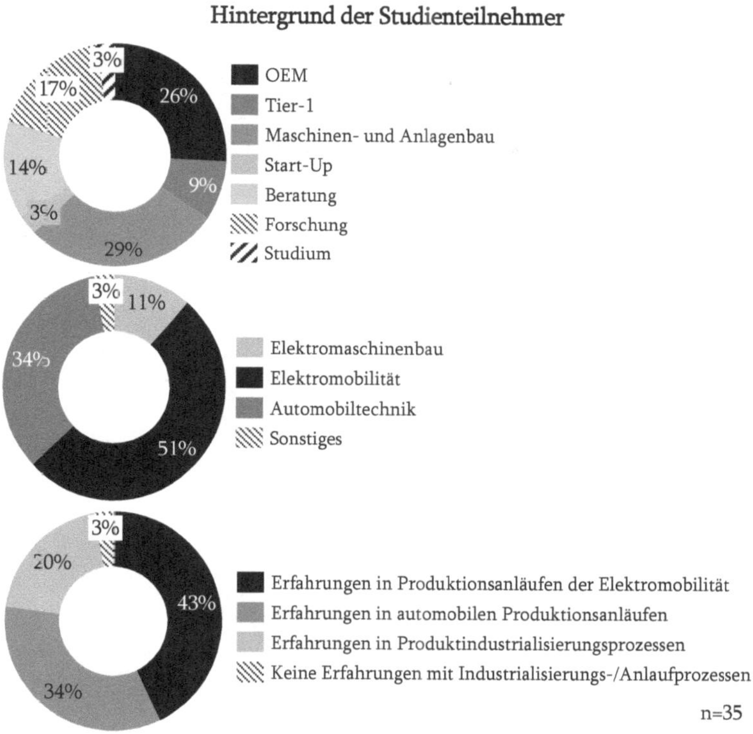

Anhang 11: Hintergrund der Studienteilnehmer der Studie „Effizienzsteigerung in der Realisierung der Großserienproduktion elektrischer Traktionsantriebe durch hybride Anlagenprototypen"[843]

[843] Inhalte dieser Studie wurden durch den Autor bereits auf einer Konferenz vorveröffentlicht: Vgl. Kampker et al. (2020: Efficiency Deficits and Solution Principles of Requirements Management for Hairpin Stator Production Ramp-up by Early Prototypes, S.1ff.

In der Reihe **Ergebnisse aus der Elektromobilproduktion** zuletzt erschienen:

Treichel, Patrick-Emanuel:

Hybride Prototypen im Anforderungsmanagement disruptiver Produktionstechnik der Elektromotorenproduktion

ISBN 978-3-98555-166-8
Erscheinungsdatum: 28.08.2023

Offermanns, Christian:

Reduzierung der Fertigungsprozesszeit von Lithium-Ionen-Batteriezellen durch eine parametergestützte Analyse der Formierung in der Batteriezellproduktion

ISBN 978-3-98555-156-9
Erscheinungsdatum: 17.04.2023

Bührer, Ulrich Tobias:

Methodik zur proaktiven Integration von Data Analytics in die Serienfertigung

ISBN 978-3-98555-104-0
Erscheinungsdatum: 25.08.2022

Kawollek, Sebastian:

Systematische Gestaltung additiv gefertigter Vorrichtungen für die Automobilmontage

ISBN 978-3-98555-101-9
Erscheinungsdatum: 22.08.2022

Edition Wissenschaft
Apprimus

Hehl, Fabian:
Resiliente Baukastengestaltung durch Risikomanagement in der Automobilindustrie
ISBN 978-3-98555-085-2
Erscheinungsdatum: 23.06.2022

Schön, Christoph:
Gestaltung und Bewertung von skalierbaren Technologieketten für die Großserienproduktion von Brennstoffzellen
ISBN 978-3-98555-056-2
Erscheinungsdatum: 23.03.2022

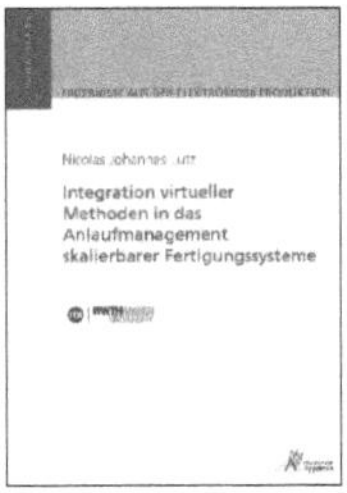

Lutz, Nicolas Johannes:
Integration virtueller Methoden in das Anlaufmanagement skalierbarer Fertigungssysteme
ISBN 978-3-98555-035-7
Erscheinungsdatum: 31.01.2022

Diekmann, Tobias:
Montagegerechte Standardisierung von Bauteilschnittstellen für die variantenreiche Automobilproduktion
ISBN 978-3-98555-016-6
Erscheinungsdatum: 25.11.2021

Edition Wissenschaft
Apprimus

FSC
www.fsc.org
MIX
Papier | Fördert gute Waldnutzung
FSC® C083411

Zeitfracht Medien GmbH
Ferdinand-Jühlke-Straße 7
99095 Erfurt, Deutschland
produktsicherheit@kolibri360.de